DNA 대사와 유전체 무결성

DNA metabolism and genome integrity

오 상 진 지음

탐 구 당

머리말

나이가 들면 질환이 많아지고 경제적으로 힘들어 장수가 행복하지 않다고 생각하는 사람도 있지만 건강하게 오래 사는 것은 인류의 오랜 꿈이다. 중국의 고대 역사에서 진나라 왕 영정은 전국시대 여러 나라를 합병해 최초의 황제가 된 후 불로장생을 꿈꿨다. 그는 신하를 동쪽으로 보내 영약을 구하려 했으나 그 신하는 끝내 돌아오지 않았다. 세상의 권력을 다 가진 진시황제도 죽음을 피할 수 없었던 것이다. 최근 아마존 최고경영자에서 물러난 제프 베이조스가 다시 언론의 주목을 받고 있다. 수명 연장 연구를 목표로 설립된 알토스랩스에 그가 투자한 사실이 화제를 모으고 있다. 영원한 젊음을 간직하려는 인간의 노력은 고대에서 현재까지 부단히 이어져 왔으며 권력자나 거부뿐 아니라 보통 사람들도 가장 부러워하는 것은 '건강한 젊음'이 아닐까 싶다.

그러면 노화란 무엇인가? 어린아이가 태어나서 키가 자라서 성인이 되듯이 노화가 일어나는 것도 인간의 발달 과정의 하나라고 생각할 수 있다. 노화 자체가 질병은 아니지만 노화가 일어나면서 질병을 가질 확률은 점점 더 증가한다. 과학자들이 추정하는 인간의 수명은 120~125세로 모아지고 있다. 미국 생물학자 레오나르도 헤이플릭은 여러 종류의 동물 실험과 인간 세포를 배양하는 실험을 한 결과, 인간의 태아세포는 50회 분열한 뒤 멈춘다는 사실을 알아냈다. 텔로미어 연구가 이와 같은 한정된 세포분열 횟수에 대한 실마리를 제공한다. 텔로미어는 염색체 말단에 위치한 반복서열로서, 유전체 전체의 안정성에 매우 중요하다. 텔로미어는 DNA 복제 동안 지연 가닥의 불완전 합성으로 인해 세포가 분열할 때마다 텔로미어의 단축이 일어나고 단축된 텔로미어는 증식 가능성을 감소시켜 노화를 유발하는 '세포분열 시계(mitotic clock)' 역할을 한다. 현재까지 많은 연구들의 일관된 증거는 텔로미어 단축이 노화에 기본이 되는 주요 메커니즘일 수 있음을 시사한다. 다시 말해 텔로미어는 염색체의 끝부분을 막고 있는 분해되지 않는 완충 지역이라 할 수 있다. 하지만 세포가 분열되면서 텔로미어의 소실이 일어나게 되고 이 소실된 텔로미어를 보충해주는 것이 '텔로머레이스'라는 효소이다. 그러면 텔로머레이스는 노화를 막는 불로장생의 영약이 될 수 있을까?

2015년 노벨상 수상자로 DNA 복구 메커니즘을 발견한 토마스 린달, 폴 모드리치, 아지즈 산자르 세 사람이 공동수상했다. 노벨위원회는 '분자적 수준에서 어떻게 세포가 손상된 DNA를 복구하고, 유전적 정보를 복구하는지에 대해 밝혔으며 특히, 살아있는 세포의 근본적인 기능과 새로운 암 치료에 대한 정보를 인류에게 제공했다'고 수상자로 결정한 이유를 밝혔다.

인체의 DNA는 자외선, 활성산소종, 발암물질들에 의해 매일 손상을 받는다. 생물체의 DNA는 생명체 자체와 종의 유지를 위해서 가장 안정적으로 보존되어야 할 중요한 생체물질이다. DNA 손상으로부터 복구하는 것이 생명의 가장 근본적인 요건이다. 이러한 외부적 공격이 없어도 인간의 DNA는 인체 내부적으로도 불안정하다.

세포의 유전체로부터 매일매일 자발적인 변화들이 발생한다. 인간의 몸에서 매일마다 수백만 번 일어나는 세포분열에서 DNA가 복제할 때마다 다수의 돌연변이들이 발생할 수 있다. 이와 같은 내부적 또는 외부적 요인에 의해서 DNA의 손상이 일어날 경우 노화의 가속화가 일어날 수 있다. 이와 더불어 노화된 세포의 특징인 DNA 손상의 축적은 암 발생의 확률도 높인다. 우리의 유전물질이 화학적 혼동으로 붕괴되지 않는 이유는 이와 같은 DNA 손상을 복구할 수 있기 때문이다. 이와 같은 DNA 손상의 복구가 가능함에도 불구하고 일부 손상은 북구되지 않은 상태로 축적이 되기 때문에 유전체 무결성(genome integrity)이 손상된다.

본 「DNA 대사와 유전체 무결성」에서는 세포 유전체의 결점이 없는 상태인 '무결성' 상태를 유지하기 위한 기작과 이러한 유전체 무결성이 유지되지 못할 때 발생하는 현상에 관하여 살펴보고자 한다.

일부 연구 논문에서 그림을 발췌하기도 하였으며 일반 독자들이 이해하기 어려운 복잡한 내용도 포함하고 있는데 이에 대해서는 독자들의 이해를 바란다. 앞으로 보완할 부분이 있을 것으로 생각되며 독자들의 관심을 바란다. 끝으로 책이 나오기까지 애써주신 탐구당 담당자들께 감사를 드린다.

저자 오 상 진

목차

머리말 4

01 DNA, 염색체, 유전체 불안정성 14

1. DNA의 구조 15
2. 진핵생물의 염색체 구조 17
3. 동원체와 텔로미어 22
4. 유전체 23
   - 4.1 인간 유전체의 유전자 배열은 논리적이지 않다 24
   - 4.2 반복적인 DNA는 인간 유전체의 중요요소이다 25
   - 4.3 레트로트랜스포존은 인간 유전체의 상당 부분을 차지한다 27
5. 유전체의 불안정성 27
   - 5.1 일반적인 유전체 상황 28
   - 5.2 유전체 불안정의 원인 28
   - 5.3 신경 질환 및 신경근육 질환에서 유전체 불안정 31
   - 5.4. 암에서 유전체 불안정 32

02 돌연변이와 돌연변이의 원인 36

1. 돌연변이 38
   - 1.1 돌연변이는 자연적인 상태에서도 일정한 비율로 발생하고 있다 38
   - 1.2 DNA는 가수분해와 탈아미노화에 의해 자연적 손상이 일어난다 39
2. DNA 돌연변이의 원인 41
   - 2.1 DNA 손상의 원인 42
   - 2.2 DNA는 알킬화, 산화 및 자외선에 의해 손상을 받는다 43

03 활성산소종(ROS) 47

1. '활성산소종'이란 과연 무엇인가? 49
2. 활성산소종의 생성기전 55
   - 2.1 미토콘드리아와 활성산소종 55
   - 2.2 활성산소종을 생성하는 세포효소반응 58
   - 2.3 자외선과 활성산소종 59
3. 활성산소종과 DNA 손상 60
   - 3.1 DNA 복구기작 61

04 세포분열과 다운증후군 65

1. 진핵세포의 염색체들은 상동적 쌍으로 존재한다 66
2. 세포주기 68
3. 세포주기의 조절체계 68
   - 3.1 G1/S 체크포인트는 다시 되돌릴 수 없는 시점이다 69
   - 3.2 G2/M 검문지점은 세포구조의 대규모 재배열을 위한 시점이다 70
   - 3.3 사이클린과 CDK가 DNA 복제를 시작한다 70
   - 3.4 인산화효소 억제단백질(CDKI)의 결합 72
   - 3.5 DNA 복제에는 많은 단백질들이 관여한다 73
   - 3.6 세포주기의 일부 세포는 세포주기에서 빠져나와 G0기로 진입할 수 있다 73
4. 유사분열 74
   - 4.1 DNA 무결성(integrity)은 체크포인트와 복구기작의 작용으로 일어난다 75
   - 4.2 염색체 정렬은 유사분열 방추사조립 검문지점에 의해 보증된다 75
   - 4.3 세포질분열은 유사분열이 끝난 후에만 일어난다 76
5. 유사분열의 단계 77
6. 감수분열의 단계 77
   - 6.1 제1감수분열 78
   - 6.2 제2감수분열 80
7. 염색체의 변화 80
   - 7.1 염색체 구조의 변화 82
   - 7.2 염색체 수의 변화 83
8. 다운증후군 84

05 DNA 대사 85

1. DNA의 복제 87
   - 1.1 원핵생물의 DNA 복제 87

1.2 진핵생물의 DNA 복제 89
1.3 DNA 중합효소는 DNA 복제의 주효소이다 90
1.4 DNA 복제에는 여러 종류 단백질들이 필요하다 91
1.5 헬리카제는 새로운 DNA 합성을 위하여 DNA를 풀어서 주형가닥을 노출시킨다 92
1.6 RNA 프라이머는 DNA 중합효소가 새로운 DNA 가닥을 합성하기 위한 시작점을 제공한다 93
1.7 DNA 복제는 매우 정확하다 93
1.8 DNA 중합효소의 종류는 다양하다 94
1.9 텔로머레이스는 선형 DNA 분자들 끝에서의 특별한 복제 문제점을 해결한다 96

2. DNA의 전사(Transcription) 97
2.1 분자수준에서 유전자는 전사되어 기능적 산물을 생산한다 97
2.2 RNA 중합효소가 RNA 합성을 주도한다 98
2.3 진핵세포의 전사는 기본적으로 원핵세포의 전사와 유사하지만 더 많은 단백질들이 관여한다 99

3. 진핵세포에서의 RNA 가공 100
3.1 스플라이싱은 인트론의 제거와 엑손의 연결을 포함한다 101
3.2 RNA 가공은 진핵생물 mRNA 말단에 5′ 모자(cap)와
3′ poly(A) 꼬리를 추가하는 것을 포함한다 102

4. 재조합 103
4.1 상동재조합 104

5. 전위(transposition) 106
5.1 복제적 전위와 비복제적 전위 108
5.2 비정통적 재조합 108
5.3 레트로트랜스포존은 RNA 중간체를 이용하여 이동한다 110

6. 후성유전학 111
6.1 노화동안의 후성유전학적 변화 111
6.2 노화동안의 DNA 메틸화 변화 112

06 DNA 손상과 복구 114

1. 유전체의 손상 116

2. DNA 복구(repair) 기작 119
2.1 염기 절제 복구(Base excision repair, BER) 122
2.2 뉴클레오티드 절제 복구(Nucleotide excision repair, NER) 124
2.3 불일치 복구(Mismatch Reapir, MMR) 130
2.4 상동재조합 복구(Homologous recombination, HR) 131
2.5 비상동말단연결 복구(none homologous end joining : NHEJ) 132

3. DNA 손상 반응(damage response) 134
3.1 감지기(Sensors) 135
3.2 변환기(Transducers) 135

3.3 효과기(Effectors) 138

07 DNA 손상과 p53 140

1. DNA 복구와 p53 141
1.1 뉴클레오티드 절제 복구(NER)과 p53 143
1.2 염기 절제 복구에서 p53의 기능 146
1.3 Mismatch repair에서 p53의 기능 149
1.4 이중가닥 절제 복구과 재조합 과정에서 p53의 기능 150
1.5 p53과 RecQ helicase 153
2. 유전체 안정성과 p53 154
2.1 p53은 유전체 불안정성을 차단한다 155
2.2 DNA 손상은 p53을 활성화한다 157
2.3 염색체 이수성, 배수성과 p53 158
2.4 p73은 유전체의 안정성을 돕는다 160
2.5 돌연변이 p53은 ATM 경로 억제를 통해 유전적 불안정성을 증가시킨다 161

08 p53과 이동성 유전인자 163

1. 서론 164
2. 반복 요소repetitive elements에 숙주가 선택한 기능이 존재하는가? 166
3. p53 단백질은 반복 요소가 이동하는 것을 제한한다 167
4. p53이 반복 요소repetitive elements를 억제할 수 있도록 하는 기작 169
5. 결론 171

09 텔로미어와 유전체 보호 174

1. 텔로미어의 구조 및 유지 174
1.1 텔로미어 DNA와 G-사중가닥체 174
1.2 쉘터린 176
2. 텔로미어 기능이상의 분자적 기반 183
2.1 유전체 불안정성에서 텔로미어 "uncapping"의 역할 183
3. 유전체 불안정성의 근원, 텔로미어 184
3.1 유전체 불안정성과 텔로머레이스 184
3.2 유전체 불안정성과 쉘터린 단백질 186
4. 텔로미어의 텔로머레이스-매개 신장 187
4.1 인간 텔로머레이스의 세포주기에 의해 조절되는 수송 187
4.2 텔로미어에 모집과 쉘터린과 연합 188

10 유전체 안정성과 CST의 역할 191

1. 텔로미어 복제과정 개요 192
2. CST 복합체 195
   - 2.1 CST 복합체의 보존 195
   - 2.2 DNA 결합 활성 197
   - 2.3 DNA 중합효소 알파-프리마제의 자극 198
3. 세포 생존을 위한 CST의 중요성 199
4. 텔로미어 복제에서의 CST 역할 200
   - 4.1 텔로머레이스 억제와 C-가닥 채우기 200
   - 4.2 텔로미어 듀플렉스 복제 201
5. 복제 정지 후에 유전체 전체의 복제 복구에서 새로운 역할 202
   - 5.1 반복적인 DNA 요소의 복제 202
   - 5.2 휴면 복제원점 활성화 203
   - 5.3 유사분열에서 복제되지 않은 DNA가 초래하는 결과 205
6. CST와 질병 206
   - 6.1 코츠 플러스와 선천성 이상각화증 206
   - 6.2 암 208

11 유전체 안정성과 WRN 단백질 209

1. DNA 복제기작에서 WRN 단백질의 역할 211
2. DNA 복구기작에서 WRN 단백질의 역할 213
   - 2.1 RecQ helicase와 WRN 213
   - 2.2 p53-매개 경로(p53-mediated pathway)에서 WRN의 역할 216
   - 2.3 DNA repair 경로에서 WRN의 기능 218
3. 텔로미어에서 WRN 단백질의 역할 221
   - 3.1 WS 세포에서 보이는 스트레스 반응과 텔로미어 기능장애 221
   - 3.2 텔로미어에서 WRN의 역할 224
   - 3.3 텔로미어 대사과정에서 WRN의 역할 226
   - 3.4 m*Terc*$^{-/-}$ *Wrn*$^{-/-}$ 돌연변이 생쥐는 인간 WS(워너증후군) 모델이 된다 228
   - 3.5 m*Terc*$^{-/-}$ *Wrn*$^{-/-}$ 세포의 텔로미어에서는 상동재조합 증가와 ALT 경로의 진행이 일어난다 229

12 유전체 불안정성과 조로증 232

1. 조로증 233
2. 워너증후군 235
3. 허친슨-길포드 조로증후군 238

3.1 샘 번스와 조로증 연구재단 240
3.2 허친슨-길포드 조로증후군 특성 242
3.3 HGPS 조로증의 원인 유전자 245
3.4 라민 A 생합성과 post-translational processing 248
3.5 HGPS 조로증에서의 유전체 불안정성 250
3.6 텔로미어 유지에 대한 라민 A의 역할 254
3.7 조로증 대사에 관한 쥐 모델 255
3.8 허친슨-길포드 조로증후군과 대사적 기능이상 256

4. 코케인증후군 257

5. 블룸증후군 259

13 색소성 건피증 261

1. XP의 역사 262

2. XP의 분자생물학 264
2.1 햇빛 노출과 피부암과의 관계 264
2.2 자외선으로 인한 피부 손상 및 피부암 발생에서 일광화상의 역할 265
2.3 광노화의 모델 266
2.4 임상 연구 모델: 피부암의 화학예방법 267
2.5 손상인자에 대한 민감성의 특이성 268
2.6 DNA 복구-발암의 분자 메커니즘 268
2.7 신경퇴행을 동반하는 XP 272
2.8 DNA 복구장애를 가진 가족 내에서의 관계 273

14 헌팅턴 무도병 276

1. 헌팅턴병 연구의 역사 277
1.1 헌팅턴병의 발견 277
1.2 헌팅턴 유전자의 발견 278

2. 헌팅턴병의 증상 282

3. 야생형 헌팅틴 단백질: 구조 및 기능 282

4. 헌팅턴병의 발병기전 286
4.1 돌연변이 헌팅틴의 응집체 형성 286
4.2 유전자 발현의 dysregulation 288
4.3 헌팅틴은 스캐폴드 단백질로 작용한다 290
4.4 단백질 분해 시스템의 손상 290
4.5 미토콘드리아 기능장애 291
4.6 응집체의 세포 간 전달 292

5. 결론 295

15 유전체 불안정성과 암 294
1. 종양형성의 주된 동력으로서의 유전체 불안정성 295
2. 유전체 무결성을 유지하는데 사용되는 주요 기작 296
2.1 DNA 복제의 정확성 296
2.2 산발적인 DNA 손상에 대한 오류-없는 복구(error-free repair) 297
3. 유사분열 단계에서 정확한 염색체 분리 299
4. 세포주기 진행을 조정하는 체크포인트 299

16 아폽토시스 301
1. 세포예정사 302
1.1 자가포식 303
1.2 괴사(necrosis) 304
1.3 아폽토시스 305
1.4 네크로톱시스 307
2. 아폽토시스 기작 307
2.1 아폽토시스의 유전적 조절 310
2.2 카스파제(Caspases) 312
2.3 Bcl-2 단백질 family 314
2.4 수용체-매개 아폽토시스(receptor-mediated apoptosis) 316
2.5 미토콘드리아-매개 아폽토시스 317
2.6 생존신호와 아폽토시스 319
2.7 포식작용에 의한 아폽토시스소체의 제거 320

참고문헌 323
색인 354

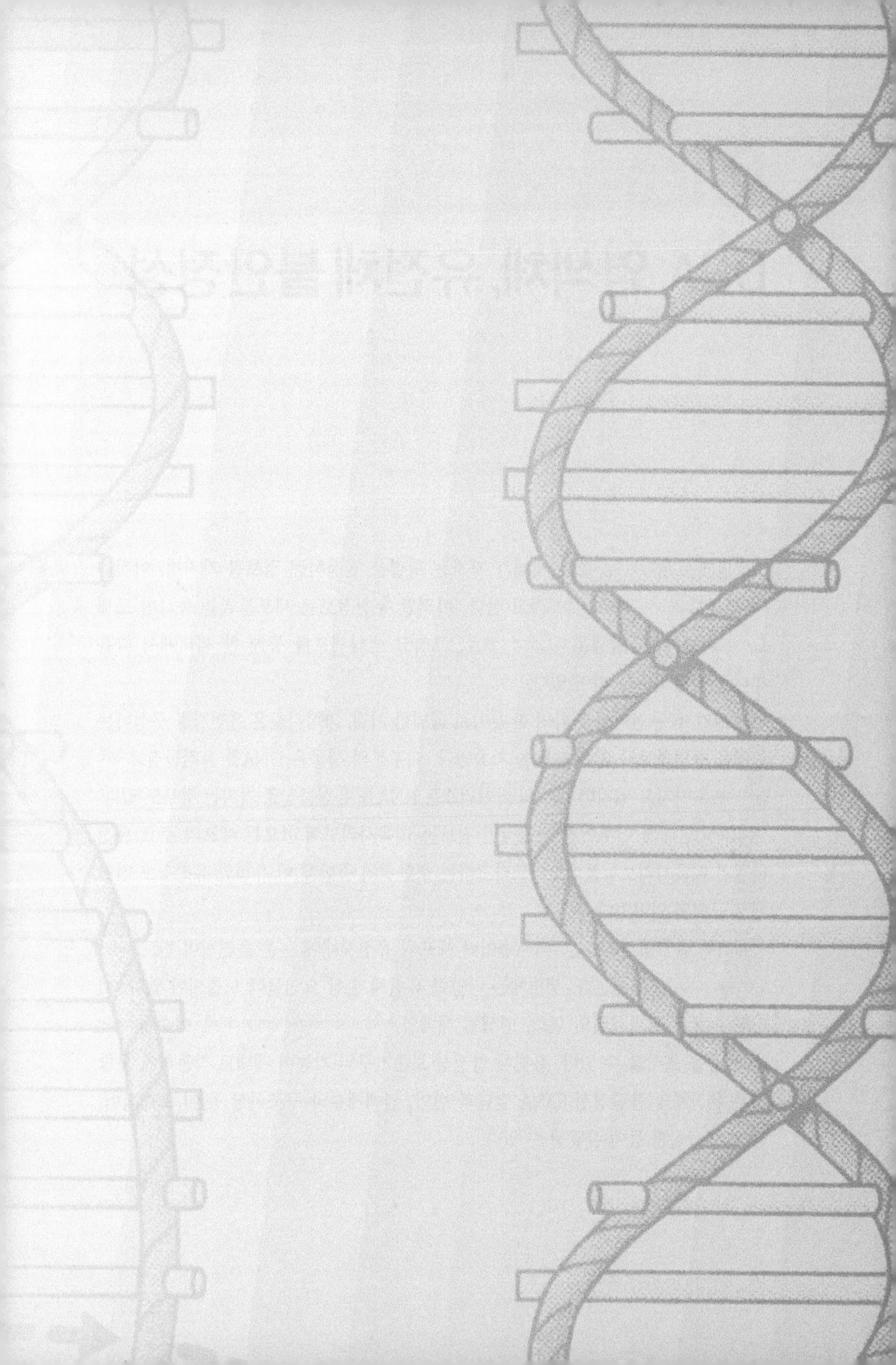

01

DNA, 염색체, 유전체 불안정성

생명체는 종species 또는 개체가 가지는 형질을 결정하는 정보를 가지며, 이것을 "유전정보genetic information"라고 한다. 이러한 유전정보는 세포분열을 통하여 모세포mother cell에서 딸세포daughter cell로, 그리고 생식세포를 통해 한 세대에서 다음 세대로 전달되도록 되어 있다.

20세기 초 유전학이 과학의 한 분야로 출범한 이래, 과학자들은 유전자를 구성하는 물질을 규명하고자 많은 노력을 기울였다. 대부분의 생물은 DNA를 유전물질genetic material로 가지고 있지만 소수의 바이러스는 RNA를 유전물질로 가지는 경우도 있다. 1940-50년대에 이루어진 결정적인 진보는 데옥시리보핵산(모든 세포의 주요 유전물질인 데옥시리보뉴클레오티드라고하는 소단위의 중합체)이 유력한 유전정보 전달체로 규명된 일이었다.

유전체 불안정성genome instability이란 세포의 유전체내에 높은 돌연변이 빈도mutation frequency를 일컫는다. 생명체는 다양한 유전체 손상 요인들에 노출되어 있다. 이러한 손상은 염기서열의 변화, 염색체 재배열chromosomal rearrangement, 이수성aneuploidy 등을 초래할 수 있다. 유전체 안정성 보존기구의 기능이 제대로 작동하지 못할 경우 유전체의 불안정성 (DNA 절단과 변이, 염색체수와 구조이상 등)이 초래되어, 암, 퇴행성질환 등이 유발될 수 있다.

1. DNA의 구조

DNA 구조를 이해하기 오래 전부터 생물학자들은 유전자가 19세기에 알려진 염색체chromosome, 즉 진핵세포의 분열 초기에 핵 내에 나타나는 실 모양의 구조물이 존재하고 있다는 사실을 깨달았다. 그 후 생화학적 분석이 이루어져 염색체는 DNA와 단백질로 구성되었다는 것이 밝혀졌다. 그러나 DNA와 단백질, 그 어느 것이 유전정보를 담고 있는 유전물질인지는 그 당시에는 확실하게 결정되지 못했다. 그 당시 DNA는 화학적으로 유사한 네 가지 소단위체로 구성된, 긴 중합체long polymer라고 생각되었기 때문에 네 개의 염기라는 그 단순성으로 인하여 여러 가지 복잡한 특성을 보관하는 유전물질로서 작용하기에 부족하다고 생각되었다. 1950년대 초, 분자의 3차원적 원자배치를 구명하는 X-선 회절분석을 이용하여 DNA 분석이 시도되었으며, 이 결과 DNA는 두 개의 사슬이 나선helical모양으로 꼬인 구조를 가지고 있음이 밝혀졌다. DNA가 이중나선double helix으로 구성되었다는 발견은 1953년 DNA 구조의 올바른 모델을 제시할 수 있는 중요한 실마리를 제공하였다.

1953년 왓슨James D. Watson과 크릭Francis Crick은 처음으로 DNA의 이중나선 구조를 밝히고 DNA가 유전물질이 될 수 있는 필수요건을 갖춘 구조를 가졌다고 제안하

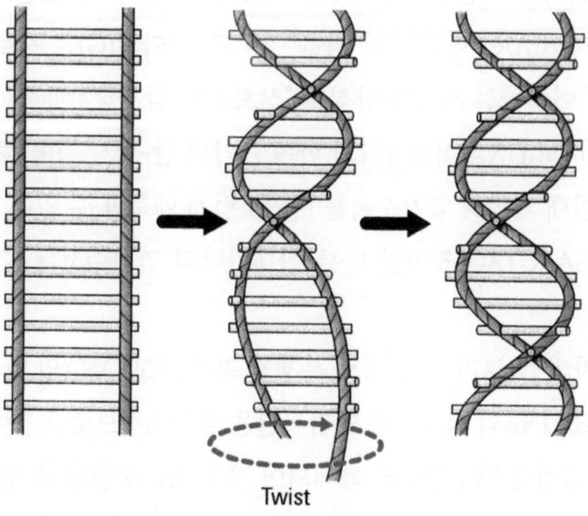

[그림 1.1] 줄사다리 모양은 DNA 구조에 비유할 수 있다. (Campbell, 2007)

였다. DNA는 당sugar, 인산기phosphate, 질소nitrogen를 포함하는 염기base 등으로 구성된 이중나선 구조이다. 비유하면 전체적인 모양이 줄사다리를 꽈배기처럼 꼬아놓은 것과 유사하다.

사다리의 양쪽 축에 해당하는 것이 DNA 구조에서는 5개의 탄소를 포함한 당과 인산기가 교대로 반복해서 연결하여 "골격backbone[비유하면 줄사다리의 줄에 해당]"을 이루는데, 반대편 축을 구성하는 당과 인산기를 연결하는 방향이 역방향성anti-parallel이다. 즉, 한 사슬의 극성방향이 다른 사슬의 극성방향과 반대로 위치할 때만, 각 염기쌍이 이중나선의 내부에 맞아 들어가게 된다. DNA 사슬은 뉴클레오티드 소단위체가 결합하는 양상에 따라 극성polarity을 갖게 되는데, 즉 한쪽 끝은 5′ 인산기를, 다른 끝은 3′ 수산기(OH)를 갖게 되므로 양쪽 끝을 쉽게 구분할 수 있다. 이와 같이 극성을 지닌 DNA의 한쪽 끝을 "3′ end(말단)", 그리고 다른 한쪽 끝을 "5′ end(말단)"이라 부른다.

사다리를 밟고 올라가는 "가로대[비유하면 줄사다리의 막대기]"에 해당하는 것으로 DNA 구조에서는 질소(N)를 포함하는 4종류의 염기가 있다. 즉, 퓨린계로 아데닌(A, adenine)과 구아닌(G, guanine), 피리미딘계로 시토신(C, cytosine)과 티민(T, thymine)이다. 이들 염기는 한쪽 축을 이루는 5탄당의 제1탄소와 결합하여 안쪽으로 향하고, 반대쪽 축을 이루는 당과 결합한 염기가 안쪽으로 향하여, 두 개의 염기들 사이를 수소결합에 의하여 결합하여 단단한 수평인 "가로대"를 만든다. 이때 염기들의 결합은 항상 아데닌(A)는 티민(T)과 쌍을 이루고, 구아닌(G)은 시토신(C)과 쌍을 이룬다. 이와 같은 이중나선 가닥의 방식을 "상보적인 염기쌍complementary base-pairing"이라 부른다. 따라서 DNA 이중가닥의 한쪽 가닥의 당-인산 축에 결합된 염기서열이 밝혀지면 다른 반대 가닥의 염기순서를 자연스럽게 예측할 수 있다. 즉, 한 가닥의 염기순서가 5′-GGAACTAG-3′이면 다른 반대가닥의 염기순서는 5′-CTAGTTCC-3′임을 알 수 있다.

부모의 한 분자의 DNA가 두 분자로 복제될 경우 부모 DNA의 한 축의 염기서열이 새로 합성되는 딸 DNA의 상보적인 염기서열을 결정해주므로 똑같이 복사할 수 있어서 결국 부모의 유전물질이 정확히 복제되어 자손으로 전달될 수 있게 된다. 또한 이중 고리double ring 구조를 가진 퓨린계와 단일 고리single ring 구조를 가진 피리미딘계

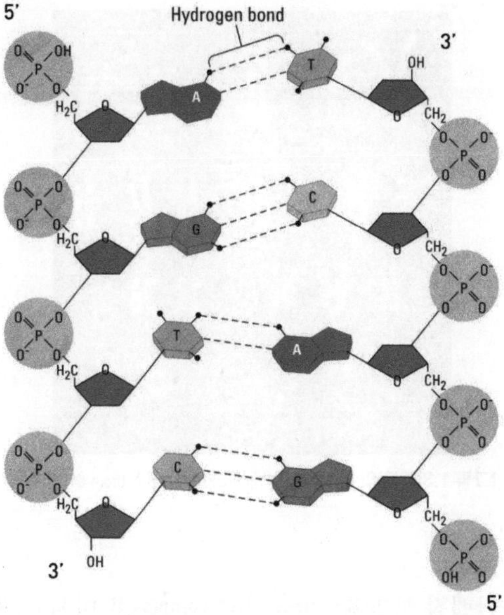

[그림 1.2] DNA의 구조.
상보적 염기쌍의 법칙에 따라 A는 T와, G는 C와 쌍을 형성한다. 그래서 한 가닥의 유전정보를 알면 다른 가닥의 유전정보를 예측할 수 있다. 그리고 한 가닥의 방향성은 다른 가닥의 방향성과 반대로 향하고 있다.

가 항상 쌍을 이루어, 지구상에 서식하는 모든 생물이 가지는 DNA 분자의 지름은 일정하게 2.0 nm를 이룬다.

2. 진핵생물의 염색체 구조

원핵생물은 주로 하나의 원형circular의 염색체를 포함한다. 진핵생물은 유전체의 크기가 원핵생물보다 커지고, 유사분열과 감수분열을 진행하기 때문에 하나의 원형 염색체circular chromosome보다는 여러 개의 선형 염색체linear chromosome 형태로 나뉘는 전환이 일어났다. 하나의 염색체는 선형 형태의 DNA 중합체 사슬이며 각 구획을 크게 나눠보면 동원체centromere, 진정염색질euchromatin, 이질염색질heterochromatin, 텔로미어telomere로 구성된다. 텔로미어는 non-coding 지역으로 일정염기가 수없이 반복되어있는 형태를 보이고 있다. 텔로미어는 반복적인 DNA 서열과 텔로미어 결합 단

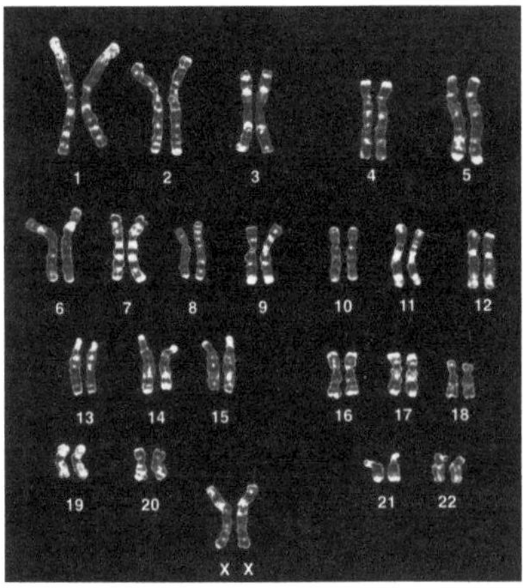

[그림 1.3] 인간의 염색체는 이배체(diploid)이다. (from Starr, 2009)

백질로 구성된 핵산단백질 복합체nucleoprotein complex로 마치 염색체 끝에 모자를 씌워('capping, 캡핑') 염색체 불안정성을 방지한다. 진핵세포에서 대단히 긴 이중나선 DNA 분자는 염색체에 포장되어 핵 내부 공간에 적절하게 맞춰 들어가야 하고 세포 분열 시에 두 개의 딸세포에 균등하게 분배되어야 하는데, 선형 염색체는 이러한 역할을 잘 수행할 수 있다. DNA를 포장하는 복잡한 일은 DNA와 DNA 결합단백질들의 상호작용으로 이루어지는데, 이에 따라 뒤얽힘이 없이 연속적인 나선과 고리구조로 구성된 고차원적 응축구조를 갖추게 된다.

사람은 32억 염기쌍으로 구성된 DNA를 유전물질로 가지고 있으며 핵 안에 있는 DNA는 46개의 DNA 분자로 나뉘어져 있고, 그 속에는 대략 21,000 여개의 유전자를 포함하고 있다. 이와 같이 핵 안의 DNA는 여러 개의 염색체들에 나뉘어 분포한다. 굉장히 긴 한 개의 선형 DNA 분자로 이루어진 각 염색체는 단백질과 결합하여 접혀지고 포장되어 더욱 조밀한 구조를 형성하게 된다. 이와 같은 DNA 및 단백질 복합체를 "염색사 또는 염색질(chromatin, 크로마틴)"이라 부른다. 염색체는 DNA 포장에 관련한 단백질뿐만 아니라, 다른 종류의 단백질과도 결합하여 유전자 발현gene expression, DNA 복제DNA replication 및 DNA 복구DNA repair 과정에 관여한다. 각각의 염색체를 구별할 수 있는 전통적인 방식은 특정 DNA 서열과 결합하는 염료로 염색체를 염색하는 것이다. 이러한 염료는 DNA 상에 A-T 염기쌍이 많은 염기서열과

G-C 염기쌍이 많은 염기서열에 선택적으로 결합함으로써, 각각의 염색체는 확실하고 독특한 "줄무늬band" 형태를 나타낸다. 이러한 줄무늬는 각 염색체를 특이하게 잘 구분될 수 있도록 함으로써 염색체마다 고유한 번호를 부여하는 것이 가능하다. 46개로 구성된 사람의 염색체의 완전한 세트를 나열하는 작업을 "핵형karyotype"이라고 부른다.

염색체의 가장 중요한 기능은 유전현상의 기능적 단위인 유전자gene를 담고 있는 것이다. "유전자"는 특정 단백질을 제작하는데 필요한 정보를 가진 DNA 단편으로 정의한다. 하지만 이러한 정의가 대부분의 경우에 유효하지만 일부 유전자의 경우는 최종 생성물이 단백질protein이 아니고 RNA 분자molecule인 경우도 있다. 하나의 유전자를 'gene'이라고 부른 것에 비교하여 하나의 생물체에 존재하는 총체적 유전정보의 합은 "게놈genome"또는 "유전체"라고 부른다. 인간 유전체 서열은 32억 염기쌍base pairs으로 구성되어 있다. 인간 유전체의 전체 서열이 판독되기 전까지 100,000개 정도의 단백질 암호화 유전자가 있을 것으로 예상했었다. 그러나 전체 유전체 서열이 밝혀진 현재 추정치는 20,000-25,000개이다. 비록 단백질 암호화 개수는 예상보다 적지만 인간이 만드는 단백질의 총 개수는 100,000개 정도가 된다. 이 증가된 단백질의 개수는 mRNA 가공과정에서의 선택적 이어맞추기alternative splicing와 단백질 변형과정에서의 차이에 의한 것이다.

단백질 암호화 염기서열은 인간 유전체에서 단지 2% 미만을 차지한다. 인트론이 유전체의 또 다른 24%를 차지한다. 유전체의 거의 3/4에 해당하는 나머지 DNA는 유전자들 사이의 공간을 차지하고 있다. 이러한 유전자 간 DNA의 일부는 프로모터와 같은 조절서열regulatory sequence 기능도 갖고 있기는 하지만, 전체 50% 이상이 지금까지 알려진 기능이 없는 반복적repetitive 서열로 구성되어 있다.

기능적인 염색체를 형성하기 위하여 DNA 분자는 단순히 유전자를 갖고 있는 것 외에 다른 일도 해야 한다. 염색체는 복제를 수행하고, 복제본replica을 분리하여 세포분열 시에 딸세포에 온전한 상태로 나누어 주어야 한다. 이러한 과정은 "세포주기cell cycle"라 불리는 일련의 단계를 통하여 이루어진다. 세포주기는 염색체가 복제되는 시기인 "간기interphase"와 염색체가 두 개의 딸세포 핵으로 분포되는 시기인 "유사분열mitosis"로 크게 나눌 수 있다. 각 염색체들은 "복제원점replication origin" 즉, 복제가 시작되는 지점을 가지고 있어서 효과적으로 복제될 수 있다. 진핵세포 염색체는 여러 개의 복제원점을 가지고 있어서 전체 염색체를 신속하게 복제할 수 있다. 다른 DNA 서열은 "말단소체(telomere, 텔로미어, 말단소립 등으로 불린다)"를 형성하는데, 이는 염색체의 양쪽 말단에서 발견된다. 말단소체는 염색체 말단이 복제되는데 반드시 필요한 반복서열을 갖고 있다. 선형 염색체의 끝부분은 DNA가 절단된 상태와 본질적으로 다르지 않기 때문에 DNA 손상으로 생각될 가능성이 커서 다른 염색체와 서로 융합fusion되는 반응이 일어날 수 있다. 따라서 선형 염색체를 원래 형태 그대로 잘 보존하기 위해서는 텔로미어 부분에서 DNA 손상을 인식하는 프로그램이 작동하지 않도록 억제돼야 한다. 말단소체는 염색체 말단 부위가 복구기작을 필요로 하는 절단된 DNA로 오독mis-understanding되는 것을 방지하는 기작을 가지고 있다.

모든 진핵세포에서 DNA는 간기나 분열기나 상관없이 염색체 형태로 포장되어 있다. 예를 들어 짧은 염색체 중의 하나인 22번 염색체는 약 4,800만 개의 염기쌍을 갖고 있는데 이것을 길게 펼치면 DNA 길이는 1.5 cm나 된다. 그런데, 유사분열시에는 22번 염색체의 길이는 2 μm 크기에 불과하다. 이는 펼쳐져 있을 때보다 약 10,000배가량 더 응축된 것이다. 이와 같이 가공할 만한 압축은 DNA를 꼬고 접어서 고도로 작은 세포 안에 들어갈 수 있도록 해준다.

DNA와 결합하여 진핵세포 염색체를 형성하는 단백질은 히스톤histone과 비히스톤nonhistone 염색체 단백질의 두 종류로 구분할 수 있다. 이와 같은 두 종류의 단백질들과 DNA가 복합체를 이룬 것을 '염색질chromatin'이라 부른다. 1974년 염색질의 가장 기본적인 응축단계인 "뉴클레오솜nucleosome"구조가 발견되었다. 세포의 핵을 조심스럽게 부수어 전자현미경으로 관찰해보면 대부분의 염색질은 약 30 nm 직경의 섬유모양을 하고 있다. 이 염색질을 부분적으로 풀어주면 "줄에 매달린 염주"처럼 보인다. 줄은 DNA이고 각 구슬은 히스톤으로 만들어진 핵심 단백질 주위를 두 번 감싸고 있는 DNA로 구성된 "뉴클레오솜 핵심입자core particle"이다.

뉴클레오티드 사이를 절단하여 DNA를 분해하는 핵산가수분해효소를 염색질에 처리하여 뉴클레오솜을 처음으로 분리함으로써, 뉴클레오솜의 구조가 밝혀지게 되었다. 뉴클레오솜 핵심입자 사이에 노출된 "연결자linker" DNA는 핵산가수분해효소를 짧게 처리함으로써 쉽게 분해된다. 각각의 뉴클레오솜 핵심입자는 8개의 히스톤 단백질과 이 주위를 둘러싸는 146 뉴클레오티드 쌍의 DNA로 구성되어 있다. 연결자linker DNA는 두 개의 뉴클레오솜 핵심입자 사이에 위치하는데, 그 길이는 몇 개의 핵산에서부터 80 여개 뉴클레오티드에 이르기도 한다. DNA 분자는 뉴클레오솜 구조를 형성하면 처음 길이의 1/3 정도로 응축된 염색질이 되며, 이 상태가 DNA 응축의 첫 단계가 된다. 더욱 응축된 유사분열 염색체는 광학현미경으로도 관찰할 수 있게 된다.

유사분열이 끝난 딸세포 유사분열 염색체는 '간기interphase 염색체'로 불리게 된다. 그러나 간기 염색체 내 염색질이 염색체 전체에 걸쳐 모두 동일한 응축 상태를 나타내지는 않는다. 간기 염색체 중 일부분은 다른 부분에 비해 신장되어 있으며, 부위에 따라 각기 다른 응축 상태를 보인다. 간기 염색질 중 가장 응축된 형태를 "이질염색질heterochromatin"이라고 한다. 이질염색질 부분은 광학현미경에서 매우 선명하게 염색되는 염색질 부위를 말하며 전체 염색체의 약 10%를 차지하며, 포유류의 염색체는 "동원체centromere" 부위와 염색체의 양쪽 말단의 "말단소체telomere"에 집중되어 있다. 이질염색질로 접혀있는 DNA의 대부분은 유전자를 갖고 있지 않으며 반복서열repetitive sequence을 많이 포함하고 있다. 그러나 이질염색질 안으로 응축된 유전자들은 대개 유전자가 발현되는데 있어서 방해를 받고 있다. 이것은 이질염색질이 대개 압축되어 있기 때문이다. 간기 염색질의 나머지 부분은 "진정염색질euchromatin"이라 부르며 전사기구가 접근하기 쉽도록 덜 응축된 형태로 되어 있다.

생식세포를 제외한 인간의 각 세포들은 염색체당 2개의 사본을 가지고 있으며, 이 때문에 "이배체diploid"라고 부른다. 각 염색체 쌍의 두 구성체를 상동염색체homologous chromosome라고 한다. 각 상동염색체 쌍의 하나는 아버지에게서, 다른 하나는 어머니로부터 유래한다. 각 유형의 염색체는 2개의 사본으로 존재하므로, 상동염색체들의 쌍으로 표현되는 각 유전자는 2개의 사본으로 존재할 것이다. 각 유전자의 "대립유전자allele"라고 불리는 두 형태들은 동일할 수도 있고 조금 다를 수도 있다. 만약 주어진 두 상동염색체의 두 대립유전자allele가 동일하면, 그 사람은 그 유전자에 대해 "동형접합성homozygous"이라고 말할 수 있다. 만일 두 대립유전자가 다르면 "이형접합성heterozygous"이라고 한다.

3. 동원체와 텔로미어

진핵생물 염색체의 두 부위는 특별한 기능을 가지는데 동원체centromere와 텔로미어telomere가 바로 그것이다. 동원체는 체세포분열과 감수분열 동안 염색체의 이동과 관련이 있고, 텔로미어는 염색체의 끝부분을 마무리한다. 동원체는 유사분열 및 감수분열 동안 방추섬유가 연관되는 각 염색체의 영역을 말한다. 동원체에 대한 대부분의 유전학적 지식은 효모yeast 연구에서 나왔다. 효모에서 대부분 인공적으로 합성된 플라스미드plasmid는 체세포분열 동안 손실되므로 유지되지 못한다. 그러나 세포분열 동안 정상적으로 복제되는 플라스미드가 분리되었는데, 아마도 이것은 동원체를 포함하고 있기 때문으로 생각된다. 16개의 효모 염색체 중 15개의 동원체 염기서열을 분석한 결과 효모의 동원체는 3군데의 공통 부위를 갖는 약 250 bp 길이의 부위라고 결론지었다. 효모의 250 bp 길이의 'CEN 부위'는 미세소관의 굵기와 같은 20 nm인데, 이 사실은 효모의 세포분열 동안 각 동원체에 오직 하나의 미세소관이 부착한다는 것을 의미한다. 이 부위를 점 동원체point centromere라고 한다.

고등 진핵생물은 보다 큰 동원체 부위를 가지고 있어 많은 미세소관이 부착한다. 이러한 부위를 지역 동원체regional centromere라고 한다. 지역 동원체는 이질염색질heterochromatin이며 간혹 발현되는 유전자를 포함하기도 하는 독특하고 부수체micro-satellite DNA를 가진 19~100 kb 정도의 부위이다.

텔로미어는 인간 세포의 46개 염색체 말단부위에 붙어있는 구성성분으로 염색체의 나머지 부분하고는 구성 물질과 형태가 다르다. 절단된 염색체는 매우 불안정하기 때문에 염색체 말단에 독특한 염기서열이 있을 것으로 추정되었다. 말단소체의 구조는 단세포 원생동물인 테트라히메나*Tetrahymena*의 말단소체를 효모 플라스미드 DNA에 첨가하는 실험을 통해 처음으로 밝혀졌다. 선형으로 만든 플라스미드에 말단소체 DNA를 첨가하면 플라스미드가 효모의 선형 DNA처럼 복제된다. 이러한 결과는 말단소체가 선형 DNA의 복제에 필요하다는 것을 의미한다.

많은 진핵생물에 있어서 말단 DNA의 염기서열은 서로 유사하며, 한 쪽 가닥에 G 잔기 여러 개를 가지는 단순한 서열이 반복되어 있다. 예를 들면 사람을 포함하는 포유류의 말단소체에는 TTAGGG가, 테트라히메나 말단소체에는 TTGGGG가 수십~

수천 번 반복적으로 배열하고 있다. 이러한 반복배열의 끝에는 항상 짝을 이루지 않은 3′ 단일가닥의 DNA가 공통적으로 존재하는데 이것을 'overhang오우버 행'이라고 부른다. 말단소체 DNA의 반복서열은 염색체의 끝 부분에 고리모양을 이루고 많은 단백질들과 결합함으로써 분해되거나 서로 들러붙는 것을 방지하는 역할을 한다.

텔로미어는 염색체 말단을 보호하기 위한 3가지 방법 중 생물에 따라 하나를 이용하게 된다. 첫째, G가 많은 DNA가 복잡한 구조를 형성하는 것이다. 4개의 구아닌은 서로의 수소결합을 통하여 평면의 G-테트라플렉스(tetraplex, 4중가닥체)를 형성할 수 있다는 것이 알려졌다. 이러한 부위는 잘 풀어지지 않는다. 둘째, 텔로미어의 3′ 말단에 결합하는 단백질이 발견되었다. 섬모충류인 *Oxytricha nova*에서 텔로미어 말단부위 결합 단백질TEBP이 텔로미어 3′ 말단에 결합하여 텔로미어를 보호한다. 마지막으로 't 루프loop'라는 새로운 구조가 포유류의 텔로미어 끝에서 발견되었다. 이 루프는 쉘터린 단백질에 의해 염색체 끝부분에 형성되는데, 이것은 염색체 3′ 말단이 이중나선과 서로 맞물리게 하여 고리를 형성한다.

말단소체는 선형 DNA 말단의 복제에 결정적인 역할을 한다. DNA 중합효소는 길어지는 DNA 사슬을 계속 길어지게 할 수는 있지만, 선형 DNA의 말단에서 새로운 사슬의 DNA 합성을 새로 시작할 수는 없다. 결론적으로 선형 염색체 말단은 DNA 중합효소의 정상적인 활동에 의해서는 복제될 수 없다. 이런 문제는 말단소체의 DNA를 복제하기 위한 역전사효소의 기능을 가진 "텔로머레이스telomerase"존재가 알려짐으로써 해결되었다. 이와 관련된 내용은 9장에서 살펴보기로 한다. 말단소체는 세포의 수명 및 분열 능력의 유지와 관련이 있으며, 이에 대한 연구는 노화 및 암 연구에 매우 중요하다.

4. 유전체

인간의 세포핵 내에 존재하는 유전체는 약 3,200 Mb(메가 베이스)의 DNA로 이루어져 있으며 23개의 염색체로 나뉘어 있다. 각각의 염색체들은 짧게는 48 Mb에서 길게는 250 Mb에 이르는 단일 DNA 분자를 가진다. 전체 유전체 가운데 약 37.5% 정도에 대해 기능이 밝혀졌다. 유전체의 나머지 62.5%는 명확한 기능이 없는 것으로 알려지고 있다.

4.1 인간 유전체의 유전자 배열은 논리적이지 않다

인간의 유전자는 짧게는 100 bp에서 길게는 2,000 kb 이상의 크기를 가진다. tRNA, snRNA small nuclear RNA, snoRNA small nucleolar RNA 유전자가 가장 짧다. 단백질을 암호화하는 유전자 중에는 히스톤 H4 유전자가 406 bp로 가장 작다. 가장 긴 인간 유전자는 하나의 유전자가 2,400 kb 길이에 78개의 인트론을 가진 디스트로핀 dystrophin을 암호화하며, 이 단백질의 결함은 근이영양증 muscular dystrophy의 원인 중 하나이다. 인간 유전체에서 모든 엑손(exon: DNA 염기서열 중 단백질의 구성정보를 담고 있는 부분)들은 전체의 오직 1.5% 정도인 48 Mb 만을 구성한다. 인간의 유전자는 인간 유전체 도처에 균일하게 분포하지는 않는다. 100 kb마다 64개 정도의 유전자가 있는 반면에, 유전자가 덜 밀집된 구역은 각각의 염색체 동원체와 염색체 말단부위이다.

4.2 반복적인 DNA는 인간 유전체의 중요 요소이다

인간 유전체에서 반복적인 DNA는 진핵생물 유전체의 중요한 요소임을 보여준다.

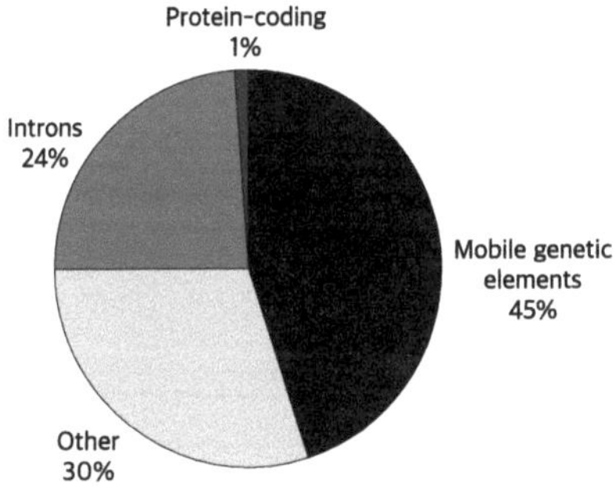

[그림 1.4] 인간 유전체의 주요 구성 요소들.

반복적인 DNA는 2가지 범주로 나눌 수 있다. 첫째는 각각의 반복 단위가 유전체 주변에 무작위하게 반복되는 산재성 반복서열interspersed repeats이다. 둘째로는 반복 단위 여러 개가 직렬로 배열되는 직렬 반복서열tandemly repeated DNA이다. 산재성 반복서열은 다양한 종류의 RNA 레트로트랜스포존retrotransposon을 포함한다. 인간 유전체의 단편에서 대부분의 산재성 반복서열은 LINEs와 SINEs이다. 인간 유전체에는 3가지 형태의 LINEs이 있으며, 그중에 LINE-1은 가장 빈번히 나타나고 여전히 전위transposition가 가능한 유일한 형태이다. LINE-2와 LINE-3는 비활성 형태로 알려져 있다. LINE-1의 길이는 6.1 kb이고 2개의 유전자를 가지고 있다. 2개의 유전자 중 하나는 폴리프로테인polyprotein을 암호화하는데 바이러스 유래 역전사 효소의 pol 유전자 발현 산물과 유사하다. 이 폴리프로테인은 역전사 효소를 포함한다. 인간 유전체에서 LINE-1 구성요소의 오직 1% 만이 전체 길이를 온전히 포함하며, 대부분은 전체 길이를 포함하지 않아 활성이 없고, 전위는 드문 현상이다. LINE-1의 전위는 혈우병을 앓고 있는 몇몇 환자들의 병인etiology이며, 그것의 전위로 인해 유전자가 파괴되어 발생한다. SINEs은 대략 100~400 bp 정도로 LINEs보다 훨씬 짧고, 어떠한 유전자도 포함하지 않는다. 대신에 SINEs는 전위에 필요한 효

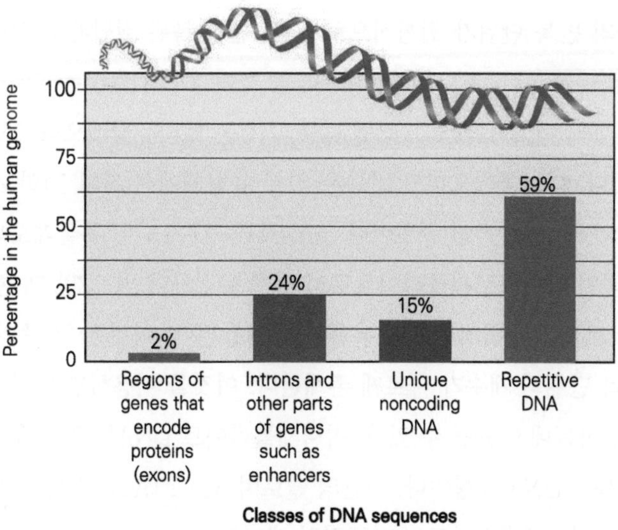

[그림 1.5] 인간의 유전체 중에 반복서열이 반 이상을 차지하고 있다. (from Brooker, 2008)

소를 LINEs에서 "빌려borrow" 사용한다. 영장류 유전체 가운데 가장 대표적인 SINEs는 'Alu'이며, 인간은 약 120만개의 Alu 복사본을 가진다. Alu 서열은 길이가 약 300 bp이며, 제한효소 AluI이 자르는 서열로부터 이름이 유래했다.

직렬 반복 DNA는 또한 '위성satellite DNA'라고 불리는데, 유전체 DNA를 밀도기울기density gradient에서 원심분리하면 직렬 반복서열을 포함하는 DNA 조각들이 "새틀라이트" 밴드를 형성하기 때문이다. 인간 DNA(GC 함량 40.3%)는 1.701 g cm^{-3}의 부유밀도를 갖는다. 단일-사본single-copy 인간 DNA는 밀도 기울기에서 1.701 g cm^{-3} 위치에 밴드를 형성한다. 하지만 형성되는 밴드는 이것이 전부가 아니다. 이 밴드와 더불어 1.687, 1.693, 1.697 g cm^{-3} 위치에 3개의 새틀라이트 밴드를 형성한다. 이 추가적 밴드들은 반복적인repetitive DNA를 포함한다. 반복되는 길이는 5 bp보다 짧거나 200 bp보다 긴 서로 다른 반복 단위를 가지는 여러 형태의 새틀라이트를 포함할 수 있다. 비록 몇 개의 새틀라이트 DNA가 유전체 주변에 산재해 있더라도, 대부분은 인간 염색체의 동원체 부위centromeric regions에 위치한다.

비록 밀도기울기에서 새틀라이트 밴드로 나타나지는 않지만, 다른 두 가지 형태의 직렬 반복 DNA를 "새틀라이트" DNA로 분류할 수 있다. 바로 미니새틀라이트minisatellite와 마이크로새틀라이트microsatellite가 그것이다. 미니새틀라이트는 각각 25 bp 이상의 반복 단위가 20 kb 정도의 집합체를 형성한 것이다. 마이크로새틀라이트는 13 bp 이하의 반복 단위가 전형적으로 5~50번 반복된 집합체를 형성한 것으로 'short tandem repeats(STR)'로 불린다. 예를 들어 TATATATA는 디뉴클레오티드 반복dinucleotide repeat이고, GTCGTCGTCGTCGTC는 트리뉴클레오티드 반복 마이크로새틀라이트이다. 디뉴클레오티드 반복은 전체 유전체에서 거의 14만 개로 마이크로새틀라이트의 가장 일반적인 유형이다. AAAAA와 같은 단일 뉴클레오티드 반복은 다음으로 일반적인 마이크로새틀라이트로서 전체 유전체에 약 12만 개 존재한다. 마이크로새틀라이트는 유전학자들에게 유용하게 이용된다. 이것은 한 종의 서로 다른 구성원에서 반복 단위의 개수가 다르게 존재한다. 이것을 이용하면 인간과 동식물의 유연관계를 확립하는데 이용될 수 있다. 미니새틀라이트 DNA는 염색체의 구조적 특징과 연관된 반복적 DNA 유형이다. 인간의 텔로미어는 TTAGGG 서열의 수백 개 사본으로 이루어진 미니새틀라이트의 대표적인 예이다.

4.3 레트로트랜스포존은 인간 유전체의 상당 부분을 차지한다

인간 유전체에 있는 레트로트랜스포존(RNA를 매개체로 하여 유전체내에서 이동하는 전위인자)은 인간 유전체의 초기 진화 과정에서 일어난 레트로바이러스retrovirus 감염의 흔적이라고 믿어진다. 아마도 돌연변이 축적의 결과로 대부분의 원래 레트로바이러스는 전위능력을 상실하고 따라서 지금은 대부분 고정된 위치에 머문다. 이들은 물리적인 의미에서 인간 유전체의 상당 부분을 차지하고 있는 것이다. 그러나 일부는 전형적인 유전자와 밀접한 유사성을 보이기도 하지만, 이들이 단백질 산물을 만들지 않으므로 '위유전자pseudogene'라고 부른다.

인간 유전체 서열 진화 동안 왜 이들이 남아있는지는 분명치 않다. 아마도 이들은 인간 유전체에서 아직 제거되지 않은 기생parasite DNA로 보일 수도 있을 것이다. 반대로 트랜스포존이 어떤 조절 역할을 하는 기능을 가지고 있어서 진화적으로 아직도 살아남았을 가능성도 배제할 수 없다. 실제로 조상 전위인자와 닮은 기능 유전자들이 인간의 유전체에서 발견되었다. 예를 들면 인간 염색체 말단인 텔로미어telomere를 합성하는, RNA를 포함한 효소인 텔로머레이스와 인간 면역체계에서 유전자 재배열에 관련된 스플라이싱 유전자 등이 있다. 기능이 없을 것 같은 DNA의 존속은 인트론intron에도 적용된다. 인간 유전체의 자료가 연구가 되면 레트로트랜스포존과 인트론의 기능적 의미가 보다 완전히 이해될 수 있는 때가 올 수 있을 것이다.

5. 유전체의 불안정성

유전정보를 가지고 있는 DNA는 생명체에서 가장 안정적으로 보존되어야 할 생체물질이다. 유전체가 불안정하다는 이야기는 유전정보에 돌연변이가 발생하는 경향이 증가한다는 것인데, 이것은 생명체 보존에 대한 매우 위협적인 상황을 초래할 수 있다. 유전체 불안정을 초래하는 인자들은 다양하다. 많은 연구자들이 유전체의 불안정성을 유발하는 인자에 대하여 연구하기 시작했다. 높은 빈도의 외부 유발 DNA 손상은 유전체 불안정의 한 원인이 될 수 있다. 왜냐하면, DNA 손상은 손상 또는 오류를 지나치는 부정확한 '손상통과합성translesion synthesis'을 일으킬 수 있기 때문이다. 유전체 불안정성의 또 다른 원인은 후성유전학적epigenetic 수식modification에 의하거나,

DNA 복구 유전자 돌연변이가 원인이 될 수 있다. 내부적(인체 내부 대사에 의해 발생하는) DNA 손상은 매우 빈번하여, 하나의 인간 세포 유전체에서 하루 평균 수만 건 이상이 발생하는 것으로 알려진다. 그러므로 어떤 이유로 인해서든 DNA 복구능력의 감소가 초래될 경우 유전체 불안정성의 중요한 원인이 될 수 있다.

5.1 일반적인 유전체 상황

일반적으로 특정 종species 개체에 있는 모든 세포는 그 종을 정의하는 일정한 수와 모양의 염색체[이것을 핵형karyotype이라고 한다]를 유지한다. 일부 종은 높은 핵형 변동성을 나타내기도 한다. 인간의 경우에 유전체의 단백질 코딩 영역 내에서 아미노산을 변화시키는 돌연변이는 세대 당 평균 0.35개 발생한다.

때로는 안정적인 핵형을 가진 종에서 정상적인 염색체 수를 수정하는 무작위적 변이가 관찰될 수 있다. 다른 경우에는 표준 염색체 조성을 수정하는 염색체 전좌chromosomal translocation, 결손deletions 등의 구조적 변화를 일으킬 수 있다. 이러한 경우 영향을 받는 생물체가 유전체 불안정성(유전적 불안정 또는 염색체 불안정)을 나타낸다고 말한다. 유전체 불안정의 과정은 종종 이수성aneuploidy의 상황으로 이어지는데, 이수성이란 종을 정의하는 염색체 수보다 높거나 낮은 경우를 말한다.

5.2 유전체 불안정의 원인

5.2.1 DNA 복제 결함

세포주기에서 DNA는 일반적으로 복제replication 중에 가장 취약하다. 리플리솜replisome(DNA 복제를 수행하는 복합체를 일컬음)은 단일가닥 절단 및 이중가닥 절단 등의 병변을 탐색할 수 있어야 한다.

리플리솜을 구성하는 단백질 또는 효소들이 그 기능을 잘 수행하였을 때 완벽한 결점이 없는 DNA 사본을 합성할 수 있다. DNA 중합효소, DNA 리가제ligase와 같은 단백질의 돌연변이는 복제의 장애를 유발하고 자발적인 염색체 교환을 유발할 수 있다. Tel1, Mec1(사람의 경우 ATR, ATM)과 같은 단백질들은 단일가닥 또는 이중가닥 절단을 탐지하고, 복제분기점의 붕괴replication fork collapse를 막기 위하여 복제분기점을

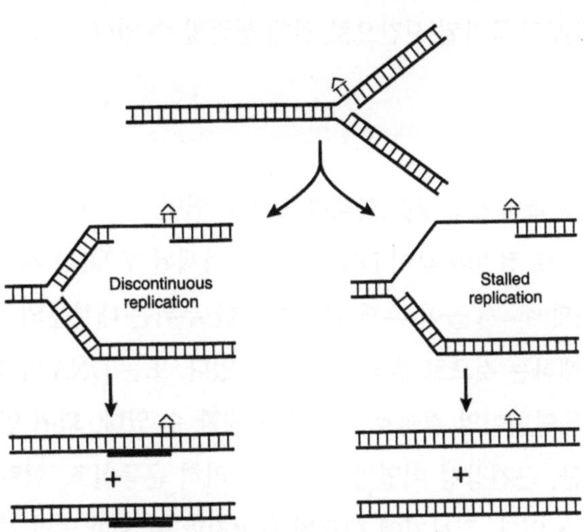

[그림 1.6] Replication fork stalling.
복제분기점에서 피리미딘 이량체를 만나면 DNA가 원래의 구조보다 뒤틀려 있어서 DNA 중합반응을 순조롭게 진행하지 못하고 복제가 지연된다.

안정화하는 Rmr3 헬리카제와 같은 인자들을 모집recruit한다. Tel1, Mec1, Rmr3 헬리카제에서 돌연변이가 일어나면, 염색체 재조합chromosomal recombination의 유의한 증가가 초래된다. ATM은 DNA 이중가닥 절단에 직접 반응하는 반면, ATR은 지연된 복제분기점과 단일가닥 절단에 특이적으로 반응한다. 이들 단백질들은 DNA 절단이 CHK1, CHK2를 인산화하여 복구가 될 때까지 추가적인 복제가 시작되는 것을 방지하여 S기에서 세포주기를 정지시키는 연쇄신호반응을 일으킨다. 예를 들어 단일가닥에 절단이 일어난 경우 절단이 일어난 자리까지는 복제가 일어나고 오류가 없는 자매염색분체sister chromatid를 주형template으로 하여 상동재조합 방법을 통해 복구할 수 있다. S기 체크포인트에 덧붙여, G1과 G2 체크포인트는 자외선에 의한 손상과 같은 돌연변이원으로 인해 발생할 수 있는 일시적인 DNA 손상을 검사하기 위해 존재한다. 하나의 예는 Rad9 체크포인트 단백질로 이 단백질은 방사선으로 인한 DNA 손상이 있는 상태에서 세포주기를 S기-말기/G2기에서 정지시킨다. Rad9에 결함이 있는 효모 세포는 방사선 조사 후 세포주기 정지에 실패하고 세포분열이 계속되어 결국 빠르게 죽는데 비해, 야생형 Rad9가 있는 세포는 S기-말기/G2기에 성공적으로 정지가 일어나 생존을 유지한다. 분열이 정지된 세포는 DNA 복구효소가 기능할 수 있도록 허용하는 S/G2 단계의 증가된 시간으로 인해 생존할 수 있다.

5.2.2 연약 부위

다른 영역에 비해 특히 불안정한 상태를 보이는 연약 부위fragile site가 존재한다. 앞서 언급한 체크포인트 정지와 같이 DNA 합성이 억제된 후 DNA 서열이 파손되기 쉬운 유전체의 '핫스팟hotspot'들이 존재한다. 이러한 부위는 대부분의 포유동물 유전체에 자연적으로 존재하는 것으로 흔히 일어날 수 있다. 또는 DNA 반복 확장DNA repeat expansion과 같은 돌연변이의 결과로 드물게 발생할 수 있다. 희귀 연약 부위는 취약 X 정신지체 증후군, 근긴장성 이영양증, 프리드리히 운동실조, 헌팅턴병과 같은 유전질환을 유발할 수 있다. 겉보기에 해로워 보이지만 이 흔한 연약 부위는 효모와 박테리아에 이르기까지 보존되어 있다. 연약 부위는 트리뉴클레오티드 반복trinucleotide repeats, 가장 일반적으로 CGG, CAG, GAA 그리고 GCN이 특징적이다. 이와 같은 트리뉴클레오티드 반복은 'hairpin(머리핀)'구조를 형성할 수 있고, DNA 복제에서 실수를 초래할 수 있다. 결함 있는 시스템 또는 지속되는 손상과 같은 복제 스트레스 하에서, 연약 부위에서 DNA 절단이나 gap(틈)들이 발생할 수 있다. 자매염색분체를 복구에 사용하더라도 n과 n+1 반복의 주변 DNA 정보가 거의 동일하여 사본 수copy number 변동을 유발할 수 있으므로 실수가 없는 완벽한 백업backup이 되지 못할 수도 있다. 예를 들어 CGG의 16번째 사본이 자매염색분체의 13번째 사본과 매칭matching 될 수 있다. 그 이유는 둘 다 주변 DNA가 CGGCGGCGG... 이렇게 나가기 때문에 최종 DNA 서열에서 3개의 추가적인 CGG가 만들어질 수 있다.

5.2.3 전사와 관련된 불안정

대장균과 *S. pombe* 모두에서, 전사가 일어나는 자리transcription site는 재조합율과 돌연변이율이 높은 경향이 있다. 주형가닥template strand보다 코딩(mRNA는 코딩가닥과 동일한 서열을 가진다) 가닥에 더 많은 돌연변이가 축적되는 경향이 있다. 그것은 전사가 일어나는 시간에 코딩coding 가닥은 단일가닥을 이루는데, 단일가닥은 화학적으로 이중가닥보다 더 불안정하기 때문이다. 전사의 신장이 일어나는 동안, 신장하는 RNA 중합효소 뒤쪽에서 초나선supercoil이 발생할 수 있는데, 이것은 DNA 단일가닥의 절단을 유발할 수 있다. 코딩 가닥이 단일가닥인 경우 자체적으로 DNA 2차 구조를 생성하여 복제를 방해할 수도 있다. 대장균에서 프리드리히 운동실조증Friedrich's ataxia에서 발견되는 것과 같은 GAA triplet을 전사하려고 할 때 생성된 RNA와 주형가닥은 다른 반복서열 사이에 mismatched loop(불일치 루프)를 만들 수 있고, 복제를 방해할 수 있다. DNA의 복제와 DNA의 전사는 시간적으로 독립적이지 않다: 그들은 동시에 일어날 수 있고 DNA 복제 포크와 RNA 중합효소 복합체는 충돌을 일으킬 수 있다.

Rmr3 헬리카제는 효모 유전체에서 고도로 전사된 유전자에서 발견되며, 이는 위에서 설명한 바와 같이 'stalled replication fork(정지된 복제포크)'를 안정화시키기 위해 모집된다. 이것은 전사transcription가 복제replication에 대한 장애물이 될 수 있음을 시사하며, 이는 풀리는 복제분기점과 전사 시작부위 사이의 짧은 거리에 걸쳐있는 염색질에서 스트레스를 증가시켜 잠재적으로 단일가닥 파손을 일으킬 수 있음을 시사한다.

5.3 신경 질환 및 신경근육 질환에서 유전체 불안정

약 200종류의 신경 및 신경근육 질환 가운데 15가지는 DNA 복구repair 경로 중 하나의 유전적 또는 후천적 결함 또는 과도한 유전독성genotoxic 산화스트레스와 분명한 관련이 있다. 그들 가운데 색소성 건피증, 코케인증후군을 포함한 5가지는 DNA 뉴클레오티드절제복구(NER)와 관계가 있다: 헌팅턴병, 알츠하이머병, 파킨슨병을 포함한 6가지는 과도한 산화스트레스와 염기절제복구BER의 결함과 관련 있다. 헌팅턴병, 근긴장성 이영양증 등을 포함한 4가지는 DNA에서 반복서열의 확장으로 인한 유전체 불안정과 관계있다. 모세혈관 확장성 운동실조증ataxia-telangiectasia과 네이메헨 증후군Nijmegen breakage syndrome을 포함한 4가지는 이중가닥절단DSB을 복구하는데 관련한 유전자에 결핍이 있다. 전반적으로 산화스트레스oxidative stress가 뇌의 유전체 불안정성의 주요 원인인 것으로 보인다. 특정 신경계 질환은 정상적으로 산화스트레스를 예방하는 경로가 결핍되거나 산화스트레스로 인한 손상을 정상적으로 복구하는 DNA 복구 경로가 결핍될 때 발생한다.

5.4. 암에서 유전체 불안정

암에서 형질전환이 일어나기 전에 먼저 유전체 불안정이 나타날 수 있다. 유전체 불안정성은 DNA 또는 염색체의 여분의 사본 축적, 염색체 전좌, 염색체 역위, 염색체 결손, DNA 단일가닥 절단, 이중가닥 절단, 외부 물질이 DNA에 삽입하거나, DNA 3차 구조의 비정상적인 변화 등에 의해 초래될 수 있다. 이수성aneuploidy뿐만 아니라 유전체 불안정성이 암에서 흔하게 나타나며, 이러한 세포들의 전형적인 특징으로 간주된다. 이러한 사건들의 예측할 수 없는 특성은 또한 종양세포에서 관찰되는 이질성heterogeneity의 주요 원인이다.

현재 산발적 종양(가족성 종양이 아닌)은 여러 유전자 오류의 축적으로 인해 발생한다고 인정된다. 유방암이나 결장암 등의 평균 암은 약 60~70개의 단백질 변경 돌연변이를 가질 수 있으며, 그중 3~4개가 "driver(운전자)" 역할을 하는 돌연변이일 수 있고 나머지는 "passenger(승객)" 역할의 돌연변이일 수 있다.

돌연변이 비율을 증가시키는 모든 유전적, 또는 후성유전학적 병변은 결과적으로 새로운 돌연변이의 획득을 증가시켜 종양이 발병할 확률을 증가시킨다. 종양 형성 과정 동안에, 이배체 세포는 유전체 무결성genome integrity을 유지하는 "caretaker 유전자(관리자)"와 세포 증식을 직접적으로 제어하는 "gatekeeper(문지기) 유전자"에서 돌연변이를 획득하는 것으로 알려진다. 유전적 불안정성은 DNA 복구의 결함, 염색체 손실 또는 획득, 대규모의 염색체 재구성으로 인해 발생할 수 있다. 종양의 미세환경microenvironment은 DNA 복구경로를 억제하는 효과가 있어 유전체 불안정성에 기여하고, 종양 생존, 증식 및 주요 변형을 촉진한다.

5.4.1 암의 발생 없이 낮은 빈도의 돌연변이

인간 유전체의 단백질 코딩 영역은 전체 유전체의 1.5% 정도 밖에 되지 않으며, 이것을 '엑솜exome'이라 부른다. 엑솜은 전체 유전체 중 2만여 개에 달하는 유전자의 단백질을 코딩하는 부위인 엑손exon을 모두 분석하는 것으로서 분석 부위의 총 크기는 약 30 mega base pair (Mb) 정도 된다. 일반적으로 인간의 엑솜exome에는 세대 당 평균 0.35개의 돌연변이만 있으며, 단백질을 코딩하지 않는 부분까지 포함한 전체 유전체에서는 세대 당 70개의 돌연변이가 새로 생긴다.

5.4.2 암에서 돌연변이의 원인

암을 일으키는 주요 원인은 DNA 손상이다. 예를 들어서 폐암의 경우, 외부적으로 유전자에 손상을 입힐 수 있는 담배연기의 성분(아크롤레인, 포름알데히드, 아크릴로니트릴, 1,3-부타디엔, 아세트알데히드, 에틸렌옥사이드, 이소프렌 등)들에 의해 DNA 손상이 일어난다. 생체 내의 대사에 의해 일어나는 내부적 DNA 손상도 매우 흔하게 일어난다. 인간의 하나의 세포에 포함된 유전체에서, 단 하루 동안에 발생하는 내부적 DNA 손상 건수가 평균 60,000건에 이를 정도로 흔한 사건이다. 이와 같은 외부적 그리고 내부적 원인에 의해 일어난 손상은 '손상통과합성(translesion synthesis, TLS)' 또는 NHEJ와 같은 부정확한 복구기작을 통해 돌연변이로 전환될 수 있다. 또한 DNA 손상은 DNA 복구 중에 후성유전학적epigenetic 변화를 일으킬 수도 있다. 돌연변이mutation와 후생변이epimutation, 둘 다 모두 암으로의 진행에 기여를 한다.

5.4.3 암에서 매우 흔한 돌연변이들

위에서 언급했듯이 암의 엑솜(단백질을 코딩하는 부분)에서 3~4개의 'driver(적극적)' 돌연변이와 60개의 'passenger(수동적)' 돌연변이가 발생한다. 그러나 훨씬 많은 수의 돌연변이들이 단백질을 코딩하지 않는 DNA 부분에서 발생한다. 유방암 조직 샘플의 전체 유전체에서 DNA 돌연변이의 평균수는 약 20,000개이다. 보다 많은 돌연변이가 포함이 되는 흑색종melanomas 조직 샘플의 총 돌연변이 수는 80,000개에 이른다.

5.4.4 암의 돌연변이 빈도가 높은 원인

암 내 전체 유전체의 높은 돌연변이 빈도는 종종 초기 발암성 변화가 DNA 복구의 결핍으로부터 초래될 수 있음을 시사한다. 불일치 복구mismatch repair 또는 상동재조합 복구homologous recombination repair에서 결함을 가지는 세포에서는 돌연변이 비율이 상당히(때로는 100배까지) 증가한다. 또한 복구 유전자 BLM에 결함이 있는 인간에서는 염색체의 재배열과 이수성aneuploidy이 증가한다.

DNA 복구 자체의 결핍은 DNA 손상이 축적되도록 할 수 있으며, 이러한 손상의 일부를 통해 합성하는, 오류가 빈번한 손상통과합성이 돌연변이를 일으킬 수 있다. 이러한 축적된 DNA 손상들이 잘못 복구가 일어나면 후성유전학적epigenetic 변화 또는 후생변이epimutation를 일으킬 수 있다. DNA 복구 유전자의 돌연변이 또는 후생변이는 그 자체로 선택적 이점을 부여하지 않지만, 그러한 복구 결함은 세포가 증식 이점을 제공하는 추가 돌연변이 또는 후생변이를 획득할 때 동반하여 운반될 수 있다. 증식 이점이나 하나 이상의 DNA 복구 결함을 모두 가진 그러한(매우 높은 돌연변이율을 유발) 세포는 암에서 흔히 볼 수 있는 20,000~80,000개의 총 유전체 돌연변이를 일으킬 가능성이 있다.

5.4.5 암의 DNA 복구 결핍

체세포에서 DNA 복구 결핍은 때때로 DNA 복구 유전자의 돌연변이에 의해 발생하지만 훨씬 더 자주 DNA 복구 유전자 발현의 후성유전학적 감소에 기인한다. 따라서 113건의 대장암colorectal cancer 염기서열에서 4건만이 DNA 복구유전자 MGMT (O-6-methylguanine DNA methyltransferase, 유전체 안정성에 중요한 효소)에서 missense 돌연변이가 발견된 반면, 이들 대장암의 대부분은 MGMT 프로모터 영역의 메틸화methylation로 인한 MGMT 발현의 감소와 관련이 있다. 대장암의 40~90%는 MGMT 유전자 프로모터의 메틸화로 인해 MGMT의 발현 감소에 기인한다는 증거들이 발표되었다.

유사하게, 불일치 복구 및 DNA 복구 유전자 PMS2 발현 결여로 분류된 199건의 대장암 가운데, 103건의 경우 PMS2의 파트너인 MLH1이 프로모터 메틸화로 인해 발현이 억제되면서 발생했고(MLH1 단백질은 PMS2 단백질을 안정화함), 6건은 PMS2 유전자 자체 돌연변이로 인한 경우였다. PMS2 발현이 상실된 10건의 경우 MLH1 발현을 조절하는 마이크로RNAmicroRNA의 과발현으로 MLH1 발현이 억제가 되었기 때문이다. 마이크로RNAmiRNAs는 단백질을 발현하지 않는 RNA로 유전자 발현을 조절하는 역할을 한다.

암 후성유전학cancer epigenetics에는 산발성 암의 DNA 복구 유전자에서 발견되는 후성유전학적 결함의 목록이 있다. 여기에는 유방, 난소, 결장직장, 두경부를 포함하는 암에 위치한 BRCA1, WRN, FANCB, FANCF, MGMT, MLH1, MSH2, MSH4, ERCC1, XPF, NEIL1, ATM의 후성유전학적 결함의 13-100% 사이의 빈도가 포함된다. 평가된 49건의 대장암의 대부분에서 ERCC1, XPF, PMS2 발현에 있어서 2개 또는 3개의 후성유전학적 결함이 동시에 발생하는 것으로 밝혀졌다. DNA 복구 결함의 일부 경우는 miRNAs의 후생변이epimutation와 관련이 있다. 사람에서는 약 1600여 개의 마이크로RNA가 존재한다고 알려져 있는데, 발생, 증식, 암, DNA 복구 등 다양한 생명 현상에 관여한다.

5.4.6 유전체 불안정으로 인한 림프종

암은 일반적으로 종양억제인자의 파괴 또는 발암유전자의 조절 장애로 발생한다. 림프종이란 혈액암의 일종으로 림프조직 세포들이 악성 전환되어 생기는 종양을 말한다. B세포가 DNA 파손을 경험한다는 사실을 인식하는 것은 림프종lymphoma의 유전체에 대한 통찰력을 제공할 수 있다. 많은 유형의 림프종은 염색체 전좌translocation와 연관되어 발생하며, 이는 DNA 손상으로 인해 올바르지 않은 결합이 형성될 수 있다. 버키트 림프종Burkitt's lymphoma에서 c-myc(전사인자)은 면역글로불린 유전자의 프로모터 뒤로 전위되어 *c-myc* 전사의 조절장애를 일으킨다. 면역글로불린은 림프구에 필수적이며 항원 검출을 증가시키기 위해 고도로 발현되기 때문에 *c-myc*도 고도로 발현되어 표적target 유전자의 전사를 유도하며, 이는 세포증식에 관여한다. DNA 손상이 일어난 B 세포는 더 이상 세포사멸을 겪지 않으며, 'driver(조정)'유전자에 영향을 미칠 수 있는 추가 돌연변이로 이어져 종양형성을 이끌 수 있다. 종양유전자에서 전위의 위치는 AIDActivation-induced cytidine Deaminase의 표적 영역의 구조적 특성을 공유하는데, 이는 종양유전자가 NHEJ 복구과정을 통해 면역 글로불린 유전자좌gene locus로 전위되도록 하는 이중가닥 절단을 일어나게 한다.

02

돌연변이와 돌연변이의 원인

대부분 생명체는 DNA를 유전정보로 가지고 있다. DNA 정보는 RNA로 전사된 후 단백질로 번역되고, 이 단백질은 생명체에 필요한 여러 가지 생리작용들을 일으킨다. 그런데 이렇게 소중한 DNA는 끊임없이 손상을 입고 있다. DNA는 방사선이나 자외선 등의 환경적 요인에 의해 손상을 입을 뿐만 아니라, 신체 내부의 신진대사 산물인 활성산소종이나 DNA 복제 실패 등 내부적 요인들에 의해서도 손상을 받는다. DNA 손상은 환경적 요인과 내인성 대사과정에서 유래한 스트레스에 지속적으로 노출된 결과, 세포 하나당 매일 1,000번~1,000,000번 가량의 빈도로 나타난다. DNA 손상의 형태는 DNA 한 가닥single strand 절단 또는 두 가닥double strand 절단, 염기의 변화, 염기간의 비정상적 결합, DNA 구조를 변화시키는 물질이 DNA에 결합하는 등 다양한 방식으로 나타난다.

산화적 변형은 단백질, 지질, DNA 등에서 발생한다. 단백질과 지질은 쉽게 분해되고 다시 합성되기 때문에 산화스트레스가 초래하는 가장 중요한 결과는 DNA 변형으로 생각되며, 이는 돌연변이 및 기타 유형의 유전체 불안정성의 형성을 통해 영구적으로 고착화될 수 있다. 활성산소종ROS에 의한 DNA에 대한 내인성 공격은 인간 세포의 DNA에서 검출된 낮은 빈도의, 그러나 꾸준히 생성되는 DNA 부가물adducts들을 생성한다. DNA에는 100가지가 넘는 산화에 의한 염기변형이 있으며, 그중의 하

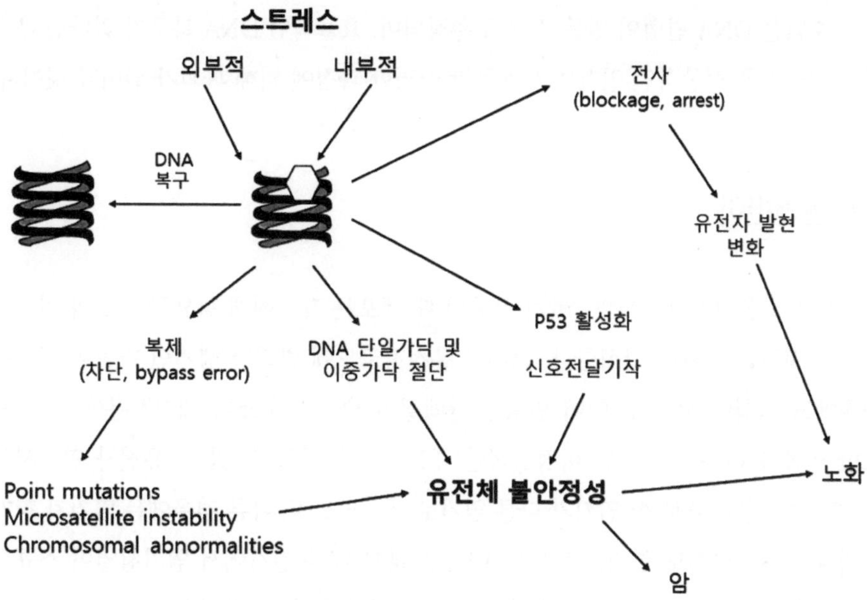

[그림 2.1] DNA 손상이 초래하는 결과들.

나가 8-oxoGuanine(8-hydroxyguanine)으로 가장 널리 연구되고 있는 병변이다. 산화적 DNA 손상은 발암과정에 기여하는 것으로 생각되고 있으며 연구에 따르면 산화적 DNA 손상은 암 조직에 축적이 일어난다.

DNA 손상은 외부적 또는 내부적 요인에 의해 유도될 수 있다. 자외선 조사와 이온화 방사선은 외부적 스트레스의 예이다. 미토콘드리아에서 발생하는 산화적 인산화 과정에서 생성된 활성산소종은 내인성 요인의 스트레스이다. DNA 돌연변이는 손상된 DNA 복제를 통해서도 발생할 수 있으며 이에 따라 "고정"된다. 병변 우회Translesion 또는 복제 오류replication errors는 미시적으로나 거시적으로 다른 형태의 유전체 불안정성을 유발할 수 있다. DNA 병변은 유전자 전사를 완전히 차단하여 짧아진 전사체transcripts를 만들거나 또는 전사에 오류를 일으킬 수 있다. 이러한 변화는 노화로 인해 나타나는 일부 표현형들을 설명할 가능성이 있다. DNA 병변은 p53 활성화로 이어져 세포주기 정지 또는 세포사멸apoptosis을 유발할 수 있으며, 또는 DNA에서 직접적인 가닥 절단을 일으킬 수 있고, 이것은 다시 여러 중요한 효소 및 경로에 대한 신호로 나타난다. 내인성 및 외인성 스트레스에 의해 우리 생물체의 각 세포에는 하루에도 수많은 DNA 변형이 있는 것으로 추정되며, 효율적인 DNA 복구가 없다면 우리의 유전물질은 정상적인 인간의 생애동안 이러한 과정에 의해 파괴가 일어날 것이다.

1. 돌연변이

세포에서 유전자코드gene code가 작동할 때 세포는 자신에게 필요한 구조와 기능을 갖는 단백질을 정확히 합성한다. 그러나 유전자코드에 변화가 생기면 만들어지는 단백질에도 변형이 생긴다. 이때 변형된 단백질이 세포의 구조나 대사작용에 매우 중요한 역할을 하는 경우라면 비정상적인 세포가 만들어질 수 있다. 유전자 염기서열은 변할 수 있다. 때로 한 염기가 다른 염기로 대체되고 또 다른 경우에는 염기가 첨가되거나 빠져버리기도 한다. 이와 같이 DNA 분자 내 유전자에서 염기서열이 소규모로 변화하는 것을 '유전자 돌연변이gene mutation'라고 한다. 돌연변이의 대표적인 사례로는 염기 치환base substitution, 유전자 결실gene deletion, 유전자 중복gene duplication 등이 있다. 돌연변이는 유전자 수준에서만 일어나는 것은 아니다. 유전자보다 규모가 큰 염색체 수준에서 일어나는 염색체 돌연변이도 있는데 이것에 대해서는 4장에서 설명하기로 한다.

1.1 돌연변이는 자연적인 상태에서도 일정한 비율로 발생하고 있다

'자발적 돌연변이spontaneous mutation'란 인위적 처리(물리적, 화학적, 생물학적)없이 자연적인 상태에서 발생하는 돌연변이를 말하고, '유도돌연변이induced mutation'는 인위적으로 물리적, 화학적, 생물학적 돌연변이원mutagen을 처리하였을 때 일어나는 돌연변이를 말한다. 유도돌연변이는 자발적 돌연변이보다 돌연변이를 일으킬 확률이 훨씬 높다. 자발적 돌연변이는 대략 100만 번에 한 번의 확률(10^{-6}) 정도로 발생한다. 생물의 종에 따라 이보다 더 빈번하게 또는 적게 발생하기도 한다. 자발적 돌연변이는 DNA 복제과정 가운데 실수error로 나타날 수도 있고 전위인자transposon 등의 활동으로 생길 수도 있다. DNA의 당-인산 골격sugar-phosphate backbone은 체열body heat에 의해서도 절단이 일어날 수 있다. 노화 중 자발적인 DNA 손상의 주요 원인은 활성산소종에 의한 DNA 염기 변형을 통해 나타날 수도 있다. 예를 들어 활성산소종은 구아닌에 산화를 일으켜 8-옥소구아닌8-oxoG으로 변화시킬 수 있는데, 8-oxoG는 정상적인 GC 염기쌍이 아니라 아데닌(A)과 염기쌍을 형성함으로써 돌연변이를 유발할 수 있다.

DNA 복제 실수replication error는 방사선이나 해로운 화학물질처럼 돌연변이를 유발할 수 있다. 가장 훌륭하게 일을 하는 세포의 경우에도 DNA를 복제할 때마다 100만분의 1의 확률로 실수가 일어날 수 있다. 복구효소repair enzymes가 이 실수를 고치지 못하면 분열 중인 세포는 그 후손에게 유전자 돌연변이를 전달하게 된다. 암세포는 세포의 유전자 중 일부에 이상이 발생하여 이들 유전자 산물인 단백질의 특성이 바뀌게 되고 그 결과로 세포성장 조절에 이상이 발생한다. 가장 해로운 돌연변이 가운데 하나는 DNA를 복구하는 단백질을 암호화하는 유전자에 돌연변이가 일어나는 것이다. DNA 복구를 하지 못하여 추가로 발생하는 돌연변이는 세포의 DNA에 축적되어 세포를 죽이거나 또는 암으로 이어지게 된다. 예를 들어 DNA 복구의 결핍은 피부질환의 일종인 '색소성건피증Xeroderma Pigmentosum, XP'이라는 질병을 일으킨다.

1.2 DNA는 가수분해와 탈아미노화에 의해 자연적 손상이 일어난다

돌연변이는 복제 실수뿐 아니라 DNA 손상에 의해서도 일어난다. 손상은 방사선이나 돌연변이원mutagen이라 불리는 돌연변이 빈도를 증가시키는 화학물질 등과 같은 환경 요인Environmental factor에 의해 일어날 수 있다. 그러나 DNA는 물의 작용에 의한 자연적 손상도 일어날 수 있다. 가장 빈번하고 중요한 가수분해에 의한 손상은 시토신cytosine 염기의 탈아미노화deamination이다.

탈아미노화란 구아닌, 아데닌, 시토신 등의 염기로부터 아미노기amino group가 떨어

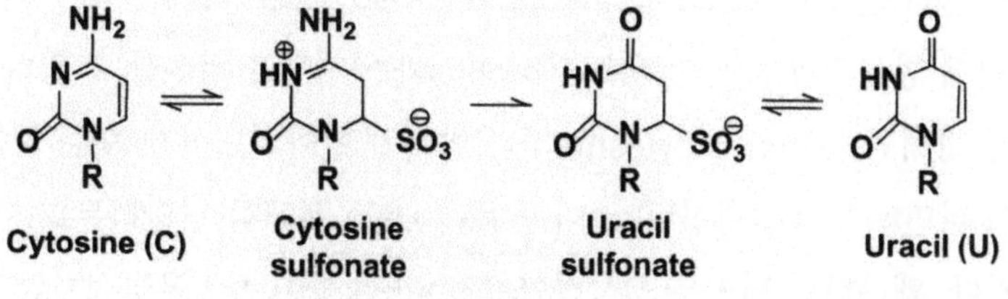

[그림 2.2] 시토신의 탈아미노화. (from Hattori, 2011)

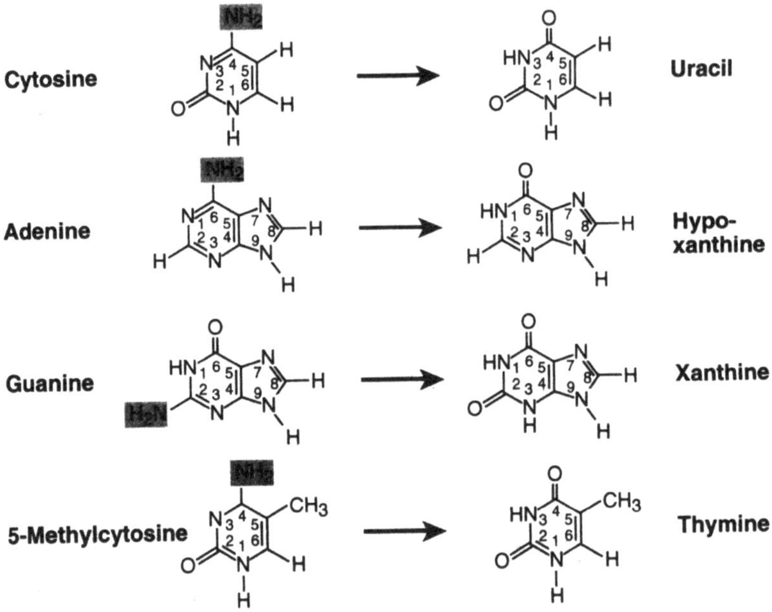

[그림 2.3] 염기의 탈아미노화

져 나가는 것을 말하며, 탈아미노화 반응 후 각각 크산틴, 하이포크산틴, 우라실이 만들어 진다. 우라실은 DNA 복제과정에서 티민thymine으로 읽힐 수 있기 때문에 심각한 오류를 일으킬 수 있다.

우라실(U)은 아데닌(A)과 염기쌍 형성이 가능하므로, 복제 시 맞은편 가닥에 원래의 시토신(C)에 대한 구아닌(G)을 중합하는 대신에 아데닌(A)을 중합하여 G→A 전이transition를 유도한다. 아데닌(A)의 경우는 탈아미노화에 의해 하이포크산틴hypoxanthine이 되는데, 그것은 티민(T) 대신 시토신(C)과 염기쌍을 형성하여 T→C 전이를 유도한다. 구아닌(G)은 탈아미노화에 의해 크산틴xanthine으로 전환되는데, 이것은 수소결합이 둘 밖에 형성되지 않지만 계속 시토신(C)과 염기쌍을 형성할 수 있다. 시토신의 메틸화된 형태인 5-methylcytosine의 자발적인 탈아미노화가 자주 일어나는데 이로 인하여 티민thymine이 형성된다. 이 반응은 DNA 복구을 담당하는 기구들에 문제를 일으킨다. 왜냐하면 티민은 정상적인 DNA 구성물이므로 우라실처럼 DNA 복구기구에 의해 인지되지 않아서 제거가 되지 않는다. 이렇게 제거되지 않는 T:G 염기쌍은 복제과정 동안에 C:G 염기쌍을 T:A 염기쌍으로 전환시킨다. DNA는 또한 N-글리코실 결합의 자연적 가수분해에 의해 탈퓨린화depurination 그리고 탈피리미딘화depyrimidation가 일어날 수 있는데, 그 결과 DNA에 염기가 없는 부위가 생기게 된다.

2. DNA 돌연변이의 원인

세포의 DNA는 외부로부터 유입된 인자들, 세포 내의 신진대사에 의해 형성된 자유라디칼, 또 전리방사선 등의 빈번한 공격을 받는다. 쥐에서 매일마다 하나의 세포당 DNA 손상이 일어나는 건수를 예상하면 약 36,000~160,000번에 이른다. 인체가 가지고 있는 세포가 100조 개라고 생각한다면 전체 개체로 볼 때 엄청난 숫자의 DNA 손상이 일어나고 있는 것이다. 하나의 세포에서 손상을 받는 DNA의 양은 전체 60억 염기(base)서열 또는 30억 염기쌍base pair으로 구성된 인체 게놈genome의 0.000165%에 불과하지만, 인체 세포가 100조 개에 달하는 만큼 무시할 수 없는 양이다. 아래의 표는 DNA 손상의 종류와 하루 동안에 하나의 세포events/cell/day에서 일어나는 손상damage의 건event수를 비교한 것이다. DNA의 단일가닥 절단single-strand break, 구아닌의 메틸화methylguanine, 퓨린 염기가 DNA에서 떨어져 나간 것depurination 등의 손상이 전체 손상의 95% 이상을 차지한다.

〈표 2.1〉 DNA 손상의 종류와 세포 당 하루에 일어나는(건/cell/day) 예상 건수

손상의 종류	events/cell/day	전체에 대한 %
single-strand break	120,000	50.9
N7-methylguanine	84,000	35.6
depurination	24,000	10.2
O6-methylguanine	3120	1.3
oxidized DNA	2880	1.2
depyrimidation	1320	0.5
cytosine deamination	360	0.2
double-strand breaks	9	0.01
interstrand cross-links	8	0.01

〈표 2.2〉 외인성 DNA 손상의 예

외인성 DNA 손상	선량 노출(mSv)	생성된 DNA 손상	예상되는 병소 수/세포
피크 시간 햇빛	-	피리미딘 이량체, (6-4) photoproducts	100,000/day
chest X-rays	0.02	이중가닥절단 (DSBs)	0.0008~
body CT	7	이중가닥절단 (DSBs)	0.28~
PET scan	10	이중가닥절단 (DSBs)	0.4~
체르노빌 사건	300	이중가닥절단 (DSBs)	12~
히로시마 원폭	5~4,000	이중가닥절단 (DSBs)	0.2~160

2.1 DNA 손상의 원인

사람의 유전물질인 DNA는 체내에서 일반적으로 구조적인 힘과 물리적, 화학적인 메커니즘을 통하여 안정화되어 있다. 그러나 DNA는 여러 인자들factors의 공격을 받아 변이를 일으킬 수 있는데 DNA에 손상을 줄 수 있는 요소들을 다음과 같이 요약할 수 있다. 첫째, 자외선UV이나 전리방사선ionizing radiation과 같은 외적인 요인이 있다. 자외선이나 방사선에 오래 노출이 되면 DNA가 손상을 받는다. 둘째, 유전독성genotoxin을 나타내는 여러 종류의 화학물질들이 DNA에 영향을 미칠 수 있다. 유전독성은 유전자에 손상을 주는 능력을 말한다. 환경에 존재하는 유전독성 물질들로는 알킬화 화합물alkylating compounds, 다환 방향족탄화수소polycyclic aromatic hydrocarbons, PAH, 헤

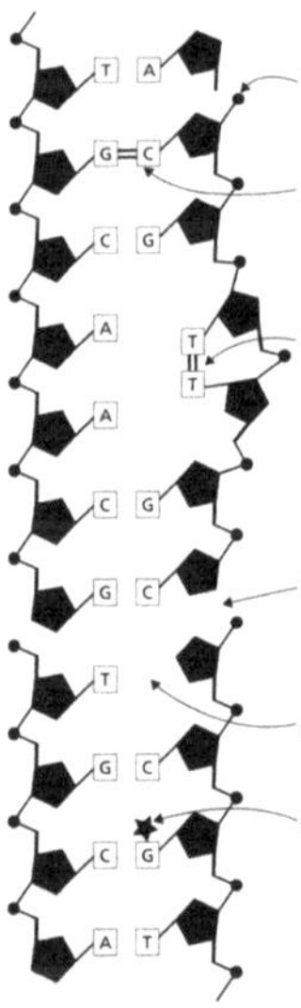

[그림 2.4] DNA 손상의 원인

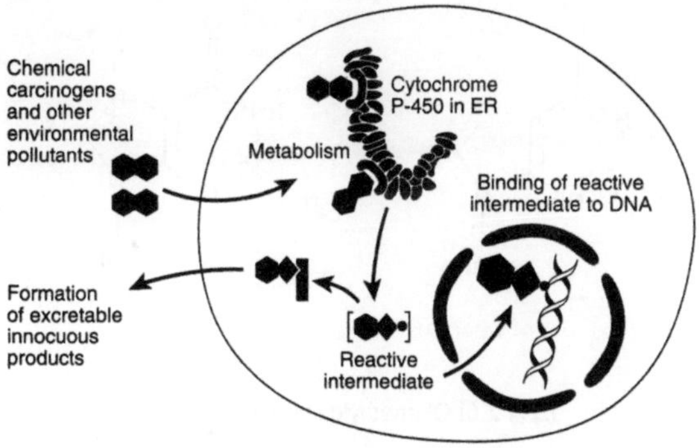

[그림 2.5]

케미칼이 대사적으로 활성화가 일어나고 활성화된 유도체는 DNA에 화학반응이 일어날 수 있는 위치를 직접 공격한다. 이렇게 부가물(adduct)이 달라붙은 DNA의 변화는 암 발생의 유도에 기여하게 된다.

테로사이클릭아민heterocyclic amines, HCA 등이 대표적인데, 이들은 DNA 염기에 달라붙어 염기쌍의 변화를 초래할 수 있어 돌연변이를 유발할 수 있다.

또한 프로모터(promoter) 지역에 메틸기나 알킬기가 결합을 하게 되면 전사인자들이 적절하게 결합을 할 수 없기 때문에 전사를 원활하게 이루어지지 못하도록 한다. 셋째, 일반적인 세포의 대사를 통해 나오는 산물에 의해 공격을 받을 수 있는데 가장 대표적인 것이 활성산소종이다. 활성산소종은 산화력이 굉장히 높기 때문에 DNA를 공격하여 손상을 줄 수 있다. 마지막으로, 지속적으로 유도되는 탈아미노화deamination로 인해 염기의 변화가 있을 수 있다. 만약 이런 DNA 손상을 받았을 때 DNA 복구기작repair mechanism에 의하여 복구가 되지 않는다면 영구적인 유전자 돌연변이를 초래할 수 있게 된다.

2.2 DNA는 알킬화, 산화 및 자외선에 의해 손상을 받는다

■ 알킬화의 경우, 메틸기 또는 에틸기의 전이가 일어난다

알킬화 화합물에는 니트로사민nitrosamine과 실험실에서 사용되는 강력한 발암물질인 MNNGN-methyl-N'-nitro-N-nitrosoguanidine가 포함된다. 니트로사민이란 식품의 제조과정 중 육류나 생선 등에 통상적으로 들어있는 2차 아민 화합물과 아질산염과 같

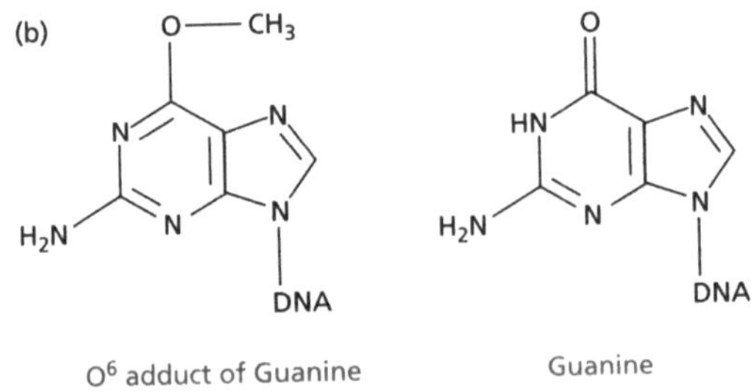

[그림 2.6] O^6-methylguanine과 구아닌.

은 산화질소 화합물이 반응해 자연적으로 생성되는 니트로소 화합물nitroso compound을 말한다. 알킬화에 대해 가장 취약한 부위는 구아닌의 6번 탄소 위치의 산소원자이다. 이 메틸화의 생성물은 O^6-methylguanine으로 티민과 잘못된 짝짓기mispairing를 하여, DNA가 복제될 때 G:C 염기쌍을 A:T 염기쌍으로 바뀌게 한다.

■ DNA는 활성산소종(ROS)의 공격을 당하기 쉽다

생체대사의 과정에서 활성산소가 생성될 수 있고, 외부적 요인에 의하여 활성산소가 발생할 수 있다. 강력한 산화제는 이온화 방사선ionizing radiation과 자유라디칼free radical을 생성하는 화학 약품들에 의해 만들어진다. 예를 들면, 구아닌이 산화되면 8-옥소구아닌8-oxoG이 생성된다.

이렇게 생성된 8-oxoG는 높은 비율로 돌연변이를 일으킬 수 있는데 그 이유는 이

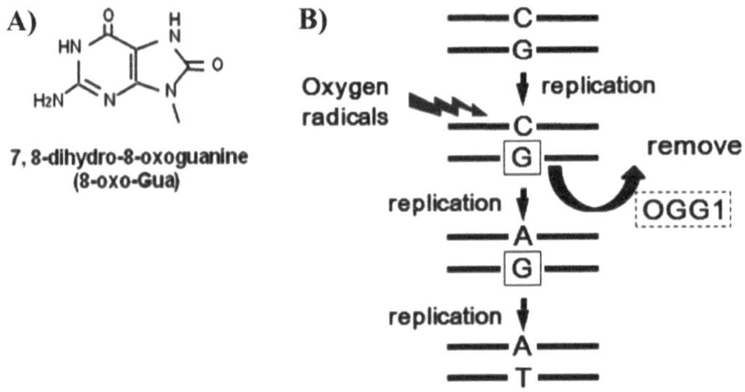

[그림 2.7] 8-oxo-G의 구조와 복제 중 아데닌과 염기쌍을 형성하면 G:C → T:A 염기쌍 전환이 일어난다

것이 시토신(C)뿐만 아니라 아데닌(A)과도 염기쌍base-pair을 형성할 수 있기 때문이다. 만약 그것이 복제 중 아데닌과 염기쌍을 형성하게 되면 G:C 염기쌍을 T:A 염기쌍으로 전환시키게 되는데, 이는 사람의 암에서 나타나는 가장 흔한 돌연변이 중 하나이다. 따라서 이온화 방사선과 산화제의 발암 효과는 부분적으로는 구아닌(G)을 8-oxoG로 바꾸는 활성산소종에 기인한다. 이렇게 변형된 염기들 중 많은 수는 DNA 복구기작에 의하여 잘려나가며 소변에서 검출될 수 있는데, 오줌 속의 8-oxoG의 양은 몸에서 생성되는 산화스트레스의 지표로 이용되기도 한다. 아래 표는 활성산소종의 종류와 반감기를 표시한 것이다.

〈표 2.3〉 활성산소종의 종류와 반감기(37℃에서)

라디칼 종류	기호	반감기
hydroxyl	$OH^{\cdot}$	one nanosecond
singlet oxygen	$^1O_2$	one microsecond
superoxide	$O_2^{\cdot -}$	one microsecond
alkoxyl	$RO^{\cdot}$	one microsecond
peroxyl	$RO_2^{\cdot}$	ten miliseconds
nitric oxide	$NO^{\cdot}$	few seconds

■ 자외선은 DNA 염기를 손상시킬 수 있다

약 260nm 파장은 염기에 의해 강하게 흡수 되는데, 그 결과 같은 폴리뉴클레오티드 사슬의 인접한 두 피리미딘 염기 사이에 광화학적 결합이 일어날 수 있다. 두 개의 티민 간에 결합이 일어날 경우, 티민 이량체thymine dimer라 부르는데, 이들은 인접한 티민의 각각 5번과 6번 탄소 간에 싸이클로부탄cyclobutane 고리를 형성한다. 인접한 티민과 시토신 간에 결합이 일어날 경우, 티민의 6번 탄소와 시토신의 4번 탄소 간에 공유결합이 일어난다. 이들 이량체들은 염기쌍 형성이 불가능하며, 복제가 일어날 때 DNA 중합효소에 의한 DNA 합성을 멈추게 한다.replication stalling

■ 감마선과 X-선은 심각하게 DNA를 손상시킨다

감마선과 X-선은 높은 에너지를 가지고 있어서 심각한 DNA 손상을 유발한다고 하

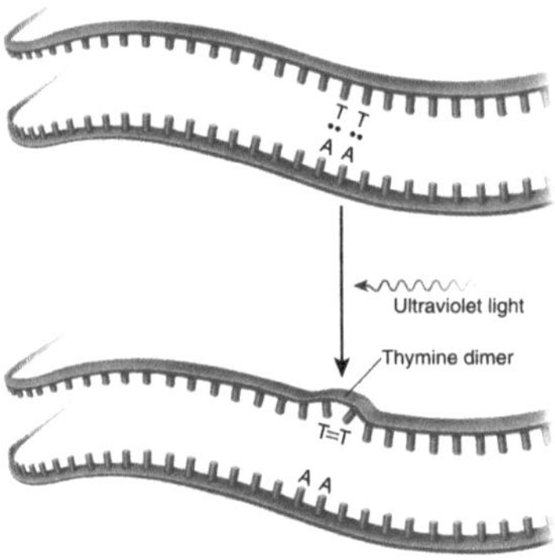

[그림 2.8] 자외선은 티민 이량체를 형성할 수 있다.

였는데, 그 이유는 DNA의 이중가닥절단DSB을 일으키기 때문이며 이런 손상은 복구이 어렵기 때문이다. 이온화 방사선은 DNA 골격의 디옥시리보오스 당을 직접적으로 공격할 수 있으며, 방사선은 활성산소를 생산할 수 있기 때문에 디옥시리보오스와 반응하는 간접적인 공격도 할 수 있다.

03

활성산소종(ROS)

활성산소(또는 활성산소종)란 산소라디칼 및 이것으로부터 파생된 여러 가지 산소 화합물들을 통칭하고, 이들은 모두 반응성이 높은 특징을 가지고 있다. 자유라디칼free radical은 화학적으로 최외각 전자궤도에 쌍을 이루고 있지 않는 원자나 분자를 의미한다. 대부분의 생물에 있어서 세포호흡cell respiration은 불가결하며 산소분자(O_2)는 4개의 전자에 의하여 단계적으로 환원되고 2분자의 물(H_2O)분자로 환원된다. 그런데 이 과정에서 일부의 산소분자(체내로 들어온 산소 중 2% 정도)가 활성산소종reactive oxygen species을 형성하여 DNA 손상을 초래할 수 있다. 산소를 이용하는 생물체의 정상적인 체내 대사 과정에서는 지속적으로 슈퍼옥사이드superoxide anion, 수산화라디칼hydroxyl radical, 과산화수소hydrogen peroxide 등의 반응성이 큰 활성산소종이 부산물로 생성되고 있음이 증명되었다. 라디칼에 의해 손상을 받는 생체 내 물질로는 당sugar, 지질lipid, 단백질protein, 핵산nucleic acid 등이 포함되나, 체세포somatic cells의 세대 간 정보전달의 주된 기능을 가지는 DNA 손상은 유전체의 불안정을 초래할 수 있다.

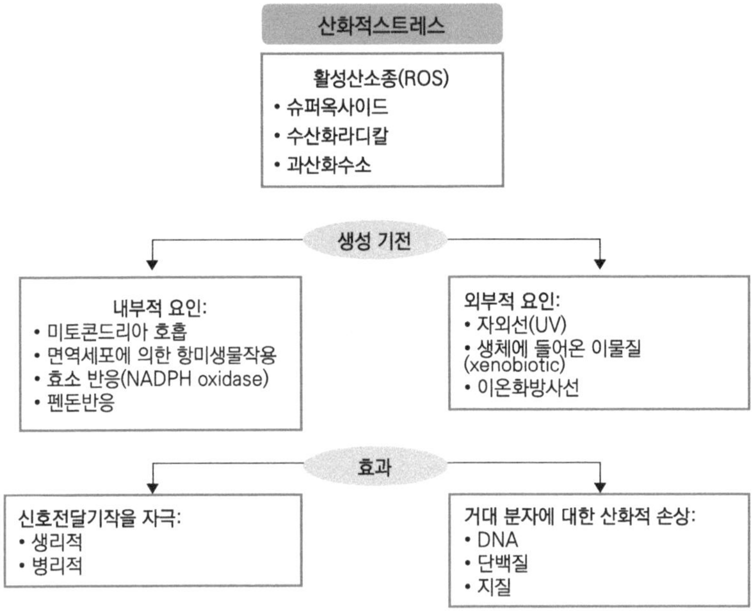

[그림 3.1] 활성산소종(ROS)의 생성기전과 세포에 미치는 영향.

모든 분자에서 라디칼 형성이 가능하지만, 특히 산소 라디칼이 문제시 되는 것은 호기성 생명체에서 산소의 이용은 필수 불가결한 것이며, 활성산소의 산화적 손상에 의

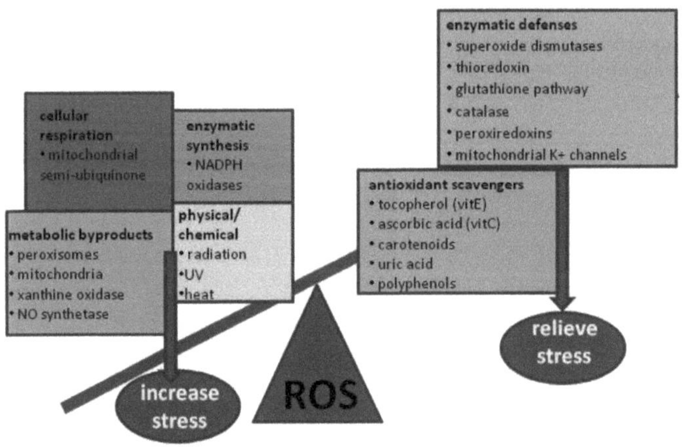

[그림 3.2] 세포 내 산화스트레스 균형.

그림의 왼쪽에 ROS 생성 요인으로서 세포호흡, 대사 부산물, 효소에 의한 합성, 자외선 등이 포함된다. 오른쪽에는 생체 내 ROS를 낮추는 항산화 기능 효소 및 물질들이 표시되어 있다. (from Brieger, 2012)

하여 세포소기관인 미토콘드리아의 손상은 결국 세포의 돌연변이나 퇴화를 촉진함은 물론, 각종 질환의 발병률을 증가시킨다. 이에 대항하여 세포는 자체적으로 이를 방어할 수 있는 방어 체계를 구축하고 있는데, 이는 카탈라제catalase를 비롯하여 수퍼옥사이드 디스뮤타아제superoxide dismutase, 글루타치온 퍼옥시다제glutathione peroxidase와 같은 항산화 효소를 가지고 있다. 이와 같은 항산화 효소들은 자유라디칼을 물(H_2O)로 변환시킴으로써 세포는 산화적 손상을 입지 않도록 방어하는 기능을 가지고 있다.

1. '활성산소종'이란 과연 무엇인가?

'활성산소종'이란 자유기free radical 및 이것으로부터 파생된 여러 가지 비자유기non-radical 산소화합물 등을 총칭하는 것이다. 이들은 모두 반응성이 높다는 특징을 가지고 있다. 활성산소종의 대표적 예로는 슈퍼옥사이드superoxide, $O_2^{\cdot -}$, 수산화라디칼hydroxyl radical, $^{\cdot}OH$, 일중항 산소singlet oxygen, $^1O_2$ 등이 포함된다.

일반적으로 모든 물질을 구성하는 분자는 원자atom로 되어 있는데, 원자는 양성자proton와 그 외곽의 궤도를 선회하는 전자electron로 구성되어 있다. 전자는 하나의 궤도에서 2개씩 쌍(pair)을 구성하여야 안정된 상태이지만 하나의 궤도에 전자가 하나인 경우에는 매우 불안정한 상태에서 안정된 상태를 위해 다른 외부로부터 전자를 흡수하려는 반응이 일어나 **프리라디칼**free radical(한국어로는 '**유리기**' 또는 '**자유기**'라고 번역됨)을 발생시킨다. 결국 '유리기' 또는 '자유기'란 전자를 지닌 원자나 분자에서

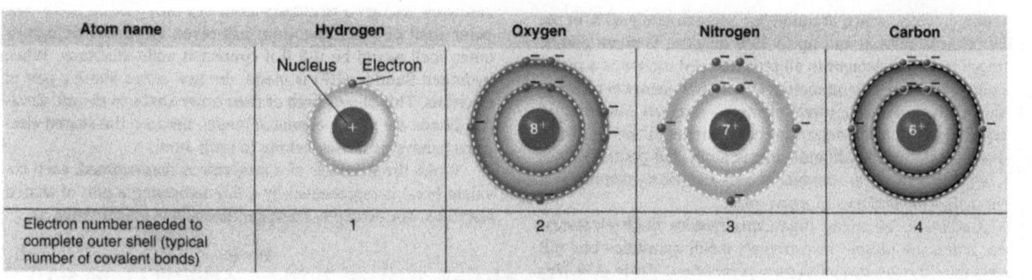

[그림 3.3] 전자 궤도(electron shell)

가장 안쪽 전자궤도는 2개의 전자, 그 다음부터의 바깥쪽 궤도는 8개의 전자가 채우고 있어야 안정된 상태이다.
산소원자는 가장 바깥쪽 궤도에 6개의 전자를 가지고 있다.
최외각 전자껍질에 8개의 전자가 들어갈 때 원자는 가장 안정한 상태가 된다.

전자의 결합이 쌍pair을 이루고 있지 않은 상태를 의미한다(쌍을 이루지 않는 전자를 화학식에서 점[·]으로 표기한다). 그러므로 자유기는 주위의 화합물로부터 전자를 받음으로써 안정화하려는 경향이 있기 때문에 높은 반응성을 가지는 것이 특징이다. 이와 같이 불안정한 '자유기(유리기)'는 공격성이 강해서 다른 원자로부터 전자를 빼앗게 되고, 빼앗긴 쪽에서는 또다시 자유기(유리기)가 되어 다른 것으로부터 전자를 연쇄적으로 빼앗게 되는 연쇄반응(cascade reaction)이 확산되어 일어나게 된다. 이와 같은 활성산소종으로는 자유기인 슈퍼옥사이드superoxide: $O_2^{\cdot -}$, 수산화라디칼hydroxyl radical: $^{\cdot}OH$과, 자유기는 아니지만 반응성이 큰 오존O_3과 과산화수소hydrogen peroxide는 비라디칼 활성산소종non-radical ROS으로 구분된다.

〈표 3.1〉 라디칼과 비라디칼

라디칼(자유기)	비라디칼
수퍼옥사이드($O_2^{\cdot -1}$)	과산화수소(H_2O_2)
수산화라디칼($^{\cdot}OH$)	하이포아염소산(HOCl)
퍼옥실($RO_2^{\cdot}$)	오존(O_3)
하이드로퍼옥실($HO_2^{\cdot}$)	퍼옥시나이트라이트($ONOO^-$)
알콕실($RO^{\cdot}$)	

자유기는 DNA, 단백질, 지질 등을 손상시킬 수 있는데, 특히 생물학적 시스템에서는 슈퍼옥사이드$O_2^{\cdot -}$, 산화질소$^{\cdot}NO$, 수산화라디칼$^{\cdot}OH$ 등의 산소로부터 유래한 자유기가 중요하다. 산화질소·NO는 자유기이긴 하지만 비교적 반응성이 적은 자유기로 생각되고 있으나 산화질소가 수퍼옥사이드와 만나게 되면 활성이 더 큰 퍼옥시나이트라이트peroxynitrite ($ONOO^-$)가 만들어진다. 활성산소종과 유사하게 퍼옥시나이트라이트와 같은 활성질소종reactive nitrogen species도 세포에 손상을 초래할 수 있다. 퍼옥시나이트라이트는 혈관 내피세포endothelial cell에 손상을 주며 수산화라디칼 만큼 해로운 영향을 준다. 수산화라디칼은 지질과 반응하여 지질라디칼을 생성하며, 지질라디칼은 산소분자와 반응하여 과산화지질(지질 퍼옥실-산소 두 개를 포함한 지질-라디칼, $ROO^{\cdot}$)을 만든다. 과산화지질은 전이금속이 존재하는 상태에서 펜톤반응을 일으켜 alkoxyl($RO^{\cdot}$)기를 생성하며 이것은 과산화지질보다 더욱 활성이 크다.

퍼옥시나이트라이트는 분해되어 강력한 활성산소인 수산화라디칼(•OH)을 생성하

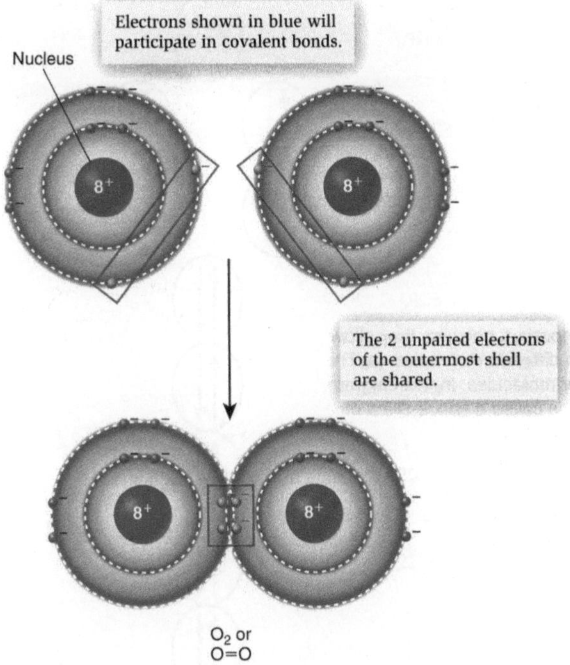

[그림 3.4] 산소분자의 구조.
산소분자는 두 쌍의 전자쌍을 공유하며 이중결합을 이룬다.

는데, 퍼옥시나이트라이트는 수산화라디칼과 마찬가지로 단백질 및 다른 거대분자와 반응하여 카보닐기, 교차결합, 지질과산화 등의 반응을 유도한다.

■ 슈퍼옥사이드(초과산화물)

세포소기관 미토콘드리아는 슈퍼옥사이드($O_2^{\cdot-}$)를 생성하는 주된 장소이며 이곳에서 산소분자는 전자전달경로의 말단에서 전자수용체로 작용해 $O_2^{\cdot-}$를 생성한다. 이것은 자발반응이나 효소의 촉매반응을 통해 H_2O_2로 전환된다.

■ 수산화라디칼

수산화라디칼hydroxyl radical의 생성에 가장 큰 원천은 H_2O_2와 산화환원이 활발한 전이금속(Fe^{3+} 또는 Cu^{2+})들이 참여하는 펜톤Fenton반응[반응1]이다. 이 반응에

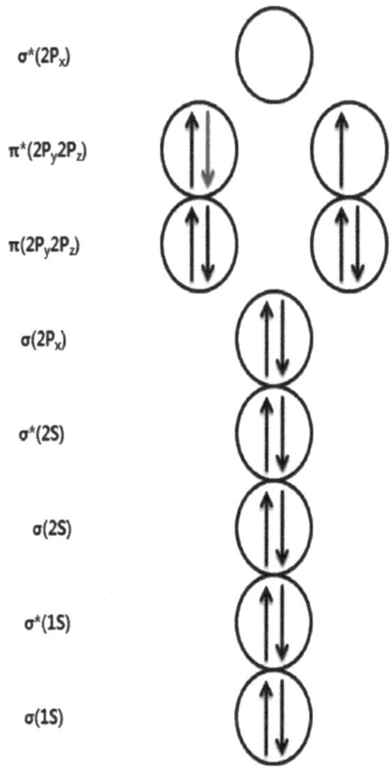

[그림 3.5] 슈퍼옥사이드의 구조와 전자배열.

서 전자를 잃은 전이금속transition metal들은 $O_2 \bullet^-$ 와의 반응을 통해 다시 환원되면 [반응2], 두 반응을 합해서 보통 하버 바이스반응Haber Weiss reaction(반응3)이라고 부른다. 수산화라디칼·OH은 활성산소 중 가장 반응성이 크고(typical rate constant: 10^9~$10^{11}M^{-1}s^{-1}$), 수명(half-life: 10^{-10}초)이 짧다.

$$Fe^{2+} + H_2O_2 \rightarrow Fe^{3+} + {}^{\cdot}OH + OH^- \quad [반응1]$$

$$Fe^{3+} + O_2^{\cdot -} \rightarrow O_2 + Fe^{2+} \quad [반응2]$$

$$H_2O_2 + O_2^{\cdot -} \rightarrow O_2 + {}^{\cdot}OH + OH^- \quad [반응3]$$

[그림 3.6] 수산화라디칼과 슈퍼옥사이드의 구조.
이들은 쌍(짝)을 이루지 않는 전자를 포함한 자유기이다.

■ 과산화수소

과산화수소Hydrogen peroxide는 중심적인 산소 대사물로 세포 내의 여러 곳에서 생성되며, 특히 $O_2^{\cdot-}$ 의 자발반응이나 SOD 효소촉매반응에 의한 불균등화 반응dismutation에 의해 주로 생성된다. 따라서 $O_2^{\cdot-}$ 처럼 미토콘트리아에서 많이 축적되지만 $O_2^{\cdot-}$ 와 달리 막투과성을 이용해 세포 전역으로 확산될 수 있다. 과산화수소hydrogen peroxide는 생물학적으로 반응성(10^1~$10^3M^{-1}s^{-1}$)은 약하지만 주요 효소의 활성부위에 있는 thiol group(SH기)을 산화시켜 불활성을 초래하거나, 10~100uM 이상의 농도일 경우는 세포에 직접적인 손상을 유도할 수 있다. 전이금속(Fe^{2+} 또는 Cu^{2+})이 존재할 때는 펜톤반응에 의하여 반응성이 매우 큰 수산화라디칼(•OH)로 환원될 수 있다. 그리고 이러한 세포수준의 독성 이외에 신호전달경로에도 관계함으로써 H_2O_2 분석에 대한 중요성이 더욱 커지고 있다.

■ 일중항 산소(singlet oxygen)

생물 시스템에서 $^1O_2$는 광민감화반응photosensitization에 의해 생성될 수 있는데, 측정이 매우 어렵다. $^1O_2$는 10^{-5}~10^{-6}초의 반감기를 가지고 주요 ROS 중에서 •OH보다는 반응성이 약하지만 $O_2^{\cdot-}$ 와 H_2O_2보다는 반응성이 큰 것으로 알려져 있다.

그러면 정상의 산소분자$^3O_2$, 삼중항 산소가 산소 자유기oxygen free radical로 전환되는데 어떤 특성을 가지는지 알아보자. 산소는 원래 쌍을 이루고 있지 않는 전자를 두 개나 가지고(이 때문에 산소를 'a double-radical'이라고도 부른다) 있지만 다른 free radical과는 달리 반응성은 아주 낮다. pi(π)-결합은 *p*-오비탈의 중첩으로 형성된다. 그러나 삼중항 산소의 경우 하나의 전자를 가지는 두 개의 *p*-오비탈로부터 두

·O-O·　삼중항 산소(triplet oxygen)

O-O :　일중항 산소(singlet oxygen)

·O-O :　수퍼옥사이드(superoxide)

H : O-O : H　과산화수소(hydrogen peroxide)

H : O·　수산화 라디칼(hydroxyl radical)

H : O :　수산화 이온(hydroxyl ion)

H : O : H　물(water)

[그림 3.7] 다양한 산소 화합물의 구조

개의 pi(π)-결합이 형성된다. 두 개의 전자는 세 종류의 조합이 가능하다; (둘 다 모두 up-spin, 둘 다 모두 down-spin, 하나는 up-spin, 다른 하나는 down-spin). 이러한 구조는 삼중항 산소를 안정화시킨다. 그런데 에너지의 부가(22.5 kcal/mole)로 인해 두 개의 전자가 하나의 *p*-오비탈로, 그리고 반대의 스핀을 가진 채 옮겨올 수 있게 되는데 이런 상태는 더 활성화된 상태를 이룬다. 이 상태를 "일중항 산소singlet oxygen, $^1O_2$"라 부른다. 일중항 산소는 자유기는 아니지만 전자가 흥분상태에 있어 다른 자유기와 같이 DNA 및 단백질의 손상반응을 일으킬 수 있다. 자외선 조사로부터 생성된 일중항 산소$^1O_2$는 피부에 '광노화'를 일으키는 주범으로 생각되고 있다. 다른

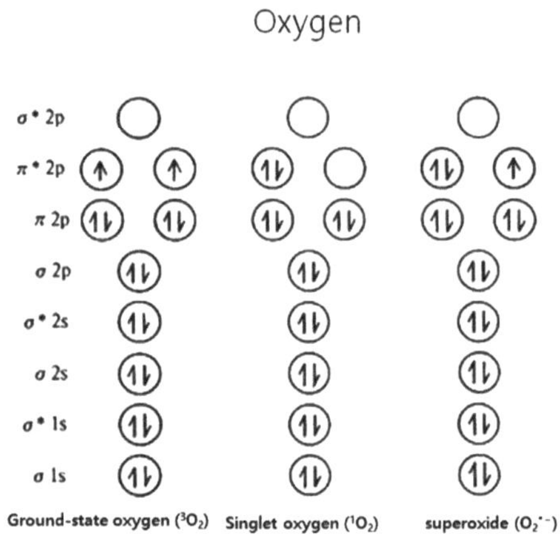

[그림 3.8] 정상적인 산소인 삼중항 산소(왼쪽), 그리고 일중항 산소(중간), 수퍼옥사이드(오른쪽)의 전자 배치 모식도.

한편으로 정상 산소분자에 하나의 전자가 전달되어 하나의 *p*-오비탈을 채우게 되면 반응성이 높은 자유기인 슈퍼옥사이드superoxide, $O_2^{\cdot-}$ 를 형성하게 된다. 전자전달계에서 이탈한 전자가 산소에 전달됨으로써 과량의 슈퍼옥사이드가 미토콘드리아에서 생성될 수 있다. 산소의 라디칼이 중요성을 가지는 이유는 호기성 생명체에서 산소의 이용이 필수불가결하며 생명이 있는 한 지속적으로 손상을 일으킬 수 있는 산소라디칼이 부산물로서 지속적으로 생성되기 때문이다.

2. 활성산소종의 생성기전

체내에서 활성산소종이 만들어지는 기전에는 여러 가지가 있는데 크게 3가지로 나눌 수 있다. 첫 번째는 생리학적 원인, 두 번째는 물리학적 원인, 세 번째는 정신적 원인을 들 수 있다. 그중 물리학적인 생성이란 자외선UV이나 이온화 방사선ionizing radiation에 노출되었을 때 활성산소종이 발생될 수 있으며, 정신적인 생성원인은 스트레스에 의해서도 활성산소종이 발생할 수 있다. 생리학적인 생성원인으로 활성산소종은 체내 각종 세포들의 여러 대사metabolism과정에서 끊임없이 생성되고 있다. 그 예로서 미토콘드리아mitochondria의 전자전달계electron transport system, 퍼옥시좀peroxisome의 지방산 대사과정, 시토크롬 P450 반응, 그리고 포식세포phagocytic cell들에 의한 '호흡폭발respiratory burst 또는 산화적 폭발oxidative burst' 과정 등을 들 수 있다.

2.1 미토콘드리아와 활성산소종

세포 내의 소기관인 미토콘드리아는 기능적으로는 세포가 요구하는 에너지의 대부분을 생산하는 주요기관이다. 대부분의 동물 세포는 그 종류에 따라서 수백~수천 개의 미토콘드리아를 하나의 세포에 포함하고 있다. 더욱이 다른 세포소기관들과는 달리 자신의 미토콘드리아 DNA를 포함하고 있어, 전자전달계 복합체의 일부 단백질들의 합성에 관여하고 있다(나머지는 핵 DNA에 의해 합성된다). 그러므로 미토콘드리아에서의 에너지 생성에 필요한 효소합성 및 조절을 위해 핵, 세포질의 미토콘드리아 사이의 긴밀한 조절이 요구되고 있음을 알 수 있다.

암, 노화를 비롯한 퇴행성 질환에 있어서의 미토콘드리아 기능의 손상에 대해서는

40여 년 전부터 많은 연구들이 진행되어오고 있다. 그중 현재까지 밝혀진 미토콘드리아의 생물학적 기능은 다음과 같은 세 가지로 요약할 수 있다:

1) 세포의 에너지를 생산(ATP 생성)한다.

2) 부산물로 활성산소종이 만들어진다.

3) cytochrome *c* 방출과 세포사멸apoptosis과 관계 있다.

미토콘드리아 전자전달계에서는 NADH나 숙신산succinate으로부터 받은 전자가 각 전자전달 복합체를 따라 단계별로 전달되어 결국 O_2를 환원시켜 물(H_2O)이 생성된다. 그러나 높은 에너지를 갖는 전자가 각 단계마다 다음 단계로 완벽하게 전달되지 못하고 유출되는 일이 빈번하게 일어나는데, 이 때 유출된 전자는 주변에 존재하는 산소와 쉽게 결합하여 슈퍼옥사이드(초과산화물)를 형성할 수 있는 것이다.

미토콘드리아는 두 개의 막으로 둘러싸여 있다. 미토콘드리아 외막mitochondria outer membrane은 포린porin을 가지고 있어 10 kDa보다 작은 물질들은 자유롭게 통과가 가능하다. 미토콘드리아 내막mitochondria inner membrane은 양성자proton, H^+ ion를 통과시키지 않는 불투과적impermeable 성질을 가진다. 따라서 미토콘드리아 외막과 내막 사이에 양성자가 축적되어 양성자 농도구배proton gradient를 형성하며 이것은 ATP 합성효소ATP synthase를 이용하여 ATP를 생성하는데 사용된다. 미토콘드리아 내막은 여러 수송채널을 포함하며, 이 가운데는 인산운반체phosphate carrier와 adenine nucleotide transporter(ANT)가 있다. ANT는 미토콘드리아 기질matrix로 ADP를 수송하는 역할을 한다. 미토콘드리아 내막에는 전자전달계에 관여하는 복합체 I, 복합체 II, 복합체 III, 복합체 IV 등, 4종류의 단백질 복합체를 지닌다. 복합체 I과 복합체 II는 복합체 III에 독립적으로 전자를 전달한다. 그리고 복합체 III는 복합체 IV로 다시 전자를 전달한다. 복합체 I에서 복합체 III로, 또 복합체 II에서 복합체 III로 전자의 전달은 용해성 운반자soluble carrier인 Coenzyme Q(CoQ)가 담당한다. 복합체 III에서 복합체 IV로 전자의 전달은 용해성 운반자인 시토크롬 c(cytochrome c)가 담당한다. 복합체 IV는 'cytochrome C oxidase'라 불리는데, 전자를 산소에 전달하여 물(H_2O)을 생성한다. 미토콘드리아 내막은 양성자에 대하여 불투과성이며, 복합체 I, III, IV는 전자전달 과정 가운데 양성자를 내막 밖으로 이동시킴으로써 양성자 구배proton

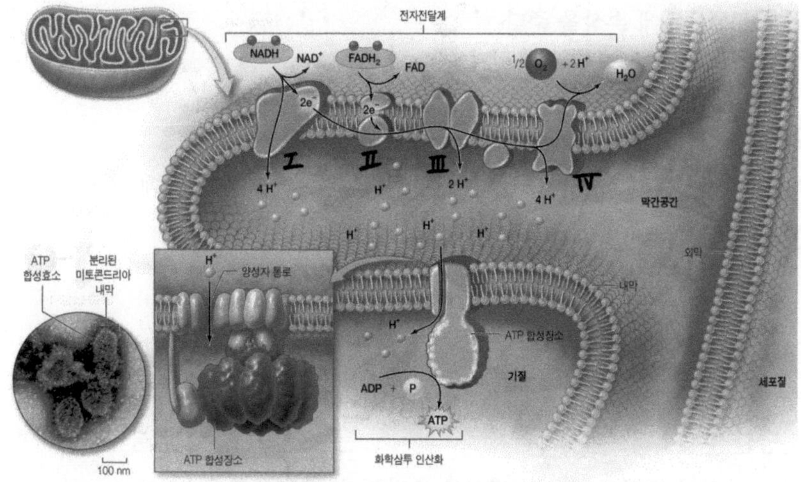

[그림 3.9] 미토콘드리아 전자전달계의 구성.
복합체 I, II, III, IV로 구성되며 미토콘드리아 내막에 위치한다. ROS의 생성은 복합체 I과 III에서 두드러진다. (강해묵, 2010)

gradient를 형성한다. 미토콘드리아 내막을 사이에 두고 형성된 양성자 동력proton motive force, PMF은 복합체 V(F0F1-ATP synthase)를 통해 양성자가 미토콘드리아 내막과 외막 사이로부터 미토콘드리아 기질로 들어오면서 ADP와 Pi를 중합시켜 ATP를 생산하게 된다. 이와 같은 반응은 산화반응과 인산화반응이 병행하여 이루어지기 때문에 '산화적 인산화반응oxidative phosphorylation'이라 부른다. 산화적 인산화에 사용되는 산소의 약 2% 가량은 전자전달계로부터 이탈하여 산소에 전자를 전달함으로써 슈퍼옥사이드를 생산하고 이렇게 생성된 슈퍼옥사이드는 미토콘드리아 내막을 손상시키는 악순환을 반복한다. 특히 복합체 I과 복합체 III로부터 슈퍼옥사이드 생성이

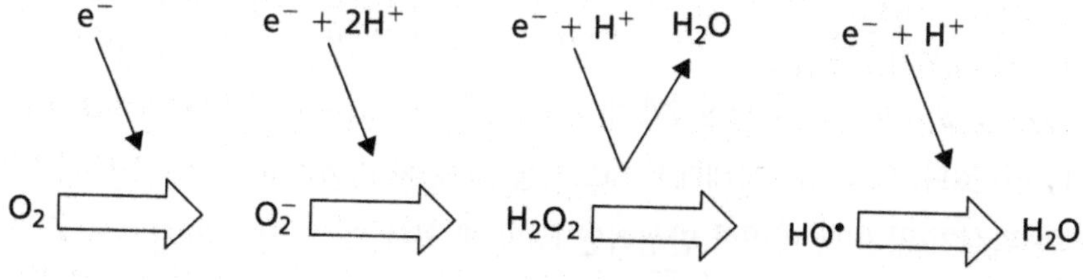

[그림 3.10] 활성 산소의 생성 과정

두드러지고, 이러한 슈퍼옥사이드는 미토콘드리아 내막의 지질과산화, 미토콘드리아 DNA, 핵 DNA 등에 손상을 준다.

2.2 활성산소종을 생성하는 세포효소반응

NADPH oxidase는 전자를 NADPH로부터 막을 가로질러 O_2에 전달하여 슈퍼옥사이드를 생성할 수 있다.

$$NADPH + 2O_2 \leftrightarrow NADP^+ + 2O_2^{\cdot-} + H^+$$

고혈당환경에서 리포옥시게나제Lipooxigenase는 아라키돈산과 리놀레익산의 산화를 촉진하고 산화된 물질은 자유기 생성을 촉진한다. 젠틴산화효소xanthine oxidase, XO는 하이포젠틴hypoxanthin과 젠틴xanthine에서 전자를 NAD^+(nicontineamide adenine dinucleotide)에 운반하는 효소로서 휴식 시 조직에 미량존재 하지만, 격렬한 운동으로 인하여 젠틴산화효소 촉매(xanthine oxidase catalyzed) 반응이 활성화되어 자유기 생성이 증가되는 것으로 알려져 있다. eNOS(endothelial NO synthase)도 활성산소종 생성을 촉진한다.

또한 퍼옥시좀peroxisome의 지방산 대사과정에서도 활성산소가 생성된다. 그러나 퍼옥시좀에는 고농도의 카탈라제가 존재하므로 퍼옥시좀에서 생성된 H_2O_2가 유리되는지 또는 세포질의 산화스트레스oxidative stress에 얼마만큼 의미있게 기여하는지는 확실하지 않다. 그러나 일부 돌연변이성 발암물질들은 퍼옥시좀의 숫자를 증가시키는데, 이들은 간암을 유발시키며 산화스트레스에 의한 손상을 증가시킨다. 뿐만 아니라, 미크로솜microsome에 존재하는 시토크롬 P450 관련 효소들은 외인성 물질들을 대사하는 과정에서 직접 산소를 $O_2^{\cdot-}$ 로 전환시키거나 또는 시토크롬 P450로부터 전자를 산화환원순환redox cycling에 관여하는 분자를 거쳐서 산소에 전달한다. 이 경우 $O_2^{\cdot-}$ 생성과 함께 전자전달체가 동시에 재생되므로 지속적인 $O_2^{\cdot-}$ 생성이 이루어질 수 있다. 비록 정상상태에서 시토크롬 P450에 의한 반응이 어느 정도 일어나는지는 확실치 않지만, 이러한 만성적인 P450에 의한 $O_2^{\cdot-}$ 생성은 갑자기 높은 농도로 독소toxin가 주어졌을 때 해독작용을 담당하는 능력에 영향을 줄 수 있을 것이다.

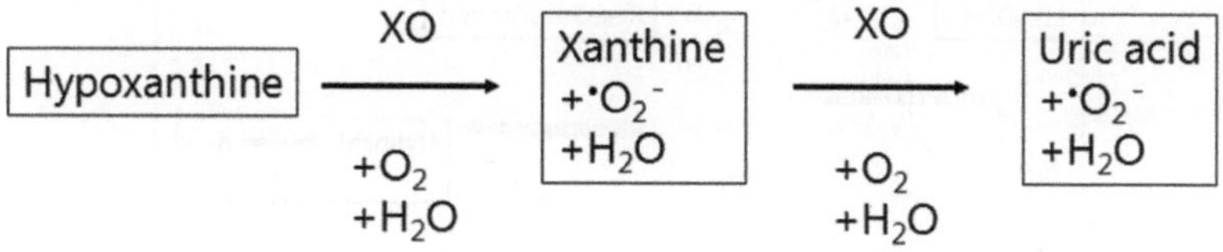

[그림 3.11] 젠틴산화효소(XO) 촉매반응은 활성산소를 생성한다

마지막으로 대식세포macrophage 등에 의하여 활성산소가 생성된다. 호중구neutrophil나 대식세포와 같은 식세포는 활성산소종을 생성함으로써 몸속에 침입해온 병원체나 이물질 제거를 위한 방어기전으로 이용한다. 이외에도 여러 효소들에 의하여 활성산소들이 생성될 수 있으며 이는 종종 조직에 따라 다르다. 그 한 예를 들면, 일부 뉴런neuron에서 모노아민산화효소monoamine oxidase, MAO에 의하여 도파민이 탈아미노화될 때 H_2O_2가 생성되며 이는 파킨슨질환의 원인이 되기도 한다.

2.3 자외선과 활성산소종

자외선은 그 파장에 따라 UVA, UVB, UVC로 나누는데, UVB는 홍반반응, 색소반응, 피부노화, 피부암 등의 다양한 피부반응을 일으킨다. 기존 보고에 따르면 자외선은 피부세포에 손상을 입히거나, 다양한 경로를 통하여 활성산소종의 생성을 유도하는 것으로 알려진다. ROS의 과도한 생성은 직접적인 DNA 손상과 세포의 손상 및 사

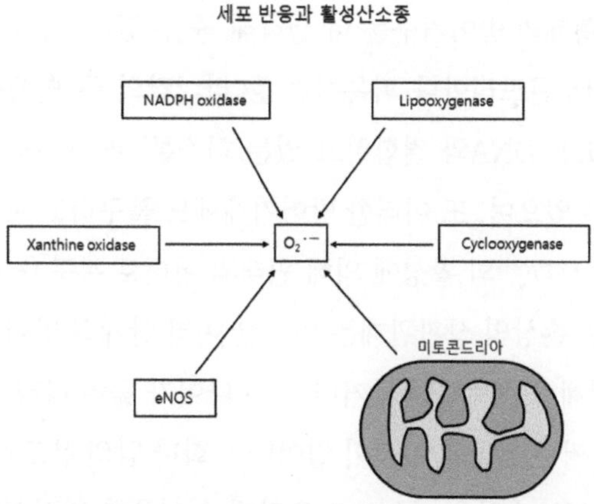

[그림 3.12] 생체내에는 미토콘드리아와 세포효소반응으로부터 다양한 ROS 생성반응이 있다.

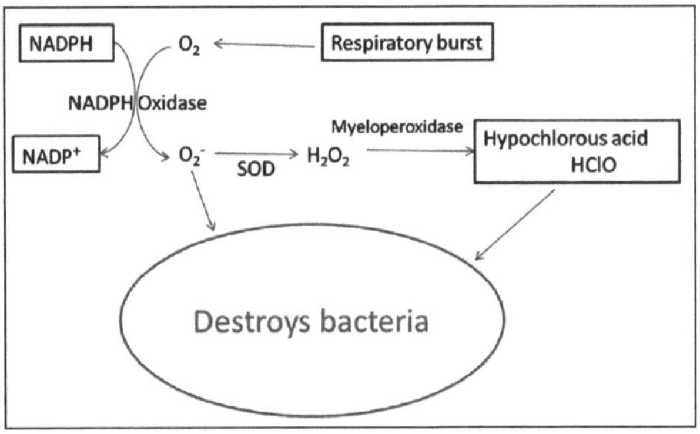

[그림 3.13]

대식세포(macrophage)가 포식작용(phagocyte)을 한 후 '호흡폭발(respiratory burst)'이라는 작용을 증가시키는데 이때 산소 사용이 증가되면서 ROS와 RNS의 생성이 증가한다. 이 때 생성된 ROS(활성산소종)와 RNS(활성질소종)는 항미생물(antimicrobial) 작용에 이용된다.

멸을 유발하게 된다. 또한 ROS는 여러 신호전달기작의 활성화를 통하여 염증을 촉진시키는 사이토카인의 분비를 촉진하여 염증을 유도한다.

3. 활성산소종과 DNA 손상

세포의 단백질, 지질, 핵산의 손상 가운데 핵산(DNA)의 손상은 중대한 결과를 초래한다. 생체내 세포에서 만들어진 라디칼이 핵의 DNA 손상을 유도하는 과정에서 다음과 같은 세 가지 형태의 방어기구를 더 생각해 볼 수 있다. 즉, DNA는 핵막으로 둘러싸여 있으므로 미토콘드리아나 퍼옥시좀 등 라디칼의 주 발생원으로부터 핵막에 의하여 분리되어 있고, DNA와 결합하고 있는 히스톤histones 단백질에 의한 라디칼 방어를 생각해 볼 수 있으며, 또 이러한 방어기제에도 불구하고 손상이 일어나더라도 DNA 복구효소repair enzyme의 활성에 의해 원래의 형태로 복구가 가능하다. 노화, 암, 라디칼에 의한 DNA 손상의 상관관계는 이러한 여러 단계의 방어기제가 존재함에도 불구하고 이 방어체계가 완벽하지 않거나 또는 나이가 듦에 따라 방어기제의 효율성이 점차 감소함으로써 손상물의 누적이 일어나 노화나 암의 유도가 발생한다.

라디칼에 의한 DNA 손상은 *in vitro* 조건에서 이온화 방사선ionizing radiation이나 산화촉진제prooxidants 처리에 의한 실험결과로 추정되어 왔다. DNA를 H_2O_2로 처리하여도 라디칼에 의한 DNA 손상의 생화학적 표지로 이용되는 가닥절단strand break이 발견되지 않았고 $O_2^{\cdot-}$ 단독으로는 역시 DNA 가닥절단을 유도하지 못했다. 이 두 활성산소종(H_2O_2, $O_2^{\cdot-}$)을 동시에 처리하면 가닥절단이 발생하여 •OH(수산화라디칼)가 이러한 가닥절단의 최종 공격물임을 알았다. •OH는 H_2O_2나 $O_2^{\cdot-}$ 에 비하여 그 반응성이 매우 크므로 실제 DNA 손상은 이 라디칼에 의해 주로 발생함을 짐작할 수 있다. •OH수산화라디칼가 DNA에 어떠한 손상을 주는지에 대해서 여러 결과들이 보고되어 있으나 크게 데옥시리보스deoxyribose의 손상이 유도됨으로서 궁극적으로 DNA 골격이 붕괴되거나 퓨린 및 피리미딘 염기들의 화학적 변환 등이 확인되었다. 8-Hydroxyadenine, 8-Hydroxyguanine과 이 손상물의 환ring이 열린 4,6-diamino-5-formamidopyrimidine, 2,6-diamino-4-hydroxy-5-formamidopyrimidine 등을 비롯한 약 20여 종류 정도의 염기 손상물들이 확인이 되었다. 노화된 세포에서 증가된 DNA 손상은 결국 유전자의 기능저하, 기능이상dysfunction, 돌연변이mutation에 의한 단백질의 변형, 단백질 발현이상, 효소기능이상, 대사기능 및 조절기능에서의 이상 등으로 나타나서 결국 세포기능의 소실 및 이상, 조직기능의 소실 및 이상, 노화, 암세포화 등을 초래한다. 결국 노화된 세포에서 유전자 손상이 증가되어 기관과 조직의 기능이 점차 감소되어 노화의 현상이 인체에 나타나고, 노화된 세포에서는 암 발생 확률도 높아진다.

3.1 DNA 복구기작

사람의 각 세포는 유전자에 매일 약 50만 번의 손상이 일어나는데, 대부분의 손상은 세포가 가지고 있는 다양한 유전자 손상복구시스템DNA repair system에 의해 복구된다. DNA 손상이 일어나는 양과 DNA 복구가 일어나는 속도가 균형이 유지될 때 세포는 건강한 상태를 유지하고, DNA 손상 속도가 DNA 복구 속도보다 더 빠를 때 손상의 축적으로 인하여 세포는 결국 노화나 암으로 진행하게 된다. 포유동물의 DNA 복구기작의 종류에는 DNA 염기의 치환, 염기의 소실 등이 일어난 경우에 염기를 바꾸어주는 염기절제복구base excision repair, BER, 자외선에 의해 생성된 T-T dimer(티민 이량체) 등을 주로 치환해주는 뉴클레오티드절제복구nucleotide excision repair, NER,

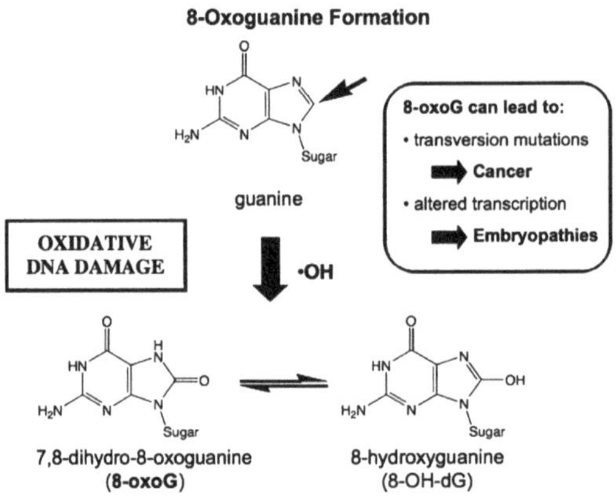

[그림 3.14]

수산화라디칼은 구아닌에 반응하여 7,8-dihydro-8-oxoguanine(8-oxoG)를 형성한다.
이것이 복구되지 않으면 돌연변이를 유발할 수 있다. (from Wells, 2009)

DNA의 절단strand break을 고쳐주는 이중가닥절단복구double strand break repair, DSBR가 있으며, DNA 이중가닥에 불일치mismatch가 있을 때 고쳐주는 불일치복구mismatch repair, MMR, DNA 복제가 일어날 때 가닥 교환strand exchange에 의해 잘못된 부분을 수정하는 재조합복구recombinational repair, RR, DNA 중합효소가 복제할 때 인식되지 못하

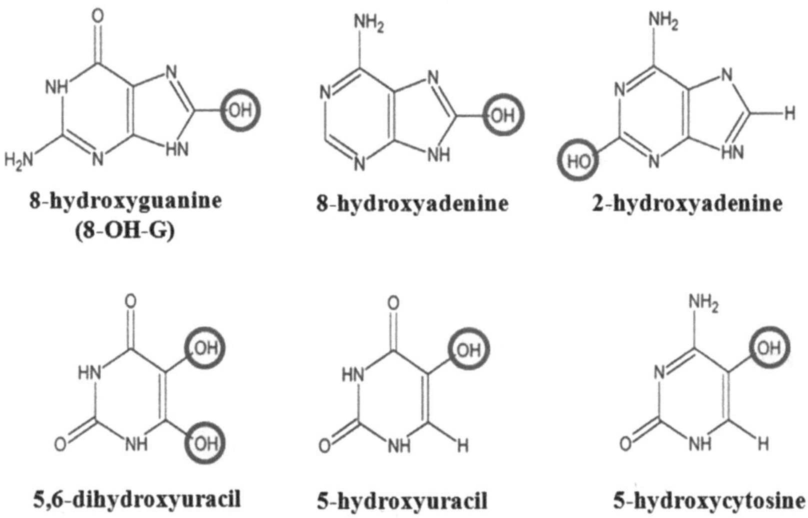

[그림 3.15] ROS에 의해 산화가 일어난 핵산 성분들.

는 뉴클레오티드가 존재할 때 일단 임의로 뉴클레오티드를 집어넣은 후에 그 부분을 지나가는 'translesion repair(돌연변이 발생 가능성 있음)' 등이 존재한다.

자유기에 의한 DNA 염기변형에는 여러 종류가 있지만 구아닌guanine 염기의 8번 위치에 수산화반응hydroxylation으로 생산되는 8-hydroxy-deoxyguanosine(8-OHdG)이 가장 많이 연구가 되었다. 그 이유는 8-OHdG는 자유기에 의하여 가장 많이 생성되는 변형염기이고 아데닌(A)과 미스매치mismatch하여 결국 GC→TA 돌연변이를 초래하고 이로 인하여 발암을 유도하기 때문이다. 또한 8-OHdG는 비교적 정량이 간편하여 산화스트레스oxidative stress, OS의 지표marker로서 많이 사용되어 왔다.

이런 의미에서 볼 때 DNA에 존재하는 8-OHdG에 대한 연구들은 DNA에 존재하는 8-OHdG의 발암가능성 여부와 산화스트레스의 마커로써의 유용성에 대한 것으로 대변할 수 있다. 결론적으로 DNA내의 8-OHdG는 돌연변이/발암작용을 가지고 있어 자유기에 의한 발암매개 요인으로 작용하고, 동시에 그 함량은 산화스트레스의 정도를 나타내는 유용한 지표marker가 될 수 있다는 것이다.

1974년 Hart 등은 수명이 긴 동물의 섬유아세포fibroblast는 수명이 짧은 동물의 섬유아세포보다 자외선에 의한 DNA 손상을 더 빨리 회복한다고 보고하였다. 자외선 조사UV irradiation는 대부분 T-T 이량체dimer 등의 교차결합cross-linking을 수반하는 손상을 유발하는데 이러한 손상은 우리 몸에서는 주로 뉴클레오티드절제복구NER에 의해 고쳐진다. NER은 수명이 긴 동물의 섬유아세포에서 더 효율적으로 일어난다는 것이 밝혀졌다. 그 이후에 생쥐mouse, 쥐rat, 개dog, 사람human의 섬유아세포를 사용

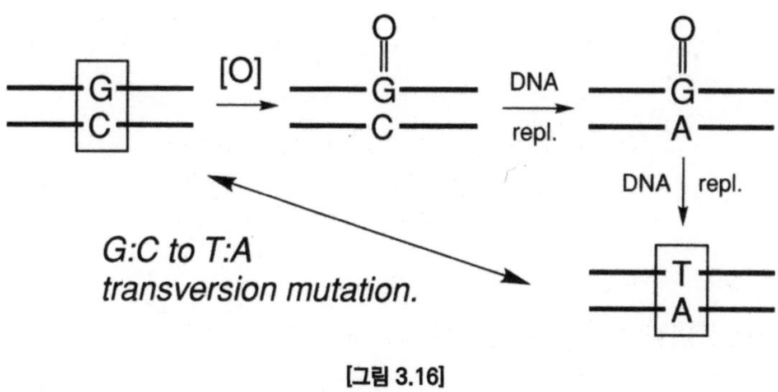

[그림 3.16]

활성산소에 의해 산화된 구아닌은 복제동안 mis-pair를 유도하고, G:C 염기쌍이 T:A로 바뀌는 돌연변이를 초래한다.

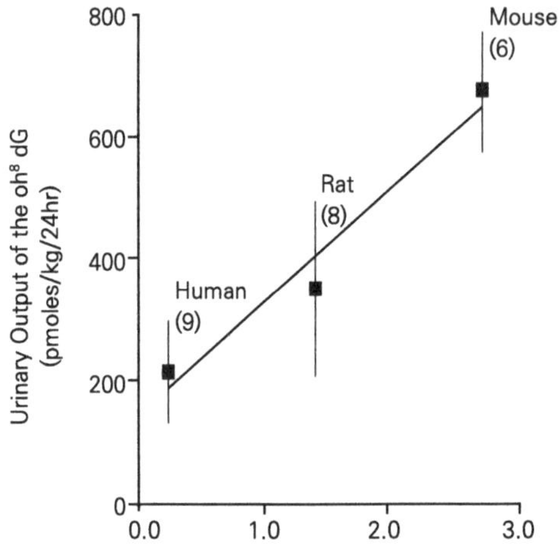

[그림 3.17]

사람(human), 랫드(rat), 생쥐(mouse) 등에서 오줌(urine)으로 배출되는 8-히드록시-데옥시구아닌 (8-OHdG) 양의 비교. 사람에서 단위양당 8-OHdG의 배출이 가장 작았는데 이것은 생체내 DNA 복구기작의 효율성이 랫드(Rat)와 생쥐(Mouse)보다 효율적임을 반영하는 것이다.

하여 수명이 긴 동물의 섬유아세포가 NER뿐 아니라 BER(base excision repair), DSBR(double strand break repair) 등의 DNA 복구도 더 효율적으로 일어난다는 사실도 밝혀졌다. 즉, 수명이 긴 동물은 미토콘드리아에서 만들어내는 ROS에 의해 일생 동안 지속적으로 발생하는 DNA 손상을 더 효율적으로 복구함으로써 노화의 진행 속도를 늦추고 암의 발생률도 낮추어 결과적으로 수명이 길게 나타나는 것으로 생각할 수 있다.

04

세포분열과 다운증후군

모든 생명체는 유전물질을 포함한다. 몇몇 바이러스를 제외하면 대부분의 생물체의 유전물질은 핵산인 DNA로 구성된다. DNA 분자는 유전자gene라 불리는 단위로 조직화되며, 유전자가 나열되어 있는 DNA는 염색체chromosome라 불리는 구조로 조직화되어 유전정보의 전달매체로 사용된다. 염색체들이후손의 세포로 전달이 될 때 매우 정확하게 전달이 되어야 하며, 그렇지 못할 경우 유전병, 암, 노화 등의 문제들이 발생할 수 있다.

진핵세포에는 두 종류의 세포분열 과정이 존재한다. 하나의 세포는 분열하여 두 개의 딸세포daughter cell를 형성함으로써 생식한다. 두 종류 세포분열 과정이란 체세포분열(또는 유사분열이라고 부름, mitosis)과 생식세포분열(또는 감수분열이라고 부름, meiosis)인데, 이 두 과정은 비슷하게 보이지만 분열의 결과는 차이가 있다. 체세포분열의 결과는 모세포와 동일한 염색체 수($2n$)를 가지는 2개의 세포가 생성된다. 이렇게 만들어진 세포는 신체가 성장하도록 하고, 마모되거나 손상된 조직을 교체한다. 그러나 감수분열에서는 세포가 4개의 딸세포로 나뉘며, 각 딸세포는 부모세포가 가지는 유전물질과 염색체 수의 절반(n)만 가진다. 감수분열의 결과는 '배우자gamete'라 불리는 생식세포sex cell를 형성한다. 이러한 감수분열에서 유전물질이 반으로 감소하는 이유는 유성생식으로 하여금 다음 세대에서 유전물질의 양이 두 배로 늘어나지 않도록 한다. 그러므로 생식세포인 난자와 정자가 결합하여 완전한 새로운 생물체로 성장할 수정란 세포가 부모세포와 똑같은 유전물질의 양을 가지게 하는데 필수적인 과정이다.

1. 진핵세포의 염색체들은 상동적 쌍으로 존재한다

진핵세포가 분열을 하지 않을 때는 유전물질들은 염색체가 풀려서 핵 속에 퍼진 그물 같은 형태로 존재하기 때문에 관찰이 쉽지 않다. 그러나 세포가 분열할 때는 염색체의 응축이 일어나기 때문에 관찰이 가능하다. 각각의 염색체는 동원체centromere라고 불리는 응축되고 압축된 부위를 포함한다. 염색체를 살펴보면 동원체를 중심으로 양쪽으로 뻗어나간 염색체 부위를 볼 수 있는데 이를 "팔arm"이라고 부른다. 동원체의 위치에 따라 팔의 비율이 서로 달라진다. 관행적으로 더 짧은 쪽의 팔이 동원체의 위로 표시되며 '단완(p)'이라고 부르며, 동원체 밑의 더 긴 팔을 '장완(q)'이라고 부른다.

체세포분열과 관련해서 몇 가지 특징들이 관찰된다. 같은 종species의 구성원에서 유래된 모든 체세포는 동일한 수의 염색체를 가진다. 세포 안의 거의 모든 염색체들을 관찰해보면 특정 길이와 동원체를 나타내는 각 염색체에 대해 똑같은 특징을 보이는 또 다른 염색체가 존재하는 것을 알 수 있는데, 이것을 '상동염색체homologous chromosome'라고 부른다. 즉, 거의 모든 염색체는 쌍으로 존재하며 이것은 '이배체($2n$)'로 불린다. 상동염색체 쌍은 염색체 길이를 따라 동일한 유전자 자리를 포함하는데 각각을 '유전자 좌위(locus, 복수 loci)'라 부른다. 유성생식을 하는 종에서는 각 상동염색체 쌍의 한 구성원은 난자를 통해 모계mother 쪽에서, 그리고 다른 하나는 정자를 통해 부계father 쪽에서 온 것이다. 상동염색체가 포함한 두 유전자 사본들은 각각 동일한 특성이나 형질에 영향을 미치지만 반드시 똑같지 않을 수 있다. 같은 종으로 이루어진 집단 내에는 수많은 형태의 동일한 유전자들이 존재할 수 있는데 이를 '대립유전자allele'라고 부른다. 이러한 염색체쌍의 법칙에 대한 예외도 존재한다. 세균이나 바이러스는 한 쌍이 아니라 오직 하나의 염색체를 포함한다.

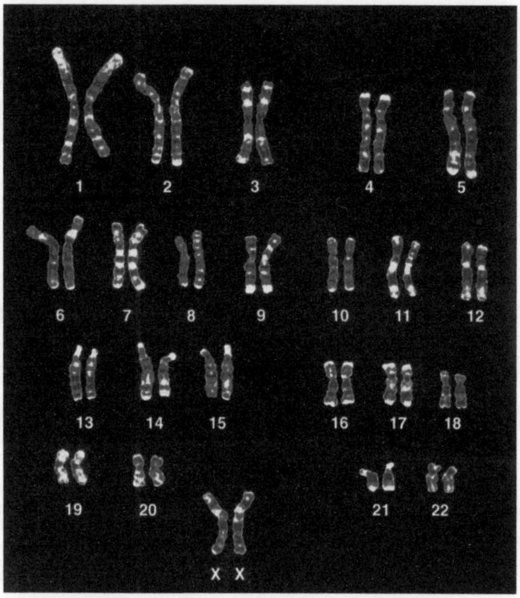

[그림 4.1] 성인 여자의 분열세포에서 얻어진 핵형분석.

인간의 염색체는 혈구세포로부터 쉽게 관찰할 수 있다. 분열하는 세포에 콜히친을 첨가하면 방추사 형성을 억제하여 중기metaphase에서 멈추게 할 수 있다. 중기의 염색체는 쉽게 관찰이 가능하므로, 사진으로 찍은 다음 오려내어 크기에 따라 배열하여 상동염색체가 일치하도록 나열한다. 이와 같이 핵 안에 존재하는 모든 염색체를 일정한 순서에 따라 배열하는 것을 '핵형분석karyotype analysis'이라 한다. 인간 체세포의 염색체는 전형적인 2배수성 염색체 수인 46개(23쌍)를 나타낸다. 핵형의 마지막 염색체 쌍은 X와 Y로 표시되어 있으며 서로 모양이 동일하지 않은데, 이것은 '성염색체sex chromosome'들이다. 남성은 염색체 쌍 안에 서로 다른 X와 Y 염색체를 가지고 있고, 여성은 2개의 X 염색체를 가지고 있다. 염색체를 더 정확히 관찰하기 위해서 '김자Giemsa염색법'을 사용하면 염색체에 밝고 어두운 띠들의 배열이 나타나므로 각 염색체를 정확하게 구별할 수 있다.

2. 세포주기

세포분열이 일어나면 모세포로부터 자손세포들이 만들어진다. 이러한 과정은 조직적으로 순서를 따라서 이루어지고 이 과정은 계속 반복이 일어난다. 이런 의미에서 세포의 재생산은 주기적cyclic 성격을 가지고 있다. 세포가 분열하기 시작해 다음 분열 전까지를 '세포주기cell cycle'라 하며 세포주기는 G1기, S기, G2기, M기 및 G0기의 다섯 단계로 구분된다. M기는 실제적인 세포의 분열cell division이 일어나는 기간이며, G1기, S기, G2기는 간기interphase라고 부르는데 이 기간 동안에는 세포분열에 필요한 여러 효소 및 세포 내 구성성분들이 합성이 일어나고 세포의 크기가 증대되는 성장growth이 일어난다. G1기는 DNA 복제가 일어나는 S기 이전의 기간을 말한다. G1기 동안 세포는 염색체 복제에 필요한 효소들과 기타 필요한 단백질들을 생산함으로써 DNA 복제를 준비하는 기간이다. S기에서는 S기가 시작할 때 한 분자의 이중나선으로 이루어졌으나 이 시기에 복제가 일어나 두 분자의 염색분체chromatid가 형성된다. S기에 DNA 복제가 끝나면 G2기에서 유사분열mitosis의 시작을 준비한다. 이 시기에 세포는 세포분열에 사용될 단백질을 합성한다. 미세소관을 이루는 단백질 등이 여기에 속한다. M기에서는 세포주기의 마지막 기간으로서 하나의 세포가 두 개의 세포로 분열이 일어난다. 세포주기를 나와 G0(휴지기)기로 들어간 세포는 대사적으로는 활성을 가지나 세포분열은 하지 않는 상태로 머무를 수 있다.

3. 세포주기의 조절체계

세포주기의 조절은 매우 중요한 의미를 가진다. S기에서는 DNA가 정확히 배가doubling되어 염색분체를 가진 2배의 DNA를 합성해야 한다. M기 역시 정확히 이루어져야 하는 과정으로 염색분체들은 각각 분리되어 딸세포로 이동하여 염색체를 구성한다. 세포분열로 귀결되는 세포주기의 진행은 조금의 실수가 일어날 틈을 보여서는 안 되는데, 그 이유는 유전의 특성상 대부분의 유전자 오류는 자손에게 그대로 전달이 일어나기 때문이다. 예를 들어 딸세포의 한쪽으로 염색체가 더 들어가거나 덜 들

세포주기의 중요한 checkpoints와 점검사항

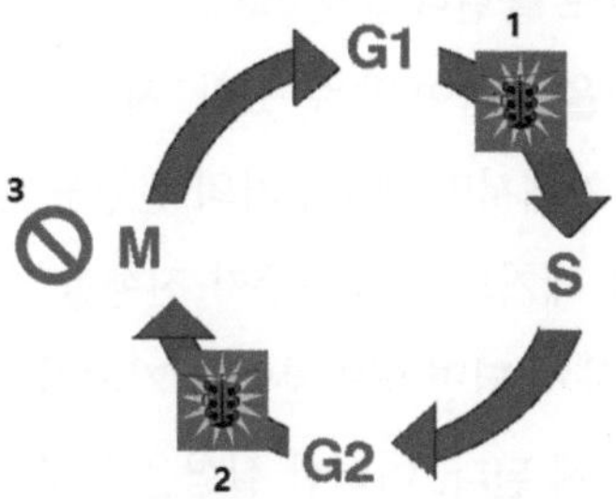

1. G1기와 S기 사이;
   세포 크기는 적당한가?
   DNA에 손상이 존재하는가?
2. G2기와 M기 사이;
   DNA 복제가 완전히 일어났는가?
3. M기 동안;
   방추사가 형성되었나?
   방추사가 염색체에 정확히 연결됐나?

[그림 4.2] 세포주기의 체크포인트

어가면 결과적으로 딸세포는 일부 염색체를 얻거나 상실하게 된다. 만약 S기에서 정확한 DNA 합성 그리고, M기에서 염색체의 이동 과정에 문제가 발생할 경우 세포에 치명적 손상을 일으킬 수 있는데 그중 하나가 암의 발생이다.

따라서 진핵세포에서는 각각의 세포주기 단계가 완벽하게 이루어졌는가를 확인하는 감시체계를 가지고 있다. 그렇게 하여 앞의 단계가 완벽히 이루어졌을 때만 다음 단계로 진행하도록 하고 있다. 만약 어떤 단계에서 문제가 있을 경우(DNA에 손상이 있거나 방추사가 염색분체에 제대로 연결이 되지 않았을 경우 등) 이와 같은 잘못error이 완벽히 복구될 때까지 세포주기의 다음 단계로 진행되지 않도록 정지시킨다. 예를 들어 DNA 복제 시(S기) 발생한 잘못이 수정되지 않으면 이러한 감시체계는 잘못이 수정될 때까지 DNA 응축(G2기)을 막는다. 또 다른 감시체계는 한번 지나간 세포주기 단계를 역으로 재진입하지 못하도록 한다. 이와 같은 감시가 이루어지는 기간을 '체크포인트checkpoint'라고 한다. 지금까지 수십 개의 체크포인트가 확인되었으며 체크포인트의 기능은 암의 발생에도 영향을 미친다. DNA의 손상, 염색체의 잘못된 배열은 세포주기의 진행을 막기 때문에, 검문지점의 감시를 느슨하게 만드는데 관여하는 여러 유전자 돌연변이들을 발생시킴으로써 암화oncogenesis를 촉진하기도 한다.

3.1 G1/S 체크포인트는 다시 되돌릴 수 없는 시점이다

앞에서 지금까지 발견된 체크포인트(검문지점)가 수십 개가 존재한다고 했는데, 모든 검문지점이 동등한 영향력을 보이지는 않는다. 모든 검문지점이 세포주기를 멈추게 할 수는 있지만 대부분의 경우 문제를 해결될 때까지만 세포주기를 멈추게 한다. 그러나 G1/S의 경계에 위치한 검문지점은 세포주기를 시작하여 완료할지 여부를 결정하는 지점으로 제한지점restriction point이라고도 불린다.

이 제한지점의 영향력은 효모를 이용한 실험을 통하여 알 수 있다. 저영양 상태이거나 교배인자가 존재할 경우 오직 초중기의 G1기에서만 세포주기의 진행을 멈추게 할 수 있다. 만약 영양이 공급되거나 교배인자가 제거되면 세포주기 진행을 재개할 수 있다. 그러나 G1기 말기의 특정 지점에 도달하게 되면 영양분이 제거되거나 교배인자가 더해져도 세포주기 진행이 중단되지 못하게 된다. 이러한 실험은 세포주기에 돌아갈 수 없는 시점이 존재하며 이 지점이 G1기 말기(late G1)에 존재하고 있음을 보여준다. 일단 이 시점을 지나면 세포주기가 끝까지 진행되도록 결정된다.

3.2 G2/M 검문지점은 세포구조의 대규모 재배열을 위한 시점이다

G2기에서 M기로 진행하는 동안에는 세포골격의 재배열, 핵막의 붕괴 등 쉽게 관찰할 수 있는 변화가 나타난다. 수년에 걸쳐 과학자들은 M기로 진입 여부를 결정하는 복합체가 세포주기의 특정 시점에만 활성을 나타내는 단백질들로 구성되어 알아내고, 초기에는 이들의 이름을 '유사분열촉진인자mitosis promoting factor, MPF'라고 불렀다.

3.3 사이클린과 CDK가 DNA 복제를 시작한다

이후의 실험에서는 MPF 복합체의 기능을 분리하는데 초점이 맞추어졌는데, 과학자들은 MPF가 두 개의 단백질로 구성이 되어 있으며 서로가 결합하고 있을 때만 활성을 나타낸다는 것을 알아내었다. 이 중의 하나가 사이클린cyclin으로 세포주기에 따라 발현 정도가 크게 변하고 필요할 때만 가장 많이 만들어진다. 효모에서는 하나의 사이클린이 전체 세포주기를 조절할 수도 있지만 포유동물의 경우는 세포주기의 각 단계를 조절하는 다양한 사이클린들이 존재한다. 사이클린은 다양한 단백질을 인산화시킬 수 있는 사이클린 의존성 인산화효소Cyclin-Dependent Kinase, CDK에 결합하여 CDK 활성을 조절한다. 다시 말하면 인산화효소는 혼자서는 기능을 못하고 반드시 사이클린과 결합해야만 활성을 가진다. 일부에서는 사이클린활성화 인산화효소

Cyclin-activating kinase, CAK라는 효소를 부가적으로 필요로 하기도 한다. 인간의 경우 최소 12종의 사이클린-CDK 복합체가 존재하는데, 세포주기의 각 단계로 진입하기 위해서는 특정한 사이클린과 CDK의 결합이 이루어져야 한다.

초기 사이클린과 CDK에 의한 세포분열 조절은 개구리와 성게의 배발생의 유사분열에서 연구되었는데, 이러한 연구에서 B형 사이클린의 양이 유사분열 시기에 급격히 증가하고 M기로의 진입은 사이클린 B와 CDC2의 결합이 생성되어야 가능함을 보여주었다(CDK1은 CDC2라고도 불린다). M기가 끝나면 사이클린 B의 양은 급격히 감소한다. G1기로 들어가면서 사이클린 D가 CDK4나 CDK6와 결합하며, 이 두 CDK 기능은 기능이 유사하므로 CDK4/6로 표시한다. 사이클린D-CDK4/6 복합체는 초기 G1기가 시작되도록 한다. 사이클린 E는 G1 말기부터 증가했다가 S기가 들어가면서 감소가 일어난다. 사이클린 A는 S기의 진행과 함께 증가하여 사이클린 A-CDK2 복합체를 형성한 후 사이클린 E의 전사인자 기능을 억제하여 더 이상 사이클린 E가 생성되지 못하게 한다. S기의 후반부와 G2기 초기에는 사이클린 A-CDC2가 사이클린 B와 CDC2 복합체 형성을 도와주어 M기로의 진입을 돕는다.

사이클린이 세포주기의 진행에 따라 급격히 분해되는 기전은 유비퀴틴 리가제ubiquitin ligase에 의한 단백질 분해방법이다. 유비퀴틴 리가제는 사이클린에 폴리유비퀴틴 사슬을 결합시켜 프로테아좀proteasome에 의하여 분해되도록 한다. 이러한 방식은 세포주기가 앞으로만 진행하고 뒤로 되돌아가지는 못하게 하는 주요한 역할을 담당한

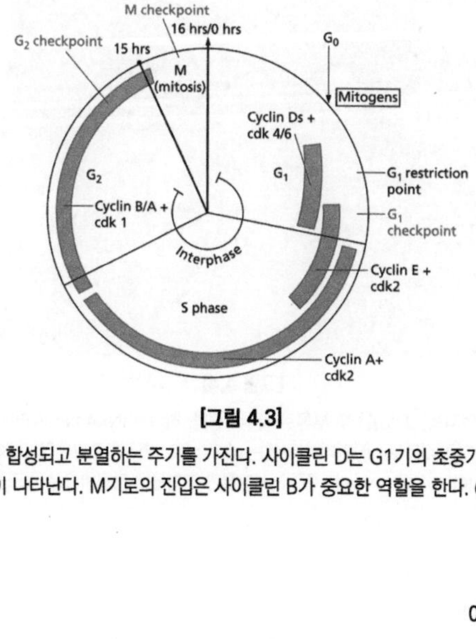

[그림 4.3]

세포주기에 따라 사이클린이 합성되고 분열하는 주기를 가진다. 사이클린 D는 G1기의 초중기에 만들어진다. G1 말기에는 사이클린 E의 합성이 나타난다. M기로의 진입은 사이클린 B가 중요한 역할을 한다. (from Pecorino, 2005)

다. 예를 들어 세포가 M기에서 빠져 나오면 다시 M기로 역방향으로 되돌아가지 못하고 반드시 G1→S→G2기를 통해 진행해야 하고, 사이클린 B와 CDC2가 결합하여 활성을 가지면 M기로 진입할 수 있게 된다.

3.4 인산화효소 억제단백질(CDKI)의 결합

세포주기의 조절에 사이클린-CDK 복합체의 활성을 억제하는 CDK 억제제CDK inhibitor, CDKI가 관여하고 있는데, 포유류의 경우 최소한 2개의 CDKI 그룹이 존재한다. 인산화효소 억제단백질은 초기에는 분자량 뒤에 각각의 표적 및 기능을 나타내는 머리글자를 활용해서 이름을 붙였다. 여기에는 CDK 억제자INhibitor of cdKinase, INK, CDK 작용단백질CDK Interacting Protein, CIP, 그리고 사이클린 의존성 인산화효소 억제자Kinase Inhibitor Protein, KIP 등이 있다. 첫 번째로 INK4 단백질은 CDK4와 CDK6와 결합함으로써 원래의 파트너partner인 D형의 사이클린과의 결합을 저해하는데, INK4 단백질은 다른 CDK2나 CDC2에 대한 저해 기능은 없다. INK4 단백질은 반복되는 ankyrin motif에 의하여 특징지어지는데 여기에는 p16INK4A, p15INK4B, p18INK4C, p19INK4D 등이 포함된다. 두 번째의 CDKI 그룹으로는 p21Cip1(또는 p21WAF1이라고도 함), p27Kip1, p57Kip2 등이 포함되는데 상호

CDKIs(CKIs)

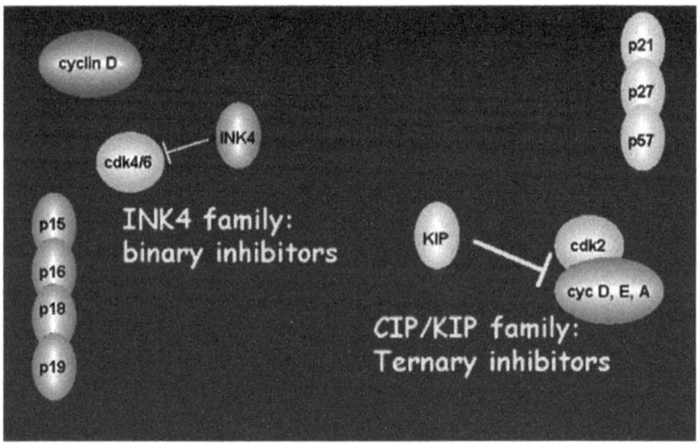

[그림 4.4]

CDK 활성을 억제하는 CDK 억제제(CDKI)는 두 부류로 나누어진다. 하나는 INK4 family인데 여기에는 p15, p16, p18, p19가 포함된다. 다른 하나는 CIP/KIP family인데 여기에는 p21, p27, p57이 포함된다. INK4 family는 CDK4/6와 직접 결합해 활성을 억제하며, KIP family는 CDK-사이클린 복합체에 작용함으로써 그 활성을 저해한다.

간에 아미노산서열의 유사성을 나타내며 다양한 종류의 사이클린-CDK 복합체에 결합할 수 있다.

3.5 DNA 복제에는 많은 단백질들이 관여한다

일단 DNA의 정확도 점검이 완료되고 CDK 활성화가 일어나게 되면 DNA 복제가 시작할 수 있다. DNA 복제에는 몇 가지 특별한 기능을 하는 단백질들을 필요로 한다. 그 첫 번째는 이중나선을 풀어주는 헬리카제helicase가 있는데, ATP 분해로부터 방출되는 에너지를 사용하여 DNA 이중나선을 단일가닥으로 풀어준다. 단일가닥결합단백질single-strand binding proteins, SSB은 일단 풀어진 단일가닥을 그대로 단일가닥으로 유지해준다. 프리마제primase라 불리는 효소는 짧은 RNA 가닥을 주형에 상보적으로 합성한다. 프리마제는 여러 단백질과 보조인자의 도움을 필요로 하는데 이와 같은 복합체를 '프리모솜primosome'이라 부른다. DNA 가닥이 풀리고 프리마제에 의하여 짧은 RNA primer가 생성되면 그 3′ 말단에 뉴클레오티드를 중합함으로써 DNA 합성을 시작한다. DNA 합성은 복제원점의 양쪽 방향으로 진행될 수 있으며, **복제포크**replication fork가 움직이는 방향으로 연속적인 합성이 일어나는 가닥은 '**선도가닥**leading strand'이라고 불리며, 다른 가닥은 '**지연가닥**lagging strand'이라고 부른다. 선도가닥에서는 3′ 말단에 새로운 뉴클레오티드가 첨가될 수 있는 3′-OH기를 가지므로 일단 시작되면 복제원점의 이동에 따라 연속적으로 DNA가 합성이 일어날 수 있다. 그러나 지연가닥은 복제 분기점에 3′-OH기를 가지지 못하므로 반복적으로 RNA primer가 합성되고 짧은 DNA 가닥이 합성이 일어난 후 이것이 연결되는 방식으로 DNA 합성이 일어나야 한다.

3.6 세포주기의 일부 세포는 세포주기에서 빠져나와 G0기로 진입할 수 있다

다세포 생물체에서 세포주기가 시작되기 위해서는 분열촉진인자인 미토겐mitogen의 자극을 필요로 한다. 미토겐은 호르몬, 스테로이드 등 다양한 성분이 그 역할을 할 수 있다. 세포가 적절한 시간 내에 충분한 양의 분열촉진신호를 받지 못한다면 세포주기를 떠나 G0기(휴지기)라 하는 단계로 들어갈 수 있다(G0기에 있다가 다시 적절한 분열신호를 받게 되면 다시 세포주기로 재진입할 수 있다). G0기로 들어가면 세포는 증식proliferation을 할 수 없는 상태로 들어가지만 세포의 생리적 기능의 수행은 가능하다. G0기에 있다가 세포분열신호를 받으면 다시 세포주기로 재진입하는 것이 가능하다. G0기에서 G1기로의 전환은 교환율turnover rate이 3일-4일에 이르는 인간의 내장세포intestinal cell에서 관찰이 되듯이 지속적 그리고 반복적(fully mitotic)으로 일어나는 경우도 있지만, 간세포liver cell 같은 경우는 대부분의 기간 동안 G0기로 존재하다가 1년에 한번 정도만 분열(**semi-mitotic**)을 한다. '**post-mitotic cell**'이란 세포주기에서 빠져나온 세포로 다시는 세포주기로 진입하지 못한다. 포유동물 생물체에서는 분열 가능 세포mitotic cell들이 분열이 끝난 세포postmitotic cell들보다 수적으로 우위에 있지만, 다세포 생물체에서 분열 가능 세포 대부분은 G0기로 존재하며 세포주기를 거치는 세포 수보다 더 많다.

〈표 4.1〉 mitotic cell과 postmitotic cell

fully mitotic cell	semi-mitotic cell	post-mitotic cell
섬유아세포(fibroblasts) 각질형성세포(keratinocytes) 내피세포(endothelial cells) 내장세포(intestinal cells) 줄기세포(stem cells) 생식세포(germ cells) 림프구(lymphocytes) 신경교세포(glial cells) 혈관평활근세포(vascular smooth muscle cells)	간세포(liver cell) 모낭(hair follicles)	심장 세포 뇌 세포 골격근 세포

4. 유사분열

유사분열은 우리 몸을 구성하는 모든 기관을 이루는 체세포가 분열하는 방법이다. 정자와 난자와 같은 생식세포는 유사분열이 아니라 감수분열 과정을 통하여 일어난다. 세포주기의 S기에서 DNA 복제가 일어난 다음 G_2기에서는 세포의 크기가 커지며, 세포가 유사분열로 진입하기 전 DNA 잘못을 바로 잡을 수 있는 마지막 기회를 가지게 된다. DNA 복구기구는 G_2기에도 활성상태로 남아있어 복제된 DNA가 유사분열의 전기에 응축이 일어나기 전까지 구조적으로 완전한 상태를 유지하도록 한다. 이와 더불어 사이클린 B/CDC2의 활성화는 G_2/M 체크포인트를 통과할 수 있도록 유도한다.

4.1 DNA 무결성(integrity)은 체크포인트와 복구기작의 작용으로 일어난다

세포에는 합성되는 DNA 가운데 잘못을 찾아내고 복구하는 체계를 가지고 있는데 이들이 작용하여 잘못을 바로 잡을 때까지 체크포인트를 지나쳐서 진행하는 것을 차단한다. 예를 들어 DNA 이중나선 및 단일나선의 절단 복구는 ATMataxiatelangiectasia mutated 및 ATRataxiatelangiectasia and Rad3-related 이라 불리는 두 개의 단백질 인산화효소에 의하여 유도되는데, 이들은 DNA 복구와 유지를 조절하는 단백질들을 인산화하는 역할을 한다. 정확히 어떻게 DNA 손상이 감지되는지는 여전히 잘 알려지지 않으나 DNA 복구를 상실한 돌연변이체를 통해 DNA가 손상된 즉시 ATM이나 ATR과 상호작용하는 몇 개의 단백질들을 밝혀냈다. 그중에 하나인 MRN 복합체MRN complex는 DNA 이중나선과 단일나선의 절단breakage을 감지한 다음 결합하고, 여기에 ATM 이량체가 붙어서 자가인산화autophosphorylation를 통해 활성화가 일어난다. 이후 ATM은 H2AX라 불리는 histone 2A를 인산화하는데, 이것은 복구기구 조립을 위한 결합부위로 작용한다. 복구가 일어나는 동안 세포주기를 멈추는 것이 중요한데 이것은 잘못을 확대 생산되지 않도록 해준다. 활성화된 ATM 및 ATR, 그리고 세린/트레오닌 인산화효소의 두 가지 중요한 기질은 각각 Chk2 및 Chk1이다. 이들은 DNA 수리가 끝날 때 까지 다음 단계로 진행하는 것을 막는다.

4.2 염색체 정렬은 유사분열 방추사조립 검문지점에 의해 보증된다

유사분열 기간 동안 가장 중요한 단계 중의 하나는 복제된 염색체의 동원체에 유사분열 방추사의 미세소관이 결합하는 것이다. 모든 염색체에 적절히 방추사가 결합하여 중기판(적도판)에 배열될 때까지, 후기로의 진행이 방추사 조립 체크포인트spindle assembly checkpoint로 알려진 기작에 의하여 활발히 억제된다. 이 검문지점은 복제된 염색체가 적절히 분리되도록 도와준다. 이러한 기능에 결함이 있으면 이수성aneuploidy으로 알려진 상태가 되며 이수성 세포는 죽거나 암세포화하는 특징을 가지고 있다. 어떻게 이러한 기작이 이루어지는가 하는 것은 자세히 알려져 있지 못하지만 공통적인 한 가지는 후기-촉진 복합체anaphase-promoting complex, APC라는 커다란 복합체가 존재한다는 것이다. 한 가지 학설은 유사분열-검문지점복합체mitotic checkpoint complex, MCC는 cdc20이라 불리는 필수적인 APC 구성성분을 포함하는데, 아직 동원체에 연결되지 않은 동원체미세소관에 결합한다. 동원체미세소관이 완전히 부착되면, 중기 동안 염색체의 당김으로써 발생하는 장력에 의하여 cdc20을 포함하는 MCC 단백질이 방출됨으로써, cdc20은 APC에 결합하여 이를 활성화시킨다. 활성화가 일어난 후기-촉진복합체APC는 여러 조절단백질들에 유비퀴틴이 부착되도록 도와주어 세포가 후기로 진행이 되도록 도와준다.

4.3 세포질분열은 유사분열이 끝난 후에만 일어난다

세포질분열은 수축환contractile ring의 수축이 필요한데 수축환은 원형질막 아래에 존재하며 유사분열 방추사의 긴 축에 수직으로 놓여있다. 여기서 중요한 점은 핵막의 재조립 과정 등 유사분열이 완전히 끝날 때 까지는 수축환에 있는 미오신 모터가 활성화가 일어나지 않아야 한다는 것이다. 세포질분열의 조절에 관한 자세한 내용은 아직 잘 밝혀져 있지 않으나 몇 가지 중요한 패턴이 효모에서 포유류에 이르기까지 공통적으로 나타나고 있다. 한 가지는 유사분열 말기에서 세포질분열로 전환하는 것이 단백질의 탈인산화에 의존적이라는 것인데, 특히 사이클린B/CDC2의 기질이 그러하다. 이것이 사이클린의 유비퀴틴화에 의한 것인지, 탈인산화효소의 활성 증가에 의한 것인지, 혹은 이 두 가지가 모두 관여해 일어나는 것인지는 확실치 않다. 유비퀴틴화가 일어나지 않은 돌연변이형의 사이클린을 발현하는 세포는 상당히 지연된 시간 뒤에 세포질분열로 진입하는데, 이것은 사이클린 분해가 세포질분열 개시를 위한 엄격한 필요조건이 아니라, 세포질분열의 시간을 조절하기 위한 것임을 나타낸다. 다른 하나는 CDK 기질의 탈인산화가 특이적 순서에 의하여 일어나는데, 이는 세포질분열이 세포가 체크포인트(checkpoint)를 통과하도록 해주는 인산화 연쇄반응cascade reaction에서 발견되는 것과 유사한 탈인산화 패턴을 따른다는 점이다.

5. 유사분열의 단계

유사분열 단계는 전기prophase, 중기metaphase, 후기anaphase, 말기telophase로 구분할 수 있다. 전기에는 염색체가 응축하기 시작하여 두 개의 자매염색분체가 동원체에 붙어있는 형태의 염색체가 형성된다. 핵 외부에 방추체가 형성되기 시작하면서 중심체를 양극으로 분리한다. 중기에서는 핵 주위의 막이 사라지며 세포의 중선 부위를 지칭하는 적도면에 염색체들이 배열된다. 후기에서 동원체centromere가 두 개로 쪼개지면서 자매염색분체도 분리되어 딸 염색체daughter chromosome를 형성하고 세포의 양극으로 이동한다. 말기는 딸 염색체가 세포의 양극으로 이동하고 새로운 핵막이 딸 염색체를 둘러싼다. 두 개의 딸핵daughter nuclei에는 모세포와 동일한 수와 모양의 염색체들이 들어있다. 핵분열이 완료된 후 세포질분열이 시작된다.

6. 감수분열의 단계

핵분열의 두 번째 형태는 유사분열(체세포분열) 과정과는 달리 유전물질의 양을 절반으로 감소시킨다. 이배체(2*n*)로 존재하는 체세포의 분열이 완전한 이배체 조성을 가지는 딸세포를 만들어내는데 반해, 감수분열은 반수체(*n*)의 염색체로 구성된 배우자gamete를 만들어 낸다. 그런 다음 유성생식 과정 중에 배우자들은 수정에 의해 연합되어 부모세포와 같은 완전한 이배체(2*n*) 조성을 회복하게 된다. 따라서 감수분열을 통하여 세대에서 세대로 유전적 지속성을 보장하는 수단으로 작용할 수 있다.

감수분열은 2개의 연속적인 핵분열 과정으로 이루어진다. 제1감수분열 단계에서 염색체의 실제적인 수가 반으로 감소가 일어나는데, 제1감수분열의 마지막 단계에서 각각의 염색체를 구성하고 있는 2개의 염색분체들은 아직 동원체 부위에서 결합되어 있다. 제2감수분열 과정은 동원체가 분리되고 염색분체들이 독립된 염색체가 된다는 점에서 유사분열 과정과 유사하다.

6.1 제1감수분열

제1감수분열의 첫 단계를 '**전기 I**'이라고 부른다. **전기** I의 초기에 염색체의 응축이 일어나며 상동염색체가 쌍을 이루어 시냅시스synapsis를 이룬다. 상동염색체가 나란히 배열되는 현상을 '**시냅시스**'라고 하는데, 시냅시스가 형성되어 상동염색체가 나란히 배열된 모습을 '**4분염색체**tetrad'라 부른다. 4분염색체는 따로 분리될 때까지 가까이 위치해있다. 상동염색체 사이는 접합복합체synaptonemal complex라는 구조에 의하여 안정화된다. 염색체들은 서로 교차crossing over가 일어나 염색분체의 일부를 서로 교환하게 된다. 이러한 과정은 쌍을 이룬 상동염색체들 사이에 유전정보를 효과적으로 재분배하고 유전자의 재조합을 가능케 한다. 교차 후 상동염색체들은 분리가 시작되지만 '**키아스마**chiasma'라고 불리는 부위에서는 아직 붙어 있다. **전기** I의 마지막 단계에서 핵막과 인은 소실되며, 염색체쌍은 세포의 중앙으로 이동한다. **중기** I에서는 상동염색체의 쌍이 적도판에 배열하게 되며 방추사가 동원체에 결합한다. **후기** I에서 동원체의 분리가 없으므로 2개의 자매염색분체가 결합된 상태로 양쪽 극으로 이동한다. 이 염색체들은 2개의 염색분체로 구성되어 있기 때문에 이를 2분염색체라 한다. **말기** I에서는 핵막이 재생되고 인이 나타나며 염색체는 꼬인 것이 풀린다. 제1감수분열에서는 염색체의 수가 반으로 감소하며, 각 염색체는 2개의 염색분체로 구성되어 이 염색분체가 분리되기 위해서는 제2감수분열을 통해 분열이 한 번 더 일어나야 한다.

제1감수분열 단계들 중에는 하나의 동원체가 한 쌍의 자매염색분체들을 함께 붙들

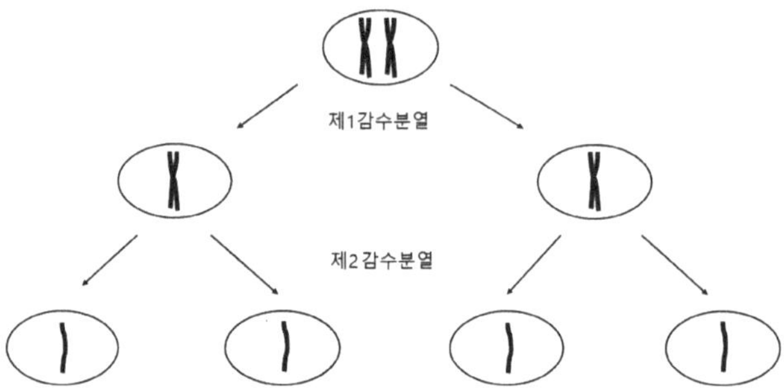

[그림 4.5] 정상적인 감수분열에 의한 배우자(gamete) 형성.

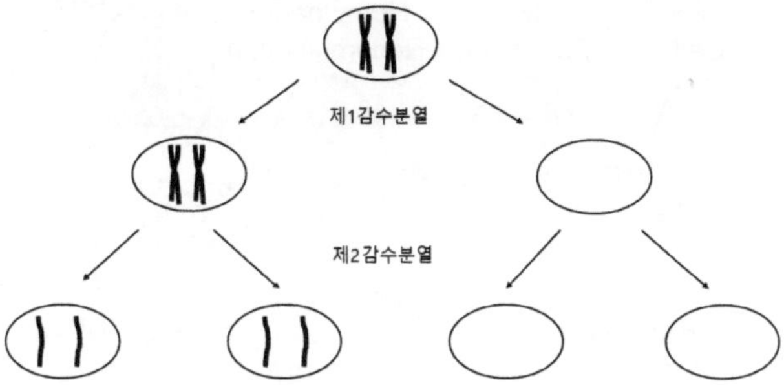

[그림 4.6] 비분리(nondisjunction)에 의한 배우자(gamete) 형성.
제1감수분열시 두 개의 염색체가 같은 세포로 분리된다. 수정시 2개의 염색체를 갖는 배우자(gamete)는 삼염색체성 (trisomy) 접합자를 만들게 된다.

고 있게 되며 이것은 아직 분열하지 않는다. 후기 I에 각 사분체의 절반(이분체)이 분열하는 세포의 양쪽 극을 향하여 당겨진다. 이러한 분열 현상을 '**분리**disjunction'라 부르며 염색체들이 서로 나뉘게 한다. 때때로 감수분열에서 실수가 발생하여 분리가 이루어지지 않을 수 있다. 이러한 오류를 '**비분리 현상**nondisjunction'이라 부른다.

제1감수분열 과정 중에는 다양한 유전적 조성을 지닌 배우자gamete를 형성할 수 있는 방법이 존재한다. 이것은 염색체 상에 다양한 형태의 대립유전자가 존재하게 하는 방법인데, 이 과정은 돌연변이에 의한 것이 아니라 유전물질을 "**뒤섞는 방법**shuffle"으로 진행된다. 앞서 말한바와 같이 제1감수분열이 진행되는 동안 상동염색체 각각의

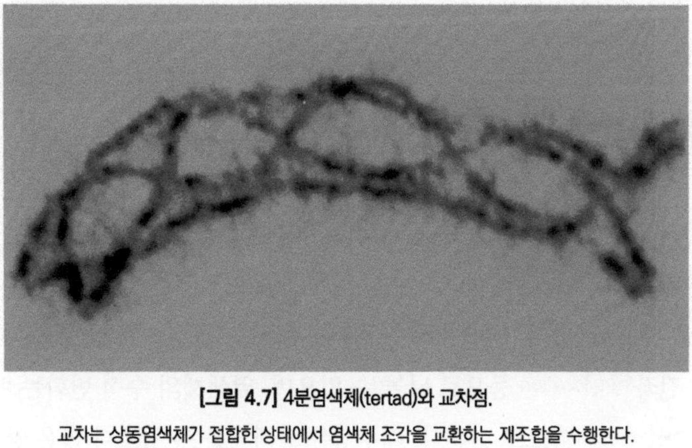

[그림 4.7] 4분염색체(tertad)와 교차점.
교차는 상동염색체가 접합한 상태에서 염색체 조각을 교환하는 재조합을 수행한다.

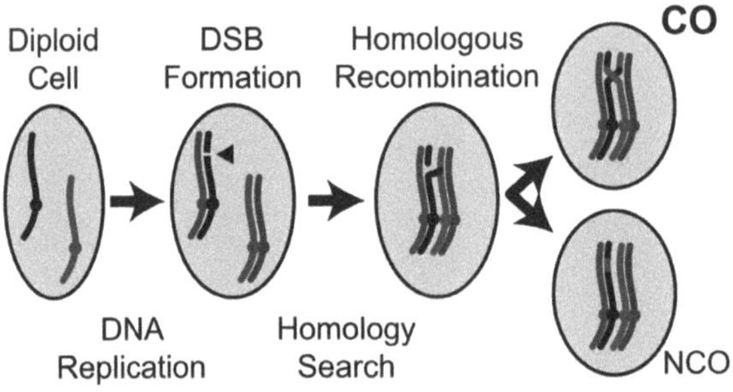

[그림 4.8] 감수분열 과정 중 비자매염색분체 사이의 유전물질 교환.

그림에는 한 쌍의 염색체에 한 번의 교차가 일어나는 것으로 나타나 있지만 사람의 상동염색체 사이에는 평균적으로 2번 이상의 교차가 일어난다. 교차가 일어난 후에는 이분염색체의 두 자매염색분체는 더 이상 동일하지 않으며 서로 다른 조합의 대립유전자를 지니게 된다.

염색분체 4개가 나란히 배열되어 4분염색체를 형성한다. 시냅시스 결과 4분염색체가 형성되면 상동염색체의 비자매염색분체nonsister chromatid 사이에 염색분체를 교환하는 **교차현상**이 일어난다. 즉 DNA가 절단되고 연결이 되는 과정이 포함되는 것이다.

6.2 제2감수분열

제2감수분열도 전기 II, 중기 II, 후기 II, 말기 II 단계로 나뉘어진다. 제2감수분열은 대부분 유사분열과 비슷한데, 후기 II 동안에 동원체의 분리가 일어나면 염색분체들은 독립적인 염색체들이 된다. 말기 II 에는 제1, 2감수분열의 최종산물인 4개의 새로운 세포들이 형성된다.

7. 염색체의 변화

염색체의 구조나 수의 변화는 유전적으로 중요한 결과를 초래하는데 이것을 '**염색체 돌연변이**chromosomal mutation'라 한다. 염색체 돌연변이는 염색체 수의 변화와 구조적 변화로 나눌 수 있다. 염색체의 구조적 변화로는 결실deletion, 중복duplication, 역위inversion, 전좌translocation 등으로 나눌 수 있으며, 염색체의 수적 변화는 배수성polyploidy과 이수성aneuploidy으로 나눈다. 배수성은 염색체를 두 쌍보다 많은 쌍을 갖는 경

〈표 4.2〉 제1감수분열과 제2감수분열의 요약

감수분열	단계	구조적 특징	설명
제1감수분열	전기 I	접합복합체 키아스마	상동염색체가 쌍을 이룸 교차가 일어남
	중기 I	적도판에 염색체 배열	사분염색체 형성
	후기 I	염색체의 이동	이분염색체가 양극으로 이동
	말기 I	핵막과 인이 재생	이후 세포질분열 일어남
제2감수분열	전기 II	염색체 응축	이분염색체 상태
	중기 II	염색체가 적도판에 배열	방추사가 동원체에 결합
	후기 II	염색체의 이동	염색분체가 분리됨
	말기 II	핵막이 재생	염색체가 풀림

〈표 4.3〉 유사분열과 감수분열의 특징 비교

특징	유사분열(체세포분열)	감수분열
분열 세포	체세포	생식세포(정자, 난자)
역할	성장	배우체
염색체 수의 변화	$2n \rightarrow 2n$	$2n \rightarrow n$
분열 횟수	1번	2번
생성되는 세포수	2개	4개
4분염색체	없음	있음
상동염색체	접합하지 않음	접합하여 4분염색체 형성
교차 여부	없음	있음
유전물질	자손의 유전물질은 parental cell과 동일	교차가 일어나 parental cell과 동일하지 않음

우를 말하며, 이수성은 한 개체의 염색체 수가 그 종의 염색체 수와 약간씩 다른 상태를 모두 의미한다. 일반적으로 이수성은 정상적인 2배수성 세포에서 한 염색체가 결핍 또는 과잉됨을 수반하고 있다.

〈표 4.4〉 염색체 돌연변이의 종류

<table>
<tr><th>돌연변이의 구분</th><th>특징</th><th colspan="2">종류</th><th colspan="2">돌연변이 결과</th></tr>
<tr><td rowspan="9">염색체돌연변이
(chromosomal mutation)</td><td rowspan="9">수많은 염기가 포함된 염색체의 변화</td><td rowspan="4">염색체 구조 변화</td><td>결실</td><td colspan="2">염색체의 일부가 없어짐</td></tr>
<tr><td>중복</td><td colspan="2">염색체의 일부구간이 겹침</td></tr>
<tr><td>역위</td><td colspan="2">염색체의 일부 구간이 끊어져 반대로 붙음</td></tr>
<tr><td>전좌</td><td colspan="2">한 염색체의 일부가 다른 염색체로 이동함</td></tr>
<tr><td rowspan="5">염색체 수의 변화</td><td rowspan="3">이수성</td><td colspan="2">정상에 비하여 상동 염색체가 더 많거나 모자란 경우</td></tr>
<tr><td>성염색체</td><td>클라인펠터증후군 (XXX)
터너증후군(X)</td></tr>
<tr><td>상염색체</td><td>다운증후군 (21번 염색체가 3개)</td></tr>
<tr><td rowspan="2">배수성</td><td colspan="2">염색체 세트의 수가 2쌍(diploid)보다 많은 경우</td></tr>
<tr><td colspan="2">삼배체(3n):triploid
사배체(4n):tetraploid</td></tr>
</table>

7.1 염색체 구조의 변화

염색체의 구조적 변화는 주로 염색체의 절단을 수반한다. 염색체는 방사선이나 각종 화학물질 또는 바이러스에 의해서도 절단될 수 있으며, 절단된 염색체의 조각은 간혹 소실이 일어나기도 한다. 이와 같이 염색체의 일부가 없어지는 것을 결실 또는 결손deletion이라고 한다. 이러한 염색체 부분은 다른 부분에 재결합하여 원래와 다른 염색체를 형성하기도 한다. 세포의 유전물질의 변화를 돌연변이mutation이라 하며, 염색체 돌연변이와 유전자 돌연변이로 구분할 수 있다. 이러한 유전적 변화는 자손 세포에 전달될 수 있다. 중복duplication은 염색체의 구조 이상의 하나로 하나의 염색체에 동일한 부분이 한번 이상 존재하는 것을 의미한다. 역위inversion는 염색체의 일부분이 180˚ 회전하였을 때 일어난다. 전좌Translocation는 두 개의 비상동염색체 사이에서 염색체 일부분이 상호교환 되어서 일어나는 현상이다. 전좌의 결과 상동염색체 간에 부분적인 이형접합체가 형성되며 독립적으로 분리될 때 특정 부위를 결여한 배우자가 발생할 수 있다. 이러한 염색체의 구조적 비정상은 암cancer 세포들에서 흔하게 관찰된다. 염색체의 절단과 비정상적인 형태로의 재결합은 체세포가 비정상적으로 증식을 하게 함으로써 종양세포로의 전환을 촉진한다.

7.2 염색체 수의 변화

염색체 수의 변화에 따른 돌연변이의 예로서 사람의 염색체가 46개가 아니고 47개인 다운증후군Down's syndrome을 들 수 있다. 이 증후군은 21번 염색체가 3개로서 47개가 된 것으로 정자나 난자의 형성시기에 비분리 현상nondisjunction에 의하여 여분의 염색체가 분리되지 못하였거나, 또는 제2분열시기에 복제된 염색분체chromatid들이 분리되지 못하였기 때문에 발생한 것이다. 이와 같이 정상인 염색체 수보다 하나 많은 경우는 삼염색체성trisomic이고, 적어서 45개이면 일염색체성monosomic이라 부른다.

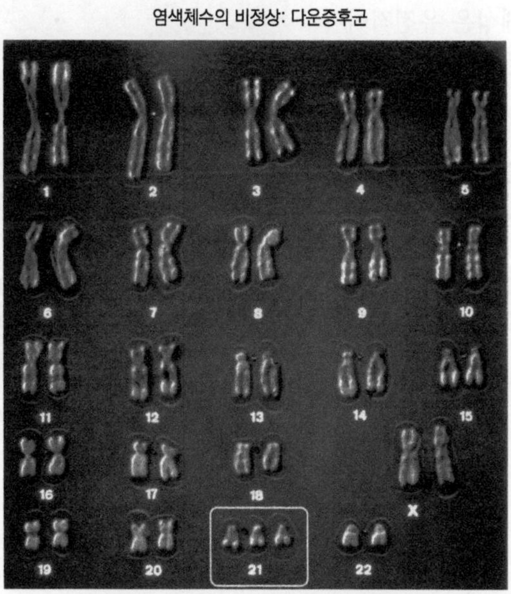

[그림 4.9] 다운증후군 환자의 염색체 핵형분석.

다운증후군은 21번 염색체가 2개가 아니라 3개를 포함한다. (삼염색체성, Trisomy)

8. 다운증후군

사람의 세포는 23쌍의 염색체를 포함한다. 1~22번까지는 상염색체autosome라 불리는 똑같은 유전자가 한 쌍씩 있고, 23번은 성염색체sex chromosome로 남자는 XY, 여자는 XX를 가진다. 다운증후군은 상염색체인 21번 염색체가 하나가 더 있어 47개의 염색체를 가진다. 여분의 21번 염색체에 의해 생기는 증상을 21번 삼염색체성 trisomy 이라 부르며, 작은 키와 중간 또는 심각한 정신지체가 특징으로 나타난다. 그러나 세심한 보호와 특별 훈련을 받은 다운증후군 환자들은 성공적으로 많은 활동에 참여할 수 있다. 다운증후군은 주로 여성의 감수분열 동안에 일어나는 비분리현상 때문이다(다운증후군을 일으키는 비분리 중 약 5%가 남성에게서 일어난다). 여성이 나이가 들면 비분리는 더 자주 일어나고 따라서 다운증후군을 가진 아이를 출산할 확률이 높아진다. 최근에는 500명 가운데 1명 정도의 유병률을 나타내는데, 이것은 부모의 임신 연령이 높아지면서 염색체 이상이 나타날 확률이 증가하기 때문이다. 삼염색체성은 유전적이지만 유전되는(대를 이어 전달되는) 질병은 아니다. 임신할 때 수정이 일어난 생식세포가 비분리 현상에 의하여 비정상적 염색체 수를 포함하기 때문에 발생한다. 다운증후군 환자의 약 40% 정도에서 심장의 문제가 발생하는 것으로 알려진다.

[그림 4.10] 다운증후군 어린이. (from Campbell, 2007)

05

DNA 대사

생명체는 종species 또는 개체가 가지는 형질을 결정하는 정보를 가지며, 이것을 "유전정보genetic information"라고 한다. 이러한 유전정보는 세포분열을 통하여 모세포mother cell에서 딸세포daughter cell로, 그리고 생식세포를 통해 한 세대에서 다음 세대로 전달되도록 되어있다. 인간의 모든 유전자는 23쌍의 염색체 안에 들어 있다. 그중 22쌍의 염색체를 크기에 따라 1번에서 22번으로 하였고, 나머지 한 쌍은 성염색체이다. 세포분열은 생명체가 자라는데 있어서 필수적이다. 그런데 분열하기 전에 반드시 DNA는 복제가 일어나야 한다. 이중가닥 구조를 가진 DNA는 단순한 복제 기작을 통해 복제될 수 있다. 즉 DNA 두 가닥은 분리되어 DNA 중합효소에 의해 각각 새로운 상보적인 DNA 가닥을 합성할 수 있다. DNA 중합효소는 상보적 염기쌍의 법칙을 통해 정확한 염기를 찾아 원래 가닥에 결합시켜 상보적 가닥을 만든다. DNA 중합효소는 5′에서 3′ 방향으로만 DNA를 확장할 수 있으므로 이중가닥의 역평행 가닥anti-parallel strand을 복제할 때는 다른 기작이 사용된다. 이런 식으로 모세포 가닥의 염기는 딸세포 가닥에 나타나는 염기를 지시하고 세포는 DNA의 완벽한 사본을 만들 수 있다.

유전자는 유전정보를 포함하고 생명체의 표현형에 영향을 미칠 수 있는 DNA의 서열이다. 유전자 내에서 DNA 가닥을 따라 배열된 염기서열은 전령 RNAmRNA 서열을 지정하고, 이것은 하나 또는 그 이상의 단백질 서열을 지정할 수 있다. 유전자가 꼭 단백질만을 만드는 것은 아니다. 어떤 유전자는 RNA로 전사되고 RNA로서 일을 수행한다. 유전자의 염기서열과 단백질의 아미노산 사이에는 '유전암호genetic code'라고 알려지는 번역의 법칙을 따른다. 번역에는 좀더 복잡한 과정이 필요하다. 먼저 주형 DNA에서 하나의 복사판copy을 만든다. 이 복사판은 DNA가 아니라 DNA와 구조가 매우 유사한 RNA 분자로 만들어진다. 이 RNA를 mRNA라고 부른다. 유전암호는 3개의 뉴클레오티드 서열에서 형성된 '코돈codon'이라고 하는 3개의 문자 단어(예; ACT, CAG, TTT 등)로 구성된다.

유전암호가 DNA로부터 RNA 중합효소라는 효소를 통해 mRNA로 합성되는 과정을 '전사transcription'라 부른다. 이 과정은 DNA 두 가닥 중 주형가닥 하나만이 RNA로 전사된다는 점을 제외하면 DNA 복제과정과 유사하다. 유전체 DNA 서열의 단지 일부만이 주어진 시간에 한 세포에서 전사된다. 번역translation과정에서 mRNA가 RNA를 구성물질로 하는 리보솜이라는 미세한 기계와 만난다. 이 리보솜은 mRNA를 따라가면서 3개의 염기를 특정 문자로 번역하여 준다. 이 문자가 바로 20개의 아미노산이다. 이렇게 아미노산들이 연결하여 폴리펩티드 사슬을 만든다. 체내의 거의 모든 것은 단백질로 구성되어 있거나 단백질에 의해 만들어진다. 복제, 전사, 번역과 같은 과정에서 일어나는 DNA나 RNA의 복사나 오류 수정, 복합체 형성 등에 단백질이 관여한다.

유전자가 복제될 때 간혹 실수가 유발되기도 한다. 염기가 빠지기도 하고 다른 염기가 삽입되기도 한다. 어떤 때는 작은 단위가 아니고 수많은 염기의 집합체가 중복되거나 삭제되기도 하며 뒤집어지기도 한다. 이것이 '돌연변이mutation'이다. 사람은 각 세대마다 몇 백 개의 돌연변이를 가진다. 사람의 유전체 안에 100만 개의 코돈이 있는 것에 비하면 그리 큰 숫자는 아니다. 그렇지만 결정적인 부분에서 돌연변이가 일어나면 하나의 변화로도 치명적일 수 있다. 그 예를 허친슨-길포드 조로증에서 볼 수 있는데, 그 내용은 12장에서 살펴보기로 한다.

DNA는 내부 또는 외부의 많은 인자들에 의해 손상을 입을 수 있다. DNA 염기서열을 변화시킬 수 있는 인자를 '돌연변이원mutagen'이라 부른다. 돌연변이원에는 산화인자, 알킬화인자, 자외선, X선 등 다양한 원인들이 있고, 이러한 인자들에 DNA에 입히는 손상은 그 인자의 종류에 따라 각각 다르다. 예를 들어 티민 이량체thymine dimer는 피리미딘 염기 사이를 크로스링크cross-link시킨다. 한편 프리라디칼이나 과산화수소 같은 산화인자는 대표적으로 구아닌과 같은 염기를 수식하거나 또는 이중가닥 절단을 일으킬 수 있다. 전형적인 인간의 각 세포에서는 15만 염기의 산화적 수식이 보통 일어날 수 있다. 이러한 손상들이 적절히 복구되지 못할 경우 돌연변이를 일으킬 수 있고 이것은 유전체 불안정성을 초래하여 암을 초래할 수 있다. 하지만 많은 DNA 손상들은 효율적인 DNA 복구를 통하여 회복이 되지만 일부 손상은 돌연변이로 남게 된다. 따라서 이런 돌연변이들은 포유동물의 유사분열 후 조직postmitotic tissues에 나이가 들면서 축적이 일어나고, 이것은 노화의 중요한 근본 원인으로 보인다.

많은 종에서 유전체genome 전체 서열 중 오직 일부만이 단백질을 코딩하고 있다. 예를 들어, 인간 유전체의 단지 1.5% 만이 단백질을 코딩하는 엑손exon을 구성한다. 인간 유전체의 반 이상이 단백질을 코딩하지 않은 반복적 서열repetitive sequence로 구성된다. 일부 반복적 서열은 텔로미어와 센트로미어에서 염색체의 안정성을 위해 중요한 역할을 한다.

1. DNA의 복제

DNA의 복제는 DNA가 염색체 내에 존재한다는 사실을 고려해야 한다. 박테리아와 같은 원핵생물은 하나의 원형circular 염색체를 갖는 반면, 진핵생물은 선형linear의 염색체를 갖는다.

1.1 원핵생물의 DNA 복제

원핵세포 DNA의 복제개시는 복제원점origin of replication이라는 DNA 상의 특정한 염기서열에서 시작된다. 새로운 DNA 합성의 방향은 양방향성bidirectional으로, 복제원점을 중심으로 양쪽방향으로 일어난다. DNA 분자가 풀리면서 상보적인 DNA 가닥의 합성이 일어나는 곳을 복제분기점replication fork이라고 부른다. 복제가 일어나는 원핵세포의 DNA를 전자현미경으로 관찰하였을 때, 부분적으로 복제가 일어난 원형 염색체는 쎄타theta, θ구조라고 하는 특이한 구조를 갖고 있는데, 이는 그리스문자 쎄타(θ)와 모습이 닮았기 때문에 유래한 이름이다. 이와 같은 복제방법은 원형염색체를 갖는 원핵세포에서 가장 흔한 방법으로 알려져 있으며 대장균의 경우 복제를 완결하는 데는 약 40분이 소모된다. 박테리아의 염색체뿐만 아니라 몇몇 박테리오파아지 염색체나 플라스미드plasmid가 복제되는 환형복제법rolling circle replication을 들 수 있다. rolling circle replication에서는 원형의 염색체상의 한 군데에서 절단nick이 일어나 다른 가닥으로부터 풀리게 되며, 노출된 반대가닥(절단되지 않은)을 따라 상보적인 새로운 가닥의 합성이 진행된다. 그와 동시에 절단된 가닥은 원형 염색체로부터 떨어지게 되고, 이 가닥을 따라서 상보적인 가닥의 합성이 일어난다.

복제가 실제로 일어나는 replication fork(복제분기점)에는 여러 가지 효소가 관여한다. DNA gyrase지라아제나 DNA helicase헬리카제에 의하여 DNA 나선구조는 이완되어 풀림으로써 DNA 복제의 주형으로 작용할 수 있게 된다. DNA 중합효소는 주형과 상보적인 뉴클레오티드를 중합함으로써 새로운 가닥을 신장해 나간다. 그러나 복제가 별개로 풀어진 DNA에 단순한 DNA 중합효소의 작용만으로 이루어지는 것은 아니다. 우선, DNA 중합효소만으로는 새로운 DNA 가닥의 합성을 시작할 수가 없다. 중합효소가 새로운 뉴클레오티드를 붙여나가기 위해서는 이미 존재하는 DNA나 RNA(primer)의 3′ 말단의 OH기(수산기)가 필요하다. 대개 10개 정도의 뉴클레오티드로 구성된 프라이머primer는 프리마제primase라는 효소에 의하여 합성된다. 일단 프라이머가 합성되면 DNA 중합효소는 상보적인 뉴클레오티드를 첨가하는 반응을 시작하여 새로운 DNA 가닥을 합성한다. DNA 중합효소의 작용방법 때문에 새로운 문제가 발생된다. DNA 중합효소는 오직 5′에서 3′ 방향으로 진행되는 가닥 끝에만 뉴클레오티드를 조립할 수 있는데 반하여, DNA 가닥중 하나는 5′ → 3′ 방향으로, 다른 가닥은 3′ → 5′ 방향으로 서로 상반된 방향을 가지고 있다. DNA 중합효소가 3′ → 5′ 방향을 갖는 가닥에 대하여 상보적인 새 가닥을 만들 때는 아무 지장을 받지 않고 연속적으로 합성해 나갈 수 있으나, 반대 방향성(5′ → 3′)의 가닥에 대해서는 문제가 발생한다. 이러한 문제는 오카자키(Okazaki) 등에 의해 설명이 되었는데, DNA 중합효소가 이 사슬을 복제할 때는 일련의 짧은 조각(원핵세포의 경우는 약 1000-2000 뉴클레오티드)들을 먼저 만든 다음 이를 연결하는 방식으로 이루어진다. 이 조각들은 복제 분기점이 진행하는 방향과는 반대방향으로 합성되는데, 이것을 오카자키조각Okazaki fragment이라고 부른다. 이와 같이 조각으로 만들어진 오카자키조각의 연결에 의하여 불연속적으로 합성이 일어나는 새로운 가닥을 지연가닥lagging strand이

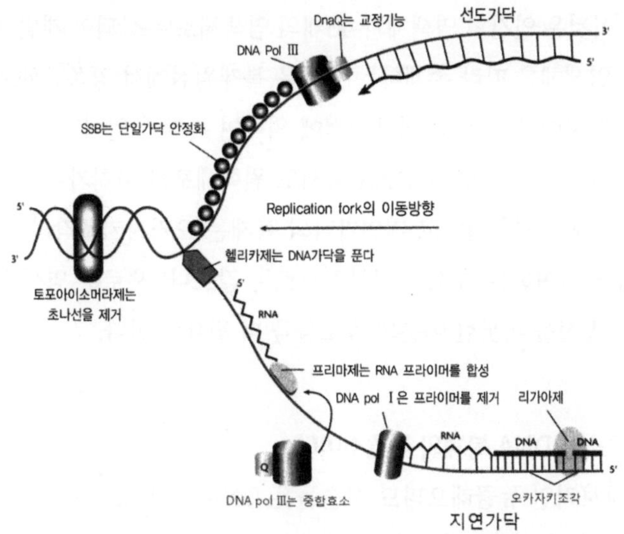

[그림 5.1] 선도가닥과 지연가닥 DNA의 합성.
복제분기점(replication fork)에서 나선의 풀림이 일어난다. 선도가닥은 연속적으로 합성이 일어나고, 지연가닥은 짧은 단편들의 형태로 불연속적으로 합성된 후 연결된다. (from 오상진, 2012)

라고 하고, 연속적으로 합성되는 다른 가닥을 선도가닥leading strand이라고 한다. 특수한 중합효소(DNA polymerase I)가 RNA 프라이머를 제거하고 그 부분에 상보적인 뉴클레오티드를 첨가함으로써 완전한 DNA가닥을 합성하게 된다. 그러나 여전히 각 가닥에 남아있는 절단nick에 의한 불연속적인 지점은 인접한 뉴클레오티드 사이에 공유결합을 형성하는 DNA 리가아제ligase에 의하여 연결됨으로써 연속적인 가닥을 이루게 된다. 모든 절단된 지점이 연결되면 복제된 두 개의 DNA 분자들은 각각 정상적인 이중나선 구조를 갖게 된다.

1.2 진핵생물의 DNA 복제

진핵세포에서의 DNA 복제는 원핵세포보다도 더욱 복잡한 과정을 갖는다. 이는 진핵세포의 DNA가 원핵세포의 DNA보다 훨씬 길며, 염색체 DNA는 단백질과 결합된 상태(뉴클레오좀 구조)로 배열되어 있기 때문이다. 진핵세포의 DNA 중합효소는 원핵세포에 비해 훨씬 다양한 종류로 구성된다. 인간의 염색체는 대장균보다 약 2000

배에 해당하는 DNA를 가지고 있지만, 복제시간에 있어서는 단지 20-30배 정도만을 더 소모할 뿐이다. 이것은 인간의 염색체가 46개의 염색체로 분산되어 개별적으로 복제가 일어나며, 각 염색체를 따라 존재하는 수많은 복제원점에서 양쪽방향으로 동시에 일어날 수 있기 때문이다. 하나의 복제원점에 의하여 복제가 일어나는 부분을 '복제단위replicon'라고 한다. 진핵세포의 DNA 복제도 원핵세포와 마찬가지로 반보존적이며, 선도가닥의 복제는 연속적이고 지연가닥의 복제는 오카자키조각의 연결로 합성된다. 또한 복제에 관여하는 효소도 근본적으로는 같으나, 새로운 염색체 합성을 위한 히스톤단백질 합성을 비롯한 여분의 효소들을 더 필요로 한다.

1.3 DNA 중합효소는 DNA 복제의 주효소이다

복제되는 동안 상보적인 뉴클레오티드 사슬들은 DNA 중합효소polymerase라고 알려진 효소들에 의하여 개별 뉴클레오티드로부터 조립된다. 한 종류 이상의 DNA 중합효소가 진핵생물과 원핵생물의 DNA 복제에 필요하다. 뉴클레오시드 3인산은 DNA 중합효소에 의해 촉매되는 중합반응을 위한 기질이다. 뉴클레오시드 3인산은 질소성 염기가 당sugar에 붙어있고, 당은 3개의 인산기 사슬과 결합되어 있는 것이다. 세포호흡에서 생산되는 ATP라 불리는 뉴클레오티드 3인산이 있는데, DNA 복제에 사용되는 뉴클레오티드 3인산은 리보오스 당이 아닌 디옥시리보오스 당을 가지고 있어서 ATP와는 구조에서 약간의 차이를 나타낸다. 아데닌(A), 구아닌(G), 시토신(C), 티민(T) 등 네 가지 다른 염기가 DNA에서 발견되기 때문에, 네 가지 다른 뉴클레오티드 3인산들이 DNA 복제에 사용된다. DNA 복제에 사용되는 뉴클레오티드 3인산들은 dATP, dGTP, dCTP, dTTP라는 짧은 이름이 붙여졌는데, 여기서 'd'는 '디옥시리보오스deoxyribose'를 의미한다.

각 DNA 사슬은 2개의 독특한 말단을 가지는데, 5′ 말단은 당의 5′ 탄소에 붙은 노출된 인산기를 가지며, 3′ 말단은 당의 3′ 탄소에 붙은 노출된 수산기(OH)를 가진다. 1장에서 언급하였듯이 DNA 이중가닥은 방향성이 다른 두 가닥의 DNA가 역평행하는 특성 때문에 한 쪽 가닥의 5′ 말단은 다른 가닥의 3′ 말단과 마주보고 있다. 주형가닥template의 일부분이 새로운 가닥의 뉴클레오티드와 상보적인 염기쌍에 의하여 수소결합으로 결합되어 있다. DNA 중합효소의 특징 중의 하나는 기존의 뉴클레오티드

사슬의 3′ 말단에만 뉴클레오티드를 한 개씩 붙여나갈 수 있다는 점이다. 예를 들어 주형가닥이 T 염기를 가지고 있을 경우, DNA 중합효소가 주변 용액으로부터 A 염기를 가진 뉴클레오티드 3인산(dATP)을 가지고 와서 붙이게 된다는 것을 의미한다. 그런 다음 그 효소는 기존사슬 끝에 있는 3′-OH기와 dATP의 3개 인산기 중에서 맨 안쪽의 인산이 인산디에스테르 결합을 형성하게 촉매하면서 피로인산 분자의 형태로 나머지 2개의 인산을 방출시킨다. 2개의 인산기 사이 결합의 가수분해는 새로운 결합을 형성하기 위한 에너지를 제공한다.

DNA 중합효소는 그리고선 DNA 주형의 다음 염기로 이동한다. 예를 들어 구아닌 염기가 주형에 나올 때, 주변 용액에서 dCTP를 가지고 와서 인산디에스테르 결합의 형성을 촉매하여 C 뉴클레오티드를 신장하는 새로운 가닥에 삽입시킨다. 이 과정은 상보적인 뉴클레오티드를 길어지는 DNA 가닥에 하나씩 첨가하면서 계속해나간다. 새로운 DNA 사슬이 중합되면서, 3′-OH는 항상 '가장 새로운' 말단에 노출되어 있으며, 새로운 사슬의 '가장 오래된 말단'에는 노출된 5′-3′인산이 있다. 그래서 DNA 중합효소는 5′→3′ 방향으로 뉴클레오티드 사슬nucleotide chain을 만들어나간다고 말한다. DNA 역평행 속성 때문에, 이 새로운 합성을 위하여 주형사슬은 3′→5′ 방향으로 '읽혀진다'.

1.4 DNA 복제에는 여러 종류 단백질들이 필요하다

헬리카제, 프리마제 그리고 DNA 중합효소는 DNA 복제하기 위해서 부가적인 효소들과 협력해 활동한다. 그 과정의 첫 번째 단계에서 헬리카제는 주형 DNA를 풀어서 복제분기점을 형성한다. 풀려지는 바로 뒤쪽 부위에서 프리마제는 약 10개 뉴클레오티드 길이의 짧은 RNA 프라이머들을 만들어 놓는다. 2개의 주형 가닥에서 한 사슬에서는 풀리는 방향으로 다른 가닥에서는 그 반대방향으로 프라이머들은 5′ → 3′ 방향으로 합성된다.

그런 다음 DNA 중합효소는 DNA 뉴클레오티드들을 RNA 프라이머에 붙인다. 헬리카제는 DNA를 풀어가는 것을 계속한다. 선도가닥 합성이 풀리는 방향으로 계속되는 동안에 , 지연가닥 주형에서는 프리마제가 또 다른 RNA 프라이머를 만들고 DNA 중합효소는 그 새로운 프라이머에 뉴클레오티드들을 추가한다. 이 두 번째 절편이 첫 번째 절편의 프라이머에 도달하면, DNA 중합효소는 떨어져나가고 , 다른 종류의 DNA 중합효소가 결합한다. 이 중합효소는 첫 번째 절편에 있는 RNA 프라이머를 제거하며 RNA 뉴클레오티드를 DNA 뉴클레오티드로 교체한다. 이 시점에서 2개의 새롭게 합성된 절편들은 공유결합되어 있지 않으며, 이들 사이에 '틈nick'을 가지고 있다. DNA 리가아제는 2개의 절편을 하나의 큰 결합체로 만든다. 이러한 방법으로 복제과정은 전체 DNA 분자가 복제될 때까지 계속된다. <표 5.1>은 DNA 복제에 필요한 단백질들을 요약하였다.

복제에 관련된 헬리카제, 프리마제, DNA 중합효소, DNA 리가아제 그리고 다른 단백질들의 활성을 포함한 전반적인 복제 메카니즘은 원핵생물에서 초당 500~1000 뉴클레오티드, 진핵생물에서 초당 50~100 뉴클레오티드의 속도로 진행된다. 전체 과정은 너무 빨라서 불연속적인 합성에 의해서 남겨지는 RNA 프라이머나 틈은 단지 수초 또는 극히 짧게 존속한다. 결과적으로 복제효소들은 복제분기점에서만 작동을 한다.

<표 5.1> DNA 복제에 필요한 단백질들

이름	기능
DNA 헬리카제	이중가닥 DNA를 단일가닥 DNA로 풀어줌
단일가닥결합 단백질(SSB)	단일가닥 DNA에 결합하여 이중나선이 형성되는 것을 방지
DNA 회전효소 (토포아이소머라제)	초나선(supercoil)을 제거
DNA 프리마제	짧은 RNA 프라이머를 생성
DNA 중합효소	선도가닥과 지연가닥에서 DNA를 중합, RNA 프라이머 제거 및 gap-filling
DNA 리가아제	DNA 연결효소

1.5 헬리카제는 새로운 DNA 합성을 위하여 DNA를 풀어서 주형가닥을 노출시킨다

복제는 반보존적으로 두 가닥의 부모 DNA 분자들은 복제과정 동안에 새로운 DNA 합성을 위해 주형가닥이 노출되게 풀어져서 분리되어야 한다. 가닥의 풀림은 복제분기점이라 불리는 Y-형태의 구조를 만든다. DNA 헬리카제라는 효소가 풀림을 촉매하여, 두 가닥이 복제의 다음 단계를 위하여 노출되도록 한다. 헬리카제는 DNA 나선을 풀기위해 ATP를 분해 에너지로 사용한다. 노출된 DNA 단일가닥 부분은 복제 과정 동안에 DNA를 안정화시키는 단일가닥 결합단백질(SSB)들로 둘러싸인다. 이들 단백질들은 복제효소가 주형가닥에 새로운 폴리뉴클레오티드를 만들어나가면서 떨어진다.

헬리카제에 의한 DNA 풀림의 예상되는 결과에 대해 생각해보자. 만일 DNA가 대부분의 박테리아 유전체들의 경우에서처럼 원형이라면, 결국 DNA 풀림은 풀려지는 앞쪽에 여전히 감겨있는 부분이 있어서 매듭이 생기게 된다. 한 쌍의 구두끈으로 작은 원형의 이중나선을 만들어서 이것을 상상해볼 수 있다. 특정 부위를 집어서 끈을 따로 따로 떼어내어 보자. 끈을 더 당길수록 끈은 원형의 반대편에서 더 많이 꼬이게 되고 더 팽팽해지게 되는 것을 볼 수 있다. 세포 내에서 복제되는 동안 복제분기점 앞쪽 DNA가 더 꼬이고 긴장되는 것은 과도한 꼬임을 제거하는 DNA 회전효소 topoisomerase의 작용에 의해서 방지된다.

1.6 RNA 프라이머는 DNA 중합효소가 새로운 DNA 가닥을 합성하기 위한 시작점을 제공한다

DNA 중합효소는 기존에 있는 가닥의 3′ 말단에만 뉴클레오티드를 추가할 수 있다. 그러면 기존 가닥이 전혀 없는 곳에서 새로운 가닥은 어떻게 시작할 수 있을까? 대답은 DNA 대신에 RNA로 구성되는 프라이머primer라 불리는 짧은 뉴클레오티드 가닥에 있다. 프리마제primase라는 효소에 의해 조립되는 프라이머는 새로운 DNA 가닥에서 첫 일련의 뉴클레오티드로서 놓이게 된다. RNA 프라이머들은 복제 후반기에 제거되어 DNA로 대체된다.

1.7 DNA 복제는 매우 정확하다

DNA 복제과정 동안 실수가 일어날지라도, 영구적인 실수는 매우 드물다. 예를 들어 박테리아 DNA 복제 동안 1억 개의 뉴클레오티드당 한 번의 실수만 발생한다. 이러한 높은 정확도에는 몇 가지 이유가 있다. 첫째, A와 T 또는 G와 C 사이의 수소결합은 잘못 짝지어진mismatched 쌍 사이의 수소결합보다 더 안정적이다. 둘째, DNA 중합효소의 활성부위는 잘못짝지움 염기쌍이 형성되면 인접한 뉴클레오티드 사이의 결합 형성을 촉매할 가능성이 없다. DNA 중합효소가 실수를 최소화하는 세 번째 방법은 잘못짝지움을 이룬 뉴클레오티드mismatched nucleotide를 효소로 제거하는 것이다. DNA 중합효소는 새로 합성된 DNA 가닥에서 잘못 짝을 이룬 뉴클레오티드를 찾아내고 3′→5′ 엑소뉴클레아제 기능으로 그것을 제거할 수 있다. 이러한 기능을 '교정proofreading'이라고 하고 DNA 합성의 정확도를 높일 수 있다. 일단 잘못 연결된 뉴클레오티드가 제거되면 DNA 중합효소는 방향을 바꾸어 5′→3′ 방향으로 DNA 합성을 계속할 수 있다. DNA 중합효소의 교정기능에 덧붙여서, 살아있는 세포들은 DNA의 잘못된 상태를 복구할 수 있는 몇 가지 복구 효소체계들을 가지고 있다. 만약 이러한 교정기능과 DNA 복구기능에도 불구하고 잘못이 수정되지 않으면 돌연변이가 유발된다.

1.8 DNA 중합효소의 종류는 다양하다

거의 모든 살아있는 생물종에는 한 종류 이상의 DNA 중합효소를 가지며, DNA 합성률과 복제의 정확도에서 차이를 나타낸다. 대부분 종의 유전체(게놈)에는 유전자 복제현상으로 인해 여러 DNA 중합효소 유전자들을 포함하고 있다. 진화 과정에서 독립적인 유전적 변화는 보다 전문화된 기능을 가진 DNA 중합효소 계열을 생산하기 위해 각 유전자의 특성을 변경했다. 이러한 변화들은 발견되는 생물체에 적합하다. 예를 들어 대장균에서는 다섯 종류의 다른 DNA 중합효소들(DNA polymerase I, II, III, IV, V)이 발견되었으며, 사람에서도 12 종류 이상의 DNA 중합효소가 알려진다. 인간은 12 종류 이상의 DNA 중합효소를 필요로 하는 반면, 대장균은 왜 다섯 종류의 DNA 중합효소를 필요로 하는가? 그 해답은 전문화와 각 종의 고유한 기능적 요구에 있다.

대장균에서 DNA 중합효소 III는 DNA 복제의 주된 효소이다. 이 효소는 여러 개의 소단위들로 구성되며, 각각의 소단위는 고유한 기능을 가지고 있다. 이 효소는 실제적으로 DNA를 합성하는 촉매소단위에 덧붙여, 주형 DNA에 결합하고 진행성과 정확도를 높일 수 있는 활주클램프와 결합한다. DNA 중합효소 III와 비교하여 DNA 중합효소 I은 단일의 소단위로 구성된다. DNA 중합효소 I의 복제과정에서의 역할은 RNA 프라이머를 제거하고 그 자리에 DNA로 채워 넣는 것이다. DNA 중합효소 II, IV와 V는 DNA 복구와 손상된 DNA 복제에 관여한다. DNA 중합효소 I과 III는 DNA

손상을 만나면 정지되고 그러한 부위에서 상보적인 가닥을 만들지 못할 수 있다. 이에 비해 DNA 중합효소 II, IV와 V는 정지하지 않는다. 그러므로 이들의 DNA 합성 속도가 DNA 중합효소 III 혹은 I 만큼 빠르지는 않지만 DNA 복제가 완료될 수 있게 한다.

사람에서 DNA 중합효소 종류는 그리스 문자로 지정된다. 이들 진핵세포 DNA 중합효소들은 각각 여러 개의 소단위들로 구성된다. DNA 중합효소 알파(α)는 자체의 내장된 프리마제 소단위를 포함한다. 이것은 프리마제가 짧은 RNA 프라이머를 합성하면 여기에 DNA 부분을 합성한다. DNA 중합효소 α/프리마제는 진행성이 낮기 때문에 DNA를 빠르게 합성할 수 있는 DNA 중합효소 델타(δ)와 엡실론(ε)으로 대체된다. DNA 중합효소 감마(γ)는 미토콘드리아 DNA 합성에서 기능한다. 대장균의 경우와 유사하게 나머지 진핵생물 DNA 중합효소 대부분은 DNA 복구에 관여한다.

특정 DNA 중합효소들은 병변-복제 효소lesion-replicating enzyme로 기능한다. 대장

〈표 5.2〉 대장균과 인간에서 DNA 중합효소 종류

중합효소 종류		기능
대장균	DNA 중합효소 III	세포분열 동안 대부분의 DNA를 복제함
	DNA 중합효소 I	RNA 프라이머를 제거하고 gap-filling 함
	DNA 중합효소 II, IV 그리고 V	손상된 DNA를 복구하고 손상부위 DNA를 복제한다
인간	DNA 중합효소 알파(α)	프라이머를 합성하고 짧은 DNA를 합성함
	DNA 중합효소 델타(δ) DNA 중합효소 엡실론(ε)	DNA 중합효소 알파를 대체하여 빠른 속도로 DNA 합성을 진행함
	DNA 중합효소 감마(γ)	미토콘드리아 DNA를 복제한다
	DNA 중합효소 에타(η) DNA 중합효소 카파(κ) DNA 중합효소 이오타(ι) DNA 중합효소 제타(ζ)	손상된 DNA 부위를 복제한다
	DNA 중합효소 알파(α) DNA 중합효소 베타(β) DNA 중합효소 델타(δ) DNA 중합효소 엡실론(ε) DNA 중합효소 시그마(σ) DNA 중합효소 람다(λ) DNA 중합효소 뮤(μ) DNA 중합효소 파이(π) DNA 중합효소 세타(θ)	DNA를 복구하거나 또는 다른 기능을 가짐

균의 DNA 중합효소 I과 III와 유사하게, 진핵생물의 DNA 중합효소 알파(α), 델타(δ) 또는 엡실론(ε)이 비정상적인 DNA 구조(병변)를 마주칠 때는 그 손상부위를 복제하지 못할 수 있다. 이런 일이 발생하면 병변-복제 중합효소가 손상된 DNA에 유인된다. 이 중합효소들은 비정상적인 부위에 상보적인 가닥을 합성할 수 있는 특별한 특성을 가지고 있다. 각 유형의 병변-복제 중합효소는 다양한 종류의 DNA 손상 부분을 복제할 수 있다. 여러 복구 효소의 필요성은 DNA가 손상될 수 있는 다양한 방식에 뿌리를 두고 있다. 다세포 생물체는 DNA 복구에 특히 주의해야 하며 그렇지 못할 경우 암을 비롯한 질병이 발생하게 된다.

1.9 텔로머레이스는 선형 DNA 분자들 끝에서의 특별한 복제 문제점을 해결한다

말단소체(텔로미어)는 선형 DNA 말단의 복제에 결정적인 역할을 한다. DNA 중합효소는 길어지는 DNA 사슬을 계속 길어지게 할 수는 있지만, 선형 DNA의 말단에서 새로운 사슬의 DNA 합성을 새로 시작할 수는 없다. 결론적으로 선형 염색체 말단은 DNA 중합효소의 정상적인 활동에 의해서는 복제될 수 없다. 이런 문제는 말단소체의 DNA를 복제하기 위한 역전사효소의 기능을 가진 “텔로머레이스telomerase” 존재가 알려짐으로써 해결되었다. 텔로머레이스 효소는 염색체의 끝에 텔로미어 반복들을 추가함으로써 짧아지지 못하게 한다. 1985년 캘리포니아 주립대학의 블랙번과 그녀의 대학원생인 그라이더는 텔로머레이스는 DNA 복제가 시작되기 전에 주형가닥의 끝에 부가적인 텔로미어 반복들을 추가한다는 것을 발견하였다. 추가된 후에, 새롭게 추가된 텔로미어 반복들을 주형으로 사용하여 선도가닥의 프라이머가 놓이게 된다. 그런 다음 DNA 중합효소는 정상적으로 새로운 DNA 가닥을 늘려나간다. 프라이머가 제거되면 선도가닥의 시작지점에는 채워지지 않은 공백이 여전히 남게 된다. 하지만 텔로머레이스에 의해 추가된 부가적인 텔로미어를 이제 갖고 있기 때문에 그 염색체는 짧아지지 않았다. 그러나 텔로머레이스는 여러 번의 분열 후에는 불활성화되는데, 이는 세포가 분열을 계속하면서 다음에 오는 텔로미어가 짧아지는 것을 의미한다. 결과적으로, 세포는 분열을 멈추고 죽게 되기 전까지 특정한 횟수만큼의 체세포분열만을 할 수 있다.

2. DNA의 전사(Transcription)

유전자 발현은 유전정보가 DNA에서 RNA로, 그리고 RNA에서 단백질로 전달됨으로써 이루어진다(central dogma). RNA는 'RNA 중합효소'라 불리는 효소에 의하여 중합되는 중합반응으로 한 가닥의 DNA를 주형으로 사용하여 합성된다. DNA로부터 RNA 분자가 합성되는 과정을 전사transcription라 한다. 전사는 DNA의 구조를 영구적으로 변경할 수 없다. 그러므로 DNA는 반복적으로 RNA 사본을 만드는데 사용될 수 있다. 전사와 DNA 복제는 상보적인 염기쌍의 형성이 공통적이지만, 전사의 산물인 RNA 분자는 외가닥이며, 전체 DNA 중 일부만이 RNA로 만들어진다는 점에서 차이가 있다.

2.1 분자수준에서 유전자는 전사되어 기능적 산물을 생산한다

유전자의 분자적 정의는 "DNA의 한 부분이 RNA로 전사될 수 있게 하고 궁극적으로 기능적 산물의 형성을 가능하게 하는 DNA 서열의 조직화된 단위"라고 할 수 있다. 구조 유전자가 전사되면 폴리펩티드 사슬의 아미노산 서열을 지정하는 mRNA가 만들어진다. 이 경우 폴리펩티드는 기능적 산물로 간주되는 반면 mRNA는 폴리펩티드 합성의 매개체이다. 모든 종species 중에서 모든 유전자의 90% 이상이 구조적 유전자structural genes이다. 그러나 다른 유전자의 경우 전사의 산물은 RNA 그 자체가 될 수도 있다. 비구조적 유전자nonstructural gene의 RNA는 번역되지 않는다. 비구조적 유전자의 두 가지 중요한 산물은 전령 RNA(tRNA)와 리보솜 RNA(rRNA) 이다. 전령 RNA는 mRNA의 언어를 아미노산 언어로 번역하는 반면, 리보솜 RNA는 번역이 일어나는 영역을 제공하는 리보솜의 일부를 형성한다.

유전자는 DNA가 RNA로 전사될 수 있도록 하는 방식으로 구성된 특정 염기서열로 구성된다. 전사는 프로모터promoter라고 불리는 DNA의 한 부위 근처에서 시작되는 반면, 터미네이터terminator, 종결자는 전사의 끝을 지정한다. 따라서 이 두 서열은 정의된 위치 내에서 합성될 RNA에 대한 경계를 제공하게 된다. 이 전사된 영역 내에는 mRNA가 번역될 때 폴리펩티드의 아미노산 서열을 지정하는 정보가 있다. DNA는 프로모터 뒤쪽의 코딩서열을 통해 터미네이터(종결자)까지 mRNA로 전사된다. 다른

DNA 서열은 전사의 조절에 관여한다. 이러한 조절 서열regulatory sequence은 유전적 조절 단백질의 작용 부위로 기능한다. 조절 단백질이 조절 서열에 결합하면 전사 속도에 영향을 미친다. 일부 조절 단백질들은 전사 속도를 빠르게 하는 반면, 다른 단백질들은 전사 속도를 억제하기도 한다.

2.2 RNA 중합효소가 RNA 합성을 주도한다

전사는 개시initiation, 신장elongation, 종결termination의 세 단계로 일어나는데, 이 과정 동안 단백질들과 DNA의 상호작용이 일어난다. 개시단계는 인식단계이다. 대장균과 같은 세균에서는 시그마인자sigma factor가 RNA 가닥을 합성하는 RNA 중합효소와 결합한다. 시그마인자는 프로모터의 염기서열을 인식하고 그곳에 결합한다. 이러한 방법으로 시그마인자는 RNA 중합효소가 프로모터 서열을 인식하도록 한다.

RNA 중합효소는 신장단계elongation stage에서 RNA 전사체transcript를 합성한다. 일단 RNA 중합효소가 프로모터에 붙고 나면 시그마인자는 떨어진다. RNA 중합효소와 결합한 DNA는 10~15 염기쌍 정도에 해당하는 'bubble-like(물방울-유사)' 구조가 만들어지면서 개방복합체open complex를 형성하고, DNA 가닥을 분리하는 방식으로 DNA를 따라서 이동한다. RNA 합성을 위한 주형으로 사용되는 DNA 가닥을 주형가닥template strand이라 부른다. 전사되는 DNA는 이중가닥double strand이지만 전사가 이루어지는 부위에서는 잠시 가닥이 벌어지고 이 중 한 가닥이 RNA 합성을 위한 주형으로서 작용하게 된다. 새로운 RNA 분자는 5′→3′ 방향으로 합성된다. 이러한 과정에서 사용되는 상보적 법칙은 DNA 복제에서 사용된 AT/GC 법칙과 유사하며, DNA 복제과정과 한 가지 다른 점은 RNA 경우는 티민(T) 대신에 우라실(U)이 사용된다는 것이다. 따라서 DNA 가닥 염기 C, T, G, A는 각각 G, A, C, U로서 RNA 분자에 첨가되게 된다. 세균에서 RNA 합성률은 1초당 40 뉴클레오티드가 중합된다. 개방복합체의 뒤로 DNA는 다시 이중가닥을 형성한다. RNA 중합효소가 이동하면서 한 쪽의 염기쌍은 풀리고 다른 쪽의 염기쌍은 다시 형성되는 반복적인 과정을 거치며 RNA 전사체는 점차 길어지게 된다. 궁극적으로 RNA 중합효소가 DNA 분자 내에 있는 종결자(terminator)라는 특정 염기서열을 만나면 전사가 중지되고 합성된 RNA 전사체가 DNA로부터 분리된다. 이것이 RNA 사슬 합성의 종결 단계이다.

RNA 합성의 중심이 되는 RNA 중합효소의 촉매 부분catalytic portion은 진핵생물과 원핵생물을 포함하는 모든 종에서 유사한 구조를 가진다. RNA 중합효소는 DNA를 따라 미끄러져 이동할 수 있는 구멍을 가지고 있다. DNA 가닥은 RNA 중합효소의 측면으로 들어가 직각으로 회전하는 영역에서 가닥이 풀린다. 작은 구멍을 통해서 새로운 뉴클레오티드들이 들어오고 RNA가 5′→3′ 방향으로 합성된다. DNA와 새로 합성이 일어난 RNA 분자는 RNA 중합효소로부터 빠져나오게 된다.

2.3 진핵세포의 전사는 기본적으로 원핵세포의 전사와 유사하지만 더 많은 단백질들이 관여한다

원핵세포와 진핵세포에서 전사의 기본적 특성은 동일하다. 진핵세포의 유전자들도 프로모터를 가지고 있고, 전사과정은 개시, 신장, 종결의 세 단계로 진행된다. 그러나 진핵세포에서 각 단계는 더 복잡한 단백질 구성요소들을 포함하는 경향이 있다. 예를 들면 RNA 중합효소의 경우 원핵세포에서는 단일의 주된 RNA 중합효소로 모든 유전자들의 전사가 이루어지는데 비해 진핵세포는 세 종류의 RNA 중합효소를 포함한다. 진핵세포의 RNA 중합효소의 세 종류는 I, II, III으로 표시하는데, 이 세 종류의 RNA 중합효소는 모두 핵 속에 존재한다. 그러나 아직 기능이나 구조가 잘 연구되고 있지 않은 소수의 RNA 중합효소가 미토콘드리아와 엽록체에서 발견되고 있다. RNA 중합효소 II는 진핵세포 구조 유전자structural gene의 mRNA를 전사하는 역할을 하는 반면, RNA 중합효소 I과 III는 tRNA 및 rRNA를 암호화하는 유전자와 같은 비구조 유전자nonstructural gene를 전사한다.

전사 개시와 관련하여 진핵세포 전사 개시 과정은 원핵세포의 과정보다 훨씬 복잡하다. 대장균과 같은 원핵세포는 시그마인자라는 단일 단백질이 프로모터를 찾는데 관여했지만, 진핵세포의 RNA 중합효소 II는 전사를 시작하기 위해 항상 5가지 보편전사인자general transcription factors, GTFs를 필요로 한다. 보편 전사인자들은 세균의 전사에서 시그마(σ)인자가 하는 기능과 같은 역할을 수행한다. 보편 전사인자들은 RNA 중합효소가 프로모터에 결합하는 것과 DNA의 풀림을 도우며, RNA 중합효소가 신장단계로 들어갈 수 있도록 도와준다. 많은 RNA 중합효소 II의 프로모터들은 전사 개시자리에서 약 30bp 상류에 TATA 요소라는 것을 포함하고 있는데 여기에 개시전

복합체preinitiation complex가 형성된다. TATA 요소는 보편 전사인자인 TFIID["TFII"는 trancription factor II의 약자로 명명됨]에 의해 인지된다. TFIID는 여러 소단위체 단백질들로 이루어진 복합체이다. TFIID의 구성 단위체 중 TATA DNA 서열에 결합하는 단백질을 TBPTATA binding protein라 한다. 또한 TAFTBP-associated factor라는 소단위체가 있는데, 어떤 TAF는 TBP가 특정 프로모터에 결합하는 것을 도와주는 역할을 하고 다른 것들은 TBP의 DNA 결합 활성을 조절하기도 한다. 그러므로 TFIID는 프로모터 인식과 개시전복합체 완성의 결정적인 인자이다. TBP는 DNA에 결합한 상태에서 TATA 서열 부위의 DNA 구조 형태를 변화시킴으로써 TBP-DNA 복합체가 다른 보편인자들과 중합효소들이 프로모터에 모일 수 있도록 하는 플랫폼 역할을 한다. 분자생물학적 연구에 의하면 TFIID, TFIIA, TFIIB, 중합효소와 함께하는 TFIIF, 그리고 TFIIE와 TFIIH가 순서적으로 결합이 일어난다. 이들 요소가 모두 포함된 개시전복합체가 형성되고 나면 다음은 프로모터 부위의 풀림이 일어난다. 세균과는 반대로 진핵세포에서 이러한 풀림에는 ATP의 가수분해가 필요하며 TFIIH에 의해 매개된다. TFIIH는 헬리카제(helicase)와 유사한 활성을 가지고 있어 DNA의 풀림을 촉진하는 인자이다. 생체 내(*in vivo*)에서는 DNA가 뉴클레오솜 안에 포함이 되기 때문에 보편 전사인자만으로는 발현을 촉진하기에 충분하지 않으며, 매개복합체mediator complex, 염색질 변형효소 같은 부수적 인자들을 필요로 한다.

3. 진핵세포에서의 RNA 가공

1960년대와 1970년대 동안, 유전자의 물리적 구조는 주로 박테리아 유전자 연구를 기반으로 잘 확립되었다. 대부분의 박테리아 mRNA는 합성이 되자마자 폴리펩티드로 번역이 일어난다. 반면에 진핵세포 mRNA는 적절하게 번역이 일어나기 위해서는 RNA 가공 또는 수식이 일어나야 한다. 진핵세포에서 전사는 더 긴 RNA인 pre-mRNA를 생성하며, 이는 핵을 떠나기 전에 특정 처리과정을 겪으면서 최종적인 '성숙한 mRNA'로 만들어지게 된다.

1970년대 후반에 분자수준에서 진핵세포의 유전자에 대한 연구가 가능하도록 환경이 만들어졌는데, 많은 진핵세포 구조 유전자내의 코딩 서열이 전사가 일어나지만 번역이 되지 않는 DNA 서열에 의해 분리가 된다는 발견에 과학계는 놀라게 되었다. 번역되지 않는 이러한 중간 서열을 '인트론intron'으로 부르는 반면, 코딩 서열은 성숙한 mRNA에 포함된 엑손exon 내에서 발견된다. 기능적인 mRNA를 생성하기 위하여 RNA는 RNA 스플라이싱splicing이라는 과정을 거치게 되는데, 이 과정을 통하여 인트론은 잘려나가고 엑손은 서로 연결되어 최종적인 mRNA 분자를 형성한다. 이러한 스플라이싱 과정에 덧붙여, pre-mRNA 전사체는 5′ 말단에 capping이, 3′ 말단은 폴리-A 꼬리가 첨가되는 방식으로 수정이 일어난다. 이러한 수식 과정이 모두 완료된 다음 성숙한 mRNA는 핵을 떠나 세포질로 들어가서 번역이 일어나게 된다.

3.1 스플라이싱은 인트론의 제거와 엑손의 연결을 포함한다

1970년대 말에 몇몇 연구 그룹들은(피에르 샴본, 버트 오말리, 필립 레더 등) 진핵세포 구조유전자들은 인트론을 포함한다는 것을 발견했다. 특히 필립 레더의 연구그룹은 헤모글로빈 단백질을 코딩하는 β-글로빈 유전자가 인트론을 포함하고 있음을 전자현미경을 통해 입증했다. 이를 입증하기 위해 이중가닥인 DNA를 단일가닥으로 분리시킨 후 인트론의 제거가 이미 일어난 성숙한 mRNA와 결합하도록 하였다. 이것은 DNA의 인트론이 루프loop를 형성하는 결과로 나타났는데, 성숙한 mRNA는 인트론을 포함하지 않기 때문에 발생한다. 전자현미경 하에서, mRNA는 DNA에 결합되어 인트론인 이중가닥 DNA 영역에 의해 분리된 두 개의 단일가닥 루프를 형성했다.

이러한 초기의 실험 이래로 많은 유전자들이 인트론을 포함하는 것으로 나타났다. 스플라이싱은 효모와 같은 단세포 진핵생물에서는 덜 빈번하지만 보다 복잡한 진핵생물에서는 널리 퍼져있는 현상이다. 포유동물과 꽃을 피우는 식물의 경우 대부분의 구조 유전자들이 하나 또는 그 이상의 인트론을 포함하고 있다. 극단적인 하나의 예로서 인간 디스트로핀dystrophin 유전자는 78개의 인트론에 의하여 분리된 79개의 엑손을 포함하고 있다. 디스트로핀 유전자에 돌연변이가 일어나면 듀시엔 근이영양증Duchenne muscular dystrophy이라는 근육이상 질환의 발생과 관련이 있다. 소수의 박테리아 유전자들도 인트론을 포함하는 것으로 알려지지만 원핵생물 종에서는 매우 드문 현상이다.

인트론은 snRNPs('스너프스'로 읽음)로 알려진 여러 소단위들로 구성된 '스플라이소좀spliceosome'이라는 분자 복합체에 의해 진핵세포의 pre-mRNA로부터 제거된다. 이 스플라이소좀은 snRNP로 불리는 수 개의 작은 핵 RNP가 RNA의 접합 자리에 상호작용하여 형성된다. 각 snRNP(small nuclear RNA and a set of proteins)는 '작은 핵 RNA'와 단백질 세트를 포함한다. 이 '작은 핵 RNAsnRNA'는 비구조적 유전자nonstructural gene의 산물이며, 인트론-엑손 경계의 특정 서열에 위치하여 스플라이싱 반응을 촉매하는 것으로 알려진다. snRNP는 스플라이싱에서 세 가지 역할을 한다. 이들은 5′ 이어맞추기 자리splice site와 분기점 자리branch site를 인지하고, 이들 자리가 함께 모이도록 하며, 인트론 부분이 잘려지고, 두 엑손조각은 연결되게 한다. 잘려나간 인트론은 분해된다.

일부 경우에, 스플라이소좀의 기능은 특정 mRNA에 대한 엑손의 스플라이싱이 2가지 이상의 방식으로 일어날 수 있도록 조절될 수 있다. 이러한 현상을 '선택적 스플라이싱alternative splicing'이라고 부르며, 하나의 유전자로부터 다른 아미노산 서열을 포함하는 두 개 이상의 단백질 산물들을 만들어 낼 수 있다.

주로 mRNA에서 인트론이 발견되지만, 특정 종의 rRNA와 tRNA 분자에서도 발견할 수 있다. 그런데 이들 인트론은 스플라이소좀의 작용이 아니고, 자가이어맞추기self-splicing에 의해 제거된다. 자가이어맞추기란 인트론 자체가 특정 형태로 접혀 스스로 방출작용을 촉매하는 작용을 말한다. RNA 부분은 인트론-엑손 경계에서 공유결합을 절단하고 엑손을 함께 연결하는 효소처럼 작용할 수 있다. 이와 같이 화학반응을 촉매하는 RNA분자를 '리보자임'이라 부른다.

3.2 RNA 가공은 진핵생물 mRNA 말단에 5′모자(cap)와 3′poly(A) 꼬리를 추가하는 것을 포함한다

진핵생물의 성숙한 mRNA는 5′-말단에 공유적으로 부착된 7-메틸구아노신(7-methylguanosine)을 가지는데, 이러한 과정을 캡핑capping이라고 부른다. 캡핑은 pre-mRNA가 RNA 중합효소에 의해 만들어지는 동안 발생하며 일반적으로 전사체의 길이가 20~25개 뉴클레오티드일 때 발생한다. 7-메틸구아노신 모자구조는 '5′ cap'이라고 불려지는데, cap-binding protein에 의해 인식되고 핵으로부터 mRNA가 적절하게 방출되기 위해 필요하다. mRNA가 세포질로 이동한 후, cap 구조는 다른 cap-binding protein 들에 의해 인식되며 번역을 위해 mRNA가 리보솜과 결합하는 것을 가능하게 한다.

3′ 말단에서, 대부분의 성숙한 진핵생물 mRNA는 폴리 A 꼬리로 지칭되는 아데노신 뉴클레오티드의 스트링, 전형적으로 길이가 100에서 200 뉴클레오티드를 갖는다. 긴 폴리 A 꼬리는 진핵생물 mRNA를 보다 안정하게 해주며 세포질에서 더 오랜 기간 동안 존재하게 한다. '폴리 A 꼬리'는 유전자에 의해 코딩되는 것은 아니며, pre-mRNA가 완전히 전사된 후에 효소적으로 추가된다. 어떤 박테리아의 경우도 mRNA에 폴리 A 꼬리를 가진 경우가 알려지는데, 이 박테리아의 경우는 폴리 A 꼬리가 오히려 mRNA의 분해를 촉진시킨다는 결과가 알려진다. 박테리아 mRNA에서 폴리 A 꼬리의 중요성은 잘 알려지지 않는다.

4. 재조합

유전자 재조합은 유전인자 간의 물리적인 교환을 말한다. 즉, DNA가 절단breakage되어 새로운 조합으로 재결합reunion하는 것을 말한다. 유전자 재조합은 DNA 가닥 교환을 포함하는, 전구세포와 구별되는 이배체 세포 또는 배우자에서 새로운 유전자 조합의 생성을 의미한다. 재조합은 상동재조합homologous recombination, 부위-특이적 재조합site-specific recombination, 비정통적 재조합illegitimate recombination 등의 세 가지 부류로 분류될 수 있다. 세포 안에서 가장 많이 일어나는 재조합인 상동재조합은 DNA 분자가 비슷하거나 동일한 서열일 때에만 잘리고 붙는 과정이 일어난다. 부위-특이적 재조합은 특징적 신호서열을 포함하는 DNA 이중가닥 사이에서 발생한다. 부위-특이적 재조합 사건에는 면역글로불린 및 T-세포 수용체 다양성을 생성하는 재배열, 트랜스포존transposon, 바이러스 DNA 삽입 및 절제가 포함된다. 이러한 과정의 결함은 인간의 암에서 염색체의 역위inversion와 전좌translocation를 발생하게 한다. 일반적으로 부위-특이적 재조합으로 간주되는 전위transposition는 DNA 유전인자를 게놈의 한 위치에서 다른 위치로 이동하는 과정이다. 전위요소transposable element는 유전자 삽입돌연변이와 주변 유전자의 변형된 발현을 유도할 수 있으므로 게놈 진화 및 체세포 돌연변이에 크게 기여할 수 있다. illegitimate 또는 비상동재조합nonhomologous recombination은 광범위한 서열 동일성을 요구하지 않는다. 표적 DNA 의 킬로베이스 (kb) 당 빈도는 상동재조합 빈도보다 훨씬 낮지만 전체 유전체에 대한 총계는 상당할 수 있다.

4.1 상동재조합

상동재조합은 동일 뉴클레오티드 서열을 포함한 두 가지 다른 DNA 간에 일어나는 재조합을 말한다. 이것은 염색체의 어디서든 일어날 수 있고 DNA 가닥의 절단과 재조합의 결과 교차crossing over가 생긴다. 상동재조합은 DNA 이중가닥 절단 복구, 손상된 복제분기점 복구, 불완전한 텔로미어의 복구, 감수분열에서 상동염색체의 정확한 분리 등을 위하여 필요하다. 상동재조합은 유전체 불안정성과 종양형성을 억제하는 중요한 기작으로 작용한다. 상동재조합에는 재조합효소recombinase에 의해 중재되는데, 이 효소는 세균부터 인간에 이르기까지 보존되어 있으며, 유사한 기능을 담당한다. 대장균의 RecA에 해당하는 진핵생물의 단백질은 Rad51과 Dmc1이다. 대장균의 상동재조합에는 RecA 단백질을 비롯해 헬리카아제 및 핵산분해효소endonucle-ase 활성을 가지는 RecBCD복합체 등이 관여한다. 상동재조합의 가장 간단한 모델은 감수분열시 사분염색체와 같은 나란히 배열된 두 개의 이중가닥 DNA를 생각해보자. 첫 번째 단계는 한쪽 이중가닥 DNA에서 DNA가 절단되는 것이다. DNA 가닥 절단 후 핵산분해효소에 의해 3′ 단일가닥 꼬리가 생성되고, 옆의 이중가닥에서 부분적으로 동일한 서열을 침입한다. 두 이중가닥은 얽히고 가지 이동branch migration에 의한 교차점이 이동한다. 교차점이 이동함에 따라 이중나선의 두 가닥이 위치하는 이형 이중가닥heteroduplex이 형성된다. 이렇게 교차된 이중사를 풀어내기 위해서는 각 교차에서 두 번째 절단이 필요하다.

RecA는 온전한 상동 DNA 조각에서 하나의 단일가닥 말단의 삽입을 촉진한다(그림 5.2b). 이것을 가닥 침투strand invasion이라 한다. 그림에서 보는 바와 같이 양쪽 부모 DNA 분자에는 간극gap이 형성되며 이 간극이 메워지면 이형이중가닥heteroduplex DNA 구조가 만들어진다. 두 부모 DNA 분자는 홀리데이 연접Holliday junctions으로 불리는 구조로 연결된다(그림 5.2f). 이 홀리데이 구조는 RuvBC 단백질의 촉진작용에 따라 가지 이동branch migration의 방식으로 DNA를 따라 움직인다.

진핵생물의 Rad51 및 Dmc1은 Rad51 또는 Dmc1으로 코팅된 단일가닥 DNA인 시냅스 전 필라멘트를 통해 상동 DNA 쌍 및 가닥 교환 반응을 매개한다(그림 5.3). 시냅스 전 필라멘트 조립은 느리고 단일가닥 DNA 결합 단백질 RPA에 의한 간섭을 받기 쉬우므로 강화를 위해 BRCA2와 같은 재조합 매개체 단백질의 참여가 필요하다. Rad51 및 Dmc1에 의한 시냅스 복합체 형성은 Hop2-Mnd1 복합체에 의해 향상되어 상동 이중가닥 DNA의 포획이 상동재조합의 속도 제한 단계임을 나타낸다. Hop2와 Mnd1은 감수분열 재조합 단계에 필수적이며, heterodimeric 복합체를 형성하여 Rad51-single-stranded DNA(ssDNA)와 안정적인 결합을 이루고 재조합효소 Rad51과 Dmc1의 활성을 촉진하는 역할을 한다. Rad51-ssDNA 핵산-단백질 필라멘트가 이중가닥 DNA를 포획함으로써 시냅스 복합체synaptic complex를 형성하는 것을 돕는다. 이 과정은 상동재조합에서 매우 중요한 단계이다. Rad54를 비롯한 여러 DNA 모터 단백질motor protein은 상동재조합의 여러 단계에서 작용한다. 모터 단백질들은 상동 짝짓기homologous pairing와 가닥 교환strand exchange을 촉진하고 DNA 가닥 침입 단계 전후에 DNA로부터 재조합효소를 제거하여 이를 재활용하는데 도움을 준다.

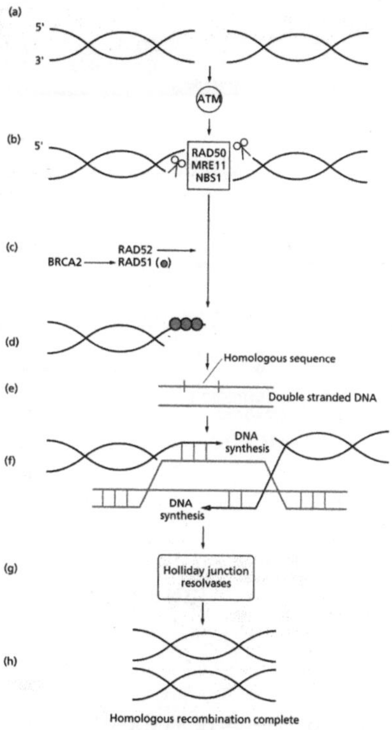

[그림 5.2] 상동재조합의 단계. (from Pecorino, 2005)

홀리데이 교차점은 염기사이의 수소결합을 깨고 다시 만들어지면서 DNA의 위아래로 이동한다. 최종적으로는 RuvC 단백질에 의해 홀리데이 교차점은 절단되어 가닥분리resolution가 일어나 두 분자로 분리된다. 재조합이 일어날 것이지 아닌지는 가닥분리가 일어날 때의 교차점 구조에 따라 달라진다. 만약 홀리데이 교차점이 배열 I

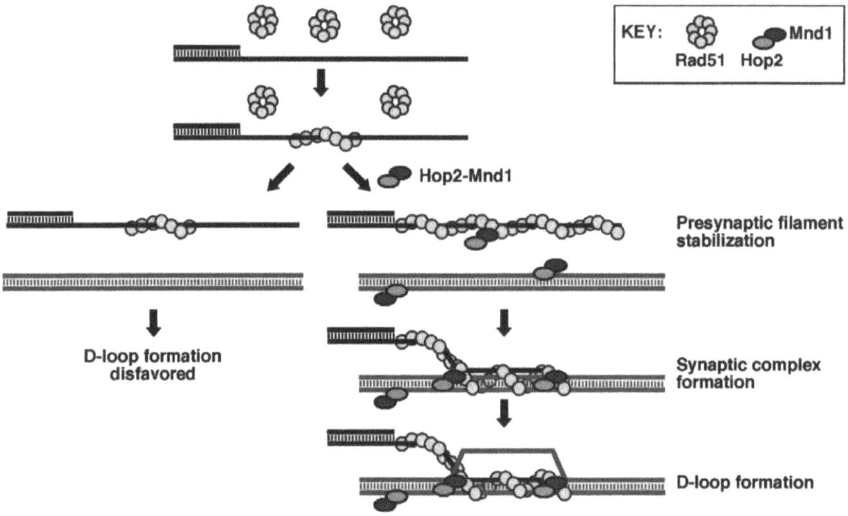

[그림 5.3] 진핵생물의 상동재조합 초기 단계. (from Chi, 2007)

의 상태로 있으면 측면 DNA 염기서열에서는 재조합이 일어나지 않는다. 그러나 가닥이 분리될 때 교차점의 배열이 배열 II의 상태로 있으면 측면의 유전자들 사이에 교환이 일어난다.

상동재조합을 통하여 새로운 인자형이 형성되기 위해서는 두 상동염기서열이 유전적으로 상이해야 한다. 원핵세포의 경우 형질전환, 형질도입, 접합이라는 세 가지 방법 중 한 방법에 의하여 공여세포의 염색체 중 상동 DNA의 일부 조각이 수용세포 안으로 전달됨으로써 유전자 재조합이 일어날 수 있다. 원핵세포의 경우 오직 염색체의 일부만이 전달이 되므로 재조합이 일어나지 않으면 그 DNA 조각은 소실된다.

5. 전위(transposition)

트랜스포존transposon이나 삽입인자insertion element는 DNA 분자의 한 위치에서 다른 위치로 자신을 이동할 수 있는 DNA 단편이다. 트랜스포존은 1940년대 후반에 매

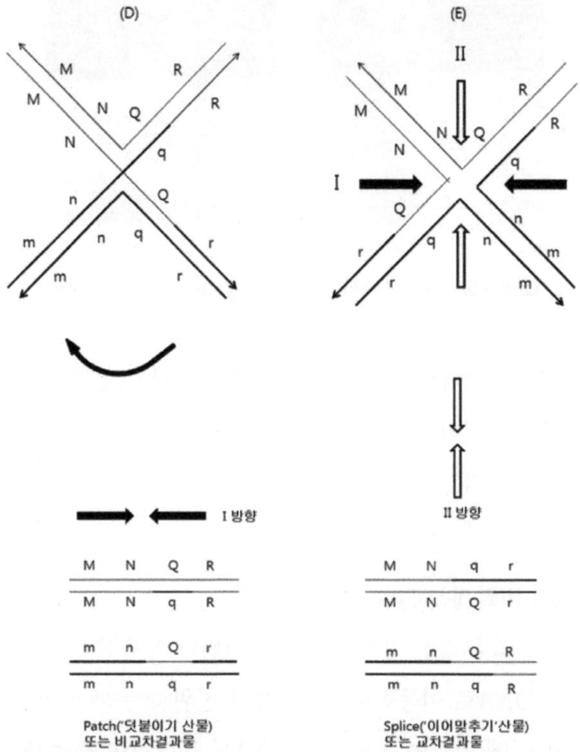

[그림 5.4] 홀리데이 교차점은 형태 I과 II 사이에 다른 형태로 존재할 수 있다.
교차점의 절단은 I 방향 또는 II 방향으로 자르고 붙이는 것이 가능하다. 결과물로 생긴 DNA 분자는 이형-이중가닥(hetero-duplex) 조각들을 가지고 있다.

클린톡McClintock에 의해 발견되었다. 그 당시 DNA는 재배열될 수 없는 고정된 형태의 유전자 저장소로 인식이 되었었다. 옥수수의 낟알 색깔의 유전에 대하여 연구하던 그녀는 이동할 수 있는 DNA 조각이 한 염색체에서 다른 염색체로 이동한 결과이며, 이것이 그녀의 데이터를 가장 잘 설명할 수 있다고 주장했다. 20년 후 다른 연구자들에 의해서 세균에서도 트랜스포존이 발견되었다. 현재는 사람을 포함한 지구상의 모든 생명체 안에 이런 트랜스포존이 존재하고 있다고 알려져 있다. 실제로 인간게놈프로젝트Human genome project, HGP를 통해 사람 DNA의 50% 정도가 트랜스포존 종류임이 분명해졌다. 트랜스포존이 이동하는 과정을 전위transposition라고 하며, 이러한 전위를 촉진하는 재조합효소 종류를 전위효소transposase라고 부른다. 일반적으로 트랜

(a) (b)

[그림 5.5] 바바라 매클린톡(a)과 옥수수 낱알(b). (from Brooker, 2008)

스포존은 스스로 자신의 전위효소를 인코딩하고 있어서 이동할 때마다 이런 도약 능력을 계속 보유하게 된다. 이런 이유로 트랜스포존을 "도약 유전자jumping gene" 또는 "이동 유전자mobile gene"라고도 부른다.

5.1 복제적 전위와 비복제적 전위

트랜스포존은 두 개의 뚜렷한 기작(비복제적 전위와 복제적 전위)을 사용하여 DNA 조각으로부터 다른 DNA로 이동한다. '비복제적 전위non-replicative transposition'는 '절단과 연결cut and paste'에 의하여 공여donor DNA를 절단하여 표적자리target site DNA 속으로 연결하는 것이다. 표적자리에 삽입되면 'gap-filling'에 의하여 트랜스포존의 양쪽에 짧은 동일방향 반복서열이 생성된다.

복제적 전위replicative transposition의 경우는 DNA 복제가 훨씬 대규모로 일어난다. 어떤 부위로부터 다른 부위로 전위하는 동안 전체 트랜스포존은 복제되어 '상호통합체cointegrate'라 불리는 중간체를 생성한다. 상호통합체는 트랜스포존의 두 개의 복사본을 가지게 되며 '분해효소resolving enzyme'에 의하여 두 인자 간 재조합을 촉진하게 된다. 이것으로 각각이 하나의 트랜스포존 사본을 가지는 두 독립적 구조로 분리된다.

5.2 비정통적 재조합

재조합은 RecA 단백질, 동일한 뉴클레오티드 서열, 부위-특이적 영역이 없을 때에도 가끔 일어난다. 이러한 재조합 현상을 '비정통적 재조합illegitimate recombination'이

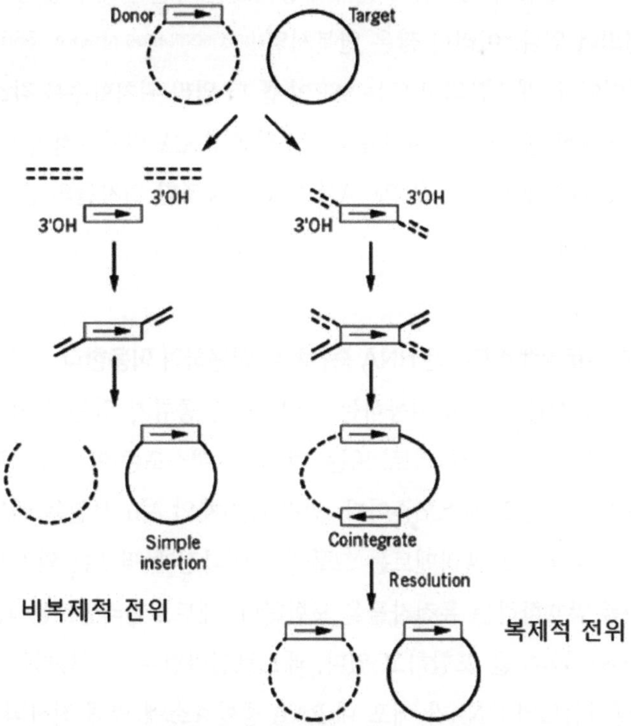

[그림 5.6] 전위의 두 가지 방식.
비복제적 전위는 한곳에 있는 트랜스포존이 잘라져서 다른 곳으로 이동하는 것이고, 복제적 전위는 원래 있는 자리에 트랜스포존이 계속 있으면서 복제된 트랜스포존이 표적 자리에 삽입한다.

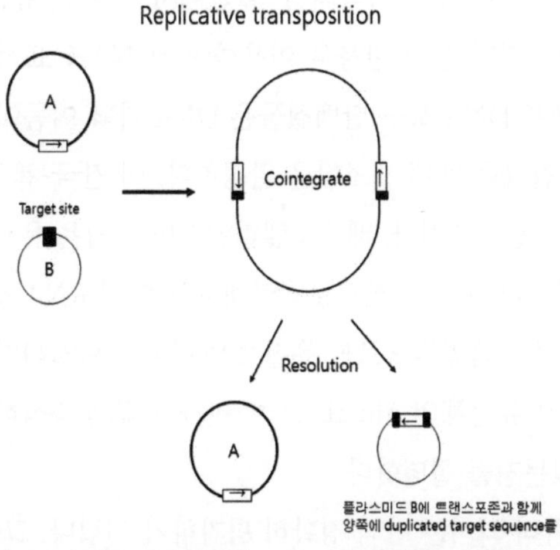

[그림 5.7] 복제적 전위는 상호통합체(cointegrate)를 형성하고 분해효소에 의해 분리된다.

라고 한다. 비정통적 재조합에 관하여 흥미로운 사실은 매우 짧은 반복서열들과 빈번히 관련되어 있다. 이러한 짧은 반복서열short sequence repeats, SSR은 3~4bp 정도의 짧은 길이이다. 재조합의 빈도는 SSR이 좀 더 멀리 위치할수록 감소하며 SSR의 길이가 길어질수록 증가한다. 비정통적 재조합은 RecA 비의존적 방식으로도 일어날 수 있으나 몇 가지 종류의 경우 RecA를 비롯한 재조합 인자들의 존재에 향상되거나 자극되기도 한다.

5.3 레트로트랜스포존은 RNA 중간체를 이용하여 이동한다

RNA 중간체를 통해서 이동하는 트랜스포존 종류가 있는데 이들은 진핵생물에서만 발견되며, '레트로엘리멘트' 또는 '레트로트랜스포존'이라고 불린다. DNA를 통해서 이동하는 것은 트랜스포존이다. 인간 유전체의 Alu 서열은 레트로엘리먼트의 한 예이다. 일부 레트로엘리멘트는 그들의 전이과정에 필요한 역전사효소와 통합효소integrase를 암호화하는 유전자들을 포함한다. 레트로엘리먼트는 각각의 말단에 말단반복terminal repeats을 포함하고 있다. 레트로엘리먼트가 이동하는 과정의 첫 단계는 레트로엘리먼트의 DNA가 세포 내 RNA 중합효소에 의해 전사되면서 시작된다. 전사는 프로모터를 포함한 LTR 부위에서 시작하여 전체 사본을 생성할 때까지 진행된다. 그 다음에 RNA를 주형으로 역전사가 일어나 이중가닥 DNA(cDNA)를 만든다. 이 cDNA는 통합효소에 의해 인식되어 새로운 표적 DNA 부위에 재조합된다. 통합효소는 cDNA 말단과 결합하여 각 가닥의 3′ 말단에서 몇 개의 뉴클레오티드를 절단한다. 통합효소는 DNA 가닥 운반 반응을 이용하여 cDNA를 표적 부위로 삽입되는 것을 촉진한다. 숙주세포 DNA 복구 단백질들은 DNA 가닥 이동이 일어나는 동안에 생성되는 표적부위의 간극을 채워 재조합을 완성한다. 이 간극-복구gap-repair 반응은 표적부위 중복duplication을 일으킨다. 레트로엘리멘트의 삽입은 유전체의 많은 위치에서 일어날 수 있다. 더구나 하나의 레트로엘리멘트가 여러 RNA 전사체들을 만들고 이것이 cDNA로 전환되어 삽입됨으로써 유전체 안에 레트로엘리멘트가 빠르게 축적될 수 있다. 이것은 인간 유전체의 Alu 요소element가 어떻게 증식하여 우리 유전체의 10%를 구성할 수 있었는지를 설명한다.

트랜스포존의 생물학적 의미는 아직 정확히 평가하기 어렵다. 그들이 왜 인간 유전체에 남아있어야 하는지. "selfish DNA hypothesis"에 따르면 트랜스포존은 세포 DNA에 스스로 복제하여 삽입할 수 있는 특징을 가지고 있기 때문에 존재한다. 다른 말로 이야기하면, 그들은 어떤 이점도 제공하지 않고 숙주에 서식한다는 점에서 기생충parasites과 유사하다. 생존을 현저하게 방해하는 정도로 숙주에 해를 끼치지 않는 한 숙주 내에서 증식할 수 있다. 그러나 트랜스포존은 숙주에 해를 끼칠 수 있다. 예를 들면, 그들이 중요한 유전자의 중간에 끼어들어가게 되면 중요한 유전자의 기능이 파괴된다. 이것은 생물체의 표현형에 해를 주는 행위가 될 수 있다.

또는 다른 생물학자들은 트랜스포존이 특정 종에 이익을 제공할 수 있다고 주장한다. 예를 들면, 세균에 있어서 트랜스포존은 생물체에 생존의 이점을 제공할 수 있는 항생제-내성 유전자antibiotic-resistance gene를 운반할 수 있다. 이에 덧붙여, 트랜스포존은 염색체 재배열을 촉진하여 더 큰 유전적 다양성을 유발할 수 있다.

6. 후성유전학

유전체의 안정성을 유지하는 것은 생명체의 생존에 필수적이다. 유전체를 보호하는 기작의 파괴와 이로 인해 초래되는 유전체 불안정성은 암과 노화를 비롯한 여러 질병의 원인과 관련이 있다. DNA 손상을 유도하는 많은 도전에 직면하여 유전체 무결성genomic integrity을 보장하기 위한 상호 연결된 많은 네트워크들이 필요하다. 이러한 경로는 다양하지만, 후성유전학적 메커니즘은 많은 경로에서 중심적인 역할을 한다. 후성유전학에는 DNA 수식DNA modification, 크로마틴 구조chromatin structure, 히스톤 수식histone modification과 히스톤 변이체histone variants, 비 암호화 RNAnon-coding RNAs 등에 관한 내용이 포함되며 유전체 안정성을 유지하기 위한 여러 기능들과 연관되어 있다. 후성유전학적 메커니즘은 유전체 안정성에 필수적인 중심체와 텔로미어 기능을 보장한다. 후성유전학적 메커니즘은 또한 트랜스포존에 의한 침입으로부터 유전체를 보호하고 다양한 DNA 복구 경로에 기여한다.

6.1 노화동안의 후성유전학적 변화

젊었을 경우, 몸의 각각의 세포들은 대부분 유사한 후성유전학적 정보에 의해 결

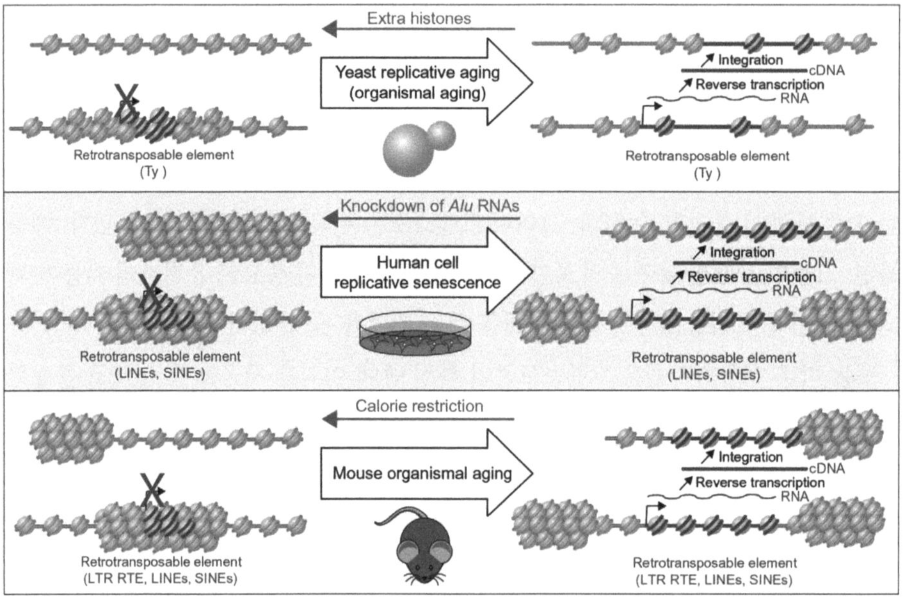

[그림 5.8] 노화동안 염색질 구조의 변화는 레트로트랜스포존의 활성화로 이어진다.(Pal, 2016)

정되는 비슷한 패턴의 유전자 발현을 나타낸다. 노화가 일어나는 동안에, 후성유전학적 정보는 외인성의 요인 및 내인성 요인에 따라 산발적으로 변경이 일어난다. 다른 히스톤 변이체가 삽입되고, DNA 메틸화 패턴이 변경되고, 히스톤 수식 패턴이 변경됨에 따라 초래된 비정상적인 염색질 상태는 젊었을 때와 다른 종류의 염색질 수식자chromatin modifier들을 모집하는 결과를 초래한다. 나이든 세포의 비정상적인 염색질 상태에는 변경된 전사 패턴과 균일하지 않고 이질적인 유전자 발현 패턴으로 세포의 노화가 초래된다. 나이 든 세포의 비정상적인 염색질 상태는 새로운 전위요소(트랜스포존)가 유전체 삽입이 일어나고, DNA 돌연변이를 포함한 유전체 불안정성을 초래한다.

6.2 노화동안의 DNA 메틸화 변화

DNA 메틸화는 노화분야에서 광범위하게 연구되는 후생유전학적 변화 중 하나이다.

어린 포유동물 세포는 발현된 유전자의 프로모터 내의 CpG 섬(islands)을 제외하고 유전체 전체적으로 과메틸화hypermethylation됨을 특징으로 한다. 특별히 LINE, SINE, LTR 레트로트랜스포존과 같은 반복서열들은 심하게 메틸화가 일어나 있으며, 이것은 염색질이 지속적으로 헤테로크로마틴 상태를 유지하도록 돕는다. 노화 동안에는, 유전체에 대한 전체적인 DNA 저메틸화hypomethylation가 있으며, 이것은 대부분 세포 집단 내에서 확률론적 방식으로 발생한다. DNA 메틸화의 상실은 트랜스포존과 같이 정상적으로 침묵이 일어나는 DNA 서열이 활성화되도록 한다. 그러나 DNA 메틸화는 또한 특정 유전자들의 CpG 섬(islands)에 걸쳐 비확률적 방식으로 증가하며, 이는 이질염색질화 및 침묵과 관련이 있다.

06

DNA 손상과 복구

2015년 노벨상 화학상이 2015년 10월 7일에 발표되었다. 2015년 수상자로는 DNA 복구 메커니즘을 발견한 토마스 린달Tomas Lindahl, 폴 모드리치Paul Modrich, 아지즈 산자르Aziz Sancar 세 사람이 공동수상했다. 노벨위원회는 '분자적 수준에서 어떻게 세포가 손상된 DNA를 복구하고, 유전적 정보를 복구하는지에 대해 밝혔으며, 특히 살아있는 세포의 근본적인 기능과 새로운 암 치료에 대한 정보를 인류에게 제공했다'고 수상자로 결정한 이유를 밝혔다. 인체의 DNA는 자외선, 활성산소종, 발암물질들에 의해 매일 손상을 받는다. 생물체의 DNA는 생명체 자체와 종의 유지를 위해서 가장 안정적으로 보존되어야 할 중요한 생체물질이다. DNA 손상으로부터 복구하는 것이 생명의 가장 근본적인 요건이다. 이러한 외부적 공격이 없어도 인간의 DNA는 인체 내부적으로도 불안정하다. 세포의 유전체로부터 매일매일 자발적인 변화들이 발생한다. 인간의 몸에서 매일 마다 수백만 번 일어나는 세포분열에서 DNA가 복제할 때마다 다수의 돌연변이들이 발생할 수 있다. 이와 같은 내부적 또는 외부적 요인에 의해서 DNA의 손상이 일어날 경우 노화의 가속화가 일어날 수 있다. 이와 더불어 노화된 세포의 특징인 DNA 손상damage의 축적은 암 발생의 확률도 높인다. 우리의 유전물질이 화학적 혼동으로 붕괴되지 않는 이유는 이와 같은 DNA 손상을 복구할 수 있기 때문이다.

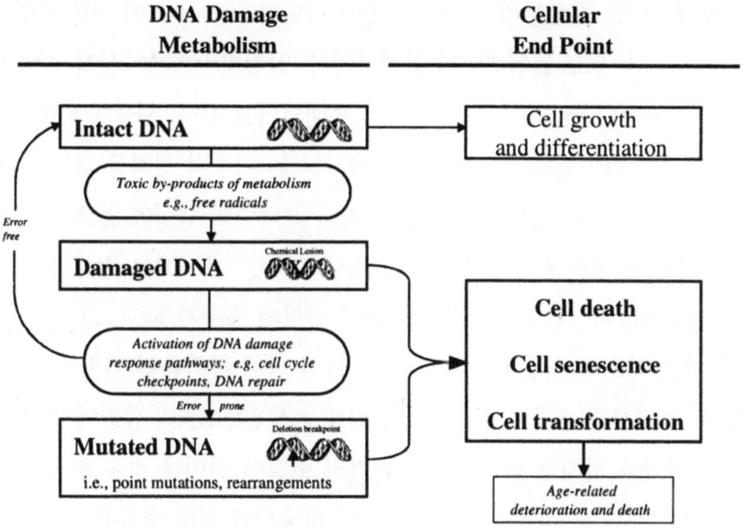

[그림 6.1] DNA 손상과 노화. DNA 손상은 노화와 암을 촉진한다.

DNA 복구기전의 이상은 종종 암의 발생과 관련이 있다. 뉴클레오티드절제복구NER의 이상에 의해서 발생되는 유전병인 색소성 건피증Xeroderma pigmentosum, XP 환자의 피부는 자외선에 극히 민감한 반응을 보이며 결국 피부암을 일으키게 된다. 불일치복구mismatch repair, MMR에 관여하는 단백질 중 MSH2와 MLH1을 만드는 유전자의 돌연변이는 직장암 또는 자궁내막암을 잘 일으키는 유전병인 유전성 비용종성 대장암HNPCC, hereditary nonpolyposis colorectal cancer의 원인이 되기도 한다. 유방암이나 난소암의 원인 유전자로 잘 알려진 BRCA1/2 또한 손상이 일어난 DNA의 복구에 관여한다.

DNA 손상의 원인은 환경적인 요인과 인체의 정상적인 대사 활동으로 인한 요인이 맞물려 있다. 중요한 유전자가 손상되어 회복이 불가능해졌을 때에는 세포의 정상적인 기능을 기대할 수 없다. 알려진 DNA 손상의 대부분은 이중나선의 1차 구조primary structure에 영향을 주며, 이는 DNA를 구성하는 염기 자체에 화학적인 변형chemical modification이 가해짐을 의미한다. 이와 같은 변형으로 인해 기존의 이중나선 구조에 정확히 들어맞지 않는 비정상적인 화학 결합 또는 많은 부피를 차지하는 '부가물adducts'이 첨가되어 결과적으로 DNA 분자 전체의 이중나선 구조의 왜곡distortion을 초래할 수 있다. 가수분해hydrolysis나 탈아미노화deamination에 의한 자연적인 손상spontaneous damage으로 돌연변이가 일어나거나, 알킬화alkylation, 산화oxidation, 이온화 방사선ionizing radiation에 의해 DNA 손상이 초래되기도 한다. 생물체에게 있어 산소는 생명유지에 필수적이면서도 유해한 영향을 미치는 이중적 성격을 갖는다. 산소가 갖는 유해한 영향이 바로 생체 내 활성산소 라디칼radical의 생성에 있으며, 이 라디칼에 의해 생물체는 큰 손상을 받는다. 자외선조사UV radiation도 DNA 손상을 일으킬 수 있는데, 약 260nm 파장은 DNA 염기에 의해 강하게 흡수가 되고, 그 결과 같은 폴리뉴클레오티드 사슬의 인접한 두 피리미딘 염기 간에 광화학적 결합이 일어날 수 있다. 세포는 유전체를 올바르게 보전하기 위해 손상된 DNA의 종류에 따른 그에 맞는 DNA 복구기작을 가지고 있다. DNA 염기의 소실이 일어난 경우 염기 하나를 회복시키는 염기절제복구Base Excision Repair, BER, 자외선에 의해 생성된 티민 이량체(T-T dimer)를 주로 치환해주는 뉴클레오티드절제복구Nucleotide Excision Repair, NER, DNA 이중가닥 절단을 복구하는 HRhomologous recombination, NHEJnon-homologous end joining 등의 DNA를 수리하는 방식은 상황에 따라 다양하다. 생화학, 분자생물학 및 세포생물학적으로 이와 같은 방어기작이 어떻게 작용하는지에 대한 이해는 아직 많이 부족하여 앞으로 지속적인 연구가 필요한 분야이다.

1. 유전체의 손상

노벨상 수상자 토마스 린달은 1974년 대장균에서 탈아미노화deamination로 잘못 생긴 우라실uracil을 잘라냄으로써 DNA 복구의 첫 단계를 수행하는 것을 밝혀냈다. 1982년 토마스 린달은 다양한 DNA 복구 효소를 정리하여 발표하였다. 1993년 토마스 린달의 큰 업적 중 하나는 DNA가 불안정한 분자라는 것을 밝혀내어 그 당시 'DNA가 안정하며 유전정보를 담는 단단한 그릇'이라는 생각을 바꾸는데 공헌했다. DNA는 가수분해성 공격, 산화, 그리고 메틸화 같은 다양한 이유로 손상이 생기고 이로 인해 노화나 암을 비롯한 다른 질환들이 생긴다는 것을 알아내었다. 이러한 그의 통찰은 DNA가 꾸준히 붕괴되는 것에 대한 대항 메커니즘인 "base excision repair

토마스 린달, 폴 모드리치, 아지즈 산자르(출처: 네이처)

[그림 6.2] 2015년 노벨 화학상 수상자.

염기절제복구"을 발견하도록 했다.

태양에서온 자외선ultraviolet radiation은 약화되고 나서도 충분히 DNA 손상을 일으킬 수 있으며, 우주방사선 중의 한 종류로 지구 지각에 존재하는 방사능 물질로부터도 방사되는 이온화 방사선ionizing radiation은 DNA 이중나선을 절단할 정도로 강력하다. 우리는 평균적으로 1년에 2.4 mSv(milli-sievert) 정도의 방사능에 자연적으로 노출되는데, 원자력 관련 업체 종사자들의 연간 방사능 노출 허용 기준치가 20 mSv임을 감안하면 자연방사능의 양이 적지 않은 수준이다.

놀랍게도, 이렇게 외부적 요인에 의한 DNA 손상은 인간 내부의 생리적 반응에 의해 생체 내에서 자연적으로 생기는 DNA 손상의 정도에 비할 바가 아니다. DNA의 인산골격phosphate backbone과 염기base 연결이 가수분해됨으로써 하루 안에 세포 하나당 약 18,000 개의 퓨린 잔기가 없어지고, 탈아미노화에 의해 시토신이 우라실로 변하는 것이 세포 하나 당 약 500번까지 일어날 수 있다고 한다. 또한 산소 호흡과 대사반응에서 부산물로 생성되는 활성산소종은 직접적으로 DNA를 공격하여 손상을 입히기 때문에, 이를 방어하기 위한 방어구조가 우리 체내에 필요하다.

아지즈 산자르는 자외선에 의해 생성되는 피리미딘 이량체를 제거하는 "뉴클레오티드 절제 복구"를 발견했다. 이 메커니즘은 자외선에 의한 피부 DNA의 손상을 복구하곤 한다. 따라서 이 복구 시스템에서 결함을 가지고 태어나는 사람의 경우 태양빛

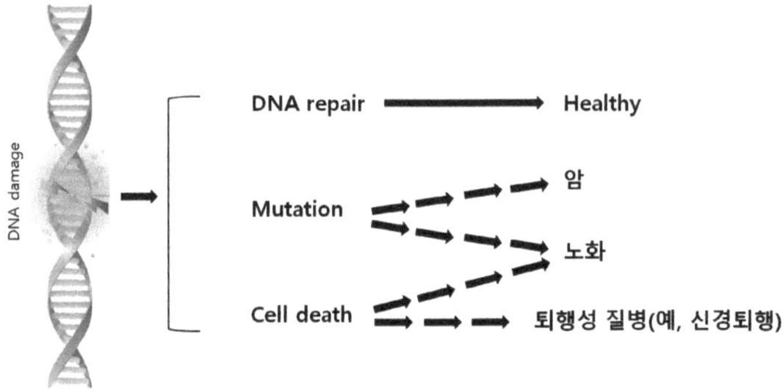

[그림 6.3] DNA 손상이 초래하는 결과.

에 노출될 경우 피부암인 흑색종melanoma을 일으키게 된다. 뉴클레오티드 절제 복구는 다른 화학적 수식에 의한 결함도 복구하는데 이용된다.

폴 모드리치는 세포분열기에 복제되어질 때 발생하는 에러error들을 어떻게 세포들이 수정하는지를 밝혀냈다. 이러한 "mismatch repair(불일치 복구)"라는 메커니즘은 DNA 복제기 동안 발생하는 오류들을 제거한다. DNA의 이중가닥은 원래 맞춰지는 짝pair이 있는데 그 불일치mismatch의 빈도수를 천분의 일로 줄이는 역할을 한다. 이러한 불일치 복구의 선천적인 결함은 유전성 비용종성 대장암의 원인이 된다고 알려져 있다.

유전정보를 가지는 DNA는 안정적으로 보호가 필요한 생체물질이다. 하지만 앞서 언급한 것과 같이 내부적, 외부적 요인에 의해 각 세포가 하루에 만 개 이상의 DNA 손상을 겪는 것과, 각 개인이 얼마나 많은 세포를 가지고 있는지를 생각하면, 대부분의 사람들이 매일 아무 이상 없이 생활하는 것이 정말 신기할 따름이다. 이것은 세포 내에 여러 다른 형태의 DNA 손상을 복구하는 복잡한 기전이 항상 활성화된 상태로 준비가 되어 있어 DNA 손상을 정상 상태healthy로 복구하기 때문에 가능한 것이다.

DNA가 손상이 일어났을 때 이러한 손상이 빠른 시간 안에 정상적으로 이루어지지 않거나, 손상 복구의 정확도가 떨어지면 유전자 돌연변이를 일으키고 결국 유전체 불안정성genomic instability의 원인이 된다. DNA 손상복구의 이상abnormality은 그것을 담당하는 단백질들의 돌연변이에 의한 기능 저하나 후성유전학적epigenetics 변화에 의한 발현 감소로 인해 발생한다. 나아가 DNA 손상복구 이상에 기인한 염색체 재배열이나 이수성도 유전체 불안정성의 범주에 포함된다. 또한 유사분열의 이상에 의한 염색체 불안정성(chromosomal instability, CIN: 염색체 전체나 큰 부분이 중복되거나 결손되는 경우)도 유전체 불안정성의 한 부류이다.

유전체 불안정성의 영향을 세포 단독 수준에서 보면 도리어 단순하다. 세포분열이 더 이상 일어나지 않는 세포노화 상태에 도달하거나 아폽토시스에 의해 사멸이 일어난다. 그러나 생명체 전체에 유전체 불안정성이 미치는 영향은 생명을 위협할 정도로 크다. 예를 들면 유전체 불안정성은 암세포의 분석 결과에서 가장 흔하게 발견되는 특성이다. DNA 손상복구 메커니즘에 관여하는 단백질들의 변이는 다양한 양상을 보이는 여러 유전병의 원인이 되고 이런 유전병들은 대부분 암 발생을 동반한다.

2. DNA 복구(repair) 기작

DNA는 내부 또는 외부적 요인에 의한 물리적, 화학적, 생물학적 인자들에 의하여 손상될 수 있다. 이러한 인자들은 DNA 단일가닥 또는 이중가닥 절단, DNA 꼬임distortion, kinking, DNA 부가물, 염기 소실(퓨린 또는 피리미딘) 등을 초래할 수 있다. 부가물, 이량체, 가교crosslink와 같은 유사분열 활성 세포의 다른 형태의 손상은 DNA 복제를 영구적으로 차단하거나 돌연변이를 유발할 수 있다. 비복제 조직non-replicating tissues에서 이러한 많은 유형의 손상은 나이가 들면서 축적이 되는 것으로 나타났다. DNA의 염기변화는 유전되는 DNA의 변화임을 고려할 때 그것이 복구되지 않는다면 세포에 치명적인 영향을 줄 수 있다. 세포 시스템은 이러한 오류를 복구하기 위한 다양한 기작을 포함하고 있다. DNA 화학 구조의 변화에 대한 유전체의 지속적인 모니터링이 없다면 DNA의 변경이 더 빈번할 것이라는 것은 분명하다. DNA에 발생한 '병변lesion'은 지속적으로 제거되고 다시 발생할 수 있다. DNA 손상이 발생하게 되면 DNA 체크포인트가 활성화되어 세포주기 차단, DNA 복구계의 작동, chromatin remodeling, 세포사멸 및 세포노화 등의 반응이 유도된다. 이러한 메커니즘들은 손상되는 DNA의 상태나 공격요소에 따라 최적의 메커니즘을 수행하여 DNA를 복구 및 유지함으로써 유전체의 안정성을 유지하도록 해준다.

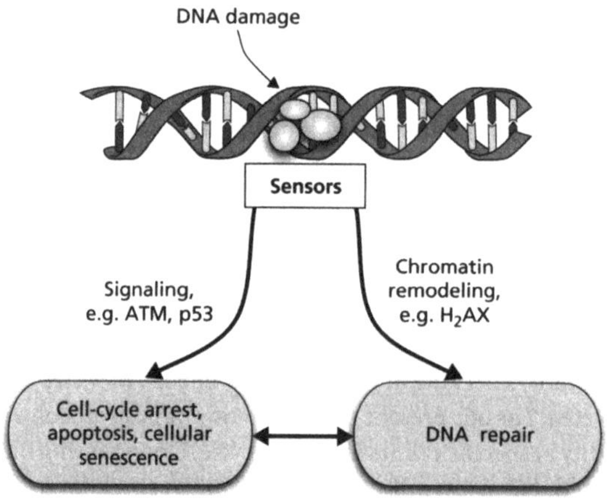

[그림 6.4] DNA 손상제어와 DNA 복구 반응. (from Vijg, 2007)

DNA 손상 제어에서 한 단계 더 나아가는 DNA 복구는 유사분열mitotic 및 유사분열후세포postmitotic cells 모두에 작용할 수 있는 다양한 경로가 있다. 유사분열 조직에서 주로 작용하는 것으로 생각되는 주요 복구경로는 DNA 불일치 복구DNA mismatch repair, MMR이다. 불일치 복구는 복제 직후에 나타나는 복구기작인데, 부정확하거나 일치하지 않는 염기에 대해 새로 합성된 DNA 가닥을 모니터링(감시)하는 것이다. 교정proofreading에 의해 수정되지 않은 부정확하거나 일치하지 않는 염기는 제거되고 올바른 염기로 대체된다. *hMLH1*과 *hMSH2*와 같은 MMR 관련 유전자들의 생식선germline 돌연변이는 인간의 유전성 비용종성 대장암(HNPCC)과 관련이 있는 것으로 밝혀졌다. 이 환자들로부터 유래한 종양세포들(homozygously mutated)은 유전체에서 체세포 돌연변이(마이크로새틀라이트 불안정성)의 가속화가 발견된다. 쥐에서 MMR-결핍 녹아웃 마우스가 만들어졌는데, 이 마우스의 조직과 기관에서는 돌연변이의 빈도가 100배 이상 크게 증가한 것으로 나타났다.

DNA 복구의 가장 간단한 방법은 손상이 일어난 부분을 잘라내고(절제) 손상되지 않은 새 부분으로 교체하는 것이다. 이러한 전략을 '절제수리시스템excision repair system'이라고 부른다. 손상이 일어나거나 짝을 이루지 못하는 DNA가 절제복구을 통하여 수리되지 못하면, 다음 세포분열 기간 동안 새로운 DNA 복제를 완료하기 전에 문제를 해결하기 위해 최종적인 노력을 기울이게 된다. 이러한 시스템을 '재조합수리시

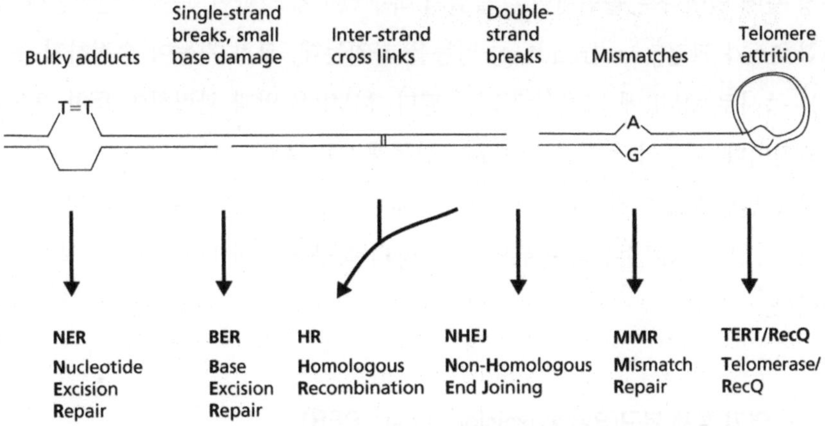

[그림 6.5] DNA 손상과 복구기작의 종류: BER, NER, MMR, recombinational repair. (from Vijg, 2007)

스템recombination repair system'이라고 부른다.

절제복구은 크게 염기절제복구BER과 뉴클레오티드절제복구NER으로 나눌 수 있다. 절제수리시스템은 DNA 복제 직후, 오류 및 손상을 해결하는데 유용하다. DNA 복제

〈표 6.1〉 손상의 원인과 복구기작

손상의 원인	손상의 형태	DNA 복구 경로
자외선 조사	피리미딘이량체 (cyclobutane pyrimidine dimers)	뉴클레오티드 절제 복구
	bulky or helix-distorting DNA lesion (6-4 photoproducts)	뉴클레오티드 절제 복구
이온화 방사선	이중가닥 절단	상동재조합 복구/비상동말단연결 복구
	단일가닥 절단	염기 절제 복구
	산화적 염기 손상	염기 절제 복구
알킬화인자	O6-alkylguanine	염기 절제 복구
알킬화인자, 자발적 가수분해	non-helix-distorting base modification, abasic site	염기 절제 복구
알데히드	DNA adducts	뉴클레오티드 절제 복구
활성산소종	산화적 염기 손상	염기 절제 복구
	cyclopurine making bulky lesions	뉴클레오티드 절제 복구
복제 실수	mismatches, small insertions and deletions	불일치 복구
붕괴된 복제분기점	one-ended double strand breaks	상동재조합 복구

과정 중에 일어나는 돌연변이는 불일치 복구MMR에 의하여 복구이 일어난다. DNA 중합효소가 교정(proofreading) 기능을 가지는데, 교정 기능이 수정하지 못한 오류는 즉시로 MMR에 의해 수정되게 된다. MMR은 암과 관련하여 특히 중요한 복구과정이다. 이중가닥 절단의 경우는 상동재조합 복구homologous recombination, HR과 비상동 말단결합 연결non-homologous end joining, NHEJ에 의하여 수리된다. 그림 6.5와 표 6.1은 DNA 손상의 종류와 그 손상의 복구를 위한 DNA 복구기작을 요약한 것이다.

2.1 염기 절제 복구(Base excision repair, BER)

자발적으로 끊임없이 생성되는 반응성 물질에 의한 DNA 손상에 대응하여 유전체 안정성을 유지하기 위하여 가장 우선적인 역할을 하는 것은 DNA 복구기작이다. DNA 염기가 알킬화(alkylation, 7-methylguanine), 산화(oxidation, 8-oxoguanine), 탈아미노화(deamination, xanthine) 등에 의한 손상을 받았을 경우 염기절제복구BER에 의해 복구된다.

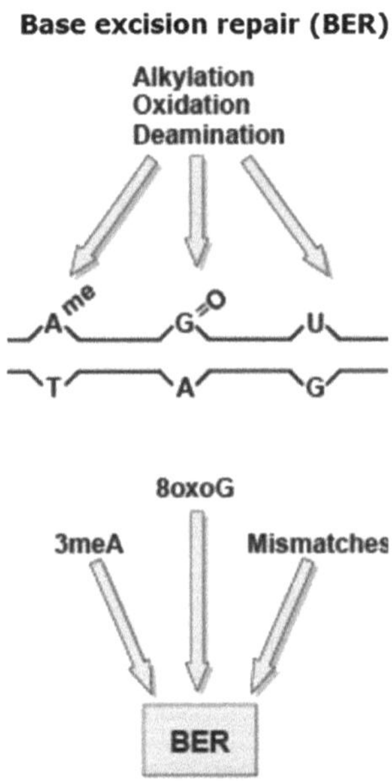

[그림 6.6]
염기절제복구(BER)에 의하여 8-oxo-G가 복구된다.

BER에 의한 복구은 작고, 이중나선을 왜곡시키지 않는 소규모의 손상부분들을 대상으로 한다. 이러한 BER 작용은 암, 노화, 신경계질환, 천식, 관절염 등 다양한 인간질병과 연관이 있는 것으로 알려져 있다. BER에 관여하는 단계별 주요 효소 작용들로 DNA 글리코실라제glycosylase는 손상된 부위를 인식하고 결합을 하는데, DNA 골격backbone을 구성하는 당ribose과 인산phosphate은 그대로 두고 염기만을 절단하여 abasic site(염기가 없는 자리, apurinic site and apyrimidinic site)를 만들어 낸다. 퓨린과 피리미딘의 산화생성물을 인식하고 처리하는 여러 글리코실라제가 인간세포에서 확인되었다. 두 개의 인간 유전자 hOGG1(human 8-oxoguanine DNA glycosylase

1)과 hOGG2가 클론되었는데, 이 단백질들은 8-oxoG를 DNA에서 인식하고 제거하는 역할을 한다. 이 두 단백질은 그들의 기질 특이성에 있어서 차이가 있다. 그 다음 APE1(AP endonuclease 1) 단백질이 염기가 없는 자리(abasic site)로 다가와 당과 인산 그룹 사이를 절단하여 3′-OH와 5′-dRP(abasic deoxyribose phosphate) 말단을 생성한다. 그 뒤 polymerase β-XRCC1(X-ray repair cross complementing group I) 복합체가 그 부위를 인식하여 다가온 뒤, 5′-dRP를 제거하고 틈 채우기gap filling를 한다. 그 다음 ligase III에 의하여 DNA 연결이 일어나면 염기절제복구은 완료된다. 포유류세포에서 DNA 중합효소 β(pol β)는 단일 뉴클레오티드 절단 패치 복구 경로와 관련된 주요 중합효소이다. XRCC1 단백질은 BER에서 핵심이 되는 단백질로서 polymerase β, DNA ligase III, PARP1[poly(ADP-ribose)polymerase], 그리고 PNK(polynucleotide kinase)와 결합을 하여 복합체를 이루며 단백질들이 활성을 유지하게 해주는 역할을 한다.

또 앞서 언급한 'short patch' 복구의 다른 대안으로 "긴 패치복구" 과정(long patch)이 보고되었다. DNA 글리코실라제와 AP 엔도뉴클레아제에 덧붙여, 이 경로

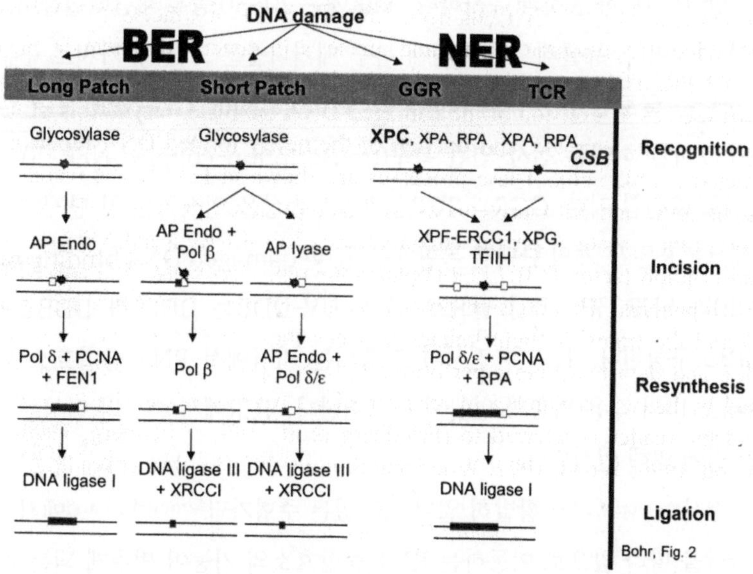

[그림 6.7] 포유동물 세포에서 single nucleotide BER(왼쪽)과 long patch(오른쪽) BER, 및 NER.

는 flap endonuclease(FEN1), PCNA, DNA 중합효소, DNA 리가제ligase를 포함한다. 이 효소들 가운데 어느 것도 5′ sugar phosphate를 제거할 수 없고 하나의 뉴클레오티드 gap을 생성할 수 없다. DNA 중합효소는 먼저 nick의 3′ 말단에 여러 뉴클레오티드를 추가하고 단일가닥 flap 구조의 일부로서 5′ sugar phosphate를 노출시킨다. 이 flap 구조는 FEN1에 의해 인식되어 절단이 일어나고 DNA 리가제에 의해 DNA는 최종적으로 연결된다. 이러한 복구 이벤트는 2-7 뉴클레오티드의 긴 복구 패치를 생성한다. 이러한 반응에서 PCNA와 복제인자 C(RF-C)는 DNA 중합효소가 DNA loading하는 것을 돕고 엔도뉴클레아제 FEN1도 자극한다.

2.2 뉴클레오티드 절제 복구(Nucleotide excision repair, NER)

DNA에 자외선에 의한 피리미딘이량체, 커다란 부가물bulky adduct, 가닥 내 가교 및 일부 형태의 산화 손상 등의 구조적으로 관련이 없는 광범위한 병변을 제거하기 위해서는 다수의 단백질들이 관여하는 뉴클레오티드절제복구NER에 의해 이루어진다. NER은 DNA에 문제가 생긴 부위가 있으면 그 주변까지(약 30 bp 정도) 같이 잘라낸 다음 복구한다. 마치 살이 곪았을 때 그 부위만 도려내는 것이 아니라 그 주변까지 충분히 제거한 뒤 치료하는 것과 유사하다. NER에는 20~30 종류의 단백질들이 관여하는 복잡한 과정이다. 뉴클레오티드 절제 복구 메커니즘은 크게 두 가지로 구분할 수 있는데, 하나는 **글로벌 유전체 복구**(global genome NER, GG-NER, 또는 GGR로 호칭함)이고 다른 하나는 **전사-연관 복구**(transcription-coupled NER, TC-NER, 또는 TCR로 호칭함)이다. GGR과 TCR은 DNA 손상을 인식하는 첫 단계에서 차이가 나는데, GGR은 두 개의 단백질 복합체를 [UV-damaged DNA binding protein (UV-DDB)과 hHR23B-XPC] 필요로 한다. UV-DDB는 DDB1과 DDB2 소단위(subunit)로 구성된다. TCR은 전사가 진행되는 가닥에서 RNA 중합효소 II(RNA polymerase II)의 작용 멈춤과 연관되어 일어난다. TCR에서 손상의 인식은 CSA와 CSB 단백질에 의해 인식된다.

TCR은 전사transcription가 활발히 일어나고 있는 주형가닥template strand에서 일어나며 주형가닥을 따라 앞으로 이동하는 RNA 중합효소의 기능이 멈추게 되는 것과 연관되어 있다. GGR은 TCR이 복구하지 않는 나머지 모든 부분을 담당한다. 즉 유전체

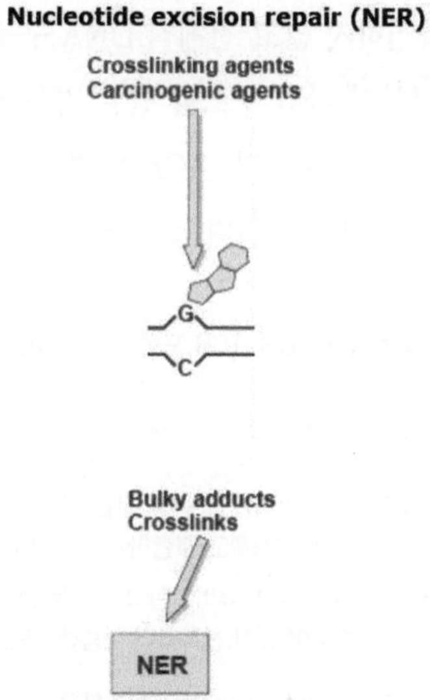

[그림 6.8] 뉴클레오티드절제복구(NER)에 의해 커다란 부가물의 제거가 일어난다.

genome 상에서 전사가 일어나지 않는 부분nontranscribed region과 전사가 일어나는 부분의 비주형non-template 가닥을 포함하는 넓은 범위가 그 대상이 된다. 이 두 메커니즘은 초기의 DNA 단일가닥에 초래된 손상부위를 인식하는 방법에 따라 구분이 된 것으로, 손상부위 인식 후의 과정은 동일하다. GGR에서 가장 먼저 해야 할 일은 DNA

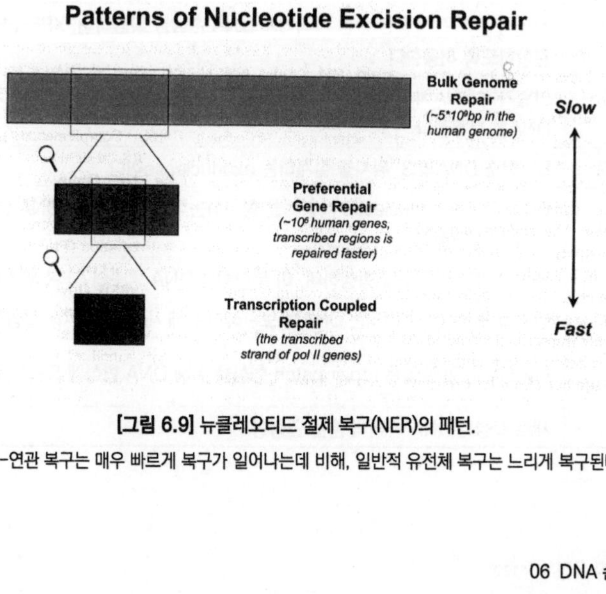

[그림 6.9] 뉴클레오티드 절제 복구(NER)의 패턴.

전사-연관 복구는 매우 빠르게 복구가 일어나는데 비해, 일반적 유전체 복구는 느리게 복구된다.

의 손상부위를 찾아내는 것이다. XPC-hHR23B 단백질은 손상된 부위를 빠르게 찾기 위해 염기 하나하나를 확인하지 않고 전체적 DNA 구조를 확인하는 방법을 쓴다. XPC는 DNA를 더듬다가 정상이 아닌 구조를 만날 경우 달라붙는다. 뒤틀리는 정도가 심할수록 XPC가 더 신속하게 붙는다. TCR의 경우는 어떤 DNA 병변lesion에서 RNA 중합효소가 멈춰 섰을 때 시작이 되며, 멈춰선 RNA 중합효소는 TCR에서 손상

〈표 6.2〉 뉴클레오티드 절제 복구(GGR, TCR 포함)에 관여하는 단백질의 종류와 기능.

(from Budden, 2013).

단백질 이름	기능
XPC	GGR에서 DNA 손상이 일어난 DNA에 결합하는 단백질, 6-4 PP는 단독으로 쉽게 인식할 수 있으나, CPD를 인식하고 결합하기 위해서 XPE가 요구된다
XPE	DDB1과 DDB2로 구성되며, 유비퀴틴 리가제를 형성한다. XPC가 polyubiquitinate가 일어나면 DNA 손상에 대한 친화력이 상승해 CPD를 인식한다
HR23B	XPC와 결합하고 polyubiquitination 후에 분해가 되지 않도록 방지한다
RNA polymerase II	UV 병소 자리에서 중지된 RNA 중합효소 II는 TCR에서 염기손상을 인식하는 단계이다
CSA (ERCC8)	CSB 단백질과 함께 중지된 RNA 중합효소 II를 떼어내고, 그 자리에 복구단백질들을 모집한다
CSB (ERCC6)	CSA 단백질과 함께 중지된 RNA 중합효소 II를 떼어내고, 그 자리에 복구단백질들을 모집한다
TFIIH 복합체	10개의 소단위들로 구성되고 고리모양을 형성한다. 이들 소단위 가운데에는 DNA 가닥을 푸는 헬리카제 역할을 하는 XPB와 XPD를 포함한다
XPB (ERCC3)	헬리카제 역할을 하며 3′에서 5′ 방향으로 DNA 가닥을 푼다
XPD (ERCC2)	헬리카제 역할을 하며 5′에서 3′ 방향으로 DNA 가닥을 푼다
XPA	XPE와 XPC가 결합한 손상 자리에서 DNA 손상을 확증하며, XPF-ERCC1 복합체가 결합하도록 허용한다
RPA	단일가닥 DNA에 결합하는 특성을 가지며, 병소가 있는 반대편 DNA 가닥에 붙어 DNA를 보호한다
XPG (ERCC5)	UV 병소 DNA의 3' 위치를 절개하는 exonuclease이다
XPF (ERCC4)	ERCC1과 endonuclease 복합체를 형성하는데, 이 복합체는 DNA 병소의 5′ 쪽에서 DNA를 절단한다
ERCC1	XPF와 함께 복합체를 형성하며, 이 복합체는 DNA 병소의 5′ 쪽에서 DNA를 절단한다
DNA pol δ/ε	병소를 포함하는 제거되는 DNA를 보완하기 위해 새로운 DNA를 합성하는 역할을 한다
PCNA (증식성세포핵항원)	Pol δ/ε과 함께 짧은 repair patch 형성을 위해 DNA 합성에 도움을 줌
DNA ligase	새로 합성된 DNA 가닥의 틈을 연결함

을 인식하는 신호의 일부로서 작용한다. 이 경우는 CS 단백질들(CSA와 CSB)이 특정 형태의 DNA 손상을 인식하는 역할을 한다. DNA 손상의 인식 후에는 GGR과 TCR의 하위 경로는 손상 검증단계로 TFIIH 복합체가 모집된다. TFIIH는 최소 10개의 소단위로 구성된 다단백질multi-protein 복합체로 기본적인 전사과정의 필수요소로 알려져 있다. XPD(5′ to 3′)와 XPB(3′ to 5′)는 전사과정의 개시에 참여하는 TFIIH의 두 개 소단위로 알려져 있으며, DNA 나선을 풀어주는 헬리카제 기능을 한다. XPC-hHR23B와 TFIIH는 초기에 손상된 부위의 주위로 10개미만의 DNA 결합을 풀 수 있으며, XPA, RPA, XPG의 결합으로 25개 이하의 결합을 풀 수 있다. TFIIH 복합체는 전사transcription와 DNA 복구에서 동시에 기능을 수행한다. 병소부위의 절단과정은 TFⅡH의 복구 명령에 의하여 핵산분해효소(endonuclease)인 XPF/ERCC1(5′ 말단)과 XPG(3′ 말단) 단백질이 잘라낼 DNA의 길이를 결정하고, 손상된 부위를 포함한 DNA 가닥(~22-30 nt)을 잘라낸다. 복제인자 C(Replication factor C, RFC)는 증식성세포핵항원proliferating cell nuclear antigen, PCNA을 절단부위 DNA에 load하며 이것으로 인해 DNA 중합효소 ($\delta/\varepsilon/\kappa$)에 의한 틈-채우기gap-filling가 이루어진다. 마침내 복구에 참여했던 단백질들은 해리되고, DNA 가닥은 ligase(연결효소)I에 의해 연결된다.

많은 뉴클레오티드절제복구에 관여하는 단백질들은 인간의 색소성 건피증Xeroderma pigmentosum, XP의 유전자 상보성 연구를 통하여 발견되었다. 색소성 건피증은 XPA~XPG로 명명된 7개의 유전자 어디에서 변이가 일어나도 발생가능하다. XP 단백질은 그들이 돌연변이된 세포주cell line를 따라서 명명이 되었는데, 예를 들어 XPA 세포에서 돌연변이가 일어난 단백질은 'XPA' 단백질이라고 명명된다. XPA의 결핍은 GGR 및 TCR 모두를 불활성화하고, 심각한 증후군을 유발하며, 그중 가장 두드러진 것은 UVB(자외선 B) 유발 피부암의 빈도가 2000배 이상 증가하고 신경퇴행이 가속화되는 것이다. XPA 단백질은 복제단백질 A(RPA)와 함께 DNA 손상 인식, 즉 NER의 절개 전 단계pre-incision step에 관여하는 것으로 나타났다. 마우스 모델에서 유전자 *XPA*를 결여하는 마우스가 생성되었는데, 인간의 색소성 건피증을 모방하는 표현형을 가지는 것으로 나타났다. 배양된 섬유아세포에서 실험했을 때, 자외선 조사 및 DMBA암유발 화학물질 처리 후 섬유아세포의 훨씬 낮은 생존과도 관련이 있는 것으로

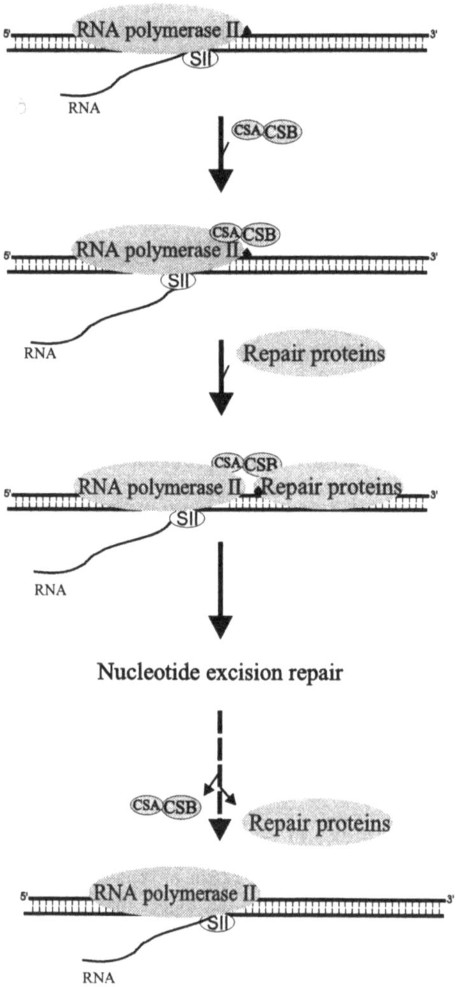

[그림 6.10] 뉴클레오티드절제복구(NER)의 과정.

밝혀졌다. 하지만 NER 복구-결핍 마우스에서도 어린 생쥐의 발생과정은 야생형과 유사하였으며, 연령이 15개월 이후의 *XPA*$^{-/-}$ 마우스에서는 간세포 선종hepatocellular adenoma의 빈도가 증가하였다. 어린 생쥐에서 자발적인 이상abnormalities이 없는 것은 정상적인 조건에서 생쥐가 NER 매개 DNA 손상에 제한적인 노출 때문일 수 있다. 따라서 어린 생쥐에 있어서는 NER은 없어도 크게 지장을 주지 않는 과정으로 생각되는데, 이것은 비활성화가 되었을 때 치명적 결과를 초래하는 인간의 경우와는 극히 대조되는 것이다. 인간의 색소성 건피증 환자의 경우 태양빛에 의해 유도되는 피부암의 영향으로 30대 이상을 생존하기가 어려운 반면, 설치류의 경우 표피의 털에 의해 자외선을 방어할 수 있기 때문에 일반적으로 피부암은 발생하지 않는다. 어린 설치류에서 NER은 본질적으로 기능이 중복적으로 일어날 수 있지만, 나중에 나이가 들수록 점점 더 NER의 역할이 중요해질 수 있다. NER과 관련있는 다른 유전성 증후군은 광과민성, 신경학적 문제, 안면과 사지의 이상, 난장이, 신경의 퇴행성 변화에 의한 조기사망을 특징으로 하는 코케인증후군Cockayne syndrome, 그리고 광과민증photosensitivity, 끊어지기 쉬운 모발을 특징으로 하는 모발유황이상증trichothiodystrophy, TTD 등이 관련이 있다. 이러한 장애는 자외선 민감성, 유전체 불안정성 및 조기노화premature aging 등의 징후를 포함한다.

세포가 손상된 DNA에 대처하는 다른 방법은 복제 시 삽입될 뉴클레오티드를 정확히 짝을 형성하지 않고 대강 추측하여 중합하는 경우가 있다. 이런 경우는 손상된 염기 등을 만났을 때 DNA의 왜곡이 일어나 염기쌍이 제대로 맞지 않아도 대충 가능한 뉴클레오티드를 연결시키고 넘어가는 식이다. 이런 경우는 오류의 빈도가 증가하기 때문에 'error-prone(실수가 일어나기 쉬운)' replication이라 부른다. 현재까지 9개의 다른 DNA polymerase(중합효소)가 인간에서 발견되었다. 이런 효소 가운데 *XPV* 유전자가 만들어내는 효소는 UV에 의해 형성된 티민 이량체thymine dimer를 인지하고 그 반대편에 두 개의 A를 끼워 넣는 일을 전문적으로 수행한다. 복제과정에서 일반 DNA 중합효소가 오류를 일으킬 확률은 10^{-5} 정도로 낮지만 XPV에 의해 만들어지는 실수가 일어나기 쉬운 중합효소, pol η(eta)은 95% 정도라는 다소 낮은 정확도를 가진다. 실수가 일어나기 쉬운 중합효소를 세포가 사용하는 것은 세포 스스로가 가장 절망적 상황에 도달할 때 사용한다. 왜냐하면 정상적인 pol δ가 티민 이량체를 만나 복제가 멈추었을stalling 경우, 이 심각한 상황을 이와 같은 'bypass polymerase'를 통하여 위기를 모면하기 위하여 도박을 하는 것이다. 즉, 100건 가운데 95건은 그런 식으로 위기를 모면하는 것이 가능하기 때문이다(그런데 5건의 경우는 실수가 발생할 수 있다).

2.3 불일치 복구(Mismatch Reapir, MMR)

DNA 이중나선 염기쌍의 불일치mismatch는 복제가 일어날 때는 DNA 중합효소의 교정proof-reading기능에 의하여 일차적으로 수정이 되며, 만약 여기서 복구되지 못한 불일치 염기쌍은 불일치복구mismatch repair, MMR에 의하여 제거되어야 한다. MMR 효소 복합체는 새로 합성이 일어난 DNA를 다시 한 번 확인하는 과정을 가지게 되는데, 즉 DNA 중합효소가 지니는 교정 기능을 통해 이미 확인이 되었지만 여전히 남아 있을 수 있는 염기쌍의 불일치를 찾아내고자하는 것이다. MMR 기능은 DNA 상에서 반복서열이 존재하는 곳에서 매우 중요하다. 비슷한 서열이 여러 번 반복이 일어날 때 DNA 중합효소는 가끔씩 실수를 할 경우가 있는데 이럴 경우는 MMR에 의해 복구이 일어날 수 있다.

이를 위해서는 기존의 DNA 가닥(old)과 새로 합성된 DNA 가닥(new)을 구분하는 효소가 있어야 한다. 이것은 오래된(old) DNA 가

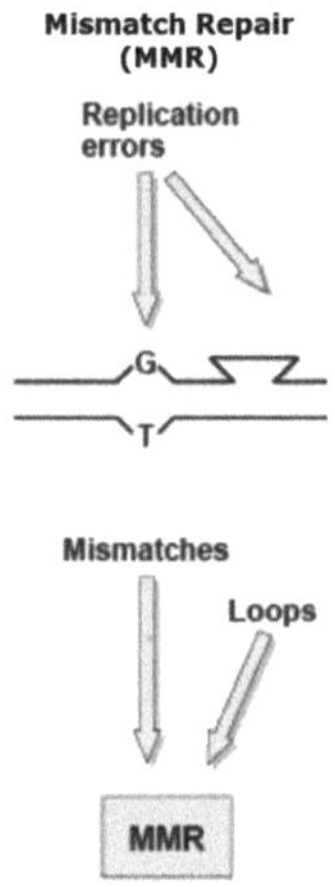

[그림 6.11] 불일치복구(MMR)에 의하여 복제과정에서 일어난 미스매치가 수리된다.

〈표 6.3〉 MutS and MutL Homologs.

Bacteria	Yeast	Human[a]	Function
MutS	MSH1	?	mitochondrial MMR
	MSH2	***hMSH2***	nuclear MMR
	MSH3	hMSH3	nuclear MMR (IDL)
	MSH4	hMSH4	meiosis
	MSH5	hMSH5	meiosis
	MSH6	***hMSH6***	nuclear MMR
MutL	MLH1	***hMLH1***	nuclear MMR
	MLH2	hPMS1	?
	MLH3	hMLH3	nuclear MMR (IDL)
	PMS1	***hMPMS2***	nuclear MMR

[a] 굵은 글자와 이탤릭체로 된 글자는 인간의 유전성 비용종성 대장암(HNPCC) 및 산발성 종양에서 발견되는 MutS와 MutL 동족체(homolog) 돌연변이들을 의미한다.

닥은 메틸기를 지니고 있지만 새로 합성된(new) DNA 가닥은 메틸기를 지니지 않기 때문에 구별이 가능하다. DNA의 메틸화는 DNA 메틸전이효소methyltransferase에 의하여 아데닌과 시토신에서 일어난다. 대장균의 DNA 아데닌 메틸전이효소(DNA adenine methyltransferase, DAM)는 GATC 서열의 아데닌염기를 메틸화하여 N^6-methyladenine을 만든다. 복제분기점이 지나간 뒤 잠깐 동안은 주형template가닥에는 메틸기가 붙어있는 반면 새로 합성된 DNA에는 메틸기가 없어 일시적으로 반메틸화hemi-methylated상태를 유지한다. 불일치 복구에서는 메틸화되지 않은 DNA 가닥(new)을 새로 합성이 일어난 가닥으로 인식하여 불일치 염기를 제거한다.

2.4 상동재조합 복구(Homologous recombination, HR)

DNA 이중가닥의 절단은 이온화 방사선 등에 의해 유도될 수 있다. 이러한 이중가닥 DNA의 절단은 전체 DNA 손상의 관점에서 볼 때, 소수를 차지하지만 부적절하게 복구될 경우 심각한 영향을 줄 수 있으며, 이로 인해 유전체의 불안정성과 종양 발생을 야기할 수 있는 위험성이 있다. 유전자 재조합은 DNA 가닥 교환(DNA 절단 및 재결합)을 포함하는 전구세포와 구별되는 이배체 세포 또는 배우자에서 새로운 유전자 조합의 생성을 의미한다.

일반적으로 상동재조합은 늦은 S/G2기에서 가장 활발하게 일어나며 '실수가 없는error-free' 기작으로 알려져 있다. 상동재조합 복구에는 많은 단백질들이 관여하는데 MRN 복합체, RAD51, RAD52, BRCA1, BRCA2, 그리고 RAD51의 paralog들인 RAD51B, -C, -D, XRCC2, XRCC3 등이 있다. 상동재조합 복구은 pre-synapsis, synapsis, post-synapse 세 단계로 나눌 수 있는데, pre-synapse 단계에서는 상동재조합이 일어날 수 있게 하기 위해 5′→3′ exonuclease 활성을 가지고 있는 MRE11-RAD50-NBS1(MRN) 복합체가 양 가닥의 3′-single-stranded DNA(ssDNA) overhangs들을 노출시키면서 시작된다. 이러한 DNA 말단 처리과정을 거쳐 생성된 3′-single-stranded DNA overhang에는 replication protein A(RPA)가 결합하고, 이를 이용하여 체크포인트에 관여하는 단백질들과 상동재조합복구에 관여하는 Rad51과 같은 단백질들이 연달아 리쿠르트recruit 된다. Rad51은 DNA-dependent ATPase로서 DNA에 nucleoprotein filament들을 형성하는데, BRCA2

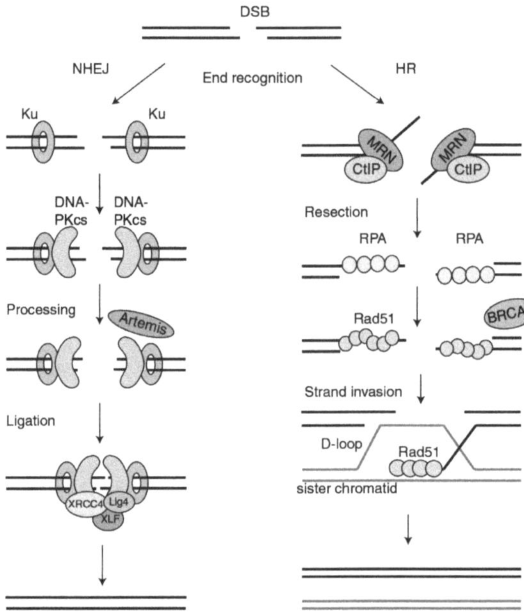

[그림 6.12] DNA 이중가닥의 수리는 HR과 NHEJ에 의하여 일어난다. (Brandsma, 2012)

에 의해 DNA 이중가닥 절단부위(DSB, double-stand break)로 유인된다. 그 다음 synapse 단계에서는 Rad51이 가닥교환strand exchange을 촉매하여 D-loop를 형성한다. post-synapsis 과정에서는 뉴클레오티드 서열을 합성하고 DNA를 연결해 준다. 이 D-loop는 여러 가지 결과물을 생성할 수 있는데, 비교차noncrossing-over와 교차crossing-over 두 가지 방향으로 결과물이 만들어질 수 있다.

2.5 비상동말단연결 복구(none homologous end joining : NHEJ)

DNA 이중가닥이 절단된 경우 원래의 염기서열을 재현하는 상동재조합homologous repair, HR과 DNA 절단면을 신속히 가공하여 연결하는 NHEJnon-homologous end joining복구의 협력에 의한 복구가 일어난다. HR은 오류가 없는error-free 기작이지만 세포주기의 일부 기간(S/G2기)에서 일어나며 속도가 느리다는 단점이 있다. 반면에 NHEJ는 속도는 빠르나 부정확하다(error-prone)는 문제점이 있다. HR은 일반적으로 DNA가 복제되고 자매염색체가 복구 주형repair template으로 사용될 수 있는 S기

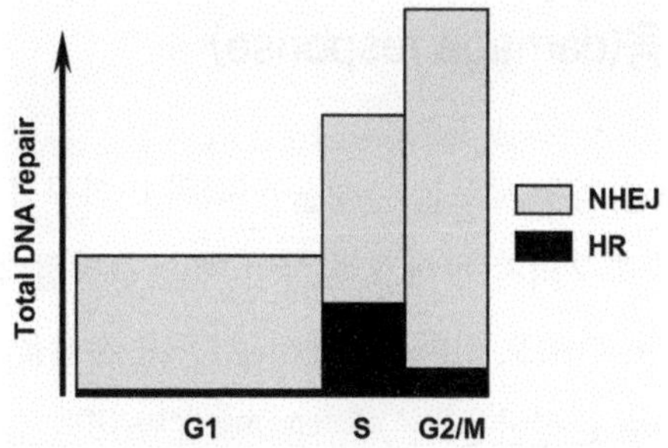

[그림 6.13] 세포주기 가운데 NHEJ와 HR이 작용하는 기간, NHEJ는 전구간에서 작용하지만 HR은 S기에서 주로 작용한다.

와 G2기에 제한되는데 비해, NHEJ는 세포주기 전체에 걸쳐서 일어날 수 있지만 G1기에 일반적으로 일어난다. 이러한 이유 때문에 이중가닥의 절단이 발생하면 NHEJ가 더 우세하게 일어난다고 한다. 즉, 일단 DNA 절단이 일어나면 어쨌든 빨리 DNA를 연결해주는 반응을 세포가 선호한다는 의미이다. 비상동말단연결 복구(NHEJ)의 경우는 끊어진 DNA 가닥을 바로 주위의 DNA와 접합시켰을 때 원래 상태의 DNA가 정확하게 다시 붙을 수도 있지만 다른 DNA가 결합되는 경우가 더 빈번히 일어날 것으로 예측할 수 있다. 끊어진 DNA 가닥 말단에서 삽입insertion이나 삭제deletion가 초래되는 등 실수가 빈번한(error-prone) 방향으로 수리가 진행되는 경우도 다수이다. NHEJ에서 작용하는 주된 단백질로는 Ku, DNA-PKcs, DNA ligase IV, XRCC4 그리고 polynucleotide kinase/phosphatase(PNKP) 등이 있다. 가장 처음 이중가닥 절단 부위에 결합하는 단백질은 Ku70/80 heterodimer(이형접합체)이다. Ku 이형접합체는 절단부위에 결합한 후 DNA-PKcs와 상호작용하여 더욱 더 강력하게 절단부위에 결합한다. 그 다음 Ku 이형접합체는 다른 단백질들을 리쿠르트recruit하게 되며, 이 과정이 진행될 때 Ku 이형접합체는 인산화가 일어나며 절단부위의 가닥을 더 느슨하게 풀어주게 된다. 그 후 polymerase(μ와 λ), 그리고 ligase(XLF, XRCC4, DNA ligase IV)가 순차적으로 작용하여 비상동말단nonhomologous ends의 연결을 마무리 한다.

3. DNA 손상 반응(damage response)

DNA에 손상이 일어날 경우 세포는 손상을 인식하고 복구를 해야 한다. 만일 이러한 DNA 손상으로부터 복구되지 못하고 손상이 계속 축적될 경우 노화와 암을 가속화하는 결과를 초래한다. 다세포 진핵세포에서는 DNA 손상을 인식하여 보수하는 신호전달 연쇄반응인 DNA 손상반응DNA damage response, DDR 경로가 효모로부터 사람에 이르기까지 진화적으로 잘 보존되어 있다. DDR은 DNA 병변을 복구할 뿐만 아니라 조직화된 신호전달경로를 활성화하여 세포주기 조절, 세포사멸 및 노화, 전사조절, 염색질 리모델링을 유도한다. DNA 손상 체크포인트는 DNA 손상을 인지하는 감지sensor단백질에 의하여 활성화가 일어나고, DNA 손상 신호를 전달하는 'transducer변환기' 단백질에 의해 신호의 증폭과 전달이 일어나며, 최종적으로 'effector효과기'들에 의해 표적target 단백질들을 조절함으로써 세포반응들을 유도하게 된다.

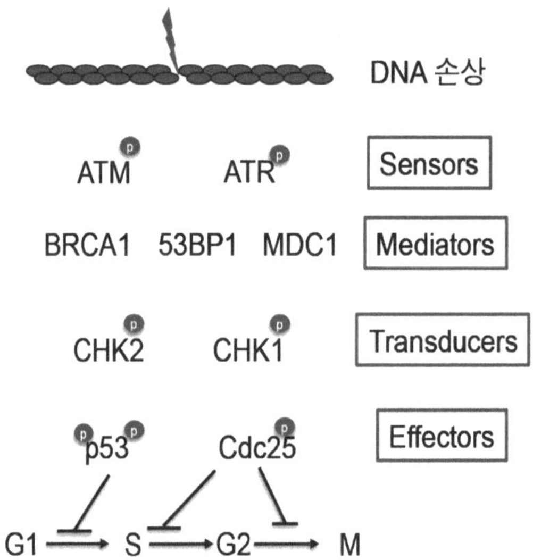

[그림 6.14] DNA 손상반응의 단계는 감지기(sensor), 변환기(transducer), 효과기(effector)로 나뉜다.

3.1 감지기(Sensors)

DNA 손상 반응DDR에서 손상된 부위를 인식하는 것이 가장 우선적으로 일어나야 할 반응인데 이것은 감지 단백질들에 의해 일어난다. DNA에 손상이 일어나면 multi-protein 복합체(구성성분은 어떤 종류의 반응인가에 따라 달라짐)가 손상된 부위에 결합한다. MRN 복합체를 예를 들어 보면, 3′→5′ exonuclease MRE11A, Rad50 ATPase, 조절단백질 NBS1 등 세 단백질로 구성된 복합체가 이중가닥절단DSB을 찾아내서 가공processing을 시작하는 초기 역할을 담당한다. 복제 시 복제분기점의 멈춤stalling이나 DNA 단일가닥 절단의 경우에 다른 종류의 DNA 손상경로를 활성화한다. DNA 중합효소가 진행을 못할 때 헬리카제는 앞쪽의 이중가닥을 지속적으로 풀어주고, 이 결과 만들어진 단일가닥 DNA는 단일가닥 결합단백질인 RPA(replicative protein A)가 결합하여 안정화시킨다. DNA 손상부위에 다중단백질 복합체(multiprotein complex)를 형성하고 재빠르게 그 규모를 확장해 핵중점(nuclear foci, DNA damage heterochromatin foci)을 형성하는데, nuclear foci(핵중점)는 많은 DNA 복구단백질들과 검문지점 단백질들을 포함하고 있어 매우 역동적dynamic이면서 분자량이 큰(giga-dalton sized) 복합체를 이룬다. 'foci(중점)'란 항체를 사용한 면역염색에서 점(dot) 또는 얼룩(speckle)처럼 나타나는 부위인데, 'nuclear foci(핵중점)'의 생성은 DNA 손상반응의 가장 대표적 특징이라고 말할 수 있다. DNA 손상이 일어난 후 수 분(several minutes)에서 하루 정도 중점(foci) 관찰이 가능하고 여러 단백질들의 작용에 의해 복구이 일어나 복구되면 중점은 사라지게 된다.

3.2 변환기(Transducers)

DNA 손상반응신호DDR signal는 변환기 단백질에 의해 신호가 증폭되어 전달이 일어날 수 있다. phosphoinositide-3-kinase-related protein kinase(PIKK) family의 인산화효소가 DNA 손상반응의 일차적인 변환기 단백질 역할을 수행한다. 여기에는 대표적으로 ATM(ataxis-telangiectasia mutated)과 ATR(ATM and Rad3-related) kinase, 그리고 DNA-PK(DNA-dependent protein kinase) 등이 속한다. DNA 이중가닥절단이 만들어진 이후 수 분 이내에 ATM은 foci(중점) 부위에 결합하고 활성화가 일어난다. 활성화되어 인산화가 일어난 ATM은 여러 시간동안 안정하게

(stable) 남아있다. ATM은 이온화 방사선ionizing radiation, IR에 의해 생긴 이중가닥절단에 우선적으로 반응하여 '체크포인트'를 활성화시키는 역할을 한다. ATM은 DNA에 손상이 일어나면 p53을 인산화를 통해 p21(Waf-1)을 활성화시켜 G1기에서 S기로 진행하는데 중요한 인자인 E2F의 활성화를 막음으로써 G1기에서 S기로 넘어가는 것을 세포주기 중지cell-cycle arrest시킨다. 또한 ATM은 Chk2를 인산화시키고, 인산화된 Chk2가 Cdc25를 다시 인산화해 불활성화시킴으로 결과적으로 세포주기 차단을 유도하면서 DNA 복구(DNA repair) 기작은 촉진한다. ATAtaxia Telangiectasia 세포에서는 이러한 세포주기 차단 기전에 결함이 있어 DNA가 비정상적인 상황에서 세포분열이 계속 진행됨으로써 세포사멸 증가를 초래하는 것으로 생각된다. DNA 손상 신호가 없을 때 ATM은 불활성화된 이량체로 존재하는데, DNA 손상반응에 의하여 MRN 복합체에 의해 리쿠르트recruit가 일어난 이후 활성화된다. MRN 복합체는 ATM에 의해 인산화가 일어나고 이 과정은 하부downstream 표적 단백질들을 활성화시킴으로써 세포의 손상반응을 유도한다.

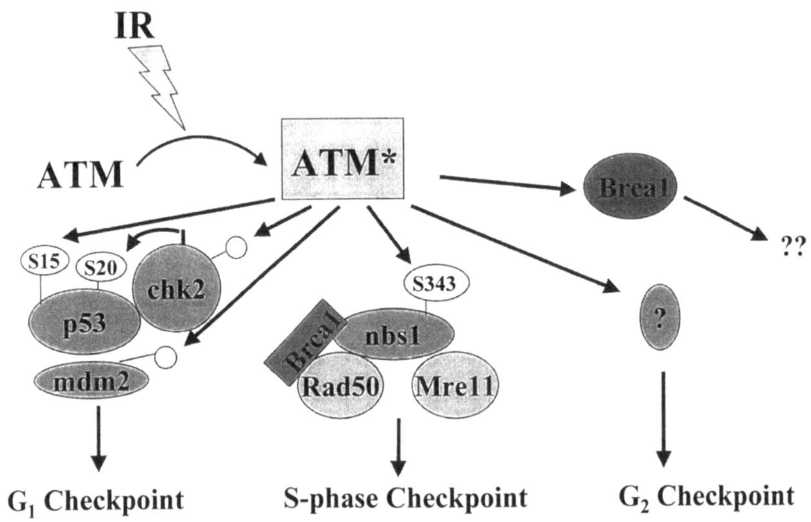

[그림 6.15]

손상신호가 없을 때 ATM은 이량체 상태로 존재하며, DNA 손상신호가 오면 자가인산화(autophosphorylation)가 일어나고 이어서 여러 기질들을 인산화시킨다. ATM은 p53을 인산화함으로써 활성화시킨다. 손상된 DNA의 가장 큰 특징은 중점(foci)을 형성하는 것인데, foci는 DNA 손상의 회복에 작용하는 BRCA1과 NBS1과 같은 단백질들이 복합체를 이루고 있는 것이며 DNA에 회복이 일어나면 foci는 사라진다.

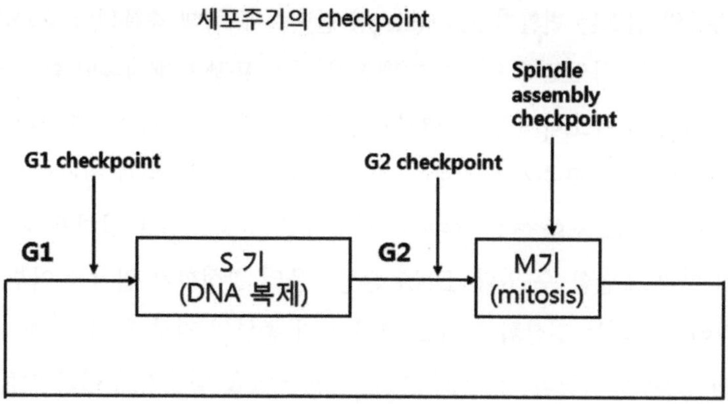

[그림 6.16]

DNA의 안정적인 상태를 유지하기 위하여 세포에는 DNA 손상을 인지하는 체크포인트가 존재한다. 이 검문지점의 종류에는 G1/S 체크포인트, S 체크포인트, G2 체크포인트, spindle assembly checkpoint 등이 존재한다. G1 checkpoint에서는 DNA 복제를 앞두고 잘못된 DNA가 없는가를 검사하며, G2 checkpoint에서는 DNA 복제가 끝난 뒤 제대로 DNA 복제가 정확히 일어났는가를 확인하는 역할을 한다. G1 체크포인트에서 DNA 손상이 발견되면 S기로 들어가기 전에 DNA 복구계를 이용하여 DNA를 복구한다. G2 체크포인트는 DNA 손상을 받았거나 S기가 끝나지 않았는데도 M기로 진입하는 것을 차단한다. spindle assembly 체크포인트에서는 유사분열 중에 올바르게 염색체가 분리되고 유전적으로 동일한 핵이 만들어지는가를 확인하는 역할을 한다.

이중가닥절단에 관여하는 ATM과 달리, ATR과 그리고 ATR의 고전적 기질(canonical substrate)인 Chk1은 생쥐에서 필수적 요소이며 유전체의 무결성(integrity)을 유지하는 역할을 수행한다. ATR은 이중가닥절단에 의한 손상에 대해서는 도와주는 역할만 수행하고, DNA 복제 시 유발되는 복제분기점의 중단(stalled replication fork)이나 자외선에 의한 DNA 손상반응에 있어서는 일차적 중재자primary mediator로서 작용한다. 손상된 단일가닥 DNA에 RPA 복합체(RPA, Rad17, Rad9-Rad1-Hus1)가 결합하면 ATR의 모집(리쿠르트)이 일어나며, ATR에 의한 복합체 구성원들의 인산화가 신호전달에 중요한 역할을 한다. 이 외에도, 자외선, DNA 단일가닥손상, 알킬화제 등도 ATR 경로를 활성화시키는 요소들이다. ATR에 의하여 인산화가 일어난 Chk1은 DNA 손상 발생이나 DNA 복제의 중단stalling이 일어났을 경우 mitosis유사분열 진행을 정지시키는 역할을 하고 방추체형성 체크포인트spindle assembly checkpoint 기능에도 연관되어 있다.

3.3 효과기(Effectors)

DNA 손상의 신호는 변환기(transducer) 단백질에 의해 증폭되어 효과기(effector) 단백질에 전달됨으로써 효과기 단백질이 최종 표적 단백질들의 활성을 조절함으로써 세포반응을 유도하게 된다. 변환기 단백질인 ATM과 ATR은 효과기 단백질들을 활성화함으로써 세포주기의 진행cell cycle progression, 세포주기 정지cell cycle arrest, DNA 복구repair, 세포노화cell senescence, 세포사멸apoptosis 등 다양하게 세포의 운명을 상황에 따라 조절할 수 있다. DNA 손상반응의 활성화가 일어난 이후, ATM과 ATR에 의해 중재되는 인산화 그리고 여러 가지 종류의 전사 후 수식(예, 유비퀴틴화, 메틸화 등)은 염색질의 재구성chromatin remodeling을 일으키고 이와 더불어 p53, BRCA1, Mdm2, FANCD2, NBS1 등의 다른 단백질들을 중점foci으로 불러 모은다. foci에 모집되는 단백질의 종류는 DNA 손상의 종류type와 DNA 손상이 일어난 시기time에 따라 달라질 수 있다. 현재까지 전리방사선이나 자외선에 반응하여 ATM

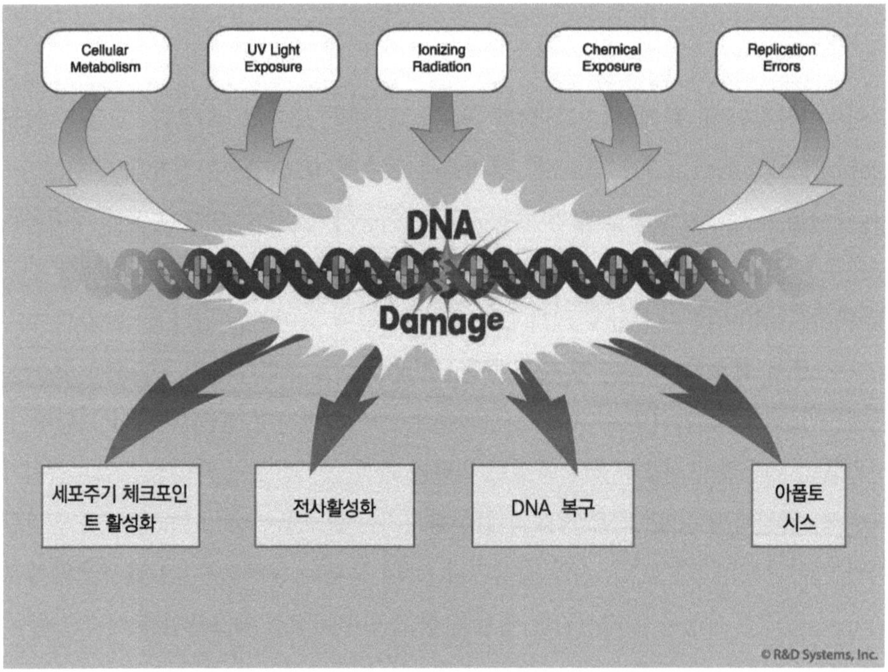

[그림 6.17]

DNA 손상이 일어나면 DDR을 통해 세포주기를 정지하고 DNA 손상에 대한 복구을 시작한다.

이나 ATR에 의해 인산화가 일어나는 단백질들이 700 종류가 넘는다는 것이 알려지고 있는데, ATR은 Chk1을 Ser317과 Ser345에서 인산화하여 유도한다. ATM은 전리방사선에 의한 손상이 발생한 후 Chk2를 인산화시키고 인산화된 Chk2가 Cdc25를 다시 인산화시켜 불활성화 시킴으로 결과적으로 G2기에서 M기로 세포주기가 진행하는 것을 차단한다. 효과기 단백질들은 세포주기를 멈추게 하고 DNA 손상의 회복에 관여한다. DDR 경로와는 관련이 없는 많은 경로(인슐린 신호, RNA splicing, spindle checkpoint, tumor suppressor, chromatin remodeling 등)의 단백질들이 ATM과 ATR의 기질로 사용됨이 밝혀졌는데, 이 부분에 대해서는 보다 많은 연구를 필요로 한다.

07

DNA 손상과 p53

인간 체내의 세포들은 여러 '유전독성(유전자에 해를 끼치는, genotoxic)'의 스트레스에 의하여 끊임없이 공격당하고 있다. DNA 복구에서의 실패는 암유전자와 종양억제유전자의 기능을 변화시킬 수 있는 돌연변이와 염색체의 변화를 유발할 수 있다. p53은 대표적인 종양억제유전자로서 **DNA 손상반응**DNA damage response, DDR에 대한 기작을 조율함으로써 **유전체 안정성**을 꾀한다. 이미 진화의 과정에서 유전체에 심각한 손상을 입은 세포는 p53에 의하여 아폽토시스를 진행할 수 있게 되었다. 또한 p53은 DNA에 손상이 있을 때 세포주기 진행을 잠시 멈추고 DNA 복구을 꾀할 수 있도록 중심적 역할을 할 수 있게 되었다. 이를 통하여 유전체 안정성에 중대한 영향을 줄 수 있는 것이다. 덧붙여서 p53은 여러 가지 DNA 복구기작에 직접적으로 영향을 줄 수 있는 다양한 역할을 할 수 있다. p53은 유전체 안정성을 유지함으로써 암의 발생으로부터 생체를 보호하기 위한 다기능을 수행multitasking하면서 인체를 보호하는 안전장치라고 볼 수 있다.

1. DNA 복구와 p53

p53의 기능을 상실했을 때 인체는 암 발생이 증가하게 되는데 이것은 유전체의 수호자 역할을 하는 p53 기능의 상실로 인하여 돌연변이와 유전체의 비정상으로부터 적절한 보호작용이 이루어지지 않게 되었기 때문이다. 이미 가장 고전적인 p53 형태는 DNA 손상에 반응하는 기능을 부여받게 되었다. 진화하면서 p53의 호몰로그homolog도 출현하게 되었고 이들은 생식세포 및 체세포의 유전체를 완전한 상태로 유지하려는 과제를 수행하게 된다. 이러한 예는 예쁜꼬마선충(*C. elegans*)의 경우에서 볼 수 있는데, DNA 손상에 대한 체크포인트가 특별히 생식세포에서의 DNA 손상에 대하여 반응한다. 이온화 방사선에 의하여 DNA 이중가닥 절단이 발생했을 때, DNA 손상 체크포인트 역할에 의하여 생식세포에서의 분열이 중단이 일어난다. 세포주기의 정지는 생식세포의 줄기세포 역할을 하는 부분에서 국한되어 일어나는데, DNA 복구이 완료되면 다시 분열을 시작할 수 있다. DNA 이중가닥 절단의 손상이 존재할 때 감수분열의 태사기pachytene 단계에 들어간 세포들은 아폽토시스를 경험하게 된다. 이온화 방사선이 유도한 세포주기 정지는 예쁜꼬마선충에서 p53의 호몰로그인 CEP-1이 존재하든 또는 존재하지 않든지에 상관없이 일어날 수 있다. CEP-1은 DNA 손상과 연관된 아폽토시스에 필요하다. CEP-1/p53의 아폽토시스를 유도하는 능력은 오직 meiotic pachytene (감수분열의 태사기)에 들어간 세포들에 국한된다. 이중가닥 절단이 존재할 경우 CEP-1/p53은 전사적으로 BH3-only 단백질인 EGL-1과 CED-13을 유도하게 된다. 감수분열의 태사기에서는 상동염색체간의 염색체 교환이 일어나는 시기인데 이 기간에 부적절한 재조합이나 유전적으로 안정하지 못한 세포들이 나타날 경우 아폽토시스(세포사멸)를 일으킴으로써 유전체의 안정을 꾀하는 기작이 수행된다.

고전적 형태의 p53은 감수분열에서 이중가닥 절단에 대하여 민감하게 반응하지만 유사분열에서의 다른 형태의 DNA 손상에도 민감하게 반응한다. 이온화 방사선이 DNA의 이중가닥 절단을 생성하는데 반해, UV는 싸이클로부탄 이량체와 티민-시토신 6-4 산물을 유도한다. 이 두 가지 산물은 DNA 이중가닥의 왜곡(distortion)을 일으켜 DNA 복제와 전사에서 종종 문제를 일으킨다. CEP-1/p53은 아폽토시스에 관

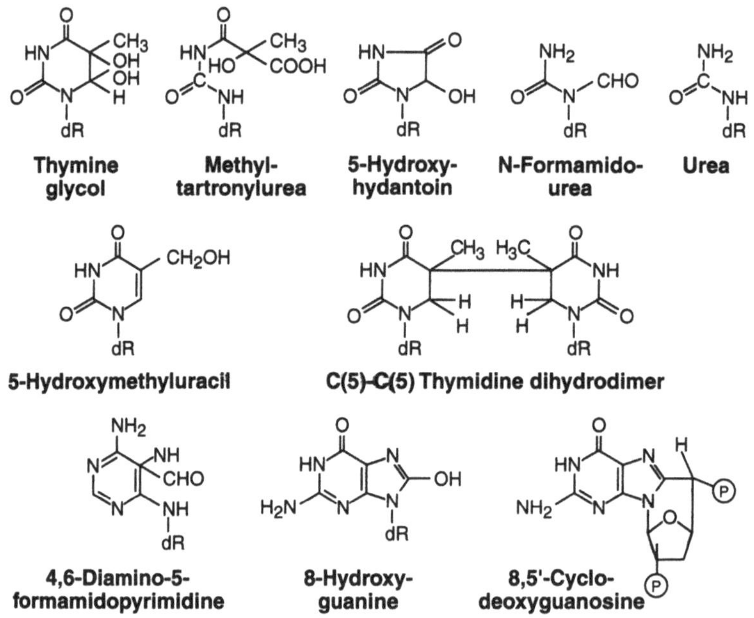

[그림 7-1] 이온화 방사선에 의해 유도되는 염기손상 예. (from Friedberg, 1995)

여할 뿐 아니라 이와 같은 UV가 유도한 DNA 손상이 나타날 때 세포주기를 정지시키는데 필요하다. DNA의 복구가 일어나기 전에 반드시 세포주기의 정지가 먼저 일어나야 한다. 세포주기의 정지를 일으키는 CEP-1/p53의 중요한 표적유전자target gene로 'growth-arrest-specific 1(Gas1)'이 있다.

역시 포유동물에서도 DNA 손상에 따라 DNA 손상 체크포인트가 가동이 되어 p53의 안정화와 활성화가 유도된다. p53의 proapoptotic 기능은 아폽토시스를 실행하는데 관여하는 BH3-only 단백질을 전사적으로 유도하는 기능과 관련하여 진화적으로 보존이 되어 있으나 세포주기를 정지시키는 기능은 다양한 표적유전자들과 연관되어 있다. 사실상 p53의 유전체의 안정에 기여하는 부분은, 손상이 발견될 때 세포증식을 정지시키며 DNA 복구를 추진하고 복구가 완료되었을 때 다시 세포증식을 재추진하는 것이다. 세포주기의 S기로 진입하기 전에 DNA 손상이 발견되었을 때, p53은 cyclin-dependent kinase inhibitor(CDKI)인 p21을 전사적으로 유도한다. 세포주기가 정지되었을 때 전문화된 DNA 복구기작이 작동하여 DNA 손상을 제거하는데, p53은 이러한 DNA 복구기작에도 영향을 미친다. 뉴클레오티드절제복구NER는 자외선에 의해 초래된 **피리미딘 이량체**와 같이 DNA 구조를 뒤틀리게 만드는 그러한 손상부위를 수리한다. 염기절제복구BER은 산화적으로 염기가 수식된 부분을 수리한다. 불일치복구MMR은 복제기간 동안 잘못 삽입이 일어난 염기쌍을 수정한다. DNA 이중가닥의 절단은 상동재조합 복구(Homologous recombination, HR) 또는 비상동말단연결 복구(Non homologous end joining, NHEJ)에 의하여 복구가 일어난다. RecQ 헬리카제는 재조합 복구이나 복제기간 동안 유전체를 유지하는데 여러 가지 역할을 담당한다.

1.1 뉴클레오티드 절제 복구(NER)과 p53

20년 이상 동안 p53이 자외선이 유도하는 DNA 손상에 대하여 전사의 활성화 및 전사의 억제를 유도함으로써 이와 같은 복구기작에 중요한 역할을 하고 있음이 알려져 왔다. 이러한 DNA 복구에서의 역할을 암시하듯, p53은 염기서열 특이적으로 그리고 염기서열 독립적으로 DNA에 결합할 수 있음이 알려졌다. 이러한 능력은 손상된 DNA 구조를 인식하는데 관여할 수 있다. p53의 기능을 잃은 인간 세포주에서 자외선 조사 후에 심각하게 적응과 생존에 위협이 초래된 상태를 연구하던 중 NER과 p53의 관계를 연결시키는 계기가 마련되게 되었다. 이 연구에서 p53의 생체내(*in vivo*) 그리고 배양 세포 상태(*in vitro*)에서의 기능을 보여주는 것이 가능하였다. 숙주 세포 재활성화 실험을 통하여 *in vivo* 상태에서 p53이 중요한 역할을 하고 있으며, p53을 결여하는 세포에서는 자외선이 유도하는 손상에 대하여 적절한 대응을 하지 못하는 것이 발견되었다. 물론 이 실험에서 p53이 직접적으로 작용하였는지, 또는 관련 인자들을 통한 간접적인 작용이었는지에 대해 결론을 내지 못하였으나 NER과 p53의 연관성에 대하여 귀중한 근거를 제공하였다.

이러한 NER과 p53과의 연관은 Phil Hanawalt의 실험실에서 나오게 되었는데 p53은 global genome NERGG-NER에서는 중요하게 관여하지만, 대체로 transcription-coupled NERTC-NER에서는 없어도 상관없다. 첫 번째 연구에서 Ford와 Hanawalt(1995)는 p53 heterozygous fibroblast 그리고 heterozygous

Li-Fraumeni fibroblast에서 p53의 기능에 대하여 연구를 했는데, p53 heterozygous fibroblast를 계대배양 하는 중에 p53 homozygous mutant fibroblast를 얻었다. 이 p53 homozygous mutant fibroblast의 경우 피리미딘 이량체를 제거하는 기능에 결함이 있음이 발견되었고 이러한 성질은 이것의 전구체인 p53 heterozygous fibroblast와 달라진 것이며 global-genome NER(GG-NER)에 문제가 있음을 의미하는 것이다. 그렇지만 p53 homozygous mutant fibroblast가 활발하게 전사가 일어나는 DNA 가닥의 손상을 능숙하게 복구을 하는 것으로 보아 transcription-coupled(전사-연관) NER은 문제없이 수행을 하는 것을 보여준다. 그들은 이러한 관찰을 피리미딘 이량체와 티민-시토신 6-4 PP에 대한 항체를 사용하여 실험한 결과 이러한 추측이 사실임을 증명하였다. 그 뒤에 Mirzayans과 그 동료들은(1996) DNA 중합효소 δ와 ε에 의한 DNA 복구과정에 p53이 관여하고 있음을 알아내었다. 그런데 이들은 Hanawalt의 결과와는 달리 p53이 GG-NER 뿐 아니라 TC-NER에

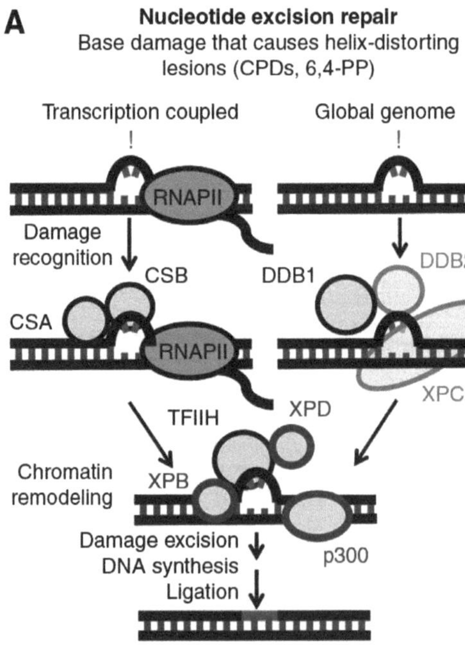

[그림 7-2] 피리미딘 이량체를 제거하는 뉴클레오티드 절제 복구(NER)의 과정. (from Williams, 2016)

서도 p53의 역할이 중요하다는 결론을 얻었다. 이러한 내용은 XPC, XPB, CSB 등과 p53이 결합할 수 있다는 실험 결과에 의해 이미 예견된 것이었다(Wang, 1995).

앞에서 언급한 논문에서 서로 다른 결과로 혼동이 있는 것은 p53의 TC-NER 관여 여부이다. GG-NER에서 p53의 역할이 중요하다는 것은 여러 논문들을 통하여 확실하게 증명되었다. 그러나 Transcription-coupled NER의 경우는 'p53이 관여한다'와 '하지 않는다'의 두 가지 다른 결과가 얻어졌다. 과연 이런 오락가락하는 결과를 어떻게 설명할 수 있는가? 이에 대해 가능한 설명은 조사irradiation에 사용한 UV source에 따라 다른 결과가 나왔다고 추론 가능하다. p53이 GG-NER에 중요하다는 것은 모두가 인정하는 사실이지만, broad spectrum 자외선 source(290-324 nm)에서는 p53의 상실이 TC-NER에 영향을 미쳤지만, narrow spectrum 자외선 source(254 nm)를 사용한 실험에서는 TC-NER에 영향을 미치지 않았다. 흥미롭게도 254 nm의 자외선은 오존층에서 흡수되어 대체로 태양으로부터 지구상에 도달하지는 못한다.

이와 같은 초기의 연구는 p53이 NER에 중요하다는 것은 확실하게 하였으나 그것이 p53의 전사활성화에 근거한 것인지, 아니면 직접적으로 손상된 DNA에 작용하는 것인지에 대한 근거는 제시하지 못하였다. 사실상 p53은 위의 두 가지 기작 모두(GG-NER, TC-NER)에 관여하는 것처럼 보인다. NER에서 p53이 전사와 관련된 조절로서 관여되는 경우는 단지 DDB2 단백질과 XPC 단백질의 경우에 한정한다. GG-NER의 초기 단계에서 DDB2는 DDB1과 heterodimer를 형성함으로써 피리미딘 이량체에 결합할 수 있고, 이어서 XPC를 모집하게recruit 된다. UV에 의한 DNA 손상이 일어났을 경우 p53은 전사활성화를 통하여 DDB2와 XPC를 유도함으로써 DNA 손상 부위를 찾아내는 세포 능력을 상승시켜 복구을 돕게 된다.

p53은 전사수준에서 유전자 조절에 많이 관여함으로, p53이 NER에 관여하는 인자들의 전사 조절에 관여한다는 것은 그렇게 생소한 이야기도 아니다. 그런데 p53이 전사와는 독립적으로 NER에 관여할 수 있다는 것이 다소 예상외로 생각될 수 있다. 이와 연관된 두 가지의 결과가 보고되었는데, 하나는 XPB와 XPD 헬리카제 활성을 조절하는 것이고, 다른 하나는 염색질chromatin의 접근을 조절하는 것이다. GG-NER과 TC-NER은 초기에는 경로에 차이가 있지만 이후에는 동일한 과정을 공유하고 있다. 즉 손상부위를 인식하는 기작에서 차이가 있지만, 그 이후는 같은 과정을 통해 일

어난다. 손상이 인식이 되면 그 자리에 전사인자 TFIIH가 결합하여 그것의 XPB와 XPD subunit을 이용하여 DNA 이중나선을 풀어준다. 적어도 *in vitro*에서는 p53이 XPB와 XPD와 상호작용을 통하여 헬리카제 활성을 감소시키는 것으로 나타났으며 이러한 변화는 TFIIH의 기능에도 영향을 미칠 수 있는 것으로 추청된다. p53이 TFIIH와 함께 시공간적으로 염색질의 이완(relaxation)에 관여하고 이러한 변화는 DNA 손상부위를 찾아내는데 도움이 될 수 있다는 것이다. 이러한 활성은 p53-의존적으로 p300 히스톤 아세틸라제를 손상 부위에 끌어들여 히스톤 H3의 아세틸화를 일으킬 수 있다. 이런 방법으로 전체 유전체에 있어서 병소 검색lesion detection을 용이하게 하고 이를 통하여 유전체 안정성에 도움을 줄 수 있다.

1.2 염기 절제 복구에서 p53의 기능

염기절제복구(BER)에서 보고된 p53의 역할은 더욱 다양한 형태로 나타난다. NER에서와 같이 BER에서도 전사-의존적, 그리고 전사-비의존적인 형태로 나타난다. 손상된 염기를 제거하는 OGG1과 같은 DNA glycosylase의 하위에서 작용하는 apurininc 또는 apyrimidinic (AP) endonuclease가 BER의 중심 작용자player이다. 이와 같은 AP endonuclease(APEI/Ref-1)의 작용으로 apurinic(퓨린 염기가 없는) 그리고 apyrimidinic(AP, 피리미딘이 없는) site가 초래된다. 흥미롭게도 AP endonuclease와 p53의 상호작용에 대한 연구가 있다. Jayaraman 등(1997)은 산화환원-의존적 또는 산화환원-비의존적인 방법으로 p53이 APE1/Ref-1에 의하여 조절이 된다고 보고하였다. Gaiddon 등(1999)은 Ref-1이 *in vitro*에서 p53의 DNA 결합을 촉진하였으며 이것은 생체내에서도 유사하게 일어나는 것으로 나타났다. 이러한 작용을 통하여 APE1/Ref-1은 p53의 trans-activation과 proapoptotic function을 조절하였다. 2005년 연구에 의하면 APE1/Ref-1의 기능은 p53의 tetramerization을 촉진하였다. 흥미롭게도 산화환원-의존적인 기작을 통하여 APE1/Ref-1이 돌연변이 p53의 DNA 결합 능력을 조절할 수 있다는 것도 알려졌다. p53과 APE1/Ref-1의 관계가 추가적으로 밝혀졌는데, selenomethione(Se-Met)이 Ref-1 의존적인 방법으로 p53을 활성화할 수 있다는 것이다. 이와 같은 결과는 식이적으로 섭취하는 selenium이 DNA 복구에 관여할 수 있음을 시사한다. 사실상, selenomethione이 방사선 조사에 대한 보호 효과가 있음을 나타내는 것이다. 결국 전사와는 독립적으로 APE1과 상호작용하는 것에 덧붙여 p53은 APE1 유전자를 직접 억제할 수 있는 것으로 보인다. 이것은 상반된 결과이기도한데, "왜 DNA 손상에 직면하였을 때 세포는 DNA 복구를 억제하는가?" 하는 질문을 할 수 있을 것이다. 사실상 그러한 기능은 p53의 tumor suppressor로서의 기능에 공헌할 수 있다. 왜냐하면 p53 의존하는 DNA 복구 활성 감소는 아폽토시스 방향으로 DNA 손상반응을 왜곡함으로써 고도로 손상된 게놈을 제거할 수 있기 때문이다.

앞에서 언급한 내용은 BER이 p53 활성에 영향을 미칠 수 있다는 내용인데, 그러면 p53은 BER을 조절할 수 있는가? *in vitro* 실험인데, p53을 과발현하였을 경우 BER 활성이 증가하는 것을 볼 수 있었다. p53과 BER의 관계는 p53의 전사활성 기능과는 독립적인 것으로 보인다. 왜냐하면 전사활성을 결여한 단백질 ($p53^{L22Q,W23S}$)은 야생형보다 오히려 BER 활성이 더 효과적이기 때문이다. 전사활성과 독립적인 기능으로도 DNA 손상에 대하여 예민하게 반응할 수 있다고 결론을 냈다. DNA 손상의 양은 어떤 영향을 미칠까? DNA 손상인자(감마선-조사)의 낮은 양에서는 BER 활성의 즉각적인 증가를 초래하였으며, 반대로 높은 조사량에서는 BER 감소와 p53-의존적인 아폽토시스를 유도하였다. 이러한 생물학적 기능과 부합하게 세포주기의 G0-G1기에서는 p53이 BER을 증가시켰으며, G2-M기 동안은 BER은 감소시키고 아폽토시스는 유도하였다. 그러므로 p53은 세포주기의 전체에 걸쳐서 BER 활성을 조절하는 조절자(modulator)의 역할을 담당하였다.

이에 덧붙여서, 어떤 연구에서는 p53이 두 개의 BER 유전자를 전사 수준에서 조절할 수 있음을 보였다: 그 하나는 *OGG1*(8-oxoguanine glycosylase에 대한 유전자)이고 다른 하나는 *MUTYH*(아데닌 DNA gylcosylase)이다. p53과 MUTYH의 상호작용이 꽤 흥미가 있는데, 그것은 MUTYH가 최근에 유전성 대장암과 연관이 있음이 밝혀졌기 때문이다. 최근에 발암원 노출과 p53의 상관관계에 대한 연구가 나왔다. 중금속인 카드뮴에 노출되었을 때 p53은 *OGG1*과 *APE1*을 조절함으로써 BER에 영향을 끼칠 수 있다. p53이 APE1의 발현에 직접적인 영향을 주고 있지만 *OGG1*에는 간접적 영향만을 준다.

위의 결과는 p53이 BER의 다양한 측면을 조절할 수 있음을 보여주지만, 그 단백

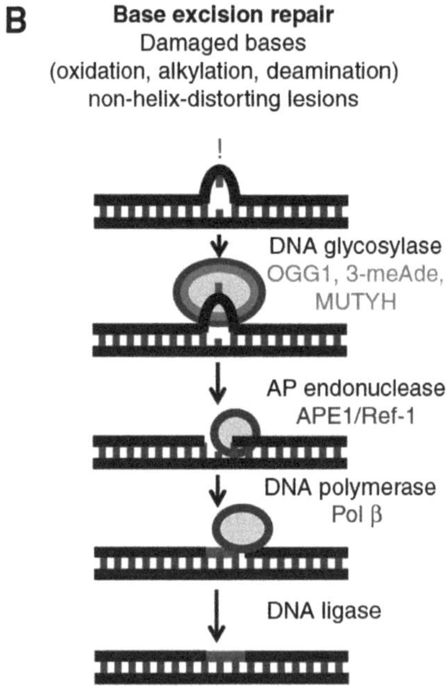

[그림 7-3] 염기 절제 복구기작(BER)의 과정.

BER은 non-helix-distorting lesions을 복구함. (from Williams, 2016)

질을 복구부위에 직접 위치하게 할 수 있는가? p53과 몇 가지 BER 인자들 사이에 일어나는 단백질-단백질 상호작용, 그리고 단백질-DNA 사이의 상호작용을 보면 그러한 것이 가능할 것으로 보인다. 야생형의 p53은 *in vitro*와 *in vivo*에서 OGG1의 활성을 증가시키는 것으로 나타난다. 세포들이 같은 수준의 활성산소종에 노출이 되었을 때 야생형 p53을 가진 세포는 p53을 결여하고 있는 세포들보다 8-oxoG lesion을 더 빨리 제거할 수 있는 것으로 나타났다. 이러한 증가는 p53이 OGG1과 AP endonuclease(APE)와 합쳐서 DNA에 결합하고 있을 때 나타났으며, 따라서 p53이 OGG1과 AP endonuclease의 활성을 촉진시킬 가능성도 있다.

DNA polymerase *β*(DNA pol *β*)는 short patch BER에 관여하는 중심 DNA 중합효소이며, 새로운 상보적 염기를 삽입하기 위해 글리코실라제와 AP 엔도뉴클레아제의 하위downstream에서 작용한다. p53은 생체 외(*in vitro*) 및 생체 내(*in vivo*) 모두에서 BER을 촉진할 수 있으며 그 활성은 p53의 양과 비례한다. 이 연구의 새로운 측면은 DNA pol β와 상호작용하지 않는 p53 아미노말단 돌연변이형이 BER을 자극하지 못하기 때문에 이 효과가 DNA pol β와 직접 상호작용하는 p53의 능력에 의존한다는 것을 또한 보여주었다. 이 효과의 근거로서 가능한 하나의 제안은 p53이 결핍된 세포에서는 DNA pol β의 수준이 급격히 감소하기 때문에 DNA pol β와 p53 사이의 상호작용이 중합효소의 안정성에도 영향을 미칠 수 있다고 하는 것이다. 이 경우, p53과 BER 구성요소 사이의 직접적인 상호작용은 적절한 BER 기능을 보장하는 중요한 단계이다.

1.3 Mismatch repair에서 p53의 기능

전형적인 DNA 복구경로 가운데 p53가 DNA MMR(미스매치 복구)과 상호작용이 가장 적은 것으로 알려진다. p53과 MMR 사이의 관계는 MMR 중심성분 MSH2에 집중되는 것으로 보인다. 그러나 MSH2도, 뉴클레오티드절제복구(NER), 상동재조합 복구(HR), 염기절제 복구(BER) 등의 과정에서 어느 정도 기능을 수행하므로 MSH2에 대한 p53 의존적 영향은 다른 DNA 복구 경로에도 영향을 미칠 수 있다. p53과 MMR과의 연결은 다양한 시스템 안에서 이루어져 왔으며 몇몇 예는 p53 연관 과정에서 MMR 단백질들에 대한 기능을 드러냈다. 예를 들자면, Cranston 등(1997)은 생쥐에서 p53과 MMR이 서로 상승작용을 나타냄을 보였다. Msh2$^{-/-}$ p53$^{-/-}$ 이중 돌연변이double mutant의 암컷은 배아상태에서 정지가 일어나며, 수컷male의 경우는 생존하기는 하지만 단일 돌연변이보다 더 빨리 종양이 발생한다. 비슷한 시기에 Lin 등(2001)은 MMR을 결여하고 있는 대장암세포주를 이용하여 시스플라틴의 유전독성에 대한 민감도를 조절하기 위하여 p53이 MMR과 함께 작용한다는 것을 보였다.

DNA 손상 후 DNA 손상반응 검문소 단백질 ATM에 의해 MMR 단백질 hMutL 및 PMS1/2가 안정화가 일어나 p53 활성화가 촉진된다. 흥미롭게도, MSH2-MSH6 복합체는 위상학적 뒤틀림distortion을 통하여 p53이 DNA 기질에 결합을 하도록 돕는다(적어도 *in vitro* 실험에서는 그렇다). 이러한 상태는 p53의 인산화 상태에 따른다.

어떤 연구에 의하면 p53과 MSH2가 초기 재조합 중간체에 공통으로 위치하였는데 이것은 p53이 MSH2와 함께 재조합에 관련되어 있음을 시사하는 것이다. 최근에 p53 신호경로가 MSH2를 결여하는 세포에서는 억제되어 있음이 밝혀졌다. p53의

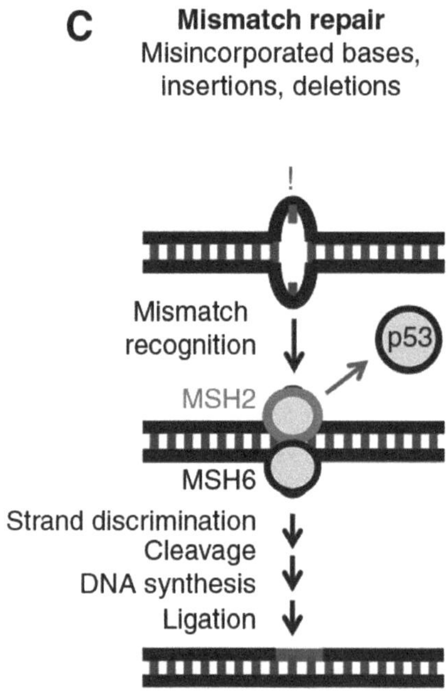

[그림 7-4] 이중가닥 절단의 복구과 p53의 상호조절.

전사활성 기능은 MMR 요소들을 조절할 수 있다. p53은 c-Jun과 함께 hMSH2의 프로모터 부분에 결합한다. 이와 같은 결합의 효과는 UV 조사 후에 hMSH2의 상승조절up-regulation로 나타난다.

1.4 이중가닥 절제 복구과 재조합 과정에서 p53의 기능

DNA 이중가닥 절단은 세포주기의 상황에 의존해서 두 가지 경로로 복구된다: 비상동말단연결 복구(NHEJ)와 상동재조합(HR). NHEJ의 경우는 세포주기의 전체 과정에서 중요하지만, 특히 G1기에서 중요하다. HR의 경우 S기 후기와 G2기에서 가장 활발하게 일어난다. HR-의존적인 복구은 실수가 없는 'error-free' 복구이지만 NHEJ의 경우는 부정확하여 유전체의 불안정성을 초래한다. p53은 이 두 가지 경로에서 다양한 역할을 수행한다.

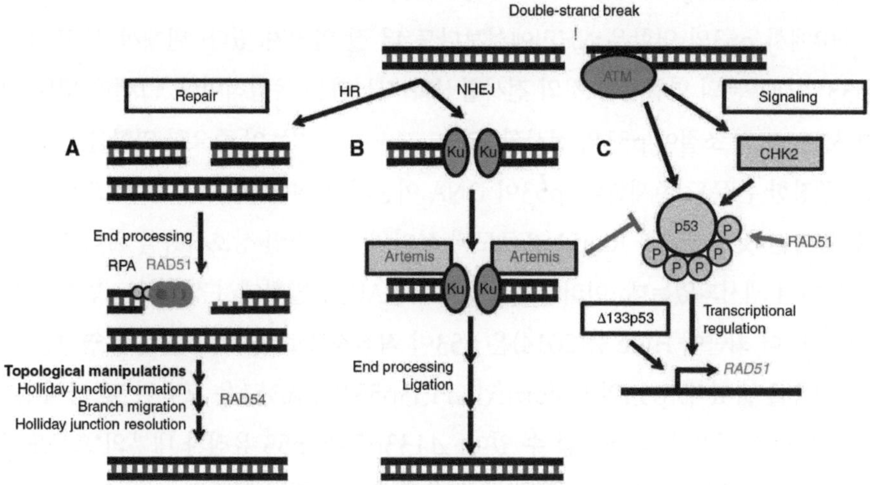

[그림 7-5] 비상동말단연결 복구(NHEJ) 과정과 p53.
화살표는 촉진을, blunt end는 억제를 의미한다. ATM은 p53과 CHK2를 활성화하고, Artemis는 p53을 억제한다.

1.4.1 Nonhomologous end joining(NHEJ)과 p53

XRCC4와 DNA ligase IV가 결여된 mice에서는 이중가닥 절단(double-strand break, DSB) 부분이 유지되고 이것은 p53-의존적인 아폽토시스를 유도하여 배아 치사embryonic lethality를 초래한다. 이것을 배경으로 생각하면 만약 p53을 상실했을 때는 배아 치사embryonic lethality로부터 구조rescue될 수 있을 것이다. 이 경우 비록 유전체의 불안정성이 초래가 되는 경우가 나타날 수 있겠지만. p53과 NHEJ에 결함이 있는 mice에서는 B-세포 림프종(progenitor B-cell lymphoma)을 포함한 다양한 병리적 현상이 발생한다고 보고되었다.

Artemis(endonuclease)는 p53 조절에서 DNA 복구과 독립적인 부가적 기능을 가진다. Artemis를 결여하는 U2-OS 세포에서 p53이 축적되어 cell cycle arrest와 아폽토시스를 일으킨다. 그러므로 NHEJ의 적어도 하나의 요소는 p53에 대하여 조절 역할을 할 수 있다.

1.4.2 Homologous recombination(HR)과 p53

HR에서 p53의 역할은 NHEJ에서보다도 더 잘 알려져 있다. 현재까지 HR에서의 p53의 대부분의 역할은 그것의 전사활성화 기능과는 독립적이다. 그런데 몇몇 연구에서는 HR의 조절에 p53의 전사활성화transactivation 기능이 중요한 역할을 하고 있다고 주장한 논문도 존재한다. p53이 DNA 이중가닥 절단 복구을 전사적으로 조절할 수 있다는 것은 p53과 Rad51 프로모터 사이의 직접적인 상호작용을 나타내는 여러 연구에서 제시되었는데, 이러한 상호작용이 RAD51 발현에서 상응하는 변화를 이끌어냈다. 더 최근에 Hine 등(2014)은 p53이 직접적으로 RAD51 발현에 영향을 미칠 수 있음을 밝혔다. p53의 isoform인 Δ133p53은 RAD51을 포함한 몇 가지 DNA repair gene들을 상향 조절할 수 있다. Δ133p53은 p53 유전자 내부의 프로모터로부터 발현되며 전체 p53(full-length p53)의 조절 표적이 된다.

Rad51 발현을 조절하는 것에 덧붙여, p53은 RAD51과 RAD54 단백질과 직접적 상호작용을 통하여 HR을 조절할 수 있는 것으로 보인다. 같은 연구에서 p53과 RAD54가 p53의 카복시말단 도메인을 통하여 서로 상호작용이 일어남이 보고되었다. 또한 그 연구자들은 p53이 RAD51 및 RAD54와 억제적 상호작용에 의해 불법적인 재조합을 억제할 가능성이 있다고 결론지었으며 p53이 유전체의 불안정성을 억제할 수 있는 또 다른 메카니즘을 제시했다. 이 연구는 p53이 HR을 조절할 수 있다는 것을 명확히 했다. RAD51과 p53 사이의 상호작용은 가닥 전달 중간체의 생산 동안 p53의 5′→3′ 엑소뉴클레아제exonuclease 활성을 자극할 수 있음이 또한 밝혀졌다. p53이 RAD51에, 그리고 RAD51이 p53에 영향을 미칠 수 있는 상호적 관계에 있는 것이다.

다른 연구에서는 RAD51과의 상호작용을 명시적으로 포함하지 않는 HR 조절에서 p53의 기능을 밝혔다. p53의 전사활성화 도메인이 불활성화된 그런 상태에서도 p53이 HR 조절이 가능했다는 것이다. 그들은 p53이 기질서열에 따라 HR을 억제하고 촉진할 수 있음을 보였고, DNA 토포이소머라제topoisomerse와의 상호작용에 의해서 영향을 받을 수 있음을 보여주었다. 그들은 p53이 rDNA 염기서열의 무결성integrity을 조절하는 p53의 기능을 나타내는 리보솜 유전자 클러스터 반복에서 HR을 자극한다는 것을 보여주었다. 이것들을 종합해서, 연구진은 p53이 topoisomerase1

과의 병소-특이적 상호작용lesion-specific interaction, 돌연변이체 유전자 가닥 교환의 억제, rDNA를 유지하기 위한 직접 재조합 증진 등의 기작을 통해 유전체의 안정성을 촉진한다고 주장했다.

1.5 p53과 RecQ helicase

인간 유전체는 RecQ helicase 군family에 속하는 5개의 헬리카제들을 코딩한다. 각각의 헬리카제는 특정 재조합recombination 기능을 통한 유전체 안정성에 중요한 역할을 한다. 이 헬리카제들 가운데 3종의 결핍은 잘 알려진 유전성 인간질병hereditary human diseases을 초래한다: BLMBloom syndrome, WRNWerner syndrome, RECQL4Rothmund-Thompson syndrome. 그 질병들은 다양한 표현형, 특히 발달 및 면역학적 결함, 유전체 불안정, 암 위험 증가 등을 유발한다. 이에 덧붙여서 WRN의 결핍은 조로증을 초래한다. 흥미롭게도 이 세 가지 질병-관련 헬리카제와 p53 사이의 상호작용이 확인이 되었다.

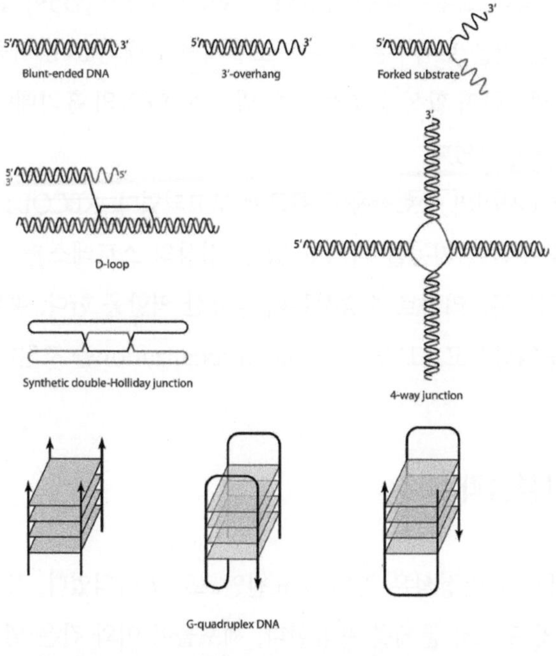

[그림 7-6] RecQ 헬리카제 효소의 기질이 되는 다양한 형태의 DNA 유형. (from Bernstein, 2010)

BLM은 상피종양(유방, 대장, 폐), 혈액세포 암(백혈병, 림프종), 결합조직 종양(육종), 여러 가지 배아종양을 포함해서 다양한 유형의 암에 대한 소인predisposition을 유발한다. BLM과 p53의 관계는 BLM 상태에 따라 DNA 손상 후 p53 수준의 변화가 다르게 나타나는 것을 보임으로써 확립되었다. p53과 BLM은 직접 상호작용하며 전사와 세포 성장을 조절하기 위해 함께 작용한다. BLM은 정지된 복제분기점stalled replication fork에서 p53 국소화localization를 조절함으로써 HR에 영향을 미치고 Holliday junction processing을 조절한다. 덧붙여 BLM은 아폽토시스에 영향을 줄 수 있으며 많은 임상적으로 중요한 맥락에서 p53과 상호작용할 수 있다.

위에서 언급하였듯이 WRN의 주요 임상적 특징은 조로증이다. BLM과 같이 WRN 결핍은 증가된 암 발생 위험을 초래한다. 몇 가지 연구를 통하여 WRN 활성과 p53 사이에는 중요한 연관이 있음이 밝혀졌다. WRN과 p53은 물리적으로 상호작용하며, 이 상호작용은 p53의 *trans*-활성화 기능에 영향을 줄 수 있다. WRN이 결핍된 세포는 DNA 손상 후에 p53의 유도가 일어나지 않는다. 이러한 특성은 WRN 환자에서 암의 소인이 증가하는 것에 대한 부분적인 설명이 될 수 있다. WRN 환자의 조기노화에 대한 분자생물학적 토대에 대한 통찰력은 WRN 결핍이 p53이 없을 때 노화를 가속화 할 수 있다는 것을 보여주는 마우스 모델에서 유래되었다. 나중에 연구한 결과 p53은 WRN의 생화학적 활성을 조절할 수 있으며 WRN의 홀리데이 접합 처리 활성을 조절할 수 있음을 보였다.

RecQL4와 p53 사이의 상호작용이 최근에 보고되었다. RECQL4는 p53과 관련해서 DNA 손상과 무관한 기능을 가지고 있다. 정상의 스트레스를 받지 않는 인간세포에서 p53을 미토콘드리아로 수송하는데 중요한 역할을 한다. 흥미롭게도, p53은 RECQL4 발현을 억압하고, 그 자체의 cellular localization을 조절하는 데 관여한다.

2. 유전체 안정성과 p53

최근에 유전체의 불안정성은 암의 주요원인으로 인식되었다. 유전체 불안정성은 염색체의 숫자 및 구조적 문제를 포함한다. 세포들이 이와 같은 염색체의 비정상적 상태를 축적하면 염색체의 불안정성이 촉진되는 것이다. 많은 암의 경우 염색체의 이수성 및 배수성 등의 비정상적 상태를 보유한다. 이러한 염색체의 변화는 DNA 손상인자들과도 관련이 있다. 많은 유전체 불안정성과 p53의 결여는 p53의 불활성화가 유전체 불안정성과 관계가 있다는 가정을 도출하게 되었다. 지난 20년 동안 세포주기의 조절이나 DNA 손상반응에 관여하는 수많은 유전자들이 유전체 안정성에 기여하고 있음을 알게 되었다. 이러한 유전자들은 안정적인 유전체를 유지하고 자손에게 정상적인 유전자들을 물려주도록 기여하고 있다. p53 종양억제유전자가 이러한 유전자 가운데 하나이다. 여러 가지 DNA 손상과 유전체 안정을 해칠 수 있는 스트레스들이 p53에 전달이 되고 p53은 이에 대해 반응을 유도한다. 50%가 넘는 암 발생에 p53이 관여하고 있다고 알려지는데, 이것은 p53을 불활성화함으로써 유전체의 불안정성을 유도할 수 있고 이것은 곧 암의 발생에 기여할 수 있기 때문이다. 또한 p53을 조절하는데 관여하는 Mdm2와 MdmX 단백질도 유전체의 안정성에 관여할 수 있는 것이다.

제대로 기능을 하는 p53을 보유하는 것은 종양발생의 위험으로부터 유전체를 보호하기 위하여 매우 중요하다는 것은 이미 오랜 연구를 통해서 명확해졌다. 그러나 수많은 스트레스들 및 경로들과 함께 p53이 어떻게 유전체 안정성을 지켜내는지에 대한 것은 아직 더 많은 연구를 필요로 한다.

2.1 p53은 유전체 불안정성을 차단한다

주로 전사인자 기능을 통해 p53은 유전체 불안정성을 유발하는 DNA 손상으로부터 세포와 유기체를 보호하는 세포주기 정지와 아폽토시스를 유발하는 능력을 가지고 있다.

p53에 의해 유도되는 세포주기 억제제인 p21(Cdkn1a)에 의하여 세포주기 정지(cell-cycle arrest)가 일어나게 되고 이것은 여러 형태의 DNA 손상 및 세포 스트레스에 대한 잘 특성화된 반응이다. p53은 세포주기 진행을 억제하는 *Gadd45a*를 비롯한 다른 유전자들의 전사를 상향 조절한다. 아직 명확하지는 않으나 p53은 Cdk4와 같은 세포주기와 관련된 유전자의 번역을 억제하는 것으로 보고되었다. 노화senescence는 세포주기로부터 영구적으로 빠져 나오는 것인데 이것도 p53에 의해 매개된다. 노화는 p53의 매개에 의하여 일어나지만 아직 그 기작에 대해서는 잘 알려져

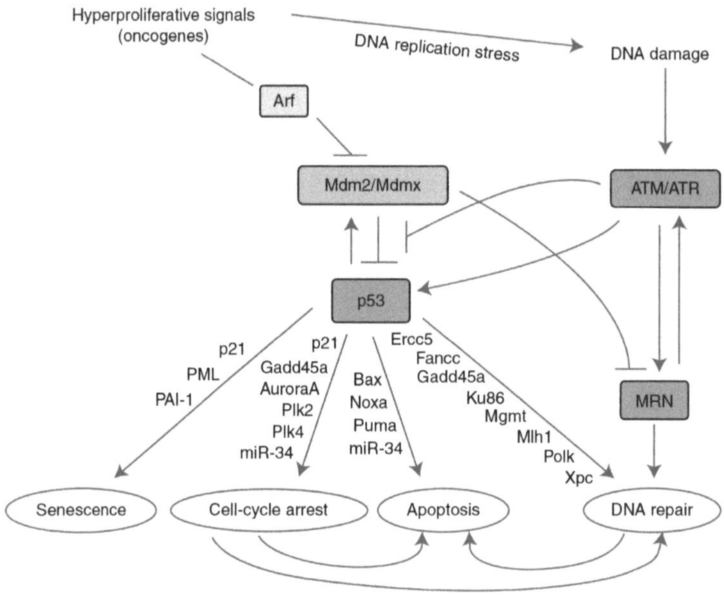

[그림 7-7] **p53은 과다증식 신호에 대한 차단을 함으로써 유전체 안정성에 기여한다.** (from Eischen, 2015)

있지는 않으며, 텔로미어 단축, 암유전자의 과발현, 산화적 스트레스 등에 의하여 유도된다. p21은 p53가 매개하는 노화에 관여하는 것으로 나타났다. PML과 PAI-1과 같은 다른 표적 유전자들도 노화에 관련된다.

세포주기 정지에 덧붙여서, p53은 DNA 손상을 받은 세포를 사멸시키기 위해 아폽토시스를 진행할 수 있다. p53에 의해 중재되는 아폽토시스는 그동안 연구가 많이 진행되었으나 아직도 분명하지 않은 점들이 있다. 여러 가지 종류의 DNA 손상이 일어난 다음에, p53은 전사적으로 proapoptotic 유전자들을 촉진한다. 이와 같은 유전자들에는 *Bax, Noxa, Puma*와 같은 유전자들이 들어가는데 이들은 anti-apoptotic 기능을 하는 Bcl-2를 억제함으로써 아폽토시스를 유도한다. p53은 미토콘드리아에서도 기능하는 것으로 알려지는데, 여기서 anti-apoptosis 역할을 하는 Bcl-2를 억제함으로써 아폽토시스를 유도한다. p53은 necrosis와 autophagy와 같은 다른 형태의 세포사멸에도 관련되어 있어 유전체 유지에 기여할 수 있다. p53은 세포주기를 차단하고 DNA 복구이 필요한지 또는 손상이 너무 크거나 오래 지속이 되어 세포사멸이 발생해야 하는지를 결정하는 것으로 보이는 점에서 '문지기gatekeeper' 또는 '허브 단백질hub protein'로 분류된다. p53이 어떤 조건일 때, 각각 세포주기 정지, 아폽토시스, 노화를 유도할 수 있는지는 아직 명확하지 않으나 다음과 같은 요건들이 관여할 것으로 추정한다: 전달되는 신호의 세기 및 지속 시간, 세포 손상의 종류와 크기, 함께 참여하는 전사보조인자와 후성유전학적 수식자의 종류, 프로모터에 대한 p53의 친화력, 세포 형태 등. 세포주기 정지, 아폽토시스, 노화 중 어떤 것이 p53에 의하여 유도되더라도 증식을 허용하지 않아 유전체의 안정성을 꾀할 수 있다.

2.2 DNA 손상은 p53을 활성화한다

많은 세포의 스트레스들이 p53을 활성화한다. 그러나 이들 중 모든 것이 유전체의 불안정성에 기여하는 것은 아니다. DNA 손상은 유전체 불안정성을 초래하는 주된 요인이 된다. DNA 손상은 다음과 같은 것으로부터 나타날 수 있다: DNA 단일가닥 절단, DNA 이중가닥 절단, DNA 교차결합cross-links, replication fork 붕괴, 복제 스트레스, 텔로미어 마모, 뉴클레오티드 부족. p53은 DNA 복구을 촉진하는 DNA 손상 신호 전달의 중요한 중재자mediator이다. DNA 손상이 일어나면 DNA 복구 단백질들은 빠르게 활성화가 일어난다. 특별히 ATM, ATR과 같은 DNA-손상 키나제kinases들은 활성화가 일어나 Chk1과 Chk2 kinase, MRN DNA repair complex, Mdm2, p53과 같은 단백질들의 인산화를 촉진한다. ATM에 의하여 Mdm2가 인산화되어 Mdm2와 p53의 상호작용이 파괴됨으로써 p53은 안정화되고 전사활성 기능이 촉진된다. p53은 전사적으로 DNA 복구에 관계하는 다음과 같은 수많은 유전자들을 상향-조절upregulation한다: *Ercc5, Fancc, Gadd45a, Ku86, Mgmt, Msh2, Polk, Xpc*, 그 외 다수. 정상적으로 기능하는 ATM을 상실했을 때 DNA 손상 뒤에 p53의 활성화와 G1 cell-cycle arrest가 감소한다. ATM을 상실한 인간 세포는 감마선 조사에 대해 민감하다. p53에서의 돌연변이도 ATM 활성화를 감소시키고 유전체 불안정성을 초래한다. 특별히, U2OS 세포에서 돌연변이 p53(p53^{R248W}, 즉 p53의 248번 코돈 아미노산이 아르기닌에서 트립토판으로 바뀐 돌연변이)을 발현시키면 DNA 손상 부위로 ATM의 localization을 감소시키고, ATM의 표적인 H2AX의 인산화를 감소시켰다. 더구나, p53 돌연변이체 p53^{R248W}를 발현하도록 조작된 마우스의 흉선세포는 T-cell receptor 사이의 염색체 전좌translocation를 증가시켰으며 이것은 유전체의 불안정성을 의미하는 것이다. 이러한 현상은 DNA 손상이 있을 때 세포가 증식을 계속할 때 발생할 수 있다. 왜 일부 DNA 손상을 제대로 복구할 수 없는지, 그리고 야생형 p53을 가진 세포가 정확한 복구을 위해 세포주기 정지를 일으키지 못하거나, 그것을 할 수 없을 때 아폽토시스를 유도하게 되는지는 그 이유를 잘 모른다. 감소된 p53의 아세틸화는 DNA 손상 후 표적 프로모터에 대한 결합을 억제하여 어떤 상황에서는 G2/M 세포주기 정지가 일어나지 않을 수 있다. p53의 전사 활성을 조절하는 단백질들은 유전체의 안정성에 중요한 역할을 할 가능성이 있으므로 조사를 해야 한다. 그러므로 p53을 포함하는 기능적 DNA 손상반응(DNA-damage response, DDR)은 DNA를 복구하고 유전체 불안정성을 유발하는 DNA 이상이 생기지 않도록 보호해 준다.

세포증식을 촉진하며 DNA 복제 스트레스를 초래하는 암유전자들은 p53을 활성화시킨다. 예를 들어, Myc 유전자의 증가된 발현이나 비정상적 발현은 p53을 유도하고 아폽토시스를 일으킴으로써 과다증식으로부터 세포를 보호한다. 암유전자는 Mdm2를 저해하는 Arf를 유도함으로써 p53을 활성화한다. Mdm2는 E3 ubiquitin ligase인데, 유비퀴틴을 p53에 중합함으로써 p53의 분해를 촉진한다. 과다증식에 의한 복제 스트레스는 대장암세포에서 염색체 불안정성을 유도하고, 활성화된 p53은 암유전자가 유도하는 염색체 불안정성을 막아준다. p53이 유도하는 아폽토시스는 암유전자의 조절장애로 비정상적으로 성장하는 세포들이 출현하는 것을 막아준다. 그러므로 p53은 암유전자 그리고 DNA 손상에 의해 초래될 수 있는 cellular transformation을 막는 역할을 할 수 있다.

2.3 염색체 이수성, 배수성과 p53

세포주기가 적절하게 조절되는 것은 안정적인 유전체를 유지하고 염색체가 정상으로 유지되도록 해준다. p53이 불활성화 되었을 때, 그곳에는 세포주기의 checkpoint 기능의 상실이 일어나게 되고 염색체의 이수성과 배수성이 나타날 수 있다. 이와 같은 상황을 뒷받침할 수 있는 마우스 모델이 있는데, $p53^{-/-}$으로부터 유래한 종양은 하나의 p53 대립유전자를 가진 종양에서보다 5배 정도의 염색체 이상 빈도를 나타내고 있다는 것이다. 또 MMTV-*ras* transgenic mice가 30% 정도에서 이수성을 나타내는데 비해 *p53*$^{-/-}$ MMTV-*ras* transgenic mice에서 유래한 종양의 경우 80%에서 이수성을 나타낸다. 이것은 p53의 결손이나 불활성화는 배양 중인 세포의 배수성에 빠르게 영향을 미친다. *p53*$^{-/-}$ 마우스로부터 유래한 섬유아세포는 몇 세대의 배양하는 동안에 tetraploid(4배체)로 빠르게 변화되었다. 더구나 p53의 상실이 이수성의 세포가 생존하는데 필요하다는 것이다. 즉, p53의 상실은 유전체 불안정성을 유도한다는 것이다. 돌연변이 p53(p53^{R171P}, 171번 코돈 아미노산이 아르기닌에서 프롤린으로 바뀜)를 가진 마우스를 제조했을 때 세포주기 기능은 일부 가지지만 아폽토시스 기능이 상실되었는데, 이것은 p53이 유전체 안정성에 중요하다는 것을 말해 준다. p53$^{R172P/R172P}$ MEF에서 또 다른 세포주기 저해제cell-cycle inhibitor인 p16ink4a의 knockdown이 일어날 경우 유전체의 불안정성은 더욱 증가하였다.

이수성aneuploidy은 유사분열 동안의 염색체의 오분리missegregation에 의해서 일어나는데, 특히 유사분열 후기 동안에 지연 염색체의 존재로부터 발생할 수 있다. 방추조립 검문소spindle assembly checkpoint, SAC에서의 결함은 염색체의 오분리와 이수성을 초래한다. 제대로 분리되지 않는 염색체는 p53을 포함하는 DNA 손상반응을 활성화시키는 DNA 이중가닥 절단을 초래할 수 있다. 이러한 상황에서 p53이 상실되면 염색체의 전좌translocation와 이수성을 초래할 수 있게 된다. p53이 없는 마우스에서 유래한 organ으로부터의 세포들은 종종 이수성aneuploidy를 나타내고 이것은 '유전체의 불안정성(genomic instability)'이라고 일컫는다. p53의 소실은 이수성 세포의 생존 및 증식에 필수적인 것으로 나타났다. 더구나 p53의 소실은 이수성으로 유도되는 종양생성을 가속화한다. 배수성polyploidy은 이수성에 대한 전구체로 생각되며, 둘 다 기능적인 p53이 결여된 세포에 존재할 수 있다. 또한 마우스의 유선에서 Mdm2 과발현을 시키면 p53가 존재하던 존재하지 않던지 간에 배수성이 초래되었다. 이러한 표현형은 Mdm2가 p53을 저해해서 일어날 수도 있고, p53과는 독립적인 Mdm2의 기능에 의해서도 일어날 수 있다.

다극 유사분열multipolar mitosis은 중심체의 증폭으로부터 초래되며 이것은 지연된 염색체와 이수성을 이끌 수 있다. 종양세포에서 p53의 불활성화와 중심체의 증폭은 관련이 있는 것으로 나타났다. p53을 결여하는 mouse embryo fibroblast(MEF)는 여러 개의 중심체를 가지며, 비정상적인 mitotic spindle을 포함하는 것으로 나타났다. 이러한 세포에 p53을 회복시켰을 때 이러한 상황의 교정이 나타났다. 세포주기 단백질인 Cdk2와 Cdk4 단백질은 세포주기에 중요하며, p53을 결여하는 세포에서 중심체 증폭을 위해 요구된다. G2/M 진행에 관계하는 Gadd45a는 p53의 표적유전자이다. 이것이 소실되면 중심체의 증폭과 이수성이 초래된다.

4배수체(tetraploidy)는 정확히 이해되고 있지 못하는 유사분열의 우회로부터 일어난다. 세포질분열이 일어나지 못하고 유사분열이 끝날 때, 손상된 세포질 분열은 4배수체를 유도할 수 있다. p53의 소실은 4 배체화tetraploidization를 유도하는데, 이것은 p53이 매개하는 4배체 검문점(tetraploidy checkpoint)이 손실된 것에 따른 것이다. p53은 유사분열 방추 검사점(mitotic spindle checkpoint)에 관여하고 있다. p53이 없는 섬유아세포에서는 완전한 염색체의 분리가 일어나지 않고 여러 번의 DNA 합성이 수행된다. p53이 없는 쥐에서 4배체 세포가 나타난다.

DNA 복제 인자들의 조절장애dysregulation는 한번의 S기에 재복제rereplication가 일어나게 하고 p53의 활성화를 가능케한다. 정상적인 p53의 기능이 이러한 재복제를 저해한다. 변화된 배수체는 종양생성에 기여한다. 이러한 과정에는 하나 또는 그 이상의 종양억제유전자의 소실, 또는 이와 더불어 하나 또는 그 이상의 암유전자의 활성화를 요구할 수 있다. p53의 불활성화가 변화된 배수체를 이끌지만 배수체 자체가 세포 형질전환을 일으키지는 못한다.

2.4 p73은 유전체의 안정성을 돕는다

p53 family member인 p73은 p53과 아폽토시스를 유도할 수 있거나 세포주기를 정지시키는 기능을 공유한다. p73의 결손deletion은 발생적 결함과 사망을 일으키지만 p53-null mice처럼 종양을 일으키지는 않는다. 그러나 p73의 isoform이며 전사활성화 도메인을 포함한 TAp73을 결여하는 마우스는 종양을 일으킨다. p73을 knockdown하거나 전사적 기능을 저해하면 유사분열의 완료를 지연시키는데, 이것은 p73이 유사분열 종결을 위해 중요함을 나타낸다. p73을 결여하는 MEFs는 p53이 매개하는 노화를 일으킨다. p53 및 p73을 동시에 결여하는 MEF는 p53만 결여할 때보다도 이수성과 배수체에 있어서 더 증가하는 경향을 보인다. TAp73 isoform

을 결여하는 마우스로부터 얻은 MEF는 유사분열의 정지에 결함이 있고, 노코다졸nocodazole 처리 후에 이수성이 약간 증가함을 보였다. 더구나 TAp73$^{-/-}$ MEF는 야생형에 비해 증가된 이수성을 나타내었다. 이러한 결과들은 p73이 유전체를 유지하는데 중요한 역할을 수행하고 있으며 p53과 협동하여 이와 같은 작업을 수행함을 암시하고 있다.

2.5 돌연변이 p53은 ATM 경로 억제를 통해 유전적 불안정성을 증가시킨다

세포는 수시로 세포 내외의 요인들에 의하여 DNA 손상을 입을 수 있다. 그중에서 이중가닥 DNA의 절단은 문제가 되는데, 제대로 복구되지 않는 경우 절단된 DNA가 다른 부분과 연결이 될 수 있으며, 이러한 전좌translocation는 형질전환의 원인이 되어 발암과정에 관여하게 된다. 따라서 세포는 DNA 손상을 정교한 방식을 통해 제어한다. ATM은 이중가닥 DNA 절단에 대한 세포반응의 가장 중심적인 역할을 하는 단백질로 알려져 있다. ATM의 활성화가 일어나면 수백 개의 단백질을 인산화시켜 세포분열 주기의 조절, 손상의 복구, 세포사멸 및 노화 등 다양한 세포반응을 이끌어낸다. ATM의 활성화 기작은 아직 명확하지 않지만 이중가닥 DNA 절단이 생성된 경우 세포핵 전 부분에서 ATM과 그에 의해 인산화가 일어난 단백질들이 손상부위로 이동한다. ATM과 손상된 DNA와의 결합은 MRN(Mre11, Rad50, Nbs1) 복합체와 Mdc1 등에 의해 매개되는 것으로 알려져 있다.

Humanized p53 mouse model은 쥐와 p53의 아미노말단과 카복시말단 일부를 제외한 나머지 부분을 인간 p53으로 교체한 것으로 이를 기반으로 제조한 knock-in mouse는 인간의 p53 돌연변이에 의한 획득형질gain of function을 연구하는데 여러 장점을 가지고 있다. R248W, R275H, R175H 돌연변이 p53을 발현하는 humanized p53 knock-in model들은 p53 knockout mouse와 구별되는 세 가지 형질이 관찰된다. 우선 발생하는 암의 종류가 다르며, 감마선에 의한 G2/M checkpoint에 이상이 있으며, T 세포 수용체(TCR)의 전좌translocation가 발견된다. 이중에서 체크포인트checkpoint 이상과 T 세포 수용체의 전좌는 ATM 경로와 밀접한 관계가 있다. 실제로 이들 mouse에서 분리된 섬유아세포fibroblast의 경우 DNA 손상부위에서 ATM이 감소하였으며 이는 MRN 복합체가 효율적으로 손상부위에 결합하지 못하였기 때문으로 생각된다. 돌연변이 p53이 이들 단백질들이 DNA damage-induced foci 형성을 어떻게 억제하는지는 아직 분명치 않다. 그러나 한 가지 가능성은 돌연변이 p53이 MRN 복합체와 결합하여 손상된 부위에 결합하는 것을 억제하는 것이다. 실제로 *in vitro* 연구에서 돌연변이 p53의 존재는 MRN 복합체와 ATM이 linear DNA에 결합하는 것을 억제하는 것으로 나타난다.

ATM 경로는 DNA 손상에 대응하여 세포의 유전적 안정성을 유지하는데 중요한 역할을 한다. ATM 경로에 이상이 있는 세포의 경우 DNA 손상에 민감하게 반응하여 세포사멸이나 노화가 일어나며 그 과정에 p53도 중요한 역할을 한다. 따라서 ATM 경로의 이상은 세포 생존에 불리하게 작용할 수 있다. 그러나 한편으로는 유전적 불안정성을 증가시켜 다양한 변이의 출현에 기여할 것이다. p53 돌연변이의 경우 ATM 경로의 억제에 더하여, 정상 p53 기능의 소실로 인하여 DNA 손상이 축적된 세포의 제거를 어렵게 함으로써 유전적 불안정성을 더욱 증가시킬 수 있을 것이다. 이러한 형질은 항암 치료에 저항성을 갖는 암세포의 출현에 중요한 역할을 한다.

08

p53과 이동성 유전인자

광범위하게 보존된 p53 전사인자 패밀리는 표적유전자target genes들을 조절하여 뚜렷한 적응반응을 지정한다. 대부분의 인간의 암에서 p53 돌연변이가 발생하지만, p53이 어떻게 암 발생을 억제하는지에 대한 기작은 아직도 명확하지 않다. 예를 들어, 마우스에서 p53은 증식을 억제하고 아폽토시스에 관여하는 세 개의 전형적인 하위조절자(p21, Puma, Noxa)들의 부재에도 불구하고 종양억제 활성을 유지했다. 이것은 p53에 의한 종양 억제 기능이 이 유전자 패밀리에 부여된 알려지지 않은 진화적 기능에 의하여 채택되었을 가능성이 있다.

Wylie 등(2016)은 p53이 트랜스포존transposon의 이동을 조절한다는 것을 밝혔다. 트랜스포존이란 DNA의 어느 한 부분에서 다른 부분으로 도약하거나 재배치할 수 있는 이동성 유전인자mobile gene element이다. 현재는 사람을 포함한 지구상의 모든 생물체 안에 이런 트랜스포존이 존재하고 있다고 알려져 있다. Wylie 등은 생체 내*in vivo*에서 p53 기능을 조사하기 위해 초파리fly와 제브라피쉬zebrafish 모델 동물을 이용하여 p53이 레트로트랜스포존retrotransposon의 활성을 제한하고 piRNApiwi-interacting RNA 경로 요소들과 유전적으로 상호작용하는 것을 보여주었다. p53을 결여한 생식선germline에서 일어난 트랜스포존의 분출은 감수분열 재조합에 의해 자극되었고, 트랜스포존으로부터 생성된 전사체들은 생식질germ plasm에 축적되었다. 유전자 상보성 연구를 통해 야생형 p53 유전자는 트랜스포존의 이동을 억제하지만, 암 환자

cancer patient로부터 유래한 돌연변이 p53 유전자는 트랜스포존의 이동을 억제하지 못한다는 결과를 얻었다. 이러한 결과와 일치하게, 돌연변이 p53에 의해 발생하는 인간과 마우스의 암에서는 제한되지 않는 레트로트랜스포존의 패턴을 확인할 수 있었다. 더구나 p53의 상태가 합성 LINE-1의 5′ 서열의 억제 염색질 표시H3K9me3와도 상관관계가 있다. 트랜스포존 이동의 존재는 생식선 진화의 속도를 증가시키고 신호전달경로에 관련된 유전자 신호경로를 변경할 수 있다. p53 돌연변이가 일어난 암에서 이러한 이동성 유전인자mobile gene element의 활성이 증가한 것이 관찰된다.

1. 서론

유전물질이 DNA로 구성되어 있음이 밝혀지면서 단일 세포에 존재하는 DNA를 계산하여 인간 유전체에서 가능한 유전자의 수를 추정하는 것은 비교적 간단했다. 평균 유전자가 100개의 아미노산으로 이루어진 단백질에 대한 정보를 암호화한다면, 약 300개의 뉴클레오티드를 포함하는 반면, 인간 유전체에는 약 30억 개의 염기쌍 또는 약 1천만 개의 유전자를 수용할 수 있는 능력이 포함된다. 이 계산에는 많은 가정assumption이 포함되어 있으므로 너무 과도하게 높은 숫자로 간주되었다. 이 문제는 '*c*-value 역설paradox'이라고 불리게 되었다. 각 세포에는 왜 그렇게 많은 DNA가 포함되어 있을까? *c*-value 역설이란 "생물의 DNA의 크기가 진화의 정도와 일치하지 않는 현상"을 일컫는다.

유전체의 서열구조가 더 복잡하다는 첫 번째 단서는 이중가닥의 재결합 속도와 유전체가 다양한 농도에서 발견되는 반복적인 서열 요소repetitive elements를 포함하고 있다는 분명한 발견에서 비롯되었다. 반복적 요소는 인간의 유전체에서 약 25~65% 가량을 차지하고 있다. 그러한 서열은 유전자 조절에 역할을 할 수 있다는 것이 즉시 제안되었다. 이러한 반복적인 DNA 염기서열의 성질은 인간 유전체 염기서열 분석을 통해 더욱 분명해졌다. 인간 유전체의 약 50%는 여러 가지 다양한 생물학적 과정에서 유래한 반복적인 서열 요소repetitive sequence elements들로 구성된다.

〈표 8.1〉 인간 유전체에서 반복 요소(repetitive elements)의 종류.

Repetitive element	Type	Estimate of number of copies	Percentage of genome (%)	Typical length (bp)
Satellite	Tandem	427,000	3	2-100
SINE element	Interspersed	1,800,000	15	100-300
DNA transposons	Interspersed	465,000	3	200-2,000
LTR transposons	Interspersed	718,000	9	200-6,000
LINE retrotransposon	Interspersed	1,507,000	21	500-8,000
Total		4,917,000	51	

이러한 반복은 자율적autonomous 그리고 비자율적 전이 종류nonautonomous transposition species로 분류될 수 있다. 자율적 종류는 복제를 위한 자체 메커니즘을 가지고 있으며 DNA 트랜스포존과 레트로트랜스포존을 포함한다. DNA 트랜스포존은 DNA 의존성 DNA 합성을 사용하여 유전체에서 트랜스포존을 복제하거나 또는 유전체에서 절제한 다음, 이것을 유전체의 다른 부위로 이식한다. 대조적으로 LINE 및 LTR-long terminal repeat 레트로트랜스포존은 역전사효소를 사용하여 RNA를 DNA로 복사하고, 이것을 준-무작위 방식quasi-random fashion으로 유전체에 삽입된다. 레트로트랜스포존의 하위집합은 LTR을 포함하는 레트로트랜스포존에서 파생되며, 이는 생식세포를 감염시키고 그들의 DNA를 유전체에 삽입하여 내인성 레트로바이러스endogenous retroviruses, ERVs가 되는 외인성 레트로바이러스exogenous retroviruses에서 유래한다. 그런 다음 이 바이러스는 그들의 DNA를 전사하고, RNA를 다양한 부위의 염색체에 삽입하는 DNA로 복사하여 사본수copy number를 증폭할 수 있다.

비자율적 종류에는 SINEshort interspersed nuclear elements이 포함되며, 이것은 세포의 RNA 종류로부터 활성 레트로트랜스포존에 의해 역전이retrotransposed 되는 것으로 생각된다. SINEs으로 복사된 RNA는 모두 RNA 중합효소 III에 의해 생성되며, 가장 일반적인 SINEs은 tRNA 및 7S RNA, 세포 내 리보솜을 구성하는 5S RNA에서 파생된다. mRNA의 복사는 DNA 유사유전자pesudo-genes를 생성하여 또 다른 소수의 반복 요소들repetitive elements을 유전체에 추가한다. 텐덤 위성 서열tandem satellite sequence은 전통적으로 복제분기점replication forks에서 더듬거리는 지연stuttering을 통해 나타날 수 있으며, 같은 DNA 서열을 한번 이상 복사copy가 나타난다. 그런 다음 재조합recombination 동안 부등교차unequal crossing over에 의해 확장될 수 있다. 보다 최근의 데이터에 따르면 인간 또는 쥐 염색체의 일부 중심체 및 중심체 근처 반복체peri-centromeric repeats는 내인성 역전사효소를 빌릴 수 있고, DNA 사본을 생성하고, 이들이 유래하는 중심체 영역으로 다시 삽입할 수 있다. 종합해서, 이 반복적인 요소들은 유전체에서 유사하게 보이지만 뚜렷한 확장 메커니즘을 발견하여 진화가 작용할 수 있는 광대한 지형을 만든다. p53 기능의 진화는 이와 같은 광대한 지형과 얽혀있다.

2. 반복 요소repetitive elements에 숙주가 선택한 기능이 존재하는가?

인간 유전체 안의 존재하는 대부분의 전위요소들transposable elements은 수백만 년 전에 생식선germ line에 삽입되어 돌연변이가 축적되었거나 역전사에 의해 부분적으로만 복제되었기 때문에 결함이 있는 이동요소movable elements가 되었다. 인간 유전체 안의 약 150만1.5 million 사본의 LINE 요소LINE elements들 가운데 약 80~100 elements요소가 여전히 작동하고 위치를 바꿀 수 있는 것으로 추정된다. 인간이 가지는 내인성 레트로바이러스human endogenous retrovirus, HERV 모두는 부분적으로 결함defects을 가지고 있지만 보완complementation을 통해서 일부 바이러스입자HERV-L and K들이 만들어질 수 있다.

이러한 반복 요소들이 자기복제 방법을 찾는 우리 유전체의 "이기적 유전 기생충selfish genetic parasites"인지, 정상 또는 병리학적 상황에서 어떤 기능적 역할을 하는지는 불분명하지만, 유전자 발현의 조절에 관하여 그들의 역할에 주목하고 있다. 분명한 것은 세포는 적어도 우리 수명의 대부분의 정상적인 발달 및 성인 단계에서, 반복적인 요소에 포함된 유전체 정보를 침묵시키기 위해 많은 노력을 기울인다는 사실이다. 마우스 또는 인간 유전체에서 이동 가능한 반복 요소는 전사될 수 있는 것으로 보이며, 감수분열meiosis 동안 또는 줄기세포의 발달 초기에 생식선germ line의 각 세대에서 유전체에 새로운 DNA 사본을 삽입할 수 있다. 이것은 진화를 가속화할 수 있고, 후손의 운명에 대해 좋은 영향 또는 나쁜 영향을 미칠 수 있는 가능성을 내포하고 있다.

연구 결과에 의하면 선택된 LINE1 요소(selected LINE1 elements)가 정상적인 뉴런 발달 동안 복제 및 이동할 수 있어 중추신경계의 마우스 및 인간 뉴런에서 체세포 모자이크 현상을 생성하는 것으로 나타났다. 단일 세포 시퀀싱을 사용한 보다 최근의 연구결과에 따르면, LINE1 역전위retrotransposition가 중추신경의 개별 인간 뉴런neurons에서 발생한다는 것이 밝혀졌다. 이러한 빈도는 이전에 생각했던 것만큼 높지 않을 수 있지만 다양성에 기여할 수 있다는 점은 이해되고 있다. 인간의 내인성 레트로바이러스HERV의 발현이 인간의 정상적인 발생에서 중요한 역할을 하고 있음이 밝혀졌다. HERV-K 바이러스 입자는 인간 배 발생의 8-세포 단계에서 발현되는 것으로 나타났으며, 이는 초기 발달에서 종species- 및 개체-특이적 세포 조절individual-specific cellular modulation로 이어질 수 있다. 흥미롭게도 이 연구는 또한 HERV-K 단백질들이 특정 외인성 바이러스에 대한 면역 보호 효과를 제공할 수 있음을 시사했다. 요약하자면, 반복 요소들의 활성화는 초기 인간 발달의 중요한 단계, 생식세포에서 나타나서 면역 조절효과 뿐만 아니라 개체 간inter- 및 개체 내 변이intra-individual variation를 유도하는 기작을 제공한다. 따라서 반복 요소는 어떤 경우에는 그들의 기생적 행동parasitic behavior을 넘어서 정상 숙주에 유익한 기능적 효과를 가질 수 있다.

3. p53 단백질은 반복 요소가 이동하는 것을 제한한다

p53 단백질은 유전체 손상과 같은 다양한 스트레스에 의해 그 수준과 활성이 유도되는 전사인자이다. 이 단백질은 1차 아미노산 서열 및 단백질 구조에 관련하여 단세포 미생물로부터 인간에 이르기까지 고도로 보존되어 있다. 또한 이 단백질에 의해 특이적으로 결합하는 DNA 염기서열은 말미잘과 같은 하등 생물에서 인간에 이르기까지 다양한 종들 사이에 고도로 보존되어 있다. 말미잘, 초파리, 예쁜 꼬마선충에서 p53 단백질은 대부분 생식선germ line에서 발현되며 DNA 손상 및 비정상적인 유전체를 포함하는 세포를 사멸시켜 유전체 무결성genome integrity에 대한 충실도를 강화한다. 척추동물에서도 p53은 생체조직somatic tissue에서 발현되고 종양억제유전자로서 작용하여 유전체 안정성을 강화한다. 놀랍게도, p53 유전자는 인간의 암에서 가장 빈번하게 돌연변이가 발생하는 유전자이다.

Wylie 등(2016)은 초파리와 제브라피쉬 모델을 사용하여 야생형 p53 단백질이 여성 생식선에서 piwi RNA 단백질 복합체와 상호작용을 통해 반복적인 이동 요소의 움직임을 방지한다는 것을 보여주었다. 이러한 piwi RNA 단백질 복합체는 종species을 가로질러 침묵하는 반복 요소에 중요한 것으로 밝혀졌다. 돌연변이 p53 유전자를 가진 암컷female에서 이동 요소 RNA의 수준이 증가했다. 이러한 RNA로부터 복제된 DNA의 무작위적 통합 이벤트에 대해 예상되는 바와 같이, 난자는 생식 능력을 감소시켰고 그 정도의 차이는 동물에 따라 다양했다. 재조합recombination이 일어나고 있는 초파리의 egg에서, 고도로 보존된 감수분열 spo11 뉴클레아제에 의해 수행되는 이중가닥 절단이 p53 단백질 수준을 증가시킨다는 것이 이전에 밝혀졌다. DNA의 단일가닥 절단 또는 이중가닥 절단이 일어난 모든 진핵세포에서 p53 수준이 증가한다는 것이 밝혀졌다. Wylie 등은 $p53^-/spo11^-$ 이중돌연변이체(DNA 가닥이 더 적게 잘라지고 재조합도 덜 일어남)는 난자의 이동 요소mobile elements로부터 훨씬 감소된 RNA 수준을 나타냄을 보여주었다. 따라서 spo11은 이동 요소 전위의 억제를 위해 p53에 상위epistatic이다. p53과 spo11이 동일한 경로에 있을 뿐만 아니라, piwi RNA 단백질 복합체의 단백질들에서 돌연변이는 p53 수준 및 p53 활성을 증가시키거나 유도하는 것으로 나타났다. 결함이 있는 초파리 p53 유전자와 단백질을 야생형wild type의 human p53 단백질로 대체하면 난자의 레트로트랜스포존 RNA 수준이 감소한 반면, 결함이 있는 초파리 유전자를 돌연변이 human p53 유전자로 대체하면 난자에서 높은 수준의 레트로트랜스포존 RNA가 유지된다. 야생형 p53 수준의 제브라피쉬에서 LINE element의 오픈리딩프레임-1(ORF-1)은 배아에서 침묵했지만, $p53^{-/-}$ 배아에서는 높은 수준의 ORF-1 단백질이 발현되었다. 야생형 p53 배아에서, 통합된 DNA LINE 전사 인핸서enhancer 영역은 전사 억제 히스톤 염색질 마커인 H3K9me3을 포함하는 것으로 나타났다. 돌연변이형 p53을 가진 제브라피쉬에서 이와 같은 억제 마커H3K9me3는 발견되지 않으며 LINE RNA가 생산된다.

이와 병행하여, 암이 LINE-1 및 기타 레트로트랜스포존HERVs, SINEs 및 다른 많은 반복요소들을 발현할 수 있다는 것이 얼마동안 알려져 왔다. Wylie 등(2016)은 윌름스종양Wilms tumor 및 결장암에서 LINE-1 ORF-1의 발현과 돌연변이 p53 유전자의 존재 사이의 상관관계를 확실하게 보여주었다. 이것은 p53이 DNA 메틸화, 히스톤 수식histone modifications 및 piRNA 단백질 복합체와 함께 반복 요소 이동을 조절한다는 그들의 가설과도 일치한다. 그들의 논문은 p53이 생식선과 체세포에서 반복 요소들을 조절하는데 중심적인 역할을 한다는 믿을 수 있는 증거를 제공했다.

4. p53이 반복 요소repetitive elements를 억제할 수 있도록 하는 기작

p53 유전자와 그 단백질은 유전체 안정성의 공동 진화에 대해서, 그리고 내인성 요소 조절regulation of endogenous elements에 대한 좋은 예이다. Hoh 등(2002)은 공동 p53 DNA 서열 결합 자리consensus p53 DNA sequence binding sites를 이용하여 p53에 의해 조절되는 유전자들을 식별하는 최초의 알고리즘을 개발했다. p53 결합 부위가 THE1-MaLR 트랜스포존 패밀리(transposon family)에서 나타난다는 것이 곧 발견되었다. Wang 등(2007)은 내인성 레트로바이러스ERV 유래 LTR 내의 p53 결합 부위가 p53 결합부위의 30%를 차지하며, p53이 많은 근처 유전자들의 발현을 조절한다는 것을 발견했다. Harris 등(2009)은 이 알고리즘을 적용했을 때 LINE-1 요소가 야생형 p53 단백질에 결합하는 프로모터에 15개의 뉴클레오티드 서열을 포함하는 것을 발견했다. 최근 연구에 따르면 트랜스포존과 관련된 p53 response element(p53RE)는 덜 보존되지만 비-트랜스포존 연관 반응요소response element보다 점유율이 높고 접근성은 낮다. 더구나 전위요소transposable element는 비암호화 RNA 조절noncoding RNA regulation에 더 관련이 있으며, 여기서 p53이 조절 역할을 하는 것으로 나타났다.

결함이 있는 LINE-1 요소에 있는 p53 단백질 결합부위의 대부분은 전사를 음성적으로 조절한다. 이 음성 조절negative regulation은 내인성 레트로바이러스 LTRHERV-1-LTR의 *cis*-acting 인자에서 발견되는 p53 DNA 결합부위인 것으로 나타났다. 그러나 최근 영장류 생식선germ line에 추가된 p53 LINE-1 레트로트랜스포존 DNA 결합부위는 LINE-1 RNA 전사를 증가시킬 수 있다(CpG 메틸화, 염색질 억제, piRNA 클러스터링이 없는 경우). 이러한 관찰에 의하면, 대부분의 반복 DNA 서열은 유전체 CpG 메틸화, 헤테로크로마틴 억제, piwi RNA 단백질 복합체에 의해 음성적으로 조절된다. 야생형 p53 단백질 발현 제한이 사라지면 일부 LINE-1 게놈의 전사를 촉진할 수 있으며, 이는 RNA에서 DNA로의 전위를 초래하고 이 DNA의 삽입은 항상 이중가닥 절단에 의해 매개된다. 증가된 전위transposition에 의해 증폭되는 지속적인 이중가닥 절단은 p53을 유도하고, p53은 생물체내의 유전체 안정성을 위하여 과도한 이중가닥 절단이 발생하는 세포를 제거한다. 초파리에서, 감마선에 의해 DNA 손상을 초래하면 생식선germ line p53을 유도하고, 아폽토시스를 일으키는 몇 가지 유전자들의 전사를 촉진했다. 따라서, 생식세포와 체세포의 유전체 무결점integrity이 죽음에 의해 지켜진다.

생식선에 p53 돌연변이를 가지는 암컷 마우스는 어미로부터 한 배에서 난 새끼 수(litter size)가 작다. 이것은 초파리의 암컷의 경우도 유사하다. 이에 덧붙여, C57Bl/6 유전적 배경에서 $p53^{-/-}$ × $p53^{-/-}$ 교배를 했을 때 만들어지는 마우스 새끼의 1/3은 선천적 결함을 포함한다. 이들 마우스에서 insulin-like growth factor-2IGF-2 유전자의 CpG 메틸화 패턴을 검사했을 때 후성유전학적 패턴의 변화가 초래되었다. 이러한 데이터들은 p53 단백질이 없을 때 CpG 메틸화의 정확도에 영향을 주는 것을 의미한다. 또 다른 관찰도 이러한 가설을 뒷받침한다. Jackson-Grusby 등(2001)은 마우스 세포에서 DNA 메틸전이효소-1Dnmt-1 유전자를 녹아웃시켰다. CpG를 복제하는 이 효소가 결여되었을 때 두 번의 세포분열 후에 세포는 p53에 의해 매개되는 아폽토시스를 유도했다. 이것은 p53이 메틸화 패턴을 인식하고 메틸화 정확도를 보증하는 것을 뜻한다. 돌연변이 p53은 이 과정에 오류가 있고 후생적 가소성epigenetic plasticity을 증가시킨다. Takahashi와 Yamanaka(2006)는 세포배양하는 섬유아세포에 4개의 전사인자들(c-myc, KLF-4, Oct-4, Sox-2)을 발현했을 때, 이들 세포에 후천적 재프로그래밍epigenetic reprogramming을 일으키고 만능줄기세포pluripotent stem cell를 유도했다. 그러나 이것이 야생형 p53이 없는 상태에서 수행된다면 iPS 세포 형성 효율은 10배에서 100배까지 증가할 수 있으며, 유도만능줄기세포iPS 세포를 생성하는 데 걸리는 시간은 5배에서 10배 더 짧아지고, iPS 세포를 생산할 때 c-myc 및 KLF-4에 대한 필요성을 제거할 수 있다. 분명히 후성유전학적 표시에 대한 p53의 감시(p53 surveillance of epigenetic marks)와 야생형 p53을 활성화시키는 변경된 표시(altered marks activating wt-p53) 사이에는 관계가 있다.

실제로 p53 단백질이 암세포에서 반복적 DNA 요소의 발현을 직접 조절한다는 첫 번째 제안이 Haoudi 등(2004)에 의하여 입증되었다. 이들은 후성유전학적 변화와 SINE 반복, satellite repeat, lncRNAlong noncoding RNA 발현을 관찰하는데 p53 돌연변이가 필요하다는 것을 보여주었다. 돌연변이 p53을 포함하는 마우스 암세포를 5′aza-2′-deoxycytidine(DNA에 CpG 메틸화를 방지함)을 처리하면 이러한 세포에서 반복 요소의 전사가 크게 증가한다. 이중가닥 반복 RNA와 DNA:RNA 복합체의 존재는 이들 세포에서 선천면역을 유도하여 인터페론을 생성하였으며, 이것은 세포를 사멸시켰다. 정상세포에 비하여 과량의 satellite와 LINE repeats를 발현하는 다양한 종류의 인간과 마우스의 암종carcinoma을 발견할 수 있다.

암에서 반복 요소의 발현은 satellite 반복 발현에 의한 염색체 불안정성뿐만 아니라 레트로트랜스포존 삽입 돌연변이 유발을 통해 유전체 불안정성genome instability을 유발할 수 있다. p53$^{-/-}$ 생식선 녹아웃 마우스에서 종양을 유발하는 돌연변이는 유전체 불안정성이며, 가장 일반적으로 이수성aneuploidy, 염색체 재배열, 결실, 증폭 등의 종류를 포함한다. 이러한 모든 관찰을 근거로 돌연변이를 통한 p53 유전자의 기능 상실이 인간의 암에서 관찰되는 단일의 가장 일반적인 유전자 돌연변이라는 사실은 그렇게 놀랄만한 일은 아니다.

5. 결론

진화에서 보존된 p53 유전자의 첫 번째 징후는 현대의 초편모조류modern choanoflagellates와 말미잘(초기 다세포 생물체, sea anemones)에서 발견되며, 이는 약 8억 년에서 10억 년 전으로 거슬러 올라갈 수 있다. p53의 아미노산 서열 및 단백질의 구조뿐만 아니라 p53에 의해 작용하는 특별한 DNA 결합자리 염기서열도 역시 보존되었다. 이러한 생물체에서 p53은 DNA 손상을 가진 세포를 죽임으로써 생식선germ line의 충실도fidelity를 감시한다. 트랜스포존의 repetitive DNA elements는 유전체에서 이동하는 동안 이중가닥 DNA의 절단을 초래하고, 이것은 p53을 유도하여 전위transposition가 일어나는 세포들을 죽인다. 이와 같이 p53 단백질과 전위에 의한 유전체 불안정성의 조절은 생물체에서 공진화co-evolved in organisms하게 되었다. 이에 따라 p53 유전자의 기능은 생식선으로부터 척추동물의 체세포somatic cells로 이동하게 되어, 생식선germ line의 충실도 인자fidelity factor뿐 아니라 종양억제유전자tumor suppressor gene로서도 기능하게 되었다. 이 진화과정 동안 일부 transposable element 들은 p53 결합 부위를 획득했다. 이중가닥 절단 후, p53은 전사 활성화가 일어나고, LINE element의 p53 결합 부위는 p53 단백질을 끌어당겨 새로운 mRNA 합성 및 역전위를 시작한다. 이것은 양성 피드백 루프를 설정하고 p53이 매개하는 세포죽음을 초래한다.

다음의 세 가지 생물학적 과정이 유전체에서 트랜스포존의 발현과 이동을 조절하는 역할을 한다. 첫 번째는 DNA의 CpG 부위에서 시토신의 메틸화와 전사에 필요한

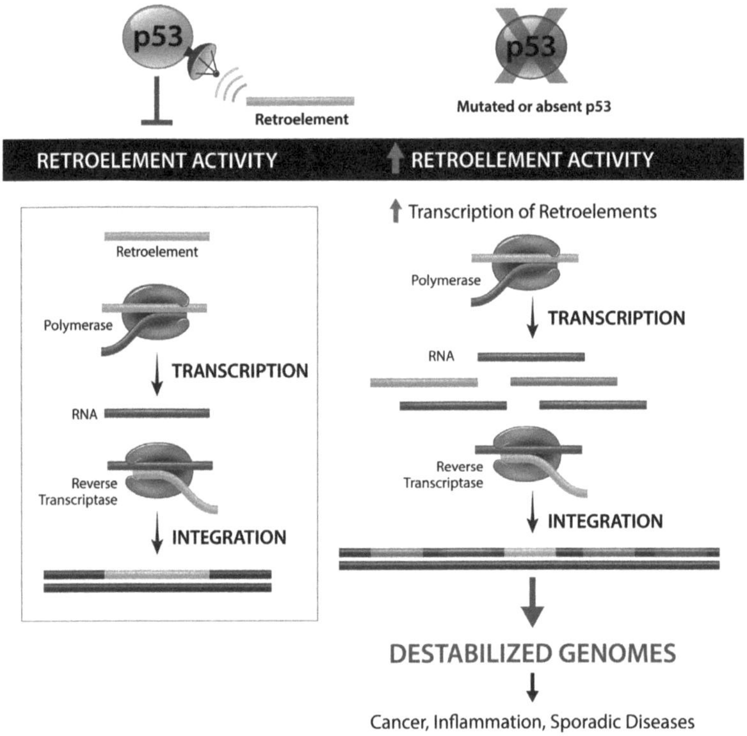

[그림 8.1] p53은 레트로트랜스포존을 억제한다.

RNA 중간체를 통해 이동하는 retroelements는 역전사되어 게놈에 통합되어 돌연변이 및 게놈 불안정성을 유발할 수 있다. 이러한 이동성 인자(mobile element)는 외인성 스트레스 요인들과 감수분열 재조합과 관련된 DNA 절단에 의해 움직이도록 자극된다. p53 종양억제인자는 역전이 운동(retrotransposon movement)을 감지하고, 이러한 움직임을 억제하는 역할을 한다. 만약 p53이 돌연변이가 일어나게 되면, retroelements의 활성은 극적으로 증가할 수 있고, 이것은 잠재적으로 종양생성(tumorigenesis)이나 트랜스포존에 의한 병증을 촉진하기도 한다. (from Wylie, 2016b)

인핸서/프로모터에 대한 접근을 방지하는 응축된 이질염색질heterochromatin을 만드는 염색질의 수식chromatin modification이다. 두 번째 과정은 반복 요소의 전사를 방지하고, 전사 후 레트로트랜스포존 RNA를 분해할 수 있는 piwi 단백질 및 관련 piwi RNA 복합체를 사용하는데, 이들은 반복요소의 전사를 방지하고 그들의 전사 후 레트로트랜스포존 RNA를 분해할 수 있다. 세 번째 과정은 재조합 및 레트로트랜스포존 삽입을 위해 DNA 이중가닥의 절단을 초래하는데, 이것은 p53을 유도하여 세포주기 정지, 노화, 아폽토시스를 유도하게 된다. 결국 DNA 손상을 회복하거나, 그렇지 못한 세포는 세포죽음을 거치게 된다. 위의 세 과정 가운데 어느 하나가 만약 손상이 일어나면, 트랜스포존의 이동을 초래하고 유전체는 불안정하게 된다. 사실상 이들 세 과정은 서로 통신하고 상호작용한다. piwi 단백질의 돌연변이는 p53 전사인자를 활성화하고 증가시킨다. DNA 메틸전이효소(methyltransferase)에 의해 메틸화가 일어나는 CpG 패턴의 변화 또는 복제 실패는 p53을 유도하고 세포사멸을 초래한다. 돌연변이 p53 단백질은 유전체 DNA에서 메틸화된 시토신 잔기를 충실하게 복제할 확률을 변경하고 줄기세포가 재프로그래밍하는 동안 CpG 잔기에서 메틸기를 제거할 수 있다. 분명히 이 세 가지 생물학적 과정들은 CpG 메틸화의 상실 또는 piwi 단백질의 돌연변이에 대하여 상호교류하고, p53 전사인자를 활성화를 활성화하여 이러한 세포의 죽음을 초래한다. 그러므로 p53 단백질은 CpG 메틸화의 변경을 억제하고, piwi 돌연변이를 억제하는 억제자suppressor로서 역할을 한다.

09

텔로미어와 유전체 보호

텔로미어는 진핵생물 염색체 말단에 존재하여 DNA를 보호하는 역할을 하는데, 텔로미어의 기능이 제대로 작용할 수 없다면 유전체의 불안정성을 초래하여 잠재적으로 정상세포가 부적응을 나타내는 세포가 되거나, 암 등을 일으키는 기작에 기여할 수 있다. 텔로미어는 염색체의 분해 및 말단사이의 융합으로부터 유전체를 보호함으로써 유전체 무결성에 기여한다.

1. 텔로미어의 구조 및 유지

1.1 텔로미어 DNA와 G-사중가닥체

텔로미어는 반복서열로 구성되며 여러 개의 텔로미어 관련 단백질들과 결합한다. 포유류 세포에서 텔로미어 DNA는 이중가닥의 TTAGGG 일렬반복tandem repeats에 이어 3′ 말단에 단일가닥의 G-rich tail을 가진다. 실제로 텔로미어의 끝은 3′ 말단으로 단일가닥의 반복서열이 50-300 뉴클레오티드nt 만큼 돌출되어 있는데, 이것은 "G-rich tailG-tail" 또는 "G-overhang"으로 불린다. 텔로미어는 쉘터린 복합체라는 단백질 복합체로 둘러 쌓여있다. 쉘터린 복합체는 TRF1, TRF2, TIN2, POT1,

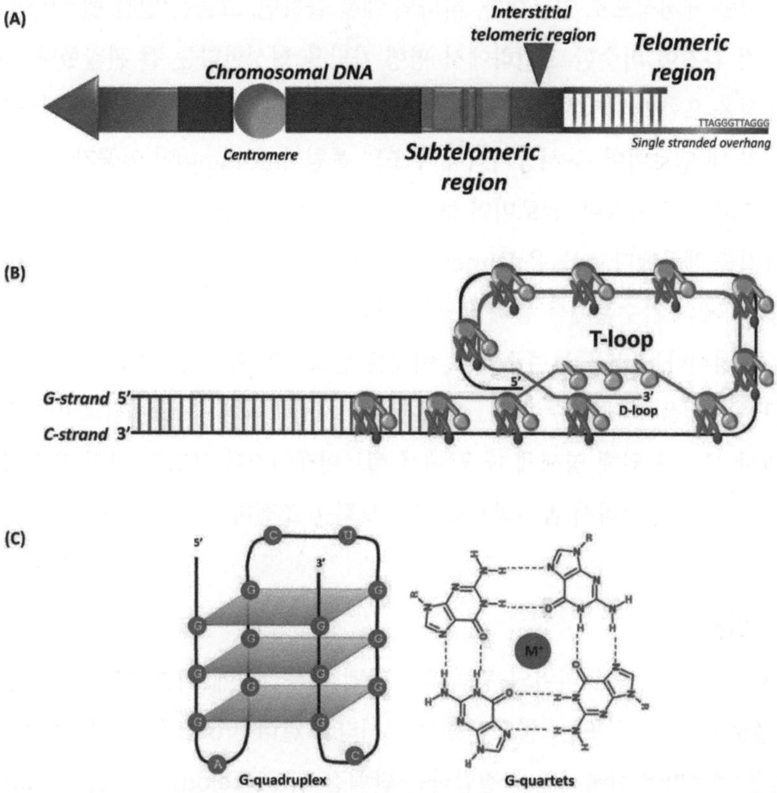

[그림 9.1]

(A, B) 텔로미어 말단과 텔로미어 인접 서열인 서브-텔로미어 부분(subtelomeric region); **(C)** G-4중가닥체(Quadruplex) 구조(TTAGGG)$_4$는 3층의 G-quartet에 의해 고정된 G-quadruplex를 구성하도록 접혀질 수 있다. 4개의 구아닌은 수소결합으로 연결되어 G quartet을 형성한다. DNA 말단이 G-사중가닥체로 접힘(folding)구조를 형성했을 때 텔로머레이스의 접근은 억제된다. (from Srinivas, 2020)

TPP1, RAP1 총 6가지 단백질로 구성되어 있고, 텔로미어 DNA는 텔로미어 끝이 다시 접히고 단일가닥 G-rich tail이 이중가닥 사이를 침투해 "T-루프" 구조를 형성하여 DNA 손상으로부터 보호하는 역할을 하게 된다.

풍부한 G 함량 때문에 단일가닥의 G-overhang은 G-사중가닥체quadruplex를 형성할 수 있는데, 여기서 각 G 염기는 수소결합 형성을 위한 공여자donor 및 수용자acceptor 역할을 한다. 인간의 경우, 텔로미어 G-사중가닥체 구조는 텔로미어의 보호, 재조합의 억제 및 텔로머레이스 의존성 텔로미어 확장의 억제와 관련이 있다.

Tang 등(2008)은 서로 다른 물리적, 화학적 조건이 텔로미어 G-사중가닥체에 미치는 영향을 체계적으로 연구했다. 하나의 예를 들자면, 그들은 인간 텔로미어 DNA가 생리적 환경이 비슷한 조건하에서 평행 가닥을 형성한다는 걸 관찰했다. 실시간 형광 분석을 포함한 다양한 접근법을 사용하여, BLM 및 기타 RecQ계열 헬리카제에 의한 분자 내 텔로미어 G-사중가닥체 구조의 풀림(unfolding)이 이중가닥의 풀림보다는 더 어려울 것이라며, 텔로미어 보호에서 있어서 G-사중가닥체의 역할을 뒷받침하는 증거를 제공했다. 이들은 Dimethyl sulfateDMS 풋프린팅foot-printing 실험 및 엑소뉴클레아제의 가수분해를 통해 G-사중가닥체가 텔로미어의 3′ 바로 끝부분에 우선으로 형성된다는 것을 보여주었다. 이것은 텔로미어 확장을 위해서 텔로머레이스가 접근하는 것을 억제할 수 있다. 텔로미어 G-사중가닥체 구조는 텔로미어 길이 조절과 말단 보호를 위해 염색체 맨 끝에서 텔로머레이스를 포함한 여러 효소의 작용을 조절하고, 그에 따라서 잠재적으로 암과 노화를 조절하기 위한 표적이 될 수 있다.

1.2 쉘터린

텔로미어 유지는 텔로미어의 광범위한 단백질 복합체에 의존한다. 이 과정의 핵심은 '텔로솜telosome' 또는 '쉘터린shelterin'이라고 알려진 6개의 단백질 복합체이다. 텔로솜은 텔로미어 반복서열에 결합하는 단백질 TRF1(Telomeric repeat binding factors 1)과 TRF2, TRF1과 상호작용하는 단백질 TIN2(TRF1 INteracting protein 2), RAP1 (Repressor/Activator Protein 1), POT1(Protection Of Telomeres 1) 및 TPP1(Telomere protection protein 1)으로 구성되어 있다. TRF1과 TRF2는 텔

〈표 9.1〉 쉘터린 복합체의 구성과 기능

단백질 이름	상호작용	기능
TRF1	이중가닥 TTAGGG repeats	텔로미어 길이 조절
TRF2	이중가닥 TTAGGG repeats	T-loop의 안정화, 텔로미어 길이 조절
TIN2	TRF1, TRF2, TPP1과 직접 결합 가능	TPP1, POT1과 TRF1, TRF2를 연결하는 역할을 하고, 텔로미어 길이 조절에 관여
POT1	단일가닥 텔로미어 돌출부에 결합	DNA 손상반응을 억제하고 텔로미어 길이 조절에 관여
TPP1	TIN2와 POT과 상호작용	단일가닥 텔로미어 DNA에 POT1 결합을 증가시키고 POT1과 함께 텔로미어 길이 조절에 관여
RAP1	TRF2와 결합	텔로미어 길이 조절

로미어 이중가닥 DNA의 half site 5′-YTAGGGTTR-3′에 대해 높은 결합 특이성을 갖는 C-말단 SANT/Myb 도메인과 N-말단 TRFH 도메인으로 구성된 공통 도메인 구조를 공유한다. POT1의 두 N-말단 OB폴드oligonucleotide/oligosaccharide-binding fold는 단일가닥 G-overhang의 TTAGGGTTAG 서열에 대해 매우 특이적이다. TIN2는 TRF1, TRF2, TPP1/POT1 이종이량체heterodimer에 직접적으로 결합함으로써 다양한 텔로솜 구성요소를 연결하는 허브hub 역할을 한다.

1.2.1 TRF1

TRF1은 최초로 발견된 텔로미어 DNA 결합단백질인데 텔로미어 길이에 대한 음성 조절자 역할을 한다. 이것은 우성-음성dominant-negative, dn 대립유전자를 발현하여 TRF1 기능을 억제하였을 때 텔로미어 길이는 신장되었고, 역으로 TRF1을 과발현 시켰을 경우는 텔로미어를 짧게 했기 때문이다. 마우스에서 TRF1 동형접합성 결실homozygous deletion을 유도했을 때 심각한 결함과 함께, 대략 포배기 때 배아가 치사하는 결과를 초래했다. 몇몇 연구결과들을 볼 때 TRF1은 텔로미어 길이 조절 외에 다른 기능도 수행할 것으로 예상되는데 TRF1은 G2/M DNA damage 체크포인트 역할을 하는 것으로 보인다.

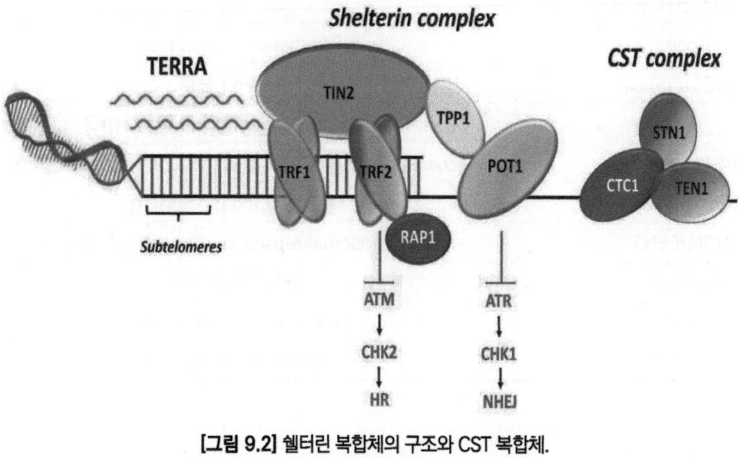

[그림 9.2] 쉘터린 복합체의 구조와 CST 복합체.

쉘터린 복합체는 텔로미어 DNA에 결합하는 6개의 특별한 단백질들에 의해 구성된다. TRF1과 TRF2는 이중가닥DNA에 POT 1은 단일가닥 DNA 말단에 결합한다. (from Srinivas, 2020)

〈표 9.2〉 TRF1-associated proteins

이름	역할
Tankyrase 1, 2	PARsylation of TRF1, 보호, cohesion resolution
PINX	텔로머레이스 저해제
ATM	TRF1 인산화; 텔로미어 길이 조절
Ku70/80	상동재조합 저해
FBX4/nucleostemin	TRF1 유비퀴틴화/분해
PIN1/GNL3L	TRF1 folding

1.2.2 TRF2와 RAP1

TRF1과의 유사도(homology) 검색을 통해 찾아낸 TRF2는 음성적으로 텔로미어 길이를 조절하고, 텔로미어 말단 보호에 참여하며, 텔로미어 유지에 있어서 중요하다. TRF1과 TRF2는 동족체로서 Myb-related DNA-결합 도메인을 포함한다. TRF1과 유사하게 TRF2도 TTAGGG 이중가닥에 결합한다. TRF1과 TRF2가 C-말단에 Myb 모티프와 중간부분에는 homodimer를 형성할 수 있는 이량체 도메인을 가진 점은 서로간의 유사점이다. 그런데 이들의 N-말단은 TRF1은 'acidic', TRF2는 'basic'한 특징을 갖는 점은 서로 다른 차이점이다.

〈표 9.3〉 TRF2-associated proteins

TRF2-associated 단백질	역할
Apollo	Overhanging processing
ORC complex	텔로미어 보호
ATM	inhibited by association with TRF2
MRE11 complex	overhanging processing at dysfunctional telomere
XPF-ERCC1	overhanging processing
WRN/FEN1	chromosomal replication through telomeres
Ku70/80	상동재조합 저해
PNUTS	telomere length regulation
MCPH1	telomere protection

TRF2의 활성은 적어도 부분적으로는 Apollo, XPF-ERCC1, MRE11 복합체, WRN/FEN1과 같이 TRF2와 상호작용하는 다양한 인자들을 통하여 수행된다. 포유동물에서 TRF1과 TRF2는 TRF homology(TRFH) 도메인을 공유하고 있다. 인간 TRF2 내의 TRFH 도메인이 YYHKYRLSPL 이라는 콘센서스 모티프와 함께 [Y/F] XL 펩티드를 인식할 수 있다는 것을 발견했다(Kim, 2009). PNUTS (phosphatase nuclear targeting subunit)와 MCPH1 (microcephalin 1)을 포함하여, 결합 모티프를 기반으로 몇몇의 새로운 TRF2-associated 단백질들(표 9.3)이 발견되었다. PNUTS와 MCPH1은 각각 텔로미어 길이 조절과 텔로미어 DNA 손상반응을 조절할 수 있다. 이밖에 DDX39(DEAD-box RNA 나선효소)는 FXLXP 모티프를 통해 TRF2와 직접 상호작용하고, DDX39의 고갈은 TIF(telomere dysfunction-induced foci, 텔로미어 기능이상-유도 중점) 유도로 이어지며, TRF2와 DNA 손상반응 억제를 연결하는 또 다른 경로도 추가된 것으로 보고되고 있다(Yoo, 2011). TRF2가 텔로미어 조절을 위한 다양한 인자들을 모집하는 허브hub 역할을 한다는 것은 확실하다. 그에 관한 예로 들 수 있는 것이 ATM 매개 NHEJnon-homologous end joining, 비상동 말단결합 경로이다. TRF2가 결핍된 쥐 배아 섬유아세포MEFs는 비상동말단결합NHEJ 경로에 의해 매개되는 대규모 말단-말단 융합fusion이 나타난다. TRF1과 유사하게, TRF2가 마우스에서 동형접합 불활성화homozygous inactivation되면 배아 치사를 유도한다. 그러나 TRF1과 달리, TRF2 불활성화에 의한 치사는 p53 폐기p53 abrogation에 의해 구제될 수는 없으며, 이는 배아의 발생 중 생존을 보장하기 위하여 TRF1과 TRF2가 다른

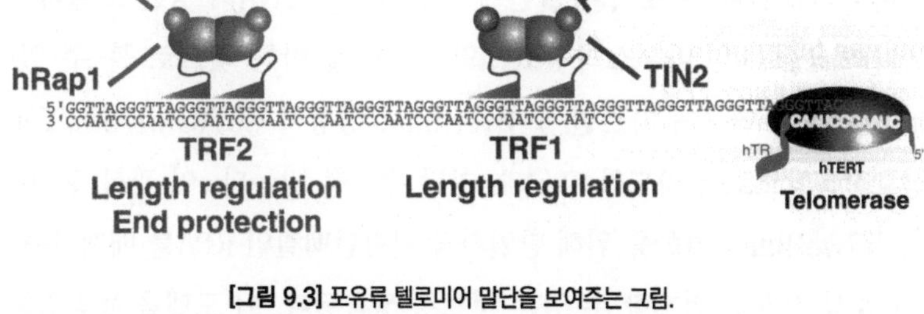

[그림 9.3] 포유류 텔로미어 말단을 보여주는 그림.

TRF1과 TRF2는 DNA 염기서열 특이적으로 텔로미어에 튼튼하게 결합할 수 있다. (from De Lange, 2000)

메커니즘을 사용하는 것을 시사한다.

RAP1은 RCT 도메인, BRCT 도메인 및 Myb 도메인 등이 아주 잘 보존되어 있다. Myb 도메인을 통해 텔로미어에 직접 결합할 수 있는 출아 효모와는 달리, 포유류 RAP1은 텔로미어 결합능력이 부족하여 상호작용 파트너인 TRF2에 의존해서 텔로미어에 결합할 수 있다. RAP1/TRF2 복합체에서 수많은 DNA 복구 단백질들(Rad50, MRE11, PARP1, Ku70/80)이 모여 있음을 확인했다. TRF1과 TRF2와는 대조적으로, RAP1이 결핍된 마우스는 텔로미어 재조합recombination과 취약성fragility은 증가했어도 텔로미어 캡핑capping은 가능하여 생존할 수 있었다. RAP1은 전사 조절에 관련된 기능을 할 것으로 예상된다.

1.2.3 POT1

POT1(protection of telomere 1)은 원래 섬모충류에서 단일가닥 G-rich DNA 결합단백질에 대한 염기서열 상동성을 기반으로 동정되었다. 효모 Pot1p의 N-말단(Pot1pn)이 ssDNA 결합을 위해 클램프를 형성하기 위해 돌출된 두 개의 루프를 포함한다. 이와 비교하여 인간 POT1 (hPOT1)의 두 OB fold는 텔로미어 ssDNA decamer (10-mer)인 TTAGGGTTAG를 인식하며, hPOT1의 N-말단 OB fold는 첫째로 6개의 뉴클레오티드와 결합하는 반면, 두 번째 OB fold는 ssDNA 3′ 말단에 결합해서 보호한다.

POT1은 텔로미어 말단을 보호하고, 텔로머레이스에 의한 텔로미어의 신장을 조절한다. 인간 POT1과 대조적으로, 마우스는 뚜렷한 기능을 가진 두 개의 Pot1 파라로그paralogs, 즉 Pot1a와 Pot1b를 가지고 있다. 마우스 세포 내 Pot1a 및/또는 Pot1b에 대한 기능상실 연구에 따르면, Pot1a가 주로 ATR-매개 DNA 손상반응을 억제하고, Pot1b는 텔로미어 말단에서 단일가닥 DNA의 양을 조절하는 역할을 한다. 인간의 POT1은 마우스의 Pot1a와 Pot1b를 합한 것으로 볼 수 있다. 마우스 Pot1b에 대한 연구에 따르면 3′-overhang 생성시 CST(Ctc1/Stn/Ten1) 복합체와 상호작용함으로써 과도한 C-rich 가닥 절제를 막는다. 이 관찰 결과는 POT1이 G-rich overhang 결합을 위해 단일가닥 결합단백질인 RPA를 배제하여 ATR-매개 DNA 손상 신호를 억제할 수 있는 것으로 생각된다. 이 모델을 뒷받침하는 것은

hnRNP1, TERRAtelomeric repeat-containing RNA 및 POT1이 함께 작용하여 DNA 복제 후 RPA(Replicative protein A)를 텔로미어의 단일가닥 DNA로부터 대체하고 텔로미어 말단 보호를 촉진하는 것이다.

〈표 9.4〉 OB fold를 포함하는 텔로미어-말단 단백질의 진화

Species (종)	OB-fold proteins	Structure
출아 효모 (budding yeast)	CDC13-Stn1-Ten1, Est3	RPA-like
분열 효모 (fission yeast)	POT1-TPP1	TEBPα/β-like
섬모충류 (ciliate)	TEBPα-TEBPβ	TEBPα/β heterodimer
척추동물 (vertebrate)	POT1-TPP1	TEBPα/β-like

1.2.4 TPP1

Liu 등(2004)은 대규모 affinity 정제를 통하여 TPP1 (이후 PTOP으로 알려짐)을 동정해 냈고, 이것은 TIN2와 POT1 모두와 결합하는 것을 발견했다. 인간 TPP1이 POT1의 C-말단에 결합하고 이것이 텔로미어에 결합하도록 한다. TPP1은 *Oxytricha nova* TEBPβ의 포유류 동족체homologue로 밝혀졌으며, N-말단 OB fold를 포함하고 있다. 구조분석 결과, 실제로 인간 TPP1 OB fold와 TEBPβ fold 사이에 유사성이 밝혀졌다. TPP1은 POT1과 직접 상호작용하며, 텔로미어 단일가닥 DNA에 대한 POT1의 친화력을 강화시키는 역할을 한다. 또한, TPP1은 텔로미어에 모집되기 위해 텔로머레이스와 직접 상호작용한다. 예컨대 TPP1이 제대로 기능을 못하는 쥐 배아 섬유아세포MEFs와 마우스에서, 텔로미어에 대한 텔로머레이스 결합력 감소와 텔로미어의 단축이 관찰되었다. 더욱이 TPP1이 결핍된 MEFs는 텔로머레이스 활성에 의존하는 공정인 iPSCs로 재프로그래밍 될 수 없다. 특히 TPP1에 대해 반수체-불충분 돌연변이haploinsuffciency mutation; 유전자 기능이 정상적으로 작용하기 위해서는 두 카피의 유전자가 있어야 하고, 하나만 있을 경우는 기능을 나타내기에 충분하지 못함가 자발적으로 발생하는 마우스에서, 모낭 줄기세포 구획과 같은 다양한 고증식 조직과 텔로머레이스-양성 조직에서 성장의 결함이 뚜렷이 나타났다. 제브라피시 모델에서 TPP1을 녹다운시켰을 때 신경사멸, 심장 기형, 꼬리 결손, 광범위한 세포사멸을 포함한 배아 발생의 여러 이상을 초래하는 것을 관찰했다. 게다가 TPP1은 POT1에 더하여, 효모 Stn1의 인간 동족체

인 OBFC1과 상호작용하는 것으로 나타났다. 이들은 텔로미어 길이 조절에 관여하는 것으로 알려진다. 실제로 OBFC1/Stn1을 포함하는 CST 복합체가 3′-overhang 생성을 위한 과정에 관여하는 것으로 나타났다. CST 복합체는 TPP1-POT1과 텔로미어 DNA에 대하여 경쟁을 하며, TPP1-POT1이 텔로머레이스 활성화에 기여를 한다면 CST는 텔로머레이스 활성을 억제하는 쪽으로 작용한다. 결국 CST의 고갈은 과다한 텔로머레이스 활성을 허용하고 텔로미어의 길이 신장이 이루어진다. 종합하자면, TPP1은 ATR-매개 DNA 손상 신호를 억제하고 텔로머레이스 의존적 텔로미어 연장을 조절함으로써, 텔로미어 말단 보호와 길이 조절에 모두 필수적이다.

1.2.5 TIN2

TIN2는 TRF1, TRF2, TPP1과 직접 상호작용함으로써, 텔로솜 복합체에 중심요소 역할을 한다. 여기서 TIN2 교란disruption은 모든 텔로솜 구성요소들이 텔로미어를 구성하는 것을 감소시키고 텔로미어 말단에 대한 RPA 결합을 축적한다. 그리고 ATR-매개 DNA 손상 반응을 증가시키며, 이는 또한 POT1a/POT1b 이중 녹아웃double knockout 마우스 표현형을 반영한다. 마우스에 있어 TIN2의 결실을 초래하면 텔로미어는 TPP1-POT1을 잃고 RPA를 축적하게 된다. 이것은 ATR-매개 DNA 손상반응을 유도하게 된다. TIN2는 TRF2-의존적인 ATM 키나제 신호의 억제에도 기여한다. 결국 TIN2의 역할은 텔로미어 단일가닥 DNA에서 TPP1-POT1을 안정화함으로써 RPA를 배제하여 ATR-매개 DNA 손상반응을 억제하는 것이 주된 임무이고, TRF-의존적인 ATM 키나제 신호 억제는 부차적이다. 현재까지 TIN2는 인간 질병에서 돌연변이가 식별된 유일한 텔로솜 구성성분이다. 선천성 이상각화증dyskeratosis congenita, DC 환자의 경우 TIN2-의존 텔로미어 길이 조절 및 TPP1-매개 텔로머레이스 모집 기능 장애가 나타날 수 있다.

2. 텔로미어 기능이상의 분자적 기반

텔로미어 DNA가 쉘터린 및 텔로머레이스와 상호작용하는 것은 섬세하게 조절되며 이것은 염색체 말단 보호에 필수적이다. 쉘터린을 구성하는 구성요소들 및 텔로머레이스에 있어서의 결함은 텔로미어 구조와 길이에 직접적인 악영향을 미치며, 그 결과 텔로미어 기능장애의 주요 유발 원인으로 작용할 수 있다.

2.1 유전체 불안정성에서 텔로미어 "uncapping"의 역할

텔로미어가 역치값으로 짧아지거나, TTAGGG 반복이 길게 늘어져 있는 경우일지라도 DNA 손상 복구기작에 의해 인식되는 것을 보호하지 못하면 텔로미어의 보호기능을 잃을 수 있다. 우성-음성 대립유전자에 의하거나, 또는 마우스에서 유전자의 표적 결손targeted deletion에 의해 텔로미어에서 TRF2 쉘터린 단백질을 제거했을 때에 텔로미어 "uncapping"의 명백한 예를 볼 수 있는데, 몇 번의 세포분열 후 모든 염색체 말단은 DNA 손상으로 감지되어, 염색체 말단 융합이 일어나 중기 염색체가 "스파게티 접시"와 같이 염색체들이 길게 연결된 모습으로 나타난다.

DNA 손상 부위에서 나타나는 '감마 H2AX'로 예시되는 DDR 단백질들의 축적은

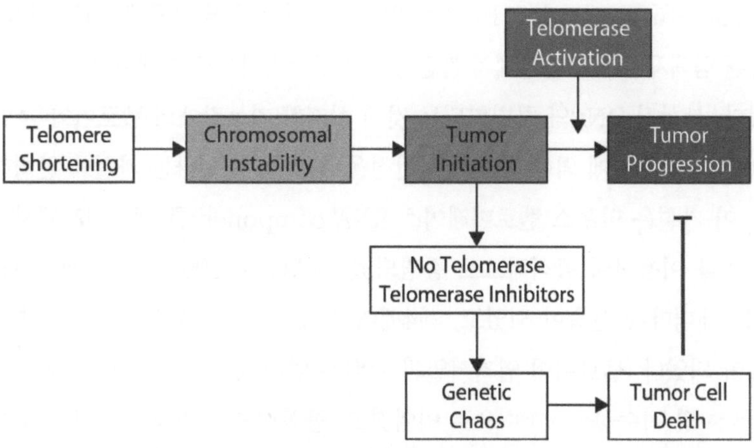

[그림 9.4] 텔로미어 단축이 초래하는 결과.

TIFs(telomere-dysfunction induced foci, 텔로미어 기능이상-유도 중점)와 같은 형광 기반 기술에 의해 텔로미어에 DNA 손상/회복에 관여하는 단백질들이 모집되는 것을 눈으로 확인 가능하다. TIFs는 실험실에서 제작된 텔로미어 기능장애의 거의 모든 설정에서 관찰될 뿐 아니라 복제 노화replicative senescence를 겪는 세포에서도 역시 관찰된다.

세포 내 손상 신호의 축적은 노화senescence 진입에 필요한 것으로 나타났으며 DDR 구성 요소들은 복제 스트레스에서 발생하는 해로운 결과들을 억제하는 기능을 한다. 따라서 텔로미어 염색질telomeric chromatin의 변화와 몇몇 텔로미어에 DDR 단백질들의 축적이 일어나는 것은 세포유형에 따라서, 세포 주기의 종료를 유도하거나 또는 아폽토시스를 유도하는 자극을 제공할 수 있다. 그러면 이와 같은 변화를 유도하는 텔로미어들은 어떻게 선택이 될까? DDR 단백질의 세포 주기 의존적 염색질 역학chromatin dynamics 또는 세포 주기 의존적 인산화cell cycle dependent phosphorylation는 이러한 사건의 선택과 타이밍에 영향을 미칠 수 있다.

3. 유전체 불안정성의 근원, 텔로미어

3.1 유전체 불안정성과 텔로머레이스

1938년 맥클린톡은 이전에 X선을 쬐였던 식물 염색체가 자발적으로 절단-융합-연결(breakage-fusion-bridge, BFB) 주기에 연관된 것을 알아냈고, 이는 비정상적으로 융합된 염색체가 세포분열에서 불균등하고 무작위적으로 분배된다는 가설의 기초가 되었다. 부서진 DNA와 차별화되는 것에 실패한 기능장애의 텔로미어dysfunctional telomere는 BFB 주기에 의해 유전체 불안정을 초래할 수 있다는 가설에 완벽하게 일치한다. 이 가설은 마우스 텔로머레이스 RNA component를 생식세포에서 결손시킨 마우스를 이용하여 공식적으로 증명되었다(Blasco, 1997). 그 결과를 보면, 텔로미어는 세대마다 단축이 되었고, 제4세대 후에 TTAGGG 신호가 없는 텔로미어가 검출이 되었다. 텔로미어 염기서열의 손실은 염색체 말단간의 융합, 염색체 이상abnormalities 및 이수성aneuploidy으로 이어졌고, 공식적으로 염색체 말단의 보호가 상실되는 것은 포유류에서 유전체 불안정성genome instability의 시작이 될 수 있다는 주

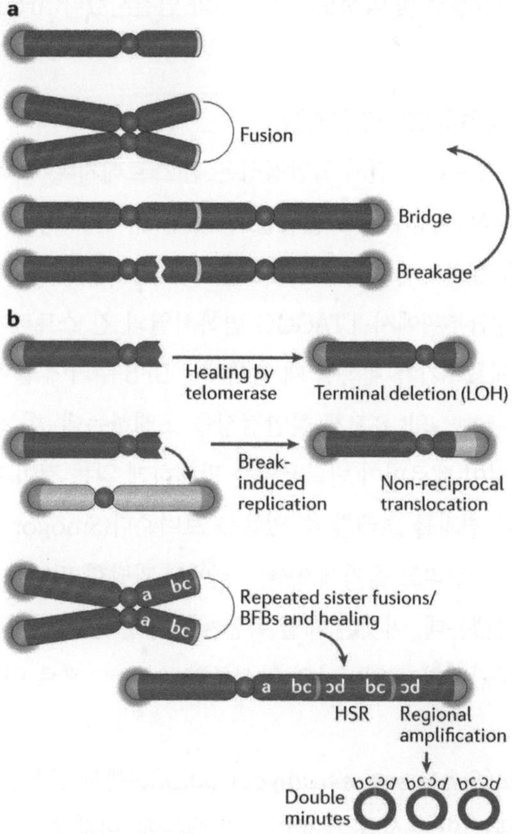

[그림 9.5] Breakage-Fusion-Bridge(BFB) cycle.

보통의 경우 염색체 말단은 텔로미어의 보호를 받는다. 정상 세포의 경우 텔로미어 단축이 발생하면 p53과 같은 체크포인트 유전자에 의하여 성장의 정지나 아폽토시스가 일어난다. 이러한 체크포인트를 우회한 세포는 염색체 말단의 융합이 일어나고 후기(anaphase) 동안 파괴되는 dicentric chromosome을 만들어낸다. 후기에서 양극으로 끌려갈 때 무작위적 절단이 일어나 비대칭적 염색체 배분이 일어나고, 이러한 현상이 반복되면 유전체 불안전성이 초래된다. (from Maciejowski, 2017)

장을 뒷받침했다.

텔로머레이스를 결여한 TERT$^{-/-}$ 후기 세대 마우스에서 p53의 결손이 텔로미어 기능장애의 부작용을 완화시키는 결과가 발견되었다. 결과적으로, 텔로머레이스와 p53이 함께 손실이 일어난 것은 세포의 형질전환cellular transformation을 촉진하기 위해 협력할 수 있다는 것이 제안되었다. p53이 결여된 마우스 모델에서도 마찬가지로, 텔로미어의 마모가 상피암 발생을 초래하며 BFB cycle 기반 유전체 불안정성과 비상호적 전위non-reciprocal translocations가 대규모로 증가했고, 이것은 정식으로 텔로미어 기능장애를 유전체 불안정성 및 악성도malignancy와 연결시켰다(Artandi, 2000).

3.2 유전체 불안정성과 쉘터린 단백질

텔로미어에 의해 유도된 유전체 불안정성은 긴 스트레치stretch의 이중가닥 텔로미어 반복서열이 존재하는 경우에도 발생할 수 있다. 우선 우성-음성dominant-negative 대립유전자에 의해 텔로미어로부터 TRF2 쉘터린 단백질이 제거되었을 때, 염색체 말단이 융합되어 융합부위에서 TTAGGG 반복서열의 긴 스트레치를 포함한다(van Steensel, 1998). 세포주기가 계속될 때 염색체는 BFB 주기에 들어가서 비상호적 전좌non-reciprocal translocation와 유전체 불안정성을 초래하는데, 이는 텔로미어 캡핑에 대한 장애가 있는 것이 텔로미어 반복서열을 막대하게 잃는 것이기 때문에 텔로미어 기능 장애와 동일한 결과를 초래할 수 있음을 보여준다(Smogorzewska, 2002). 한편, TRF2가 기저basal 그리고 줄기세포stem cell에서 과발현 되었을 때, 마우스에서 피부암의 수준이 증가했는데, 이것은 개별 복합체의 과발현 또는 결손deletion에 의하여 쉘터린 복합체의 불안정화가 일어나면 악성종양malignancy으로 이어질 수 있음을 시사한다.

예전에 분열 효모(*Schizosaccharomyces pombe*)에서 관찰된 것처럼, 텔로미어는 G-rich하고 반복적인 특성을 가지고 있기 때문에, 복제 분기점에서 장애물을 형성할 수도 있는데, 이러한 어려움을 극복하고 효과적으로 복제하기 위하여 텔로미어 단백질들을 필요로 한다. 마우스에서 TRF1을 표적 결손targeted deletion한 결과, 부서지기 쉬운 자리fragile site가 나타나게 되고, TRF1의 도움 없이는 복제 분기점을 움직이지 못하는 것으로 밝혀졌다(Sfeir, 2009). TRF1의 결손이 유전체 불안정성에 직접적으로 기여하고, 중층상피에서 TRF1이 결실된 마우스는 상피 이형성증epithelial dysplasia을 나타내며 p53-음성 환경에서 편평 세포 암종squamous cell carcinoma을 발생시킨다는 사실이 밝혀졌다(Martinez, 2009).

4. 텔로미어의 텔로머레이스-매개 신장

4.1 인간 텔로머레이스의 세포주기에 의해 조절되는 수송

인간의 세포에서 텔로미어는 세포주기의 S기 동안 합성된다. 그러나 텔로머레이스가 세포주기의 특정 기간 동안만 기능이 제한적으로 작용할 수 있는지에 대해서는 잘 알려지지 않는다. 이러한 이유로 텔로머레이스의 세포 주기 의존적 조절이 세포 내의 분자 수송과 연관해서 발생할 가능성이 제기되고 있다.

Jady 등(2004)은 S기 동안 카잘바디CB를 통한 텔로머레이스 RNA의 유입 가능성을 보고했다. 테트라히메나에서 더 설득력 있는 증거를 얻을 수 있었는데, Fang 등(1995)은 텔로머레이스 RNA(TR)는 세포주기의 대부분에 걸쳐 별개의 핵 초점(nuclear foci)에 국한되어 있다가 S기 동안 텔로미어가 합성되는 장소로 수송이 일어난다고 보고했다. Tomlinson 등(2006)은 세포주기의 대부분(G1, G2) 동안 hTR과 hTERT는 별도의 장소에 존재하던 것이 S기에 텔로미어로 이동하면서 결합체를 형성

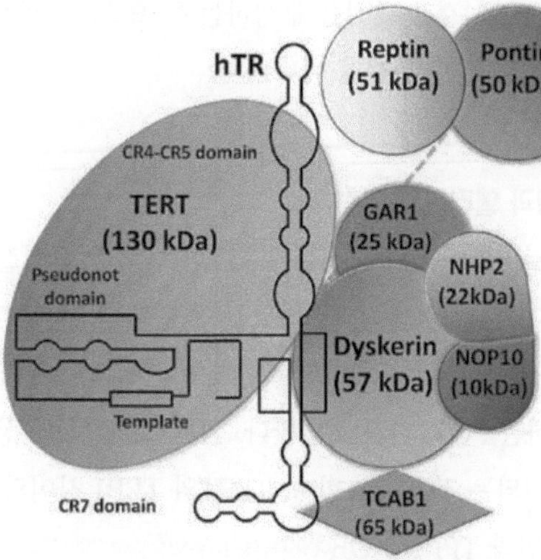

[그림 9.6] 텔로머레이스를 구성하는 요소들.

hTERT는 염색체 말단에 새로운 텔로미어를 첨가하기 위하여 hTR이 제공하는 "주형(template)"을 사용한다. hTR은 451개의 뉴클레오티드로 구성되어 있으며 3′ 말단에는 H/ACA box를 포함하고 있다. H/ACA box는 hTR의 안정성과 hTERT와의 결합에 필수적이다. H/ACA box는 dyskerin, NOP10, NHP2, GAR1 들과 함께 디스케린 복합체를 구성한다. (from Gomez, 2012).

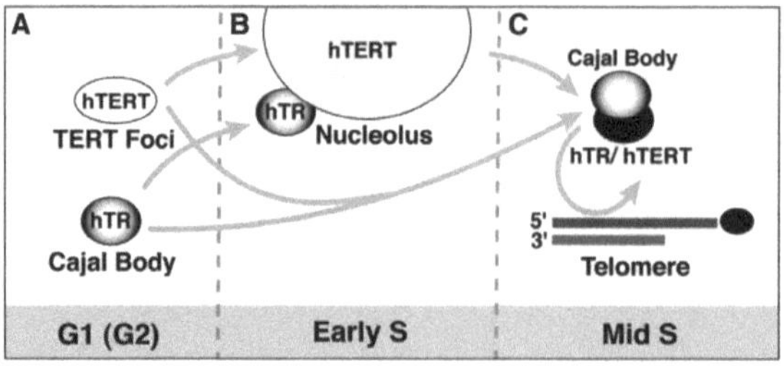

[그림 9.7] S기 동안 텔로머레이스를 구성하는 요소들이 세포주기와 연관되어 수송되는 모델.
G1 및 G2에서는 hTR과 hTERT가 분리된 장소에서 보관되고 있고 텔로머레이스 활성은 나타나지 않는다. 초기 S기에서 중기 S기에 이르기까지 hTR과 hTERT의 공동 국소화(co-localization)가 일어나고 텔로머어 합성을 시작할 수 있다.
(from Tomlinson, 2006)

한다고 주장했다. hTR은 세포주기의 대부분에 걸쳐 카잘바디에서 발견된다. hTERT는 대부분의 세포주기 동안 핵소체nucleoli, 카잘바디 또는 텔로미어에 포함되지 않는 핵 내 초점subnuclear foci에 존재하고 있다.

S기가 시작되면서 hTR 및 hTERT가 텔로미어로 이동하기 전에 구성 요소에 여러 변화가 수반된다. hTERT는 핵소체nucleolus로 이동하고 hTR을 포함하는 카잘바디는 S기 초기에 핵소체 주위에 축적된다. hTR과 hTERT가 mid-S기 동안 공동 국소화colocalization를 나타내는데, 이것은 활성을 구성하는 두 요소가 결합을 통하여 S기-특이적으로 텔로미어 합성을 할 수 있음을 나타낸다.

4.2 텔로미어에 모집과 쉘터린과 연합

텔로미어에 대한 텔로머레이스의 모집은 TERT와 쉘터린 단백질 TPP1과의 상호작용에 의하여 매개된다. TPP1은 이중가닥 DNA-결합단백질 TRF1과 TRF2와도 접촉을 형성하는 TIN2를 통해 나머지 쉘터린 복합체에 연결된다. TPP1은 텔로미어 단일가닥 돌출부에 결합하는 POT1과도 결합한다. TPP1과 TIN2가 상실되면 텔로미어에 텔로머레이스가 모집되는 것이 감소한다. TERT와 TPP1 사이의 특별한 상호작용이 TERT의 TEN 도메인과 TPP1의 OBoligosaccharide/oligonucleotide binding fold 도메인의 "TEL patch"라 불리는 아미노산 patch 사이에서 일어난다. "TEL patch"의 중요성은 이 부분에서의 돌연변이가 텔로미어의 단축과 심각한 선천성 이상각화증을 초래하는 것에 의해 뒷받침되었다.

TIN2 역시 텔로미어 길이 유지를 위해서 중요하다. 그것이 없을 경우 TPP1과 POT1은 텔로미어에 위치할 수 없다. TIN2가 다리 역할을 하는 것으로 기인하여

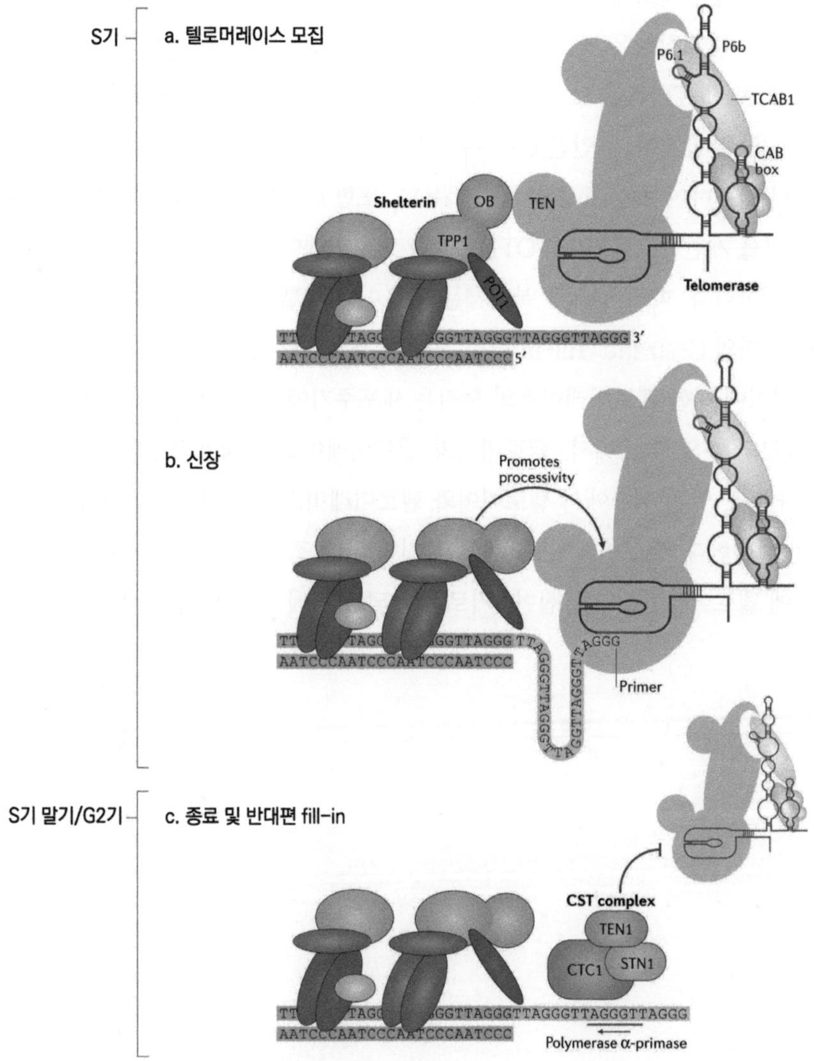

[그림 9.8] 텔로미어에서 텔로머레이스 활성 조절.

TERT의 TEN 도메인과 TPP1의 OB 도메인과의 상호작용을 통하여 텔로머레이스가 텔로미어에 모집된다. 텔로미어 말단에 모집된 텔로머레이스는 G-overhang의 길이를 신장시키고(세포주기의 S기), 인간 CST 복합체가 DNA polymerase α-primase를 자극함으로써 텔로미어에서 반대편 가닥인 C-strand 'fill-in'을 돕는다(후기 S기/G2기). (from Roake, 2020)

TIN2는 텔로머레이스가 텔로미어에 모집되기 위해 요구된다. 텔로미어 길이 유지에서 TIN2의 중요성을 반영하듯이, 짧은 텔로미어증후군을 가진 개개인들에서 TIN2 단백질의 C-말단 근처 엑손 6에 클러스터 되어 있는 돌연변이가 나타난다. 이들 돌연변이들은 인간 세포에서 텔로미어에 텔로머레이스가 모집되는 것을 손상시킨다.

텔로미어 단백질들은 텔로미어에서 텔로머레이스 활성을 억제할 수도 있다. CTC1, STN1과 TEN1을 포함한 CST복합체는 텔로미어의 3′ 돌출부에 결합하는 삼량체trimer의 복합체이다. 인간 CST 복합체는 DNA polymerase α-primase를 자극함으로써 텔로미어에서 DNA 복제를 돕는다. 또한 CST는 텔로미어에 대한 텔로머레이스 접근을 제한하고 TPP1-POT1에 의한 텔로머레이스 자극을 억제하여 텔로미어 확장을 제한한다. 따라서 CST 복합체는 텔로미어의 텔로머레이스-매개 신장으로부터 텔로미어의 C-strand "fill-in 합성"으로의 전환을 촉진할 수 있다.

텔로미어에 대한 텔로머레이스의 모집은 세포주기에 의존적인 방법으로 조절된다. 출아 효모와 분열 효모에서, 텔로미어와 텔로머레이스의 상호작용은 S기로 제한된다. 유사하게, 인간 세포에서 텔로미어와 텔로머레이스의 co-localization은 주로 S기 동안 발생한다. 텔로머레이스의 세포주기에 의해 조절되는 조립assembly 과정은 텔로미어에 텔로머레이스의 모집이 S기로 제한되는 것에 대하여 일부 설명할 수 있다.

10

유전체 안정성과 CST의 역할

인간의 CST (CTC1-STN1-TEN1) 단백질은 단일가닥 DNA에 결합하는 다 단백질 복합체multi-protein complex로서 Replication Protein A RPA 단백질과 상동성homology을 공유하고 있다. 지금까지 알려진 CST 단백질의 기능은 텔로미어의 길이를 유지하는 것이며, CST는 효모로부터 인간까지 잘 보존되어있다. 인간 CST의 염기서열 특이적 결합 및 염기서열 독립적 DNA 결합 활성은 텔로미어뿐 아니라, 유전체 전체적으로 작용하여 유전체 전반의 안정성에 기여하는 것으로 알려진다. 최근 연구에 따르면 CST는 텔로미어가 아닌 곳에서 "stalled replication fork (정지된 복제분기점)"의 문제를 해결하고 복제를 다시 시작하게 한다. BRCA를 결여한 세포에서 CST 복합체를 불활성화하면 유전체 불안정성을 더욱 심하게 한다는 결과가 밝혀졌다. CST의 기능 장애와 돌연변이는 몇몇 유전 질환 및 암과 관련이 있다.

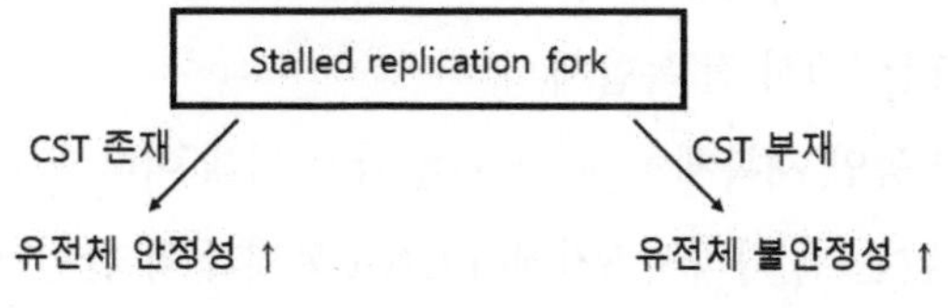

[그림 10.1] CST 복합체는 유전체 안정성에 기여한다.

1. 텔로미어 복제과정 개요

DNA 복제는 DNA 분자에서 동일한 두 개의 DNA 사본이 생성되는 과정이다. DNA 복제는 돌연변이mutation, 절단breaks, 유전체에 가해지는 다른 손상들을 방지하기 위해 효율적으로, 그리고 높은 정확성을 가지고 수행되어야 한다. 그러나, DNA를 복제하는 복제기구(이것은 '리플리솜'이라 불리며 DNA 복제를 수행하는 다중 단백질복합체를 말한다)는 복제의 속도를 늦추거나 지연시킬 수 있는 복제 포크 배리어RFB, Replication Fork Barriers의 복잡한 염색질 환경을 탐색해야 한다. 복제 포크 배리어는 반복서열, DNA 결합 단백질DNA-bound proteins, R-루프R-loop, 이질염색질heterochromatin, DNA 손상 등을 포함한다. 복제 오류replication errors는 DNA 손상과 유전체 불안정성의 주된 원인이다. 복제 포크 배리어를 극복하기 위해서는, CST 복합체를 포함한 다양한 전문 복제 요소들이 필요하다. CST는 *Saccharomyces cerevisiae* Cdc13-Stn1-Ten1 복합체 및 복제 단백질 A (RPA)와 상동성을 공유하는 단일가닥 DNA 결합 단백질이다. CST의 보존된 역할은 텔로미어의 복제와 텔로미어 유지maintenance이다. 그러나, 최근 연구에서는 또한 CST가 다른 반복적인 유전체 자리repetitive genomic loci에서 복제 재개를 촉진하고, 복제 스트레스 이후 휴면 복제원점 활성화를 촉진하는 것에 주목하고 있다.

복제 원점이 정의된 모티프motif를 가지는 출아 효모와 달리, 진핵 생물의 복제 원점은 염기서열에 의해 정의되지 않고 염색질의 형태 또는 DNA 2차 구조(예를 들면 G4s, 사중가닥체)에 의해서 정의된다. 그러나, 복제 원점의 허가licensing와 활성화 과정은 효모부터 인간까지 잘 보존되어 있다. 인간에서, 복제기점 인식복합체Origin Recognition Complex, ORC는 염색질에 결합하여 세포주기의 G1기에서 MCM2-7 헬리카제helicase의 로딩loading을 위해 CDT1과 CDC6을 끌어들인다. 이 복합체는 원점 허가origin licensing에 필요한 '개시 전 복합체pre-replication complex, pre-RC'라고 알려져 있다. G1기가 끝나면 S기 동안 재복제re-replication를 막기 위해 어떠한 'origin licensing원점 허가'도 일어나지 않는다. 따라서 S기에서 DNA 복제가 딱 한번만 일어나도록 통제한다. 그런 다음 복제는 선도 가닥leading strand에서 연속적인 합성과 지연 가닥lagging strand에서 불연속적인 합성을 통해 반보존적semi-conservative 방법으로 진행된다. 복제 과정이 진행되는 동안, 리플리솜replisomes은 종종 복제 포크 배리어들replication fork barriers, RFBs에 의해 지연되는 경우가 있다. DNA의 손상을 막기 위해 세포들은 복제 정지replication stalling를 해결하기 위한 다양한 기작들을 진화시켜 왔다. 그것들은 지연된 리플리솜stalled replisome을 재활성화 시키는 것, 복제를 회피하거나 근처의 활동을 중단한 복제 원점을 재활성화 시키는 것 등을 포함한다. 매우 풍부한 RFBs는 짧은 연쇄 반복Short Tandem Repeat, STR 서열이다. 이와 같은 많은 반복서열들은 DNA의 2차 구조를 형성하여, 복제 정지의 가능성을 증가시킨다. 이와 같은 이유 때문에 복제하기 어려운 구역 중 하나가 텔로미어이다.

텔로미어들은 선형 염색체를 분해와 염색체 융합으로부터 보호하고 캡cap역할을 하는 핵산단백질 복합체nucleoprotein complex이다. 효모의 텔로미어 길이는 수백 뉴클레오티드이며, 쥐와 인간에서는 수십~수백 킬로베이스(kilobases) 정도를 가지는 짧은 연쇄 반복들(인간의 경우 5′-TTAGGG-3′)로 구성된다. 텔로미어에는 G/C가 풍

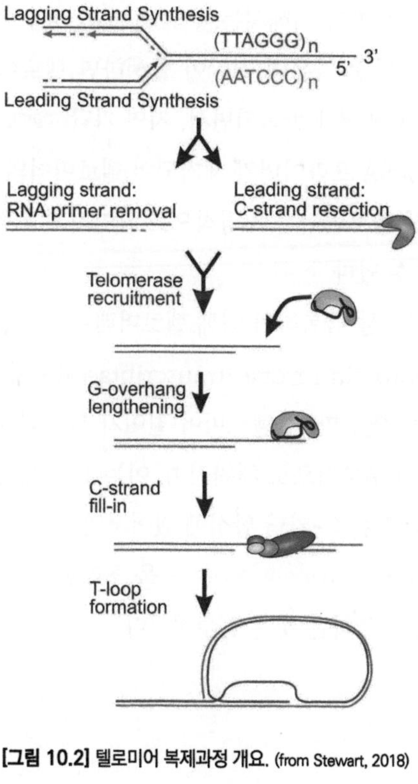

[그림 10.2] 텔로미어 복제과정 개요. (from Stewart, 2018)

부하기 때문에 각각의 가닥을 G-가닥(G-strand)과 C-가닥(C-strand)으로 호칭한다. G-가닥은 짧은 단일가닥 DNA 구간 (ssDNA region)에서 끝난다(그림 10.2). 이 부분을 'G-overhang'이라고 부른다. 텔로미어 DNA는 또한 염색체 말단 보호를 촉진하는 단백질들에 의해 보호되고 있다. 척추동물에서, 텔로미어들은 이중가닥 DNA 결합 단백질(double strand DNA binding proteins) TRF1과 TRF2, ssDNA G-오버행 결합 복합체 POT/TPP1, TRF1/2와 TPP1/POT1 사이를 연결하는 TIN2, RAP1으로 구성된 쉘터린 복합체shelterin complex에 의해 결합된다. 총괄적으로 이 복합체는 텔로미어 끝부분 보호와 길이 조절에 특정한 역할을 하는 구성요소들과 함께 텔로미어를 유지하는 역할을 한다.

텔로미어는 독특한 구조와 염색체 말단이라는 위치적 특성 때문에 텔로미어 손실을 막기 위해 복제는 몇 가지 과정들을 더 필요로 한다. 첫 번째 과정은 리플리솜replisome에 의한 텔로미어 이중가닥체telomere duplex의 복제를 포함한다. 이 영역의 복제는 G4사중가닥체와 t-loop를 포함하는 DNA 2차 구조의 존재 때문에 특히 더 어렵다. 이러한 RFBs를 극복하기 위해서는, CST를 포함하여 수많은 추가적인 요소들이 보충되어야 한다. 이 과정 가운데 결함이 발생하면 텔로미어의 손실과 취약함으로 이어질 수 있다. DNA 복제가 반복되면서, 지연 가닥lagging strand의 오카자키 절편Okazaki fragment 끝에서 RNA 프라이머가 제거되어 텔로미어의 길이가 짧아진다. 연속적인 세포분열을 하면서 텔로미어는 치명적으로 짧아지게 되어, 세포 노화 또는 세포 사멸apoptosis을 초래할 수 있다.

점진적인 텔로미어 축소를 극복하기 위해 텔로머레이스로 알려진 리보핵단백질 역전사 효소(ribonucleoprotein reverse-transcriptase)는 내부의 RNA 주형을 사용하여 텔로미어의 길이를 연장한다. 텔로미어 길이가 확장됨에 따라 C-가닥은 DNA 중합효소 알파(α)에 의해 부분적으로 채워지며, 이는 T-루프 형성을 위한 짧은 'G-오버행'을 남긴다. G-가닥 또는 C-가닥 합성에 있어서의 결함은 텔로미어의 손상, 유전체 불안정성, 그리고 성장 결함growth defects 등을 초래한다. 그러므로 텔로미어 복제의 각 단계를 적절히 잘 조절하는 것은 필수적이다.

2. CST 복합체

2.1 CST 복합체의 보존

맥주효모균(*S. cerevisiae*)에서는 유사 쉘터린 복합체(shelterin-like complex)가 존재하지 않는다. 대신, 텔로미어는 두개의 분리된 복합체에 의해 보호된다. 텔로미어 이중가닥은 Rap-Rif1/2 복합체에 의해 결합되고, 단일가닥 G-오버행은 CST(Cdc13-Stn1-Ten1)에 의해 결합된다. 최근까지, 다른 생물체에서는 CST 유사 복합체가 발견되지 않았고, G-오버행에서 CST는 쉘터린의 POT/TPP1이 대체하고 있는 것으로 생각되어왔다. 그러나, 2007년 마틴Martin 연구진은 분열효모(*Schizosaccharimyces pombe*)에서 쉘터린 유사 복합체shelterin-like complex라고도 여겨지는 STN1과 TEN1의 오솔로그ortholog를 발견했다. 이 발견은 인간을 포함한 고등 진핵생물에서 CST 복합체의 동정으로 이어졌고, CST와 쉘터린이 텔로미어를 보호하고 유지하도록 공존해 왔다는 것을 시사한다.

CST 복합체는 CTC1 또는 Cdc13인 한 개의 큰 소단위체과 STN1과 TEN1 두개의 작은 소단위체를 가진다. 분열효모에서 CTC1이나 Cdc13 소단위체가 확인되지 않았다는 것은 주목할 만한 사실이다. STN1과 TEN1은 보존되어 있는 반면 CTC1과 Cdc13은 염기서열 상동성을 공유하지 않으며 현재 기능적 유사성의 범위가 불확실하다. 그러나, 둘 다 ssDNA 결합과 단백질-단백질 상호작용(protein-protein interaction)을 위해 이용되는 여러 개의 "oligonucleotide/oligosaccharide-binding

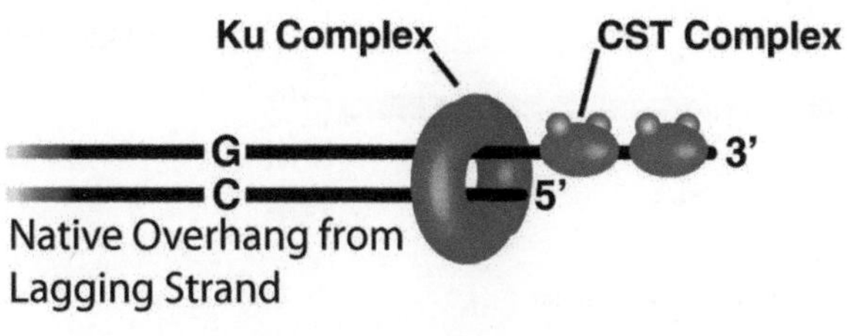

[그림 10.3] 텔로미어와 CST 복합체.
CST 복합체는 삼량체(trimer)로 텔로미어 말단의 단일가닥 DNA 부분에 결합한다.

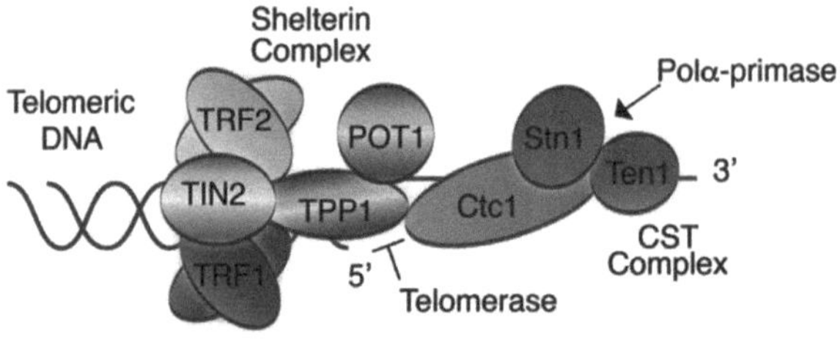

[그림 10.4] 텔로미어 말단에 쉘터린과 CST 복합체가 결합한 모습.
CST는 Polα-primase를 모집한다. (from Rice, 2016)

fold(OB 폴드)"를 포함한다. OB-폴드들은 흔하게 다른 텔로미어와 단일가닥 DNA 결합 단백질(ssDNA binding protein)들에서도 발견된다. 맥주효모균의 Cdc13은 4개의 OB-폴드들을 포함하고 있으며 그중 3개는 구조가 결정되었다. 흥미롭게도, 오직 한 개만 단일가닥 DNA 결합에 필요하다. 다른 3개는 단백질-단백질 상호작용과 이량체 형성에 필요하다.

CST의 구조는 RPA의 구조와 눈에 띄게 비슷하다. RPA는 DNA 복제, DNA 복구, DNA 손상 반응경로DNA damage response pathway 등에 필수적인 역할을 하는 매우 풍

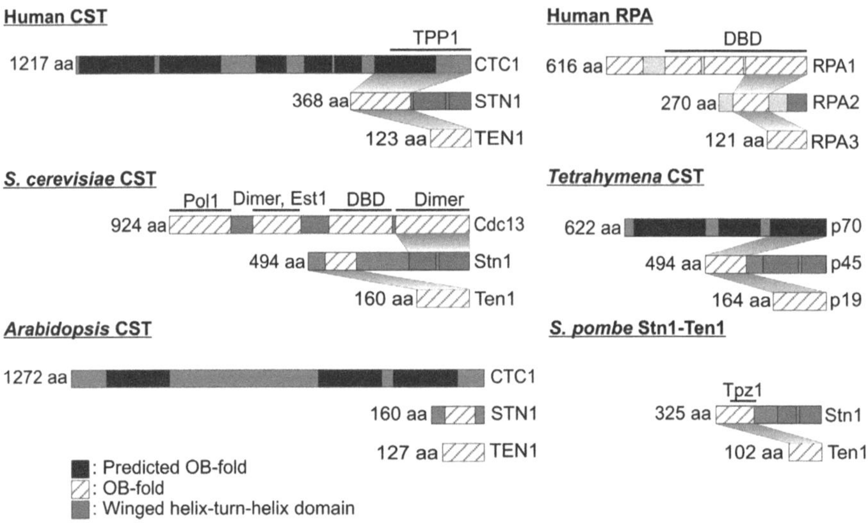

[그림 10.5] CST 복합체와 인간 RPA의 비교.
소단위체 간 음영으로 표시된 영역은 CST 소단위체 간의 상호작용 부위를 나타낸다. (from Stewart, 2018)

부한 단일가닥 DNA 결합 단백질이다. RPA에서 가장 큰 소단위체인 RPA1은 여러 개의 OB-폴드를 가지고 있으며, 그중 3개가 DNA 결합에 사용된다. STN1과 RPA2의 계통 발생학적 분석에 따르면 그들은 공통 조상을 가지고 있지만 별개의 단계통군에 속한다. 사실, 구조적 유사성은 RPA2의 OB-fold를 STN1의 OB-폴드로 대체할 수 있으며 맥주효모균에서 rpa2Δ를 회복할 수 있을 정도로 충분하며 CST는 텔로미어의 RPA임을 나타낸다. 그러나, RPA와 CST 사이에서는 STN1에서 추가적인 날개-나선-회전-나선winged-helix-turn-helix 도메인과 DNA 결합 선호도를 포함하여 몇 가지 차이점이 존재한다. 또한 효모에 관한 여러 연구에서 Cdc13과 Rpa1 사이에서 OB-폴드 도메인의 구조적 차이점을 발견했다.

2.2 DNA 결합 활성

CST와 RPA의 유사한 구조와 공유된 상동성 덕분에, CST 결합은 RPA에 대한 이해를 바탕으로 했다. RPA의 독특한 특징 중 하나는 염기서열에 의존하지 않고 역동적으로 단일가닥 DNA에 결합하는 능력이다. 이와 같은 결합은 RPA가 다양한 방식으로 결합할 수 있도록 여러 OB-폴드의 사용을 통해 활성화된다. 최근 연구에서는 CST 또한 단일가닥 DNA에 최소 결합 부위 16-18 nt 부터 최대 결합 부위 48 nt까지 역동적으로 결합한다는 사실은 주목할 만하다. 그러나 RPA와 달리, CST는 특정 염기서열에 결합하는 방식과 염기서열에 상관없이 결합하는 방식 모두를 가지고 있다. 예를 들어, CST는 18nt G-가닥 텔로미어 염기서열에 안정적으로 결합하지만, 길이가 32-36nt가 될 때까지 무작위 염기서열 또는 텔로미어가 아닌 염기서열에 결합하지 않는다.

흥미롭게도, 이 염기서열 특이적 결합 방식은 DNA 염기서열의 G가 풍부한 특성과 관련이 있으며 그 자체로 텔로미어 염기서열은 아니다. 인간의 CST와 대조되게 맥주효모균(*S. cerevisiae*)의 CST는 텔로미어가 아닌 염기서열에 거의 결합하지 않으며 Cdc13은 Stn1, Ten1과는 독립적으로 단일가닥 DNA에 결합할 수 있어 CST 복합체와는 진화적 차이점을 가지는 것을 알 수 있다. 그럼에도 불구하고, 이 차이점들은 맥주효모균에 한정될 수 있는데, 출아법으로 번식하는 다른 효모종들은 G가 풍부한 염기서열과 텔로미어가 아닌 염기서열에 모두 결합하기 때문이다.

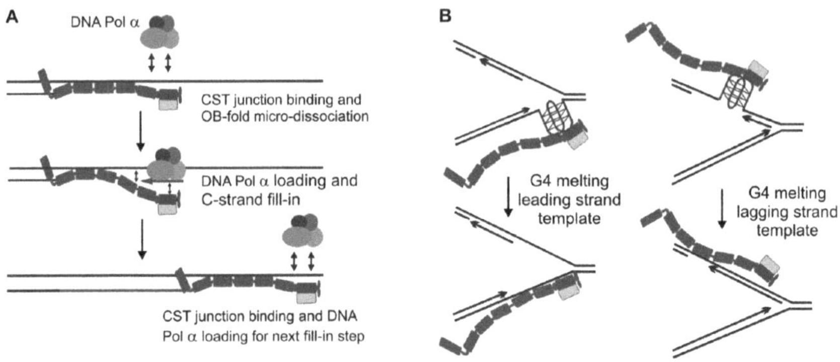

[그림 10.6] CST 활동기작 모델.
(A) 텔로미어에서 DNA pol α를 자극하여 C-가닥 채우기(fill-in) (B) 유전체 전반에서 G4 구조를 풀어 유전적 스트레스를 경감시킴. (from Bhattacharjee, 2017)

바타차지(Bhattacharjee, 2017) 등을 비롯한 최근 연구들에서는 세포의 기능에 중요할 것으로 추정되는 CST의 결합의 특성에 대해 주목하고 있다. 첫 번째로, CST는 염기서열과 관계없이 단일가닥-이중가닥 DNA 접합부junction에 우선적으로 결합한다. 두 번째로, CST는 *in vitro*에서 G4(사중가닥체)에 결합하여 이 구조를 풀어낼 수 있으며 이는 복제의 재시작을 촉진하는데 중요하다. 세 번째로, 그것들은 과도한 CST가 *in vitro*에서 자가 해리self-dissociation를 촉진하는 것을 보여준다. 총체적으로 이러한 발견들은 CST가 여러 DNA 복제/복구 과정에서 기능하는 다양한 종류의 DNA 결합 활성을 가지고 있다는 것을 보여준다.

2.3 DNA 중합효소 알파-프리마제의 자극

1990년, Goulian의 연구진들이 진행한 연구에서 쥐mouse의 림프아구세포lymphoblast cell들은 DNA 중합효소 알파(pol alpha)와 상호작용하는 파트너들을 정제하기 위해 사용됐다. 그들은 연구를 통하여, *in vitro*에서 pol alpha의 프리마제primase와 DNA 중합효소의 활성을 촉진시키는 폴 알파 악세서리 인자(pol alpha accessory factor, AAF)를 발견했다. 흥미롭게도, 카스틸(Casteel, 2009) 등의 연구진들이 악세서리 인자(AAF)를 클로닝하고 염기서열을 분석하였으며 그것이 RPA와 상동성을 가진다는 것을 발견하였다.

위 논문 출판 직후 포유류의 CST에 관한 논문이 출판되었고 AAF가 CTC1(AAF132)과 STN1(AAF44)을 암호화 하고 있는 것으로 밝혀졌다. 이 연구는 CST가 DNA 중합효소 alpha(pol alpha)와 상호작용하며 DNA 복제 과정에 참여한다는 것의 최초 증거를 제공했다. AAF가 발견된 이후, 다양한 생물체에 존재하는 CST 복합체들은 유전적으로 그리고 생리적으로 폴 알파와 상호작용 하는 것으로 나타났다. 폴 알파는 DNA 복제뿐만 아니라 연속적인 프라이머 합성을 통해 DNA 손상과 복구 반응을 활성화 시킨다. CST가 폴 알파와 상호작용하며 폴 알파를 활성화 시키는 기작을 이해하는 것은 계속적으로 중요한 연구 영역이며, 최근 연구는 CST가 pol alpha primase 활성과 프리마제primase에서 DNA 중합효소로의 활성 전환을 모두 자극한다고 제안했다.

3. 세포 생존을 위한 CST의 중요성

여러 종species에 걸쳐서, CST가 감소하거나 제거되었을 때, 세포 성장에 영향을 주는 것으로 나타났으며, 종종 체크포인트checkpoint의 활성화와 세포 주기 정지cell cycle arrest를 초래한다. 인간과 쥐에서 CTC1 유전자의 결실은 텔로미어 복제 결함, global DNA 손상 반응, G2/M 정지, 조기 노화 등의 반응을 초래한다. 쥐에서 CTC1의 결실은 태아를 죽음에 이르게 할 정도로 치명적이지는 않았지만, 적은 체중, 털의 부족 및 골수 부전으로 인한 조기 사망을 초래하며, 이러한 특징들은 유전 질환인 코츠 플러스Coats plus와 선천성 이상각화증dyskeratosis congentia과 관련이 있다. CTC1 녹아웃knockout 쥐에서 증식이 활발한 조직을 분석한 결과, 복제하는 세포가 현저하게 줄어들어 줄기세포가 손실된 모습을 보였다. 아직까지는 포유류에서 STN1이나 TEN1이 결실되었을 경우는 보고되지 않았지만, 이들 소단위체들이 없다면 성장의 결함, 세포 노화 등을 초래할 것으로 추측된다.

CST 고갈depletion의 영향과는 달리, 인간 세포에서 CST의 과발현은 복제 스트레스에 따른 세포의 생존을 증가시킨다. 흥미롭게도, 생존의 증가는 텔로미어의 길이의 변화로 인한 것이 아니라 히도록시우레아hydroxyurea 제거 후에 과도한 복제 원점이 발생하는 것에서 기인한다.

4. 텔로미어 복제에서의 CST 역할

4.1 텔로머레이스 억제와 C-가닥 채우기

CST는 텔로미어의 확장에 따른 텔로머레이스의 억제와 C-가닥 채우기(C-strand fill-in)를 촉진하는 것 모두에서 보존적인 역할을 수행한다. CST가 이 능력에 있어서 어떻게 기능하는지에 대한 대부분의 이해는 출아 효모에 대한 연구로부터 온다. 그 과정은 Cdc13의 번역 후 수식post-translational modification을 통해 정교하게 조정된다. 텔로미어 이중체 복제Telomere duplex replication가 일어난 후, Cdc13은 Cdk1과 Mec1/Tel1 복합체를 통해 인산화된다. 이것은 Stn1-Ten1의 분리를 촉진하고 텔로미어 확장을 위해 텔로머레이스가 텔로미어에 모집되도록 한다. 순차적인 PP2A에 의한 Cdc13의 탈인산화와 오로라(Aurora)에 의한 Cdc13의 인산화는 각각 텔로머레이스의 해리, Stn1-Ten1의 모집과 C-가닥 채우기(fill-in)를 이끈다. 출아효모에서 Cdc13의 수식(modification)이 텔로미어 확장과 C-가닥 채우기 사이 전환을 조절하는 반면, 분열 효모(*S. pombe*)와 포유류에서는 쉘터린 구성요소 TPP1(*S. pombe*의 경우 Tpz1)가 이 기능을 한다.

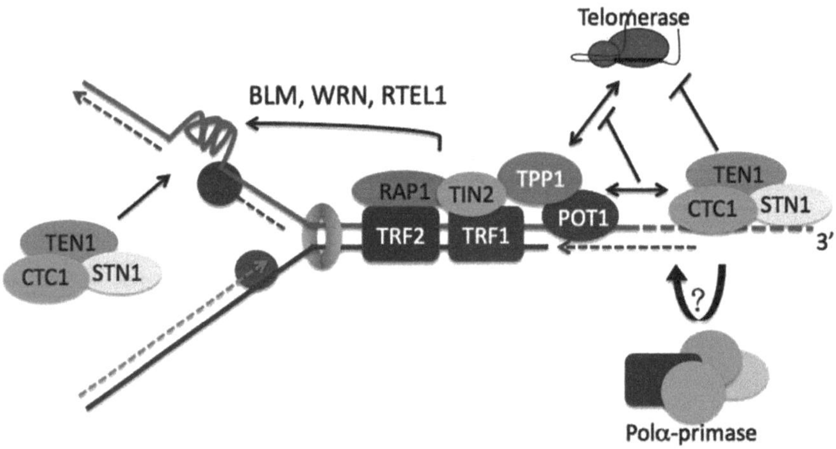

[그림 10.7] 텔로미어 복제 동안 제안된 CST의 역할. (from Chen, 2013)

4.2 텔로미어 듀플렉스 복제

앞에서 언급했던 것처럼, 텔로미어들은 고도로 반복되는 염기서열과 텔로미어 복제 정지replication stalling를 유발할 수 있는 DNA 2차 구조(G4, T-루프)들로 구성된다. 그러한 복제 정지는 복제되지 않은 DNA 또는 DNA 절단을 유발할 수 있다. 이전의 연구들은 CST 소단위체의 파괴가 텔로미어 이중체 복제의 지연, 다중 텔로미어 신호multiple telomeric signals, MTS를 유도한다. MTS 신호는 중기염색체의 *in situ* hybridization[FISH]에서 텔로미어 형광fluorescence의 갭gap 또는 파손으로 나타나며 일반적으로 취약한 부분과 유사하다. 이 신호들은 처음으로 TRF1이 제거된 쥐에서 관찰되었다. MTS는 복제 정지replication stalling로 인해 발생하는 것으로 제안되며, FEN1, BLM, RTEL을 포함한 다른 종류의 DNA 복제 단백질(DNA replication protein)들이 없을 경우에도 관찰되었다.

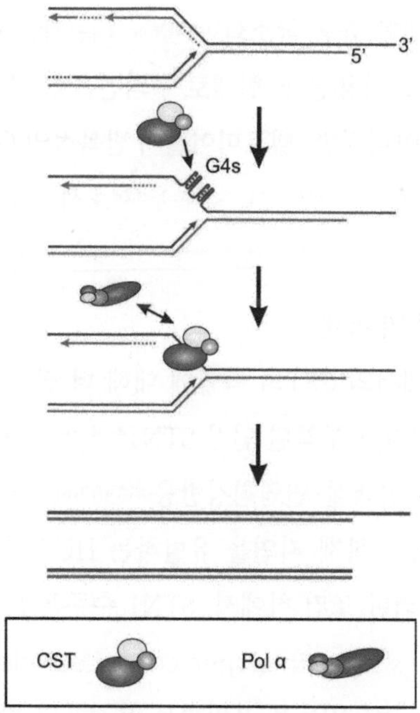

[그림 10.8]

CST는 G-사중가닥체(G-quadruplex, G4)를 예방하거나 제거하는 방법이나 복제 재시작을 위한 폴 알파(pol alpha)를 모집함으로써 텔로미어 복제를 촉진한다. (from Stewart, 2018)

5. 복제 정지 후에 유전체 전체의 복제 복구에서 새로운 역할

포유류의 CST가 또한 텔로미어 이외non-telomeric 구역에서도 역할을 가지고 있다는 증거들이 제시 되었다. 첫 번째로, 아마 가장 주목할 만한 것은 CTC1과 STN1이 원래 Pol α 악세사리 인자(pol alpha accessory factor)로서 발견되었다는 것이다. 두 번째, STN1 병소(foci) (~20%) 중 일부만이 텔로미어와 공동 국소화co-localization 한다는 것이다. 세 번째, CST 소단위체의 결핍은 텔로미어가 아닌곳의 γ-H2AX 병소, 후기 가교anaphase bridges, 미세핵micronuclei 등의 유전체 불안정성의 징후로 이어진다. 앞서 서술된 바와 같이, CST는 염색체 유약성chromosomal fragility을 비롯해 다른 유전체 불안정성을 예방하며 DNA 복제를 복구하는 것에서의 새로운 역할들이 있음을 발견했다.

AAF(CTC-STN1)가 Pol α와 함께 정제되었다는 발견은 CST가 리플리솜replisome의 구성요소임을 시사한다. 실제로 카스틸Casteel 연구진들은 CTC1(AAF132)과 STN1(AAF44)이 PCNA와 함께 공동 국소화co-localize되는데, PCNA는 활발한 DNA 복제 활성을 의미하는 마커로 사용된다. 현재로서 의견은 CST는 리플리솜의 구성적 요소constitutive component는 아니지만, 텔로미어같이 반복적인 GC가 풍부한 영역GC-rich region에서 특수한 복제 인자specialized replication factor로서 작용한다는 것이다.

5.1 반복적인 DNA 요소의 복제

텔로미어가 아닌 영역에서의 CST의 역할에 대해 더 잘 이해하기 위해, Chastain 연구진(2016)은 항원결정기가 부착된 인간 STN1epitope-tagged human STN1을 사용하여 염기서열분석과 함께 염색질-면역침강반응chromatin-immunoprecipitation을 시행하였다(ChIP-seq). 이 분석은 복제 지연을 유발하는 HU히드록시유레아가 처리된 S기의 세포에서 진행되었다. 이러한 조건 하에서, STN1 수준은 LINEs(long interspersed nuclear elements), SINEs(short interspersed nuclear elements), 짧은 연쇄 반복(Short Tandem Repeats, STR)등을 포함하는 유전체의 반복요소들에서 풍부해졌다. 놀랍게도 STN1의 결합부위의 70% 이상이 복제의 시작뿐 아니라 전사 조절에도 중요한 CpG 섬CpG islands에 국한되었다. 그러나 STN1 녹다운knockdown 이후 몇몇 부

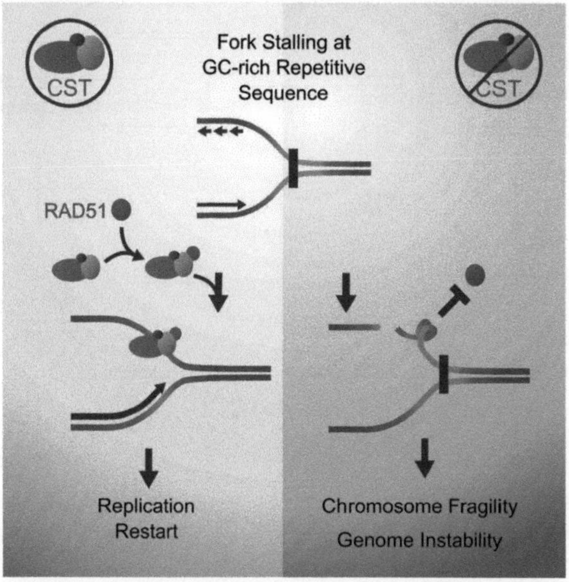

[그림 10.9] 텔로미어가 아닌 GC 서열이 풍부한 부분에서 Fork가 정지했을 때 CST와 Rad51의 역할.
왼쪽 그림은 CST가 있을 때, 오른쪽 그림은 CST가 결여되었을 때를 나타낸다. Rad51을 모집하기 위해 CST의 역할이 요구되며 복제를 재시작 한다. (from Chastain, 2016)

위에서 염색체 취약성이 관찰되었다. 흥미롭게도, CST와 RAD51이 HU에 의해 유도된 포크 정지fork stalling에 따라 상호작용하며 공동 국소화co-localization가 일어나는 것이 관찰되었다. RAD51은 상동재조합homologous recombination의 촉진, 정지된 복제 포크의 안정화, 그리고 복제의 재시작을 촉진하는 역할에 관여한다.

CST의 결핍은 또한 텔로미어를 비롯해 GC가 풍부한 구역에 RAD51의 모집을 방해했다. 이러한 발견들은 CST가 재조합 기반 복제의 재시작recombination-based replication restart을 위해 GC가 풍부한 구역에 RAD51을 끌어들일 수 있음을 제안한다. CST는 또한 복제의 재시작이나 휴면 중인 복제 원점을 활성화하기 위해 GC가 풍부한 구역에서 G4를 제거하는 역할을 할 수도 있다.

5.2 휴면 복제원점 활성화

복제 정지replication stalling는 또한 더블 포크 스톨double fork stall, DFS로 알려진 특히 더 유해한 상황을 초래할 수도 있다. 더블 포크 스톨DFS은 서로 가까워지는 리플리솜

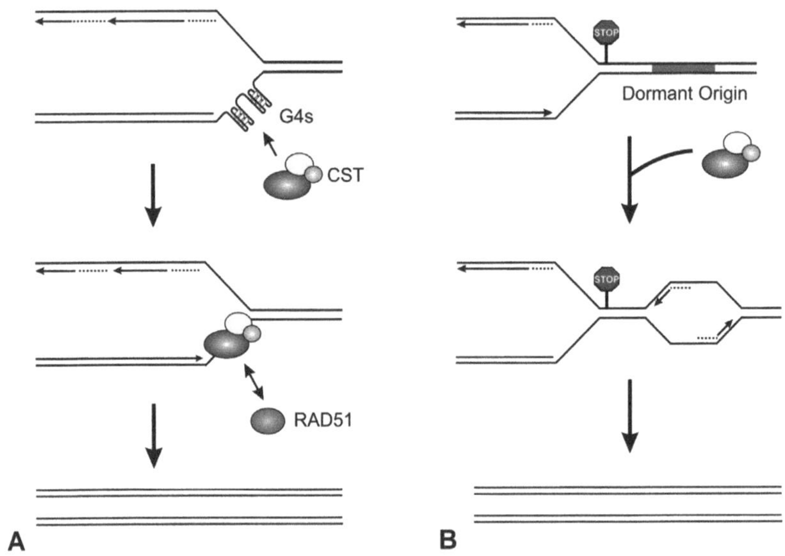

[그림 10.10] 텔로미어가 아닌 DNA에서 복제 재시작(restart)시 CST의 기능 모델.
CST는 복제 복구에서 두 가지 다른 측면에서 기능하는 것으로 제안되었다.

(A) GC가 풍부한 반복적인 시퀀스를 통한 합성은 G-사중가닥체(G-quadruplex, G4)의 형성과 복제 정지로 이어질 수 있다. CST는 G4의 생성을 막거나 제거하기 위해 이러한 GC가 풍부한 구역에 위치하게 된다. 지연이 일어난다면, CST는 재조합이나 포크 반전(fork reversal)을 위해 RAD51과 같은 다른 복구 인자들을 모집하고 복제를 다시 시작한다.
(B) CST는 정지에 따라 인근에서 휴면 원점의 발화(firing)를 촉진한다. 이는 리플리솜(replisome)의 조립이나 복제 개시를 위한 폴 알파(pol alpha)와 같은 특정 인자들을 모집함으로써 일어날 수 있다. (from Stewart, 2018)

replisome이 복제되지 않은 영역을 남길 때 발생한다. 이것이 해결되지 않은 채로 방치하면, DFS들은 유사분열mitosis이 일어나는 동안 DNA의 절단을 초래할 수 있다. 그러나, 이러한 일들은 인간의 유전체에서 꽤 흔하며, 각 세포주기마다 1개에서 3개의 더블 포크 스톱이 발생할 것으로 예측된다. 휴면 복제 원점dormant replication origin의 활성화는 더블 포크 스톱을 복구하기 위한 일반적인 경로이다(그림 10.10B). 휴면 복제 원점들은 MCM2-7의 로딩loading에 의해 복제가 허가되었지만, 일반적인 S기에서 비활성화 된 채로 남아있는 복제 원점replication origin으로 정의된다. 그러나 더블 포크 스톱이나 다른 형태의 복제 스트레스는 복제 복구를 촉진하기 위해 그들의 활성화를 촉발할 수 있다. 일반적인 S기의 모든 활성 원점에 대해 평균적으로 2개에서 3개의 휴면 원점이 존재한다. MCM2-7 소단위체의 부분적인 녹다운에 의해 허가된 원점의 개수가 감소하면, 더블 포크 스톨은 크게 증가하여 DNA 손상을 초래한다. 그러나, 휴면 원점이 활성화 되는 과정은 제대로 이해되지 않았다. 휴면 원점이 복제 개시 인자를 이용할 수 있게 됨에 따라 확률적으로 활성화 되는지, 아니면 특정한 인자를 필요로 하는지는 불분명하다. 놀랍게도, HUhydroxyurea에 의해 유도된 복제 정지에 따른 STN1의 결핍이나 CST의 과발현은 각각 새로운 원점의 생성을 감소시키거나 증가시킨다. 이러한 결과들은 CST 발현 레벨이 복제 스트레스에 대응한 원점 생성과 상관관계가 있음을 나타낸다. 다시 말해, CST는 휴면 원점을 활성화 시키는데 중요하다는 것이다.

5.3 유사분열에서 복제되지 않은 DNA가 초래하는 결과

성공적인 DNA 복제 이후, 염색체는 유전체 안정성을 유지하기 위해 세포가 나누어짐에 따라 딸세포로 정확하게 분리 되어야 한다. 그러나, 완료되지 않은 복제 중간체replication intermediates, 융합 또는 병합concatenation은 체세포분열 전에 염색체의 얽힘을 유발할 수 있다. 이로 인해 자매염색분체sister chromatid 사이 걸쳐 있는 "**후기 가교**anaphase bridge"가 발생할 수 있다. 이 연결들은 복제하기 어려운 위치에서 복제 정지replication stall와 관련 있으며, 종종 염색체 파괴chromosome breakage와 미세핵micronuclei 형성을 초래한다. CST 소단위의 고갈depletion이나 분해disruption는 인간, 쥐mouse, 식물 등에서 후기 가교의 생성을 초래한다. 인간 세포에서 STN1과 CTC1 녹다운은 또한 미세핵 형성micronuclei formation을 증가시킨다. 이러한 후기 가교의 원인은 아직 명확하지 않지만, 애기장대Arabidopsis와 쥐에서는 CST 소단위체의 분해는 텔로미어 융합telomeric fusion을 상당히 증가시켜 후기 가교의 원인이 될 수 있다. 그러나, 인간 세포에서 몇몇 데이터는 후기 가교는 텔로미어가 아님을 시사한다. 첫째, CST 소단위체 또는 CTC1의 삭제는 텔로미어 신호telomeric signal의 소실을 초래하는 반면 염색체 융합은 매우 드물다. 둘째, CTC1과 STN1이 결핍된 세포에 비텔로미어 DNA 손상 병소non-telomeric DNA damage foci가 존재한다. 마지막으로, TEN1이 결핍된 세포에서 후기 가교는 텔로미어 DNA가 풍부하지 않았다. 이러한 발견들은 이러한 후기 가교들이 다른 유전체 구역의 완료되지 않은 복제 중간체에서 발생한다는 것을 보여준다. 이것은 위에서 설명한 것처럼, 유전체 전반에 걸친 복제 복구에서 CST의 역할과 일치할 것이다.

6. CST와 질병

CST가 발견된 이후 몇 년 동안, CTC1과 STN1의 돌연변이는 암cancer, 심장병heart disease, 폐 섬유화pulmonary fibrosis의 위험을 증가시키는 두 종류의 희귀한 유전 질병(그 하나는 코츠 플러스 증후군, 다른 하나는 선천성 이상각화증)과 관련되어 왔다.

6.1 코츠 플러스와 선천성 이상각화증

석회화와 낭종을 동반하는 뇌척수 미세부전증cerebroretinal microagiopathy with calcifications and cysts, CRMCC으로도 알려진 "코츠 플러스Coats plus, CP증후군"는 보통 신생아나 유아기 때 진단이 되며 높은 사망률과 질병적 상태를 나타내는 상염색체 열성 질환이다autosomal recessive disorder. 줄기세포 구획의 손실이 질병의 근원이 되는 것으로 보인다. 코츠 플러스 증후군은 자궁내 성장 지연intrauterine growth retardation, 두개골 내 석회화intracranial calcifications, 망막 병증retinopathy, 신경학적 결함neurological defects 및 위장 출혈gastrointestinal bleeding을 포함한 일반적인 특징을 가지고 있다. 증상의 침투도와 발현이 광범위하고 환자마다 사망원인이 크게 다른 것은 코츠 플러스 증후군의 복잡성과 관계있다. 최근까지, 코츠 플러스 증후군의 유전적 변형은 밝혀지지 않았으나, 2012년에 나중에 추가적으로 보고된 다수의 코츠 플러스 증후군 환자들에게서 CTC1 돌연변이가 확인되었다. STN1이나 쉘터린 구성요소 POT1의 이중 대립 돌연변이biallelic mutation도 또한 코츠 플러스 증후군의 원인이 되는 것으로 보인다. 흥미롭게도, POT1 돌연변이를 가지고 있는 코츠 플러스 환자의 세포적 특징은 CST를 모집하는 것과 그것을 텔로미어에 위치시키는 것에 영향을 미치는 것으로 나타났다. 이것은 이 환자의 경우에 CST가 제대로 조절 되지 않은 것이 코츠 플러스 증후군의 원인이 되는 것임을 시사한다.

CTC1 돌연변이는 또한 선천성 이상각화증dyskeratosis congentia, DKC 환자에서도 발견 되었다. 선천성 이상각화증은 짧은 텔로미어 스펙트럼 장애short telomere spectrum disorders의 한 종류이며, 종종 '텔로미어병증telomeropathy'이라 불린다. 이러한 장애는 소아 골수 부전childhood bone marrow failure disorders에서부터 성인성 폐섬유화adult-onset pulmonary fibrosis, 간질환에 이르기까지 다양한 질병을 포함한다. 코츠 플러스 증후군과 마찬가지로, 줄기세포 구획stem cell compartment의 손실은 텔로미어병증을 유발하는 것으로 생각된다. 코츠 플러스 증후군은 선천성 이상각화증DKC 및 소아 텔로미어병증과 공통적인 특징을 공유하는데, 여기에는 골수 부전bone marrow failure, 흰머리, 손톱 이영양증nail dystrophy, 골연화증osteopenia 등이 포함된다. 더하여, 켈러Keller 연구진의 보고(2012)에 의하면 선천성 이상각화증을 진단받은 환자는 코츠 플러스 증후군과 마찬가지로 두개골 내 석회화intracranial calcifications 및 망막 병증retinopathy의 초기 징후를 공통적으로 보이는 것으로 나타났다. CST 소단위체의 돌연변이가 선천성 이상각화증과 코츠 플러스 증후군을 모두 유발한다는 사실은 공통적인 분자적 원인을 공유함을 시사한다. 몇몇 그룹들은 텔로미어 축소telomere shortening를 공통분모로 제안했다. 그러나, CTC1이나 STN1에 돌연변이가 있는 모든 코츠 플러스 및 선천성 이상각화증 환자가 단축된 텔로미어를 가졌는지에 대해서는 상반된 보고가 존재한다. STN1 돌연변이를 가진 두 명의 코츠 플러스 환자에 대한 서던 블랏 분석southern blot analysis에서 한 환자는 대조군 검체에 비해 텔로미어 길이가 감소하고 다른 한 환자는 유의미한 변화가 없는 것으로 나타났다. 현재, 이러한 차이가 텔로미어의 길이를 측정하는 방법이나 특정 돌연변이의 질병 병리학의 변화를 측정하는 방법에서 발생하는 것인지는 분명하지 않다.

코츠 플러스 증후군 돌연변이의 분자적 결과를 결정하기 위해 여러 연구들이 모색되어 왔다. CTC1 돌연변이는 전형적으로 한 대립 유전자가 프레임시프트frame-shift 또는 넌센스 돌연변이nonsense mutation를 가지고, 다른 대립유전자가 과오 돌연변이missense mutation를 가지는 이형접합체heterozygote일 때 발생한다. 쥐에서 동등한 넌센스 및 프레임시프트 돌연변이 유전자 발현은 매우 적게 발현이 되거나 전혀 발현이 되지 않는 잘린 단백질truncated protein을 만들었고, 그러므로 이 대립유전자들은 기능을 하지 않는다는 것을 시사했다. 실제로 이러한 돌연변이 단백질들은 텔로미어 DNA에 결합할 수 없고, 텔로미어에 위치할 수 없거나 STN1과 상호작용할 수 없다. CTC1의 과오 돌연변이는 CST에서 저형성 표현형hypomorphic phenotype을 보여주었으며, 일부는 DNA 결합 활성과 텔로미어 연관성에 영향을 미치는 반면, 나머지들은 핵 국소화

nuclear localization의 변화나 폴 알파(Pol α)와의 상호작용이 감소된 모습을 보였다. 그러나, 돌연변이 전체에서 공통적인 텔로미어 표현형telomeric phenotype이 관찰되지 않았기 때문에, 이러한 돌연변이가 CST의 비텔로미어에서의 역할non-telomeric roles에도 영향을 미칠 가능성이 있다. 이러한 제안과 일치하여, STN1 돌연변이를 가진 코츠 플러스 환자의 세포는 일반적인 유전체 불안정성과 DNA 복제 결함의 징후인 텔로미어 기능 장애를 가지고 있다. 또한, 이 결과들은 CST의 텔로미어 및 비텔로미어에서의 기능 결함이 코츠 플러스가 발생하는데 기여하며, 증상의 다양성과 발현을 설명하는 데 도움이 될 수 있다고 주장한다. 현재까지 CTC1 돌연변이를 가진 선천성 이상각화증 환자에서 유래한 세포에 대한 연구는 진행되지 않고 있다. 그러나 한 환자로부터 채취한 기질 세포는 심각한 조기 노화premature senescence를 보였으며(Keller, 2012), 이는 STN1과 POT1 돌연변이를 가진 코츠 플러스 환자의 세포에서도 관찰되었다.

6.2 암

CST 소단위체의 발현 변화는 암 위험 증가와 생존의 나쁜 예후와 관련 있다. 예를 들어 *CTC1*이나 *STN1*(OBFC1) 유전자 발현의 감소는 유방암과 폐암 및 위암 환자의 생존률 감소로 이어진다. *CTC1*과 *STN1*의 단일 뉴클레오티드 다형성Single Nucleotide Polymorphism, SNP 또한 암 발생 위험 증가와 관련이 있다. 이러한 발견들은 CST 소단위체의 고갈depletion은 텔로미어의 기능장애와 유전체 불안정성 증가(후기 가교, 미세핵, DNA 손상)를 포함한 암의 특징으로 이어진다는 사실과 일치한다. 또한 CTC1 발현이 증가하면 텔로미어 단축과 세포사멸을 방지하여, 흑색종melanoma cancer 암세포주에서 방사선저항성radioresistance를 나타낸다. 추가적인 분석이 필요하지만, 이러한 결과들은 CST가 유전체 안정성을 보장하기 위해 엄격하게 조절되며, CST가 암 치료의 유망한 대상이 될 수 있음을 나타내는 것이다.

11

유전체 안정성과 WRN 단백질

DNA 대사의 이상이 다양한 인간 조로증 증후군의 기초를 형성한다. 워너증후군 Werner Syndrome, WS은 환자들의 나이보다 훨씬 더 늙어 보이는 특징을 가지는 조로증 증후군에 속하며, 정상 노화의 많은 특징들이 조기에 발병하는 것을 특징으로 한다. 이는 아테롬성 동맥경화증, 골다공증, 당뇨병, 백내장을 포함한, 나이와 관련된 질병들이 일찍부터 발병하고 추가적으로 높은 암 발병률을 보인다. 워너증후군의 증상은 사춘기 전후에 나타나기 시작하며 대부분의 환자는 50세 이전에 사망한다. WS는 또한 염색체 변화로 나타나는 유전체 불안정성 증가를 특징으로 한다. 유전체불안정성이란 염색체가 소실되거나 짧아지는 등, 염색체의 수나 구조의 이상 또는 염기서열 변이 등으로 말미암아 유전체의 안정성genome stability이 저해되는 현상을 의미한다. 체세포는 활성산소종ROS, 자외선UV, 환경에 존재하는 여러 돌연변이원mutagen에 지속적으로 노출되어 있으며 지속적으로 위협을 받고 있다. 하나의 세포에는 하루 동안에도 수 만~수십 만 건event의 DNA 손상이 일어나고 있는데, 세포는 이에 대하여 이러한 손상을 제거하고 원래에 가지고 있던 정확한 유전정보를 유지하기 위하여 진화적으로 정교한 시스템을 가지도록 지향하게 되었다.

조기노화장애 워너증후군은 RecQ DNA 헬리카제 계열에 속하는 유전자 *WRN* 돌연변이로 인해 발생한다. 사람에서는 유전체 안전성에 기여하는 5종류 RecQ 헬리카제가 있다. 이들 중 세 가지 돌연변이[WRN(워너증후군 단백질), BLM(블룸증후군 단백질), RECQ4(RecQ 헬리카제 유사)]는 각각 워너증후군, 블룸증후군, RTS 조기노화증후군과 관련이 있다. 이 세 가지 시스템에서 몇 가지 특징을 공유하고 있는데, 유전체의 불안정성과 암에 대한 소질을 나타내며, 관련 세포의 결함이 뚜렷하다는 것이다.

〈표 11.1〉 유전체 안정성에 관여하는 유전자들의 돌연변이에 의해 초래되는 질환

증후군(syndrome)		돌연변이된 유전자	영향을 받는 경로
조로증	코케인증후군(CS)	CSA, CSB	TC(transcription coupled)-NER
			GG-NER
	TTD	XPB, XPB, TTDA	partial GG/TC-NER
	Dyskeratosis congenita(DC)	DKC1, TERC1, TERT, NOP10, NHP2, TIN2 or TCAB1	telomere maintenance
	HGPS	LMNA	nuclear lamina function
암	유방암	BRCA1, BRCA2	DSB repair(HR)
	Li-Fraumeni	p53	checkpoint control
	hereditary non-polyp-osis colectal cancer(HNPCC)	Msh2:Mlh1	Mismatch repair
	XP	XP 유전자들	GG-NER
조로증 + 암	Fanconi anemia(FA)	FANC, BRCA2	DNA crosslink repair
	Ataxia teleagiectasia	ATM	DSB repair
	Bloom	BLM	mitotic recombination
	Werner	WRN	telomere maintenance, DNA recombination end repair

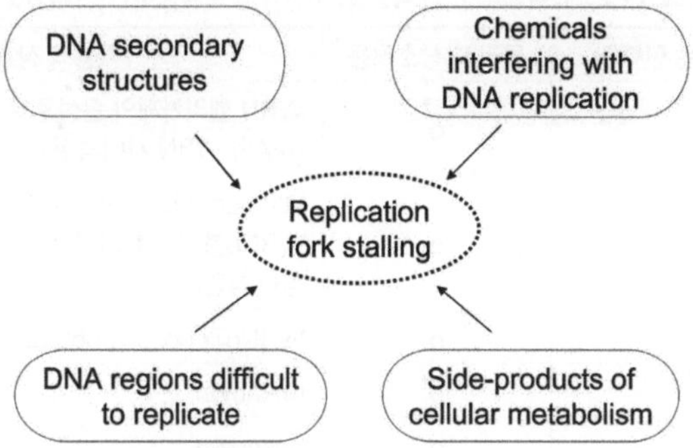

[그림 11.1] Replication fork stalling이 발생하는 잠재적 원인들. (from Pichierri, 2011)

1. DNA 복제기작에서 WRN 단백질의 역할

여러 가지 세포학적, 생화학적 증거가 DNA 복제에서 WRN 단백질 역할의 중요성을 뒷받침한다. 워너증후군WS 환자로부터 유래한 세포는 조기 "복제노화premature replicative senescence" — 복제노화란 동물의 체세포 배양에서 일정한 횟수의 분열을 한 다음 세포가 노화하여 더 이상 분열을 못하고 비가역적으로 성장정지에 들어가는 현상을 말한다 — 를 겪게 된다. WRN 단백질은 RPA, p53, pol δ, topoI, PCNA, DNA-PK, Ku70/80, BLM, protein kinase A, TRF2 등과 같이 DNA 대사에 관여하는 여러 단백질들과 상호작용한다(표 11.2).

*Xenopus laevis*의 WRN homolog가 replication foci에 함께 위치하므로 WRN이 RPA 복합체 형성에 필요함을 알 수 있다. WRN은 물리적, 기능적으로 DNA 복제에 중요한 다른 효소와 상호작용을 한다. RPA는 복제에 필요하며, WRN 헬리카제 활성 촉진을 통하여 이중가닥을 1000bp 가량 풀어지게 한다. 또 WRN은 RPA와 같이 공동 국소화co-localize하며, 히드록시유레아hydroxyurea 처리된 세포의 복제분기점 진행을 중지replication fork stalling하게 한다. DNA 복제의 중요한 역할로서, WRN은 토포이소머라제 I(Topo I), 그리고 정제된 증식성세포핵항원PCNA과 상호작용한다. WS 세포는 Topo I 억제제인 캄프토세신CPT에 과다하게 민감한 반응을 나타낸다. WRN

〈표 11.2〉 워너증후군 단백질(WRN)과 상호작용하는 단백질들

WRNp 상호작용하는 단백질	물리적 상호작용	기능적 상호작용
RPA	o	WRN 헬리카제의 활성을 촉진, RPA와 WRN 사이의 물리적 상호작용
p53	o	WRNp는 p53에 의한 세포사멸을 완화함 WRNp를 과발현시키면 p53가 중재하는 전사 활성을 높인다.
polδ	o	WRNp과 pol δ의 p50 소단위와 상호작용
Topo I	o	unknown
PCNA	o	unknown
DNA-PK	o	WRNp 인산화와 DNA-PK interaction에 의하여 WRN 헬리카제와 exonuclease의 negative 하게 조절됨
Ku 70/80	o	WRN exonuclease 활성을 촉진함
BLM	o	WRN exonuclease 활성을 억제함
Protein kinase A	o	핵에서 WRNp의 분배를 조정함
TRF2	o	WRN 헬리카제 활성을 촉진함

단백질의 정상적인 기능은 Topo I과 작용하여 DNA 복제가 일어날 동안 DNA 위상적topological 문제로 인하여 DNA 복제가 방해되는 일이 없도록 막아준다. WRN은 복

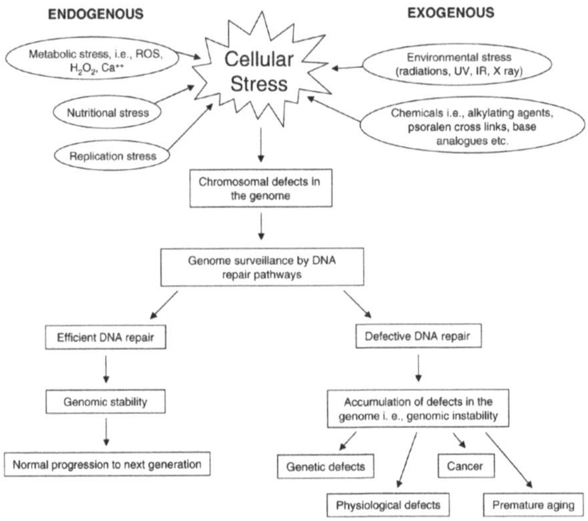

[그림 11.2] 세포 스트레스, DNA 복구, 유전체 안정성의 상관관계. (from Sihgh, 2009)

WRN 단백질의 기능
• DNA dependent ATPase • 3' to 5' helicase • 3' to 5' exonuclease • DNA strand annealing • interacts with factors in DNA metabolic pathways

[그림 11.3] WRN 단백질 기능 요약.

제분기점replication fork 주변에 나타나는 구조적 방해를 제거하거나, 복제를 재시작restart하는 과정에 참여하는 것으로 보인다. WRN 헬리카제는 생화학적으로 복제분기점replication fork을 효율적으로 풀어줌으로써, 복제가 진행될 수 있도록 2차 구조를 해소하는 기능을 한다(그림 10.7).

WRN 헬리카제는 주된 DNA 중합효소인, DNA polymerase δ(polδ)와 물리적, 기능적으로 상호작용한다. 효모 시스템을 이용한 two-hybrid 분석에 따르면 WRN은 DNA pol δ의 p50 소단위체subunit와 결합하는 것으로 나타나며, 면역침강immunoprecipitation실험에 의하면 WRN이 pol δ의 dimeric active core(p50과 p125의 소단위체)와 관계되어 있는 것으로 결과가 나왔다. WRN과 FEN-1(구조특이적 flap endonuclease 1)의 물리적, 기능적 상호작용은 WRN이 지연가닥lagging strand에서의 오카자키 절편의 합성에도 관련이 있음을 시사하고 있는 것이다.

2. DNA 복구기작에서 WRN 단백질의 역할

2.1 RecQ helicase와 WRN

WRN은 RecQ family에 속하는 DNA 헬리카제로서 유전체 무결성genomic integrity 유지와 여러 종류의 재조합recombination 과정에서 중요한 역할을 한다. 인간은 5종류의 RecQ helicase들을 포함하는데, 5종류 중 3종류의 RecQ helicase 결함이 인간의 질병과 관련되어 있다. WRN, BLM, RECQL4의 유전자 결함은 인간의 조로증 및 암과 관계가 있는 것으로 나왔는데, WRN 돌연변이는 워너증후군, BLM의 상실은 유전체 안정성과 관련된 질병인 Bloom 증후군BS, RecQ4 돌연변이는

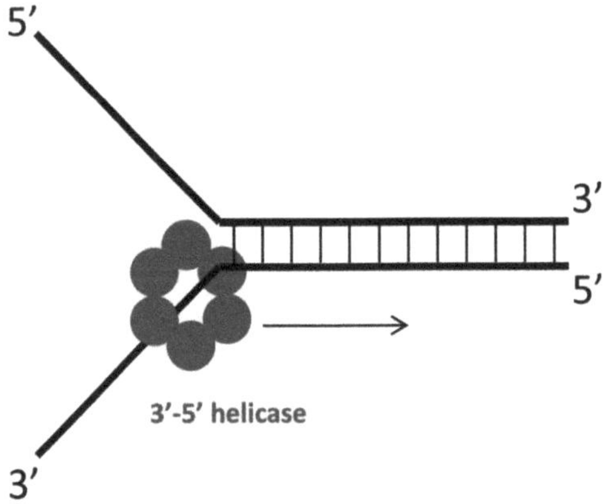

[그림 11.4] 고리모양의 헬리카제에 의하여 풀리는 DNA의 모습. (from Bochman, 2014)

Rothmund-Thompson 증후군RTS과 관련이 되어 있다. RECQL1과 RECQL5의 경우 아직까지는 인간 질병의 발생에 관계하지 않는 것으로 나왔다. 이 중 WRN 유전자는 개체organism에서 수명의 단축과 함께, 세포수준cellular level의 연구에서도 노화관련 특징들을 보여주기 때문에 많은 주목을 받고 있다.

WRN 단백질의 돌연변이를 포함하는 워너증후군 환자와 그들의 세포를 이용한 연구를 통하여, 정상의 WRN 단백질 기능은 조기노화premature aging를 방지하는 역할을 하고 있음을 알 수 있다. WRN 단백질의 역할에 대한 결정적인 진전은 1996년 *Wrn* 유전자의 클로닝cloning된 다음부터 일어났다. WRN 단백질은 1432개의 아미노산으로 구성되며(~162 kDa) 아미노말단(N-terminal)에 엑소뉴클레아제 도메인

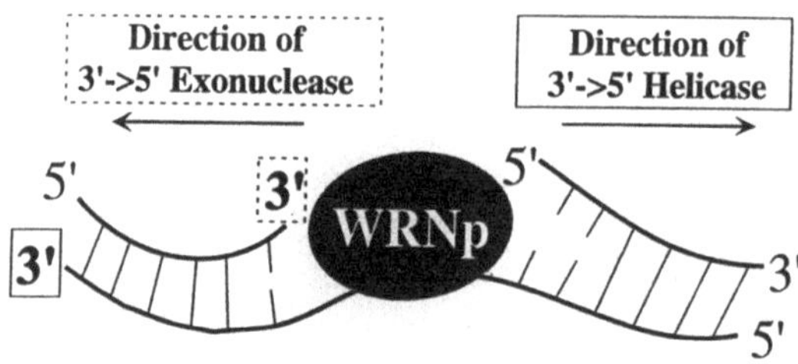

[그림 11.5] WRN 헬리카제 및 엑소뉴클레아제의 방향성. (from Oshima, 2001)

과 중앙 부분에 helicase domain을 포함하고 있다. WRN 단백질은 5 종류의 RecQ helicase 가운데 유일하게 3′→5′ 핵산말단가수분해효소엑소뉴클레아제 활성을 포함하고 있는 것이 특징적이다. WRN 단백질은 ATP 의존적인 방법으로 3′→5′ 방향으로 DNA 이중가닥을 풀어내는 헬리카제helicase 활성을 가진다. 이와 같은 헬리카제와 핵산말단가수분해효소 활성은 DNA 복구과 DNA 복제 동안 만들어지는 여러 종류의 DNA 중간산물intermediate에 작용할 수 있다(그림 11.6). 예를 들어 이와 같은 DNA 중간산물에는 tailed duplex 그리고 forked duplex, 작은 틈(gap)과 flap(일반적으로 DNA 복구과 재조합에서 발견되는), bubble substrate, displacement-loop triplex, Holliday junctions, 텔로미어의 G-rich 가닥에서 종종 발견되는 G-quadruplexes(G4 DNA) 등은 그림 11.6에 도식되어 있다. 텔로미어 길이 유지를 위하여

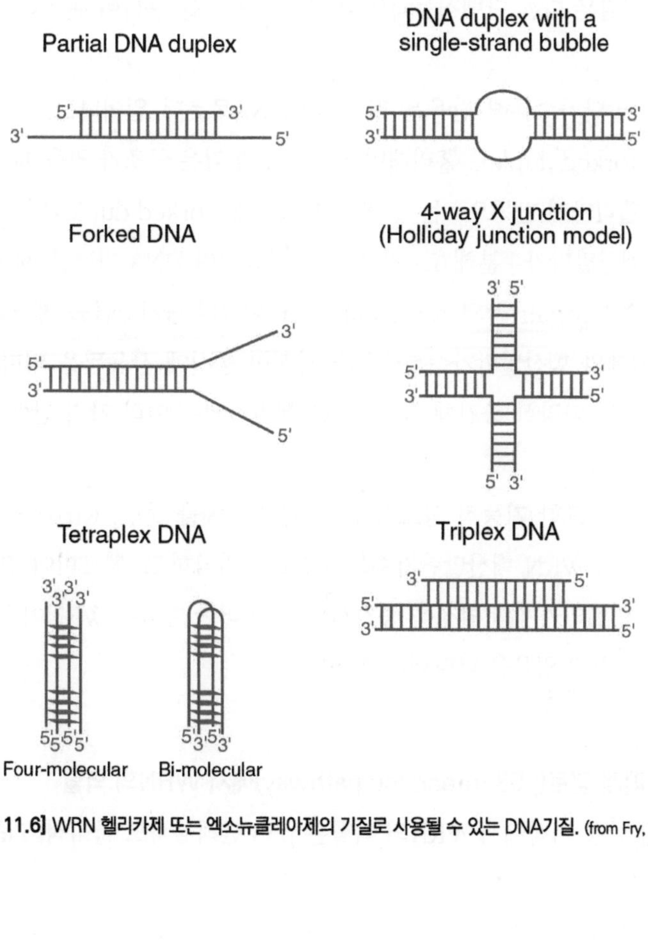

[그림 11.6] WRN 헬리카제 또는 엑소뉴클레아제의 기질로 사용될 수 있는 DNA기질. (from Fry, 2002)

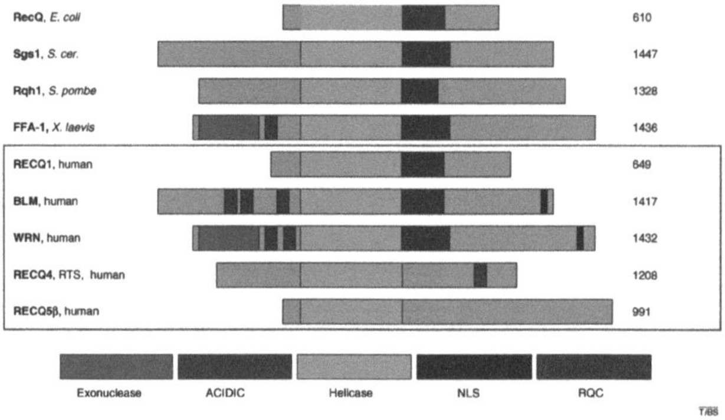

[그림 11.7] 여러 종(species)으로부터 유래한 Rec Q 헬리카제 family.
헬리카제 도메인을 중심으로 정렬했다. (from Bohr, 2008)

도 WRN 단백질은 다른 단백질들과의 협력cooperation을 통하여 관여하는 것으로 알려진다.

WRN 핵산말단가수분해 반응은 3′ 말단 DNA로부터 일어나고, 기질substrate이 bubble이나 forked duplex, 홀리데이 junction과 같은 구조가 있을 때 분해를 시작한다. WRN 헬리카제 단독으로는 잘 풀리지 않는 긴 forked duplex의 경우는 WRN 헬리카제와 핵산말단가수분해효소가 동시에 작용하여 DNA 가닥을 제거한다. 이러한 연구는 DNA repair복구와 recombination재조합의 중간산물을 제거하기 위하여 WRN 헬리카제와 핵산말단가수분해효소 활성이 동시에 사용됨을 의미한다. DNA 가공에 관여하는 다양한 중간체로서 RecQ 헬리카제는 여러 가지 단백질들과 상호작용한다.

그중 몇몇은 중요한 기능적 상호작용을 하는데, 예를 들면, Ku70/80 heterodimer는 강력하게 WRN 핵산말단가수분해효소를 자극하고, 텔로미어 결합단백질인 TRF2는 WRN 헬리카제의 활성을 증진시킨다. 이러한 예들은 WRN이 DNA 복구에 중요한 역할을 하고 있음을 나타내는 예이다.

2.2 p53-매개 경로(p53-mediated pathway)에서 WRN의 역할

DNA 손상 반응 기작에서 WRN의 역할은 p53 단백질과도 물리적, 기능적 상호작

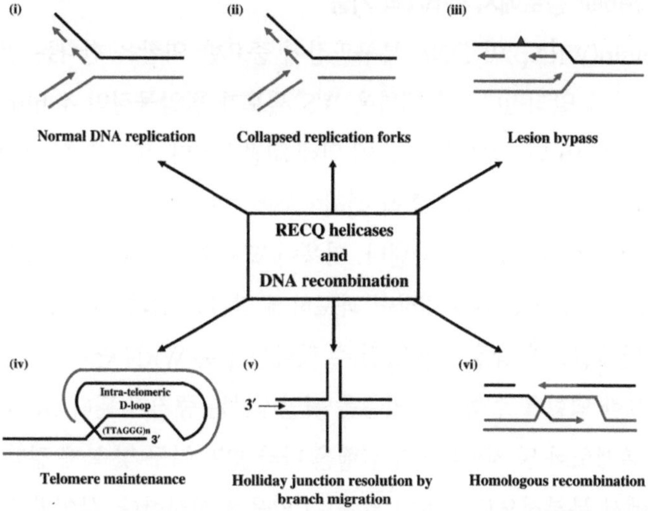

[그림 11.8] RECQ 헬리카제들은 상동재조합을 비롯한 DNA 대사 및 복구에서 중요한 역할을 한다. (from Singh, 2009)

용이 있음을 뒷받침한다. p53은 세포주기를 차단하고 세포사멸을 이끄는 중요한 조절자이다. WRN은 면역침강실험immunoprecipitation에 의해 p53과 물리적으로 상호작용함이 밝혀졌다. 지금까지 알려진 WRN과 p53의 기능적 상호작용은 다음과 같다.

① WRN을 과발현시키면 p53이 중재하는 전사 활성이 높아진다.

② p53-매개 세포사멸이 WS워너증후군 세포에서 감쇠하였다.

③ WRN 핵산말단가수분해효소 활성은 야생형 p53에 의해 억제된다.

p53 유전자 자연돌연변이의 경우, 두 개의 예에서 WRN 핵산말단가수분해효소 활성 억제가 감소되었다. WRN 헬리카제가 S기에 hydroxyurea 처리에 의해 핵중점으로 이동하도록 유도될 때 p53도 함께 이동하는 것이 관찰되므로, 두 단백질은 복제포크replication fork에서 함께 작용함을 알 수 있다. Wrn knockout 생쥐와 p53-null 생쥐를 혼성 교배하여 나온 자손 생쥐는 사망률에서 증가했다. p53-null 돌연변이와 Wrn knockout 생쥐 strain을 유도한 결과, 종양 발달 속도가 가속화되었고, neoplasm type(종양 형태)의 다양성도 증가하였다. 이를 종합해보면 DNA 손상 반응 기작에서 WRN 단백질과 p53은 상호작용하며, 이러한 상호작용은 유전체의 무결성을 유지하는데 매우 중요하다는 것을 알 수 있다.

2.3 DNA repair 경로에서 WRN의 기능

WRN protein(WRNp)이 DNA 복구과정에 중요한 역할을 한다는 것이 여러 가지 증거를 통하여 알려진다. 이 개념은 WS 세포가 발암물질인 4-nitroquinoline 1-oxide(4-NQO)에 민감하다는 보고에 의해 뒷받침된다. WS 세포는 염색체의 결손deletion과 역위inversion 그리고 상호적 전좌reciprocal translocation 등으로 특징지어지는 여러 가지 유전체 불안정성을 나타낸다. 더욱이 WS 세포가 캄프토세신과 같은 DNA 손상인자(damaging agent)에 대하여 과도하게 민감한 점과, WRN이 DNA 복구에 관련된 많은 단백질들과 상호 작용을 할 수 있다는 점은 WRN 단백질이 DNA 복구과정에서도 중요한 역할을 수행하고 있음을 뒷받침하는 증거가 된다. WS 세포는 일부 세포주 경우 복제노화 및 지연된 S기 진행을 나타낸다. 복구 및 복제 결함 외에도 WS 세포가 전사에서 부분적으로 결함이 있을 수 있음을 시사한다. 상이한 WS 세포에서 측정된 분석은 정상 세포에서 관찰된 전사의 40~60% 감소가 있음을 나타냈다. 이러한 관찰은 WRN 단백질이 RNA 중합효소 II 전사의 일반적인 활성제로 작용할 수 있음을 시사한다.

■ 이중가닥 손상복구(DSBR)에서 WRN의 역할

DNA 이중가닥이 절단DSBR되었을 때 복구은 상동재조합HR과 비상동말단결합NHEJ에 의해 이루어진다. RecQ 헬리카제는 상동재조합에서 중간생성물의 해리intermediate resolution와 가닥의 교차crossover를 촉진시킨다. 상동재조합은 염색체의 이중가닥절단 복구에 중요한데, WRN은 상동재조합의 초기 단계와 마지막 단계에 모두 참여한다. WRN 헬리카제는 Rad52와 상호작용하면서 공동국소화co-localize 하는데, 최근 *in vivo*생체내 실험 결과를 볼 때 상동재조합 해리resolution의 마지막 단계에 관여함을 예측할 수 있다.

비상동말단결합NHEJ 경로의 중요한 구성성분 단백질들이 WRN과 상호작용하는 것으로 밝혀졌다. WRN의 카복시말단 구역에서 상호작용하는 단백질은 Ku heterodimer로 알려져 있다. Ku heterodimer의 결합은 WRN의 3′→5′ exonuclease 활성을 증진시킨다. Ku는 DNA-PK 복합체의 한 부분으로, DNA와 DNA-PK 효소 활성소단위(DNA-PKcs)와 관련되어있어 활성을 가진 kinase를 형성한다. WRN 헬

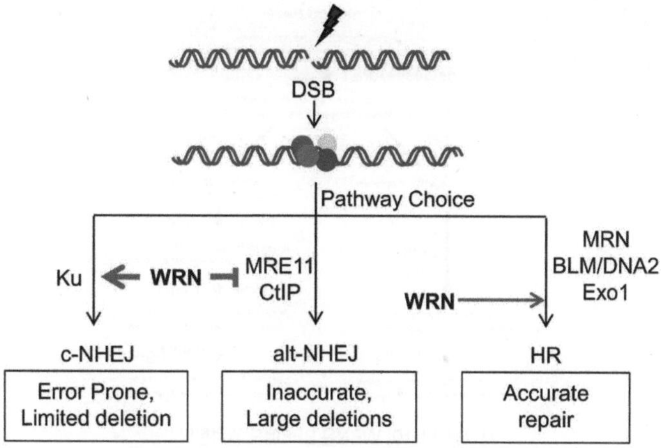

[그림 11.9] WRN은 이중가닥 손상복구에 관여한다.

리카제의 DNA-PK-의존적 인산화(DNA-PK-dependent kination)는 *in vitro*(시험관 실험)와 *in vivo*(생체내) 모두에서 관찰이 되며, 이에 따라서 WRN 헬리카제와 exonuclease의 활성이 나타난다. 비상동말단결합(NHEJ) 반응에서도 WRN의 참여 역할과, NHEJ에서 다른 RecQ helicase 역할에 관하여는 앞으로 더 많은 연구가 필요하다.

■ 단일가닥 손상복구(SSBR)/염기절제복구(BER)에서 WRN의 역할

단일가닥 손상(single-strand break, SSB)에서 RecQ 헬리카제의 역할에 대하여 여러 가지가 제안되었다. WS워너증후군 세포는 4-nitroquinolone 1-oxide(4-NQO)과 이온화 방사선ionizing radiation 조사irradiation에 의하여 민감한 반응을 나타냈다. 최근 연구 결과를 보면 Wrn knockdown 세포는 메틸화인자methylating agents인 렉시트롭신lexitropsin과 테모졸로마이드temozolomide 등의 약제처리에 대하여 과민반응hyper-sensitivity을 나타낸다. 또한 WRN은 단일가닥 손상복구(SSBR)/염기절제복구(BER)과 관련하여 물리적으로 여러 가지 단백질들과 상호작용한다고 알려진다. 상호작용하는 단백질들의 예를 들어보면 DNA polymerase δ(pol δ), DNA polymerase β(pol β), 증식성세포핵항원PCNA, replication protein A(RPA), flap endonuclease

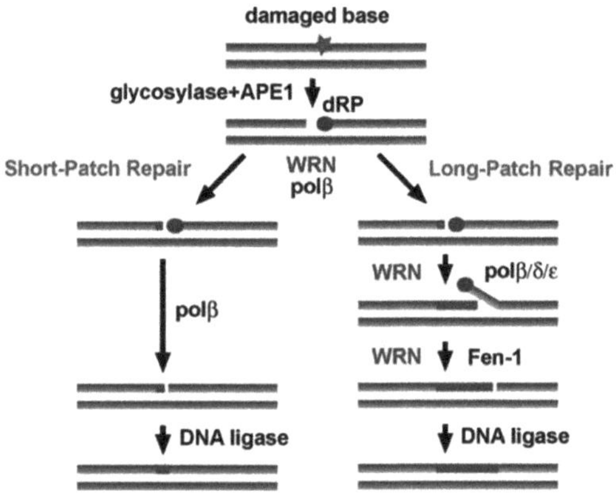

[그림 11.10] WRN은 BER에도 관여한다.

1(FEN-1)과 poly(ADP-ribose) polymerase 1(PARP-1) 등을 포함한다. WRN은 FEN-1 flap 절단cleavage을 자극하며, pol β의 중합반응에도 관여한다. WRN 헬리카제 활성은 pol β strand displacement DNA 합성을 증진시키고, 3′ 말단의 불일치mismatch 부분에서 pol β와 함께 작용한다. Replication protein A(RPA)는 WRN 헬리카제 활성을 증진시키며, PARP-1의 poly(ADP-ribosyl)ation에 의하여 WRN 헬리카제와 exonuclease 활성이 조절을 받는다. PARP-1은 손상된 가닥과 강력하게 결합하고 DNA 손상에 반응한 여러 nucleoprotein을 부분적으로 리보실화ribosylation 함으로써 DNA 손상 네트워크 안에서 자신의 기능을 감당한다. WS 세포는 과산화수소수H_2O_2와 methyl methane sulfonate(MMS)에 대하여 poly(ADP-ribosyl)ation 활성의 결함을 나타내며, 이는 WS 세포의 손상 DNA 가닥이 적절히 복구되지 못함을 의미한다. 그리고 이런 발견은 WRN 단백질, 그리고 상호작용하는 단백질 파트너들이 함께 작용함으로써 단일가닥손상복구/염기절제복구(BER)에 관여함을 나타내는 것이다.

염기절제복구BER 경로는 short-patch(SP) repair와 long-patch(LP) repair로 크게 나눌 수 있다. 그림 11.10은 염기절제복구에 관여하는 단백질들을 보여주는데 이 과정에 WRN의 작용이 관여하고 있다. AP endonuclease 1(APE1)은 WRN의 helicase 활성을 억제하는데, 이런 억제과정은 pol β의 존재로 인해 안정화가 일어난다. 그러므로 WRN이 염기절제복구(BER) 경로에 참여한다고 볼 수 있으며, 이 과정에서 다른 단백질에 영향을 미치고, 이에 따른 기능의 조절도 일어난다고 할 수 있다. WRN의 helicase 활성은 pol β dependent strand displacement synthesis와도 관련되어 있다. 이 모델은 *in vitro*시험관 연구결과를 기초로 하고 있으나, 최근 연구 결과 WS 세포의 경우 정상세포에 비하여 산화된 DNA 염기 8-oxoG를 과다하게 축적하고 있음이 밝혀졌는데, 이는 WS 세포의 염기절제복구BER이 제대로 일어나고 있지 않음을 나타내는 것이다.

3. 텔로미어에서 WRN 단백질의 역할

유전적 불안정성과 증식 능력proliferative competence의 감소를 포함한 워너증후군 표현형(Werner syndrome phenotype) 중에는 텔로미어 대사telomere metabolism에 관련된 부분도 존재한다. 텔로미어는 염색체의 끝부분에 해당하는 구조로서, 포유동물의 경우 TTAGGG 반복서열(repeated nucleotides) 수 kilobase(척추동물에서는 대개 15kb 정도)와 이와 결합한 쉘터린 단백질들로 구성된다. 이 구조는 세포가 분열을 할수록 점차 그 길이가 감소하는데 텔로미어 길이의 감소로 말미암아 개체 수명의 단축이 일어나는 것이라고 추정한다. 정상적인 포유동물 염색체의 텔로미어는 단일가닥으로 이루어진 수백 nucleotide(130~210 nt)의 돌출부위를 염색체 양쪽 말단에 가진다. 이 DNA 단일가닥 부분은 shelterin complex의 Pot1 단백질과 결합하여 t-loop 구조를 통하여 안정화된다. 만약 WRN 단백질 기능 손상이 일어날 경우 기능이상의 텔로미어가 만들어지고, 이것은 DNA 손상반응(DNA damage response, DDR) 신호를 일으켜 조기 세포노화premature cellular senescence 또는 세포사멸을 초래한다.

3.1 WS 세포에서 보이는 스트레스 반응과 텔로미어 기능장애

사람이나 동물로부터 얻어진 섬유아세포는 조직배양을 할 때 한정된 횟수의 세포분열을 거치게 된다. 수명이 긴 동물에서 얻어진 섬유아세포의 분열 능력은 수명이 짧은 동물에 비해 더 활발하며, 같은 동물의 경우에는 동물 연령이 증가할수록 세포의 총 잔여분열 횟수는 감소하게 된다. 세포분열이 계속됨에 따라 염색체의 텔로미어

ICL(interstrand crosslink)의 영향

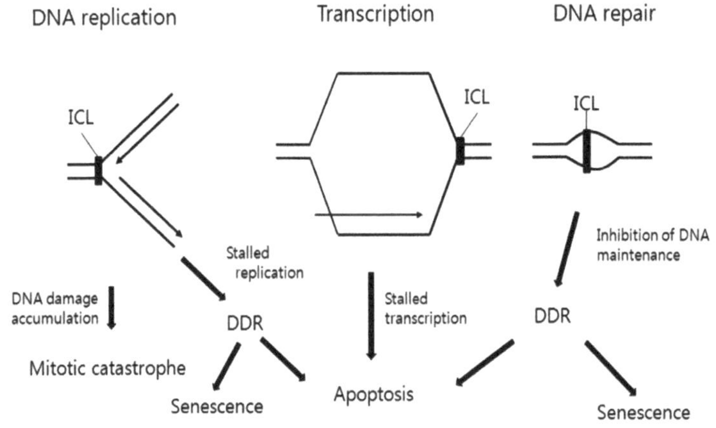

[그림 11.11] Interstrand cross-link(ICL)의 영향.
DNA 이중가닥 사슬 간의 교차결합은 적절히 복구되지 못할 경우 DDR에 의하여 아폽토시스나 세포노화를 유도한다.

반복구조의 길이가 점점 짧아져서 어느 한계점에 이르면 더 이상 DNA 복제가 일어나지 않고 세포분열 능력을 잃게 되는 복제노화(replicative senescence) 상태에 도달하게 된다. 반면에, 생식세포, 줄기세포, 종양세포 또는 암세포에는 텔로머레이스 효소가 있어 텔로머레이스 자체 내에 보유된 RNA를 주형template으로 이용하여 텔로미어 반복서열을 재생하는 것이 가능하므로 복제노화replicative senescence에 이르지 않고 세포분열을 지속할 수 있는 것이다.

복제노화는 조직배양에서뿐만 아니라 세포 내외의 과도한 스트레스에 대한 반응으로 인해 *in vivo*생체 내에서도 일어날 수 있다. WS워너증후군 세포는 *in vitro*시험관 실험 복제수명 감소와 조기 복제노화가 일어남을 보여주는데, 이러한 세포의 복제노화는 과도한 스트레스에 대한 반응으로 볼 수 있다. 이를 세포노화라 하고, 세포노화를 유도할 수 있는 스트레스들로는 텔로미어의 기능 결함, 복제관련 스트레스replication-related stress, 산화적 스트레스oxidative stress, 암유전자의 과다발현oncogene overexpression 등이 요인으로 작용할 수 있다. WS 섬유아세포fibroblast는 세포에 스트레스를 주는 물질들에 대하여 특별히 더 민감한 것으로 나타났다. 즉, WS 섬유아세포는 interstrand cross-linker(ICLs, 다른 DNA 가닥과 교차결합) 등을 비롯한 다양한 DNA 손상물질

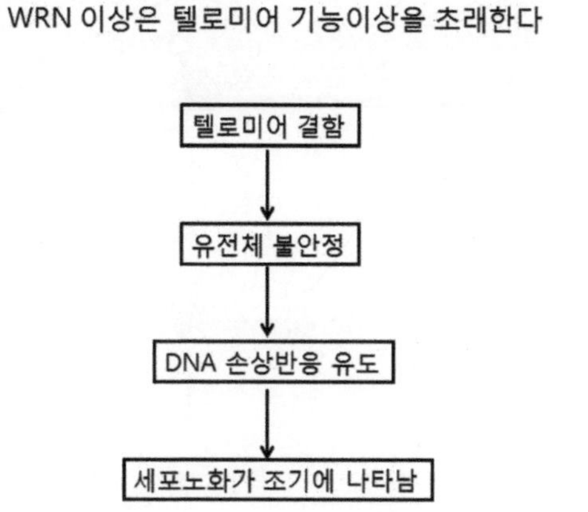

[그림 11.12] WRN 단백질의 기능 장애는 텔로미어의 이상을 초래한다

에 대하여 과민성hypersensitivity을 나타낸다. interstrand crosslink는 전사와 복제동안 DNA 가닥이 분리되는 것을 저해한다.

증가된 스트레스 반응은 p38 MAPK(mitogen-activate protein kinase)의 활성과 관계되어 있다. p38이 활성화하면 p21을 안정화하여, 세포노화를 증가시킨다. WS워너증후군 섬유아세포에 p38의 저해제inhibitor를 처리해주면 p21 수준을 정상 섬유아세포 정도로 낮추어 WS 섬유아세포의 복제수명이 연장된다. 이러한 결과는 p38 MAPK-mediated stress 반응이 *in vitro*시험관 실험에서 WS 섬유아세포의 세포 수명 감소에 큰 역할을 한다는 것을 의미한다. 복제 초기 세포의 세포 스트레스를 가져오는 중요한 원인은 기능 결함을 가진 텔로미어의 존재이다. 텔로미어의 결함은 직접적으로 DNA 손상 반응DDR을 이끌어내고 이는 세포노화를 일으킬 수 있다. 텔로미어 길이가 점점 짧아져서 특정한 길이 이상으로 소실이 일어나면 텔로미어 캡핑capping 기능이 감소하여 유전체 불안정성은 더욱 증가한다. 워너증후군의 발병에 있어서도 텔로미어의 온전함integrity이 중요한 역할을 한다. WS 섬유아세포에서 나타나는 유전체 불안정성은 텔로미어의 손실로 일어난 것이며 이것은 텔로머레이스telomerase 과발현에 의하여 안정화될 수 있다. 그러므로 WRN 단백질 기능장애는 텔로미어의 기능장애를 초래하며, 세포노화에 이르게 하는 한 가지 원인으로 볼 수 있다.

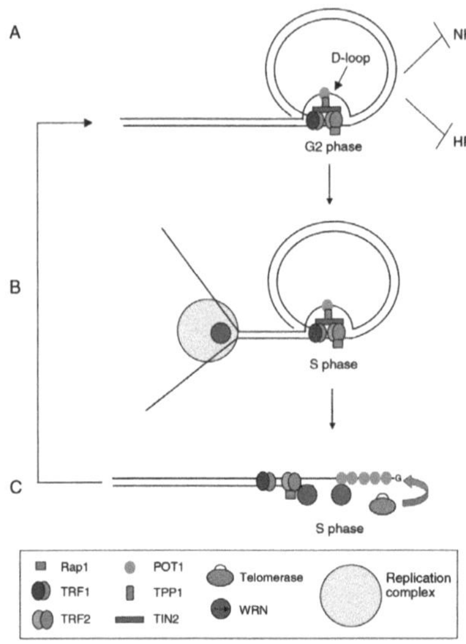

[그림 11.13] 텔로미어의 구조와 WRN의 기능.
WRN은 텔로미어 유지를 위하여 필요하다. 구조적으로 복잡한 G4(사중가닥체)와 같은 것도 풀어줄 수 있다.
(from Multani, 2007)

3.2 텔로미어에서 WRN의 역할

많은 연구결과들이 WRN 단백질이 텔로미어의 유지에 중요한 역할을 하고 있음을 나타내고 있으며, WRN 단백질은 TRF1, TRF2, POT1 등의 telosome/shelterin 복합체의 여러 구성요소와 기능적으로 상호작용interaction하며 유전체의 안정성에 기여한다.

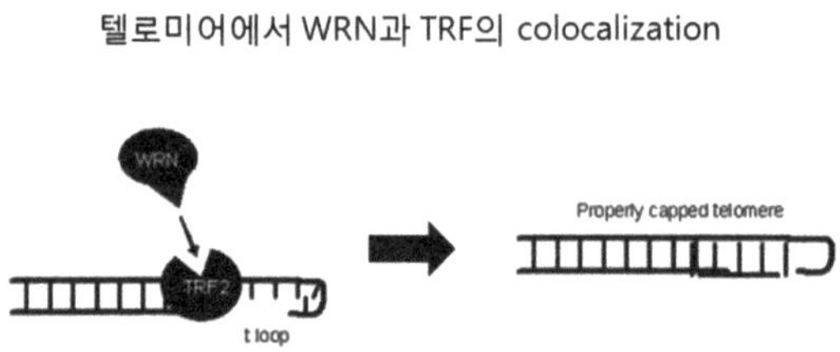

[그림 11.14] 텔로미어에서 TRF2와 WRN의 공동국소화(colocalization).

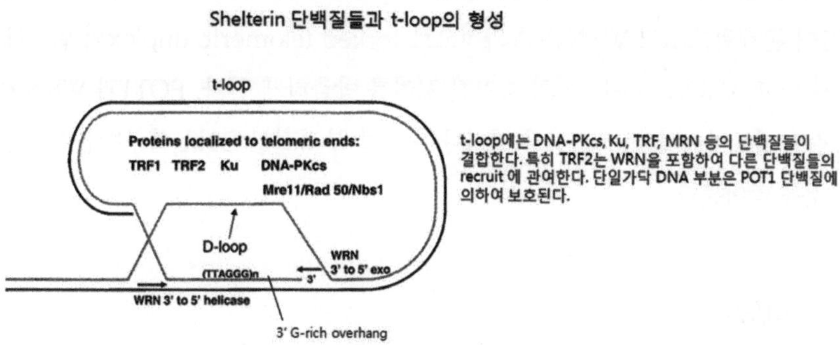

[그림 11.15] t-loop 구조와 WRN 단백질

■ TRF1과 TRF2

텔로머레이스가 존재하는 인간 세포주cell line에서 WRN 단백질은 현저히 핵에서 나타난다. 세포주기의 S기의 살아있는 세포의 이미지화imaging와 synchronized cell의 direct chromatin immunoprecipitation(ChIP, 염색질 면역침강분석법)을 통해 텔로미어에서 WRN 단백질이 TRF 단백질들과 공동국소화co-localization함이 밝혀졌다.

■ POT1

POT1 단백질은 telosome/shelterin 복합체에서 유일하게 단일가닥의 3′ G-rich overhang과 결합하는 구성원이다. 구조적 분석에 따르면 overhang의 말단 G-residue에 결합이 가능한 공간에 존재할 것이라고 본다. 이 residue들은 텔로머레이스가 텔로미어의 길이 연장을 하는데 매우 중요하고, POT1은 telomeric substrate를 접근하는데 있어서 텔로머레이스와 경쟁함으로써 텔로미어 길이를 음성적으로negatively 조절을 한다.

RNAi 기술로 POT1 발현 수준을 억제하거나, 생쥐의 Pot1a 유전자를 삭제deletion한 결과 유전체 불안정성의 정도가 증가하였는데, 이는 POT1이 텔로미어 말단을 보호하는데 중요한 역할을 함을 의미하는 것이다. 최근의 연구 결과에 의하면 POT1

은 물리적으로 WRN 단백질과 상호결합하고, WRN 헬리카제 활성을 증가시킨다. POT1이 존재함으로써 WRN은 효과적으로 forked telomeric duplex의 말단에 위치하게 되고, WRN은 D-loop의 숨겨진 꼬리를 방출하게 한다. POT1과 WRN의 상호작용은 텔로미어가 복제과정이 일어나는 동안 부적절한 DNA 복구반응이 활성화하는 것을 막아준다.

■ Ku70/80

Ku70/80 heterodimer는 NHEJ 경로에 필요한 중요 구성성분으로 이중가닥절단의 복구에 참여한다. Ku70/80은 WRN 단백질의 카복시말단 도메인과 상호작용하여 WRN exonuclease 활성을 증진시키고 손상된 DNA 부분으로 활성화된 WRN 단백질을 모집recruit한다. Ku70/80은 또한 텔로미어의 길이를 유지하는데 필요하며, 텔로미어 DNA가 염색체의 fusion junction에 위치하기 때문에 Ku70/80의 삭제는 염색체끼리의 end-to-end 융합을 초래하게 된다. 이러한 결과는 Ku70/80이 부적절한 염색체 말단 결합 방지를 조절함에도 불구하고, WRN 단백질이 Ku70/80과 상호작용함으로 텔로미어 이중가닥 DNA 절단의 복구에 참여한다.

3.3 텔로미어 대사과정에서 WRN의 역할

WRN 단백질이 텔로미어 복제과정에서 중요한 역할을 한다는 직접적인 증거는 WRN 단백질이 결여된 상태로 텔로미어 복제를 관찰함으로써 알 수 있다. 텔로미어 가닥의 3′ G-rich overhang은 지연가닥lagging strand으로 복제가 일어나고, C-rich 가닥은 선도가닥(leading strand)으로 복제가 일어나게 되는데 그 결과 G-rich 텔로미어 지연가닥의 텔로미어 DNA 감소가 초래된다. WRN 단백질이 정상(Wrn$^{+/+}$)일 경우, WRNp는 텔로미어 전반에 걸쳐 복제포크 진행을 막는 부적절한 구조(예를 들어 G-quadruplex 등)를 WRN 헬리카제 의존적으로 분해하여 G-rich 텔로미어의 지연가닥 합성이 정상적으로 일어나도록 조치한다. 최근에 POT1도 G-quadruplex를 해리할 수 있다는 것이 알려졌는데, WRN과 POT1은 G-quadruplex를 해리하여 복제포크replication fork가 진행할 수 있도록 하는데 서로 협동하는 것으로 보인다. 이러한 주장은 POT1 결손의 경우 G-rich 텔로미어 말단이 우선적으로 소실이 일어나는

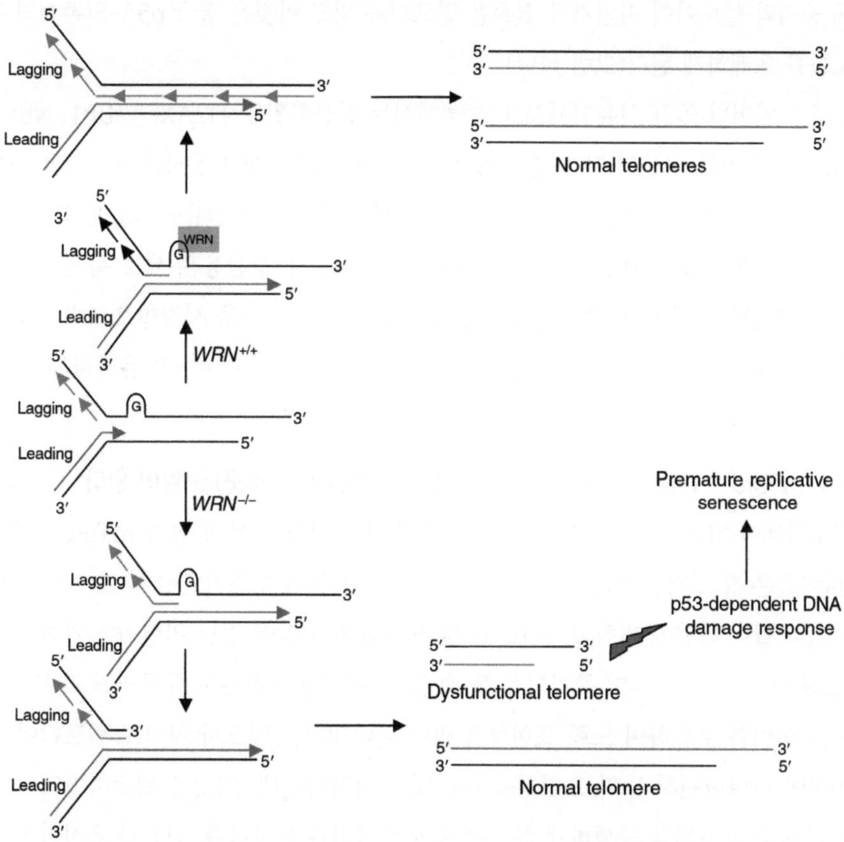

[그림 11.16] WRN의 상실은 텔로미어 기능장애를 초래하고 조기 복제노화를 유발한다.

WRN 단백질이 있을 경우(중간에서 위쪽부분)는 G quadraduplex 구조를 해소하여 정상적으로 복제분기점이 진행할 수 있으며 정상의 텔로미어를 유지한다. WRN 단백질이 없을 경우(중간에서 아래 부분)는 G quadraduplex 구조를 제거할 수 없고 결국 텔로미어 기능이상을 초래한다. 이럴 경우 텔로미어는 DNA 손상반응(DDR)을 촉진하여 조기 복제노화(premature replicative senescence)로 들어가게 된다. (from Multani, 2007)

것으로 보아 신뢰를 얻고 있다. WRN이 없을 경우(Wrn$^{-/-}$)는 G-quadruplex의 분해가 제대로 일어나지 못하므로 복제분기점 중단stalling을 초래하여 결국 기능이상의 텔로미어를 생성하게 된다. 이러한 부분은 DNA 손상으로 인식되어 p53-의존적 DNA 손상반응을 유도함으로써 조기의 복제노화를 일으키게 된다. 그림 11.16(adopted from Multani, 2007)은 WRN이 있을 경우는 G-rich telomere에 있는 G-quadu-plex가 WRN에 의하여 효과적인 제거가 이루어져 정상적인 텔로미어를 형성하게 되지만(그림 상부), WRN이 없을 경우는 G-quadruplex의 제거가 이루어지지 못하여 복제 중지와 텔로미어 지연가닥 결손을 일으키게 되고 이것은 결국 p53-의존적인 복제노화를 초래하게 된다(그림 하단).

노화가 일어난 인간 섬유아세포fibroblast에서는 인산화된 γ-H2AX, 53BP1, NBS1, CHK2 등과 이와 더불어 다른 종류의 분자들이 텔로미어에 공동국소화colocalize하는 분자마커molecular marker를 나타낸다. WRN 단백질이 고갈된 섬유아세포에서도 이와 유사한 분자마커를 보여주고 있는데, 이와 같은 DNA 손상반응은 세포 복제노화 또는 세포사멸과 같이 p53-의존적 검문반응checkpoint response을 시작함으로써 기관의 퇴화organ degeneration 또는 조기노화 표현형premature aging phenotype을 유발하게 된다.

3.4 m*Terc*$^{-/-}$ *Wrn*$^{-/-}$ 돌연변이 생쥐는 인간 WS(워너증후군) 모델이 된다

텔로머레이스(telomerase)-knockout 생쥐의 생리학적 분석 결과 mTerc$^{-/-}$ 동물 자손(이들은 작고 기능부전인 텔로미어를 포함한다)들은 수명이 감소하고, 탈모가 일어나거나 털이 하얗게 변하고, 스트레스에 민감해지고 암에 걸릴 위험이 증가하는 노화 표현형aging phenotype이 증가함을 볼 수 있다. 이러한 노화유도 동물의 초기 세대는 긴 텔로미어를 소유하여 노화 표현형을 많이 나타내지는 않으나 차차로 텔로미어 기능이상이 나타나면서 노화 표현형을 나타내기 시작하는데, 이것은 텔로미어의 기능이상이 노화 표현형을 발생하게 하는 중요한 요인임을 시사한다. 인간과 유사한 노화 표현형이 쥐에서도 동일하게 나타남으로써 쥐가 인간의 노화 연구의 모델로 사용될 수 있음을 나타내는 것이다.

인간의 세포에서는 WRN 헬리카제가 다양한 범위의 활성을 나타냄에도 불구하고, Wrn-null(Wrn$^{-/-}$) mice의 경우에는 어떠한 세포적, 병리학적으로 인간에서 나타나는 워너증후군과 유사한 특징을 나타내지 않는 점이 매우 흥미롭다. 관찰 결과 WRN은 텔로미어 길이 유지에 요구되는데 실험한 생쥐는 대체적으로 긴 텔로미어를 가지고 있어 Wrn-null의 경우도 즉각적으로 표현형으로 나타나지 않는 것이다. 이것은 Wrn-null mice에서 조기노화 표현형이 나타나기 위해서는 짧은 텔로미어가 요구되는 것을 의미하는 것이다. 이러한 가정은 WRN과 텔로머레이스가 동시에 부족한 생쥐를 통하여 유전학적 지지를 얻고 있다. m*Terc*$^{-/-}$ *Wrn*$^{-/-}$ 생쥐의 자손 세대는 상처의 치료가 잘 안된다거나, 골다공증, 뼈가 잘 부서지고, 백내장, 저혈당, 제2형 당뇨병,

중배엽유래 암의 높은 발병률 등의 표현형을 나타내고 정상의 쥐보다 조기 사망에 이르게 된다. 이것은 인간의 워너증후군의 병리학적 증상과 매우 유사하다고 볼 수 있다. 정량적 in situ hybridization의 결과 m*Terc*$^{-/-}$ *Wrn*$^{-/-}$ 생쥐의 자손세대는 텔로미어의 길이가 대체로 굉장히 짧으며, 염색체의 융합fusion과 전좌translocation가 증가함을 알 수 있었다. m*Terc*$^{-/-}$ *Wrn*$^{-/-}$ 생쥐의 자손세대로부터 유래한 배아 섬유아세포embryo fibroblast를 살펴보면 53BP1과 γ-H2AX와 같은 DNA 손상 마커들이 관찰된다.

기능 결함의 텔로미어dysfunctional telomere가 DNA 손상반응DDR을 유발하기 위해서는 WRN 단백질의 결핍이 함께 작용하는 것으로 사료되며, DNA 손상반응의 결과로 복제노화replicative senescence가 진행된다. m*Terc*$^{-/-}$ *Wrn*$^{-/-}$ 이중돌연변이 쥐에서 관찰되는 표현형은 단순히 telomerase-null 쥐에서 관찰되는 노화 표현형의 악화가 나타났다고 하기 보다는, mTerc$^{-/-}$ 생쥐의 자손세대에서 관찰이 되지 않는 워너증후군 환자의 특징적 표현형을 관찰할 수 있다는 것이 특징적이다. 이러한 생쥐모델로부터 워너증후군(WS)에서 관찰되는 다양한 병리적, 생리적 표현형을 관찰하기 위해서는 기능이상의 텔로미어dysfunctional telomere와 함께 WRN의 결핍이 있어야(m*Terc*$^{-/-}$ *Wrn*$^{-/-}$) 함을 알 수 있다.

3.5 m*Terc*$^{-/-}$ *Wrn*$^{-/-}$ 세포의 텔로미어에서는 상동재조합 증가와 ALT 경로의 진행이 일어난다

m*Terc*$^{-/-}$ *Wrn*$^{-/-}$ 생쥐는 워너증후군의 병리적 분자기작을 나타낸다. 예를 들어 워너증후군 환자에서는 육종이나 골육종osteosarcoma과 같은 중배엽mesenchymal 유래의 암 발생의 증가가 특징적인데 그 분자기작에 대해서는 자세히 연구된 바 없었다. 상피세포암carcinoma과 달리 중배엽성 종양의 경우는 텔로미어 길이를 유지하기 위하여 ALT(alternative lengthening of telomeres) 경로가 우선적으로 사용된다. 많은 육종sarcoma에서 텔로미어의 길이 유지가 ALT 경로를 통해 유지됨이 밝혀졌는데, ALT 경로는 재조합recombination이 관련된 텔로미어 재조합(recombination-mediated telomere recombination)이 관여한다. 기능이상의 텔로미어를 가지고 있는 m*Terc*$^{-/-}$ *Wrn*$^{-/-}$ 세포 유래의 육종에서는 ALT가 활성화됨이 나타났는데 이것은 텔로

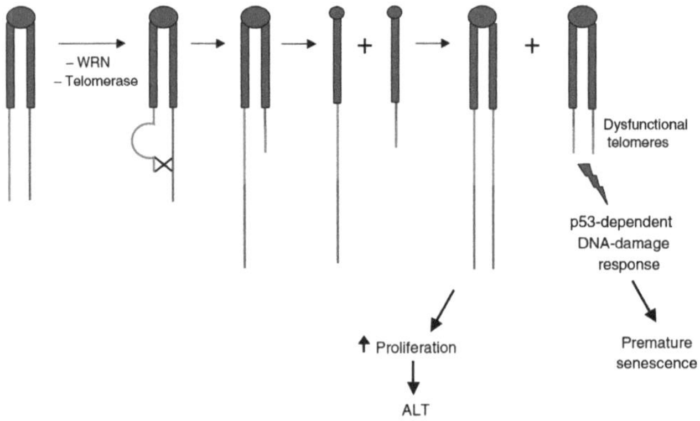

[그림 11.17] 텔로미어 자매염색분체 교환(T-SCE).
재조합에 의하여 긴 텔로미어를 가지게 된 클론은 지속적으로 자라 불멸화된 클론을 형성할 수 있으나 그렇지 못한 경우는 조기 노화로 들어간다.

미어에서 상동재조합을 통한 T-SCE(telomere sister chromatid exchange, 텔로미어 자매염색분체 교환) 때문인 것으로 보인다. G5 m*Terc*$^{-/-}$ *Wrn*$^{-/-}$ mouse cell line에서 자발적인 세포노화를 거치도록 했을 때, WRN의 상실은 놀랍게도 세포노화로부터 도피를 촉진하여 불멸화된 클론immortalized clone이 출현하도록 하였다. 이러한 클론들에서는 텔로미어가 지속적으로 짧아지고 염색체의 비정상도 크게 증가했다. 그러나 이들 세포에서 자매염색분체sister chromatid 간의 상동재조합 지시자(indicator of homologous recombination)로 쓰이는 텔로미어 자매염색분체 교환(telomere sister chromatid exchange, T-SCE)은 크게 증가하였다.

G5 m*Terc*$^{-/-}$ *Wrn*$^{-/-}$ 세포주에서 WRN을 야생형으로의 복구하였을 때 T-SCE 수준은 감소하였는데 이것은 WRN의 헬리카제 도메인이 부적절한 텔로미어 재조합을 억제하는데 꼭 필요함을 나타낸다. 효모에서 WRN 동족체ortholog인 Sgs1은 상동서열 재조합homologous recombination을 억제하였는데, 이러한 관찰은 WRN이 상동의 텔로미어 서열에서 상동재조합homologous recombination을 억제한다는 것과 일치한다. human ALT 세포주에서 T-SCE의 증가가 나타난 것은 ALT 표현형으로의 전환에 HR-mediated telomere recombination mechanism(상동재조합 관련 텔로미어 재조합 기작)이 중요한 선결조건임을 의미한다.

이와 같은 내용을 보았을 때 WRN 유전자의 상실로 인하여 유전체의 불안정성

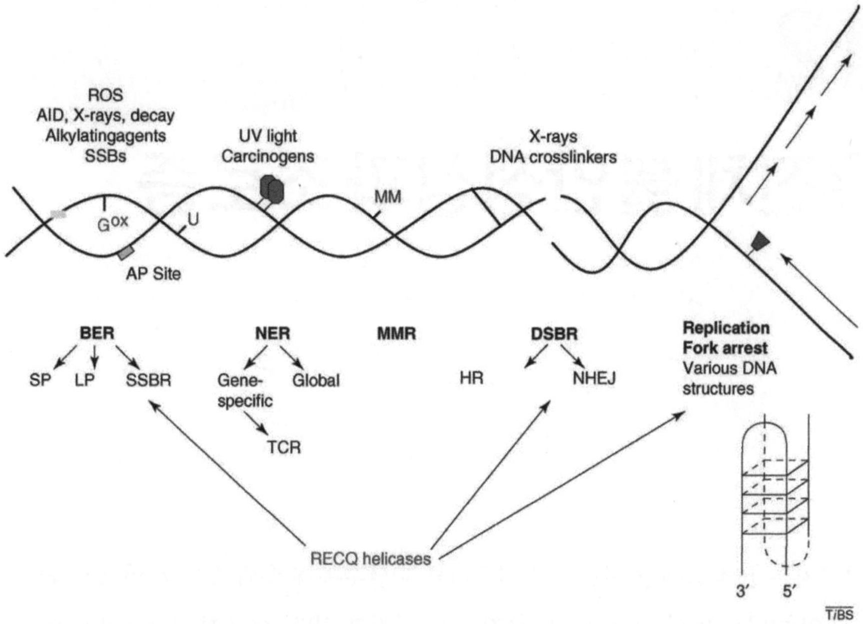

[그림 11.18] WRN은 다양한 세포단백질과 상호작용하면서 다양한 DNA 복구 경로에 관여한다. (from Bohr, 2008)

이 초래되었을 경우 조기 노화가 일어날 수 있음은 분명해 보인다. WS워너증후군 fibroblast의 가장 큰 특징인 복제노화로의 조기 진입은 p53-의존적 DNA 손상반응(p53-의존적 경로)과 p38-의존적 cellular stress response(p53-비의존적 경로)에 의하는 것으로 추정된다. 그림 11.18은 WRN 단백질이 상호작용하는 DNA replication, DNA repair, recombination, 텔로미어 길이의 유지, 세포사멸, 전사 등의 과정을 요약한 것이다.

12

유전체 불안정성과 조로증

프렌지는 10살밖에 안되었는데 하루하루 지날수록 위축되고 더욱 약해져 늙어간다. 그의 이마는 벌써 벗겨지고 주름진 코를 가지고 있다. 새로 태어나는 800만 명의 신생아 가운데 1명은 허친슨-길포드Hutchinson-Gilford 선천성 조로증후군을 유발하는 유전자를 가지고 태어날 운명에 놓여있다. 수많은 DNA 복제와 체세포분열을 통하여 이 유전자 안에 있는 끔찍한 정보가 성장하고 있는 배아와 마침내 새로 태어나는 아기의 모든 세포로 퍼져 나간다. 이것으로 인해 노화가 촉진되고 일생이 단축된다. 가족단위로 나타나는 조로증에 대한 보고가 없는 것으로 미루어 이 증후군은 무작위random로 일어나는 유전자 돌연변이에 의한 것으로 분석된다. 대부분의 허친슨-길포드 조로증 환자는 20세 이전에 심장병, 동맥경화와 같이, 보통사람이라면 40대 이후에나 문제가 될 성인병으로 인하여 사망하게 된다. '조로증'은 유전자 변화와 긴밀한 관계가 있는데 이와 같은 기작을 더 자세히 알게 되면 유전체 불안정성과 조로증 관계의 수수께끼를 풀어나가는데 큰 도움이 되리라 생각된다.

- 워너증후군
- 코케인증후군
- 색소성 건피증
- 허친슨-길포드 조로증
- 블룸증후군

- 자연적인 인간 유전자 돌연변이
- 정상적인 노화의 여러 징후와 증상
- 원인 유전자의 클로닝과 특성 분석
- 전사, 복제, 재조합, DNA 복구에 관여하는 유전자 산물

[그림 12.1] 조로증의 예.

1. 조로증

생물체에서 노화 자체는 생물의 자연스러운 과정이지만 유전자 손상의 발생에 의해서 노화가 가속화되는 질병이 있는데 이를 "조로증progeroid syndrome"이라고 부른다. 조로증은 조기노화premature aging의 여러 특징을 나타내는 질환이다. 조로증은 매우 낮은 빈도로 나타나는데, 소아 초기에 발병하여 20대가 되기 전에 대개 사망하는 허친슨-길포드증후군Hutchinson-Gilford progeroid Syndrome, HGPS, 그리고 좀 더 늦은 시기에 발병하는 워너증후군Werner Syndrome, WS이 가장 대표적인 사례이다. 적어도 10개 이상의 선천성 조로증에서 DNA 복구 시스템의 일부 구성요소에서 유전적 결함을 나타낸다. 유전체의 안정성을 유지하는데 중요한 유전자의 변이는 다양한 유전병의 원인이 되고 이런 유전병들은 대개 암 발생을 동반하는 경우가 많다. 결과적으로 암과 노화는 나이가 들어가면서 초래되는 유전체의 불안정성이 공통적인 원인으로 작용할 가능성이 높다.

[표 12.1] '부분적 노화증후군'의 상위후보로 간주되는 유전증후군

증후군	유전 패턴	평균 수명 (years)	조로증 특징	원인 돌연변이	노화에 기여하는 기작
다운증후군	새롭게 생성된 삼염색체성 (trisomy)	~60	백내장, 백모, 탈모, 감소된 피하지방, 갑상선 기능장애, 신경 퇴행	unknown	?

증후군	유전 패턴	평균 수명 (years)	조로증 특징	원인 돌연변이	노화에 기여하는 기작
워너증후군	상염색체 열성	~47	백내장, 골다공증, 동맥경화증, 당뇨병, 암	WRN (RECQL2)	복제노화의 가속화
코케인증후군	상염색체 열성	~20	난청, 망막변성, 동맥경화증, 탈수초	CSA(ER-CC8) CSB(ER-CC6)	유전체 유지 감소
허친슨-길포드 조로증후군	새롭게 생성된 점돌연변이	~12	동맥경화증, 근육감소증, 골용해, 감소된 지방조직	LMNA	세포유지 능력 감소?
Ataxia telangiectasia	상염색체 열성	~20	피부경화증, 면역결핍, 암, 백모, 소뇌성운동실조증	ATM	(i) 유전체유지 감소 (ii) 가속화된 신경퇴행 (iii) 감소된 면역 다양성

인간에 있어서 최초로 조로증 환자를 발견한 것은 약 100년 전으로 거슬러 올라간다. 소위 '부분적 노화증후군segmental progeroid syndrome'이라 불리는 질병은 DNA 구조가 발견되기 훨씬 이전부터 보고되어 왔다. '부분적 노화증후군'이라 함은 인체 노화의 보편적 변화가 모두 나타나지 않고 질병의 특성에 따라서 노화의 특징이 부분적으로 나타난다고 하여 이런 명칭을 붙이게 되었다. 이와 같은 조로증의 원인을 살펴보면 Hutchinson-Gilford syndrome의 경우 핵 구조의 안정화에 기여하는 **라민 A(*LMNA*)**, Werner syndrome(WS)의 경우 DNA 이중가닥 절단을 복구하는 **WRN 단백질**, Cockayne syndrome(CS)의 경우는 transcription-coupled NER(TCR)에 관여하는 ***CSA***와 ***CSB***, Ataxia telangiectasia(AT)의 경우는 DNA 손상 반응에 관여하는 ***ATM* 유전자** 등이 그 원인이었다. 이와 같이 다양한 여러 유전자가 원인으로서 관여하지만 공통적인 점은 이 유전자들이 **체내의 유전체 안정성에 기여하고 있다**는 점이다. 이러한 유전자들에서 **돌연변이가 발생할 때 유전체 유지에 결함이 발생하게 되고** 이것이 조로증을 일으킬 수 있는 것이다. 본 장에서는 유전자의 손상의 발생으로 인해 노화의 과속화가 일어나는 조로증에 대하여 살펴본다.

2. 워너증후군

워너증후군Werner syndrome, WS의 유전적 근거는 상염색체autosome 열성recessive 유전을 하는 성인 조로증으로 사춘기 후 조기 노화premature aging 현상을 보이는 질환이다. 워너증후군은 Otto Werner에 의하여 1904년 질환의 특징이 처음으로 보고되었으며, 그 이후 1934년 오펜하이머Oppenheimer와 쿠겔Kugel에 의하여 '워너증후군(WS)'(독일식 발음으로 '베르너 증후군'으로도 호칭함)으로 명명 되었다. 워너증후군은 1904년 이래 1300여명 정도의 환자가 보고되었으나, 그중 1000명 이상이 일본으로부터 유래하였다. 이는 과거 일본에서 근친결혼 등의 풍습이 있어서 유전적으로 빈번한 원인인 것으로 추측이 되며 한국에서는 매우 드물다. 일본 학자들의 많은 연구들이 있었다.

1992년 *WRN* 유전자 자리는 염색체 8번의 단완(p, 짧은 팔)에 지정되었다. 이것은 다수의 가계도를 수집한 도쿄의 고토 그리고 데니스 드레이야나 및 그의 동료들의 협력적 연구의 결과였다(Goto, 1992). 드레이야나 등(Goto, 1992)은 연관(linkage)에 의한 통계적 증거를 발견하기 전에 150개 이상의 마커(marker)에 대해 조사를 해야만 했다. 이후 2년 동안 *WRN* locus는 약 400 kb 영역으로 더 좁혀졌다. 다양한 방법들을 사용하여 결국 WRN 유전자의 'positional cloning'이 이루어졌다. *WRN* 유전자는 35개의 엑손으로 구성되며 인간 염색체 8번 단완(p)에 200

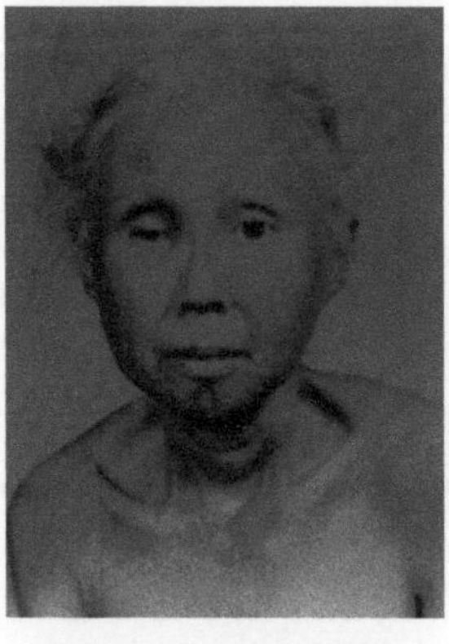

[그림 12.2] 워너증후군 환자.
40대 여성이지만 60대 이상으로 보인다.

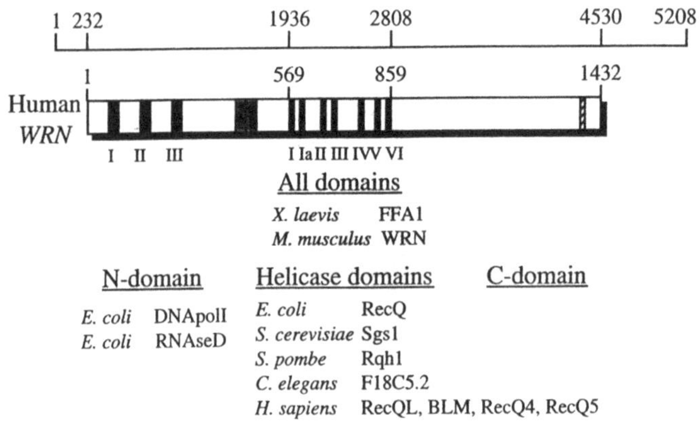

[그림 12.3] 인간 WRN 단백질의 유사성.

첫 번째 열은 뉴클레오티드 수를 의미하고, 두 번째 열은 아미노산 수를 의미한다.
대장균, 효모, 인간의 동족체(homolog) 모든 단백질들은 중심 부분의 헬리카제 도메인에서 공통성을 가지며 RecQ 계열의 DNA 헬리카제 구성원으로 확인되었다. 효모 유전자 중에서 Sgs1과 Rqh1은 인간의 WRN과 상당한 상동성을 공유한다. C말단에는 핵 이동(nuclear localization) 신호가 있다. (from Oshima, 2001)

kb이상에 걸쳐 있다.

워너증후군은 대부분 상염색체 열성 유전질환이나 드물게 상염색체 우성으로 질환이 유전되기도 한다. 열성 유전질환이라 함은 사람이 가지는 유전자 사본 모두에서 돌연변이가 일어났을 때 그 질환의 표현형이 나타나는 경우를 말한다. 약 90% 이상에서 워너증후군 유전자(WRN, RECQL2 또는 REQ3)의 돌연변이에 의해 워너증후군

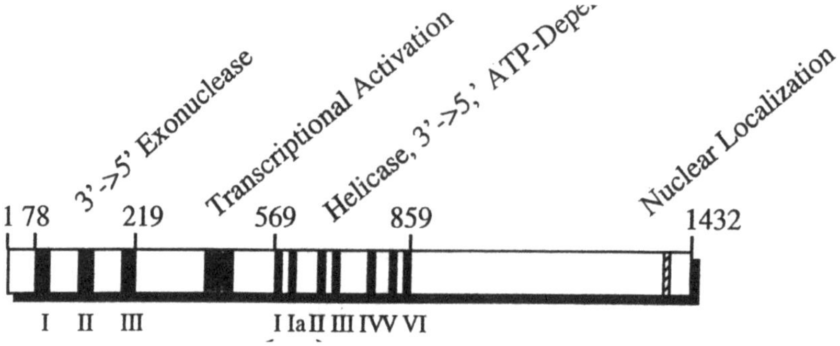

[그림 12.4] 인간 WRN 단백질의 기능적 도메인.

이 발생하며, 이 돌연변이는 WRN 단백질(WRN)의 기능적 이상을 유발한다.

WRN 단백질은 재조합recombination, 복제replication, 복구repair 등의 DNA 대사metabolism에 관여하고 있는 것으로 알려지지만 그것의 자세한 기작은 아직도 명확하지 않으며, 재조합의 경우 WRN은 과도하고 부적절한 재조합illegitimate recombination의 차단에 기여한다는 보고도 있다. WRN 단백질은 ATPase, helicase, exonuclease 활성을 지닌다. WRN은 DNA 가닥을 풀어주는 효소인 DNA helicase의 RecQ family 가운데 하나이며, DNA 손상이나 정상적인 복제과정에서 발생한 DNA 잘못됨을 복구시키는 역할을 한다. 이와 같은 WRN 헬리카제의 결함으로 DNA 복구가 제대로 이루어지지 않을 경우 유전체의 불안정성은 증가하게 되고 이에 따라 암cancer의 촉진이나 조기 노화premature aging가 초래될 수 있는 것이다. WS워너증후군 세포적 특징은 다음과 같은 사건들로 인해 유전체의 불안정성이 초래되는 것이 가장 큰 문제점으로 요약할 수 있다. 다양한 염색체 돌연변이를 생성하는 경향과 복제수명의 현저한 감소가 이들 세포의 특징이다. WS 세포에서 돌연변이률은 대조군과 비교하여10-100배가량 증가했다. 워너증후군 환자의 림프모구세포주LCL, Lymphoblastoid cell lines에서 S기 평균 지속기간은 대조군보다 51% 더 긴 것으로 나타났지만 G1 및 G2 단계의 평균 시간은 유사했다. WRN 림프모구세포주는 토포이소머라제 I 저해제, 캄프토세신에 더 낮은

[표 12.2] 워너증후군 유래 세포에서 나타나는 유전체 불안정성의 특징

유전체 불안정성	염색체의 rearrangement(재배열), 자발적인 유전자 결손
텔로미어 유지	텔로미어의 짧아짐, 일부 세포에서 WRN 단백질이 텔로미어에 colocalize (공동 국소화)
Recombination (재조합)	높은 빈도의 재조합이 발생, 재조합시 결함이 발생
Replication (복제)	reduced replicative lifespan(복제 수명의 감소), extended S-phase(S기 지속기간이 더 길어짐), reduced frequency of initiation sites(개시 빈도의 감소), WRN 단백질은 replication complex의 일부
DNA repair(복구)	4-NQO에 과민반응
	DNA cross-linking agent에 대해 과민반응
	psoralen crosslink에 대한 복구 감소
	camptothecin에 대해 과민반응
	텔로미어 손상이 일어났을 때 복구이 감소
	전사와 병행하는 DNA 복구(TC-NER)은 감소

세포생존과 죽은 세포를 보여 과다한 민감성을 나타낸다.

여러 종류의 연구를 통하여 WRN 단백질의 세포 내 기능이 DNA 복구(DNA repair)에 관여하는 것이 알려졌으며, 세포 수준의 연구를 통하여 워너증후군의 원인은 세포의 유전체 불안정성이라는 것이 알려졌다. 워너증후군WS과 워너증후군 단백질 WRN에 관한 연구는 DNA 복구과정을 포함한 여러 가지 중요한 DNA 대사경로에 대한 지식을 넓혀주므로, 이러한 연구를 통하여 노화와 암에 대한 이해를 돕는다.

워너증후군의 임상적 징후는 적어도 사춘기 즈음까지는 정상적으로 보인다. 종종 회고적으로 언급되는 가장 초기의 징후는 일반적으로 청소년기에 급격한 성장이 없다는 것이다. 나이든 외모는 30대에서 인식될 수 있다. 피부증상은 얼굴 주름도 포함한다. 이 기간 동안 흰머리와 가늘어진 머리카락도 시작될 수 있다. 임상적으로 가장 먼저 발견할 수 있는 퇴행성 병리는 양측 안구의 백내장이다. 이들은 30대에 외과적 치료를 필요로 한다. 다른 일반적인 특징으로는 제2형 당뇨병, 골다공증, 피부노화, 죽상동맥경화증, 연조직 석회화 및 종양이 있다. 이들 및 기타 표현형의 발병은 특정 순서를 따르는 것으로 보인다. 흥미롭게도 워너증후군에서는 고혈압과 알츠하이머 치매는 흔치 않은 것으로 나타난다.

3. 허친슨-길포드 조로증후군

허친슨-길포드 증후군의 최초 발견은 1886년 영국의 의사인 '조나단 허친슨'에 의하여 이루어졌다. 그 당시 나이가 세살 반이었던 남자아이가 머리카락이 없으며, 피부상태가 다른 아이들과 달리 얇고 주름진 상태가 마치도 노인의 상태와 유사함을 발견하고 보고하였으나 학계의 관심을 끌지는 못하였다. 그 후 1904년 '길포드'라는 영국의사가 14세 소년을 진찰하였는데 그 상태가 허친슨이 보고했던 것과 매우 유사함을 발견하였다. 머리카락이 빠지고 신체 골격의 발달이 저해되고 체지방이 거의 없으며 신체의 여러 상태가 노인과 유사하였는데, 정신적 기능은 정상이었다. 길포드의 소년은 18세에 사망하였다(허친슨의 소년은 17세에 사망). 이 병을 초기에 발견한 두 의사의 이름을 따서 "허친슨-길포드 선천성 조로증후군Hutchinson-Gilford progeria syndrome, HGPS"이라고 이름이 붙여졌다. 이 병은 남녀 동일한 비율로 발생하며 또 인

종에 관계없이 발생한다. HGPS의 평균수명은 약 14.6살이며 사망원인으로는 고혈압, 동맥경화, 심장마비등 주로 심혈관-관련 질환이다. 환자들은 뼈와 관절 이상, 피부 변화, 탈모증, 지방질 저하증 등 다양한 노화 관련 합병증에 시달리며, 좌심실 및 혈관 평활근 세포vascular smooth muscle cell, VSMC 손실과 과도한 혈관 석회화 등이 관찰된다. HGPS 어린이로부터 유래한 섬유아세포fibroblast와 다른 정상의 어린이로부터 얻은 같은 세포를 조직배양 하였을 때, 정상 어린이의 세포는 매우 빠르게 분열이 일어나는데 반하여, HGPS의 세포는 매우 느리게 분열하였으며, HGPS 세포는 자신의 부모의 세포보다도 오히려 더 느리게 분열하였다.

최근의 연구결과는 허친슨-길포드 선천성 조로증후군HGPS가 '라민 A'라는 단백질의 돌연변이로 인하여 일어남을 밝혀냈다. 라민 유전자(*LMNA*)유전자는 라민A와 라민C를 암호화하고 있으며, 라민 A와 라민 B 단백질은 결합하여 핵 라미나nuclear lamina의 주성분을 이룬다. 라민 A와 라민 B는 일차적 서열과 생물학적 특성에 근거해서 분류한다. 예를 들면 라민 A는 염기성이고, 라민 B는 산성이다. 핵 라미나는 핵막의 내면을 싸고 있는 20-50nm 두께의 단백질 그물망으로써, 핵 라미나는 핵과 세포의 구조를 안정적으로 유지해주며, 핵막과 염색질chromatin 사이의 결합을 매개하여 유전자 발현을 조절하는 기능을 한다. 따라서 라민lamin 단백질은 DNA 복제, 전사transcription, 염색질 형성, 핵의 형태 유지, 핵의 분열 등의 과정에 관여하고 있다. 결함을 가진 라민 단백질은 조로증과 암을 비롯한 여러 종류의 퇴행적 질병에 관여하고

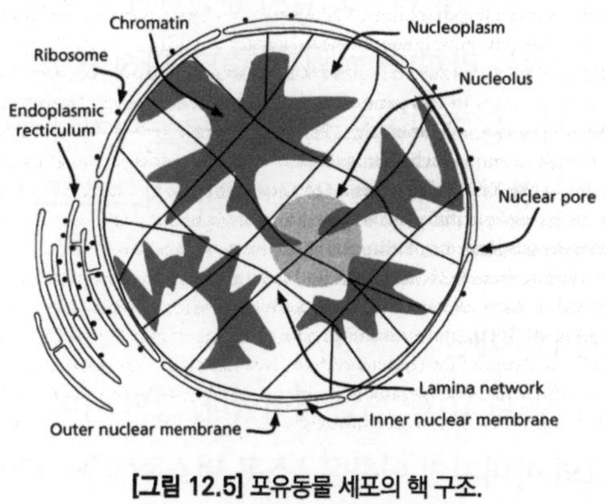

[그림 12.5] 포유동물 세포의 핵 구조.

핵 라미나는 핵막의 안쪽을 감싸는 20-50nm 두께의 단백질 그물망을 형성한다. 핵 라미나는 라민(A-type과 B-type) 단백질과 라민-연관 단백질(LAP)들의 중합체로 구성된다. (from Vijg, 2007)

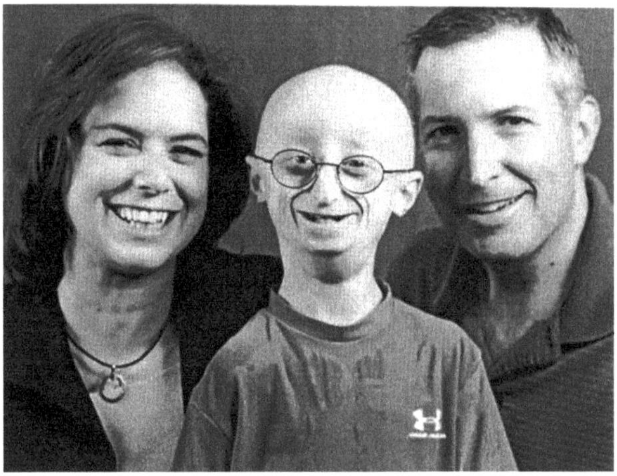

[그림 12.6]

희귀성 질병인 조로증(progeria)을 앓았던 샘 번스와 그의 부모인 레슬리 고든 박사(왼쪽), 스콧 번스 박사(오른쪽).

있는 것으로 나타나 라민은 "유전체의 관리인caretaker of genome" 역할을 담당하는 것으로 추측된다.

HGPS에서 일어나는 가장 흔한 돌연변이(G608G)는 라민 유전자의 608번 코돈의 돌연변이로 아미노산은 바뀌지 않지만 스플라이싱splicing에 오류를 초래하여 50개의 아미노산들이 상실된 비정상적인 라민 단백질("프로제린progerin")을 축적되게 한다. 비정상적인 라민 단백질의 축적으로 인하여 정상적인 핵 기능이 방해받으며, 단백질과 단백질간의 상호작용을 방해함으로써 DNA 복제와 RNA 전사과정에서도 문제를 초래한다. 세포가 분열할 때 핵막도 같이 분열하여 두개의 새로운 핵을 만들고, 핵 내부를 그물망처럼 감싸는 라미나lamina(판, 층)가 다시 형성되어야 한다. **비정상적인 라민 단백질을 지닌 세포는** 정상적으로 세포분열을 마치지 못하고 **일찍 죽게 됨으로써** 세포 재생 능력에 치명적인 문제를 일으켜 결과적으로 조로증을 초래하게 된다.

3.1 샘 번스와 조로증 연구재단

샘 번스Sam Berns는 1996년 10월 23일 태어났다. 그의 어머니의 이름은 "레슬리 고든Leslie Gordon"이고 그의 아버지의 이름은 "스콧 번스Scott Berns"이다. 그의 부모는 둘 다 소아과 의사인데, 샘 번스는 태어난 후 22개월째인 1998년에 '조로증' 판정을 받게 된다. 그 후 1년 뒤 1999년 그의 부모인 레슬리 고든 박사와 스콧 번스 박사는 조로증 연구를 위해 "조로증 연구재단The Progeria Research Foundation, PRF"을 설립하게 된다. 이 연구재단은 조로증 연구를 위한 연구기금을 모금하고 연구를 위한 시료 제공 등을 통해 조로증 연구에 공헌해왔다. 그의 어머니인 레슬리 고든 박사는 조로증의 원인과 치료에 대한 관심을 가지고 조로증에 대한 분자생물학적 연구에 적극적으로 참여하게 된다. 이러한 노력에 힘입어 2003년 HGPS 조로증이 라민 A 유전자(*LMNA*)의 돌연변이로 인해 발생한다는 것이 발견되었으며, 2012년에는 최초의 치료법도 나오게 되었다. 그러나 샘 번스는 이러한 노력에도 불구하고 2014년 1월 10일, 만 17살의 나이로 세상을 떠나게 된다.

〈그림 12.7〉

샘 번스가 행진악단 단원으로 작은 북을 개조하여 연주할 때의 모습. 그는 17세의 나이에 사망했다.

샘 번스는 사망하기 1년 전인 2013년 TED 강연을 통하여 자신의 철학에 대하여 이야기하였다. "제 삶에는 많은 장애물이 있고 그중 많은 것이 조로증으로 인한 것이지만 많은 장애물이 있다할지라도 사람들이 저에 대해 안타까워하길 원하지 않습니다. 그런 장애물에 대해 항상 생각하는 것도 아니고 대부분은 얼마든지 극복할 수 있으니까요." 그러면서 다른 사람들이 자신을 희귀병에 걸려서 불행한 삶을 산다고 생각할지 모르지만 정작 자신은 행복한 삶을 살고 있다고 말했다. 이에 덧붙여 자신의 행복에 대한 3가지 관점my philosophy for a happy life에 대하여 설명하였다. 그의 행복한 삶에 대한 철학에는 3가지 측면이 있었는데, 첫 번째는 자신이 결과적으로 할 수 없는 것들에 대해서는 그렇게 심각하게 생각하지 않으며 자신이 할 수 있는 것에 집중한다는 것이다. 예를 들면 자신이 할 수 없는 장거리 달리기나 롤러코스터 타기에 대하여 생각하는 대신, 자신이 할 수 있는 소년단 활동, 음악 같은 일에 더욱 집중하는 것이다. 그 가운데 한 가지인 행진악단에서 작은 북을 연주한 것도 그가 이뤄낸 꿈이었다. 그의 몸무게로는 지탱할 수 없었던 작은 북을 몸에 맞게 개조한 후, 악단과 함께 멋진 연주를 했던 순간은 장애를 극복하고 자신의 꿈을 실현해 나가는 멋진 순간이었다.

두 번째 측면은 자신이 함께하고 싶은 사람들과 함께 있는 것이다. 그에게는 정말 멋진 가족들이 있어 아주 행운이라 생각하고, 자신을 평생 동안 지지해준 가족과 학교의 친한 친구들과 함께 하는 것을 좋아한다. 그들은 진정으로 중요하고 긍정적인 영향을 줄 수 있다. 세 번째 측면은 월트 디즈니의 말을 인용하며 계속 앞으로 나아가겠다고 하는 것이다. 샘은 항상 기대할 수 있는 무언가를 찾기 위해 노력한다. 샘은 자신의 꿈인 분자생물학분야의 전문가가 되는 것에 집중함으로써 자신의 장애물에 대해 마음 아파하는 것으로 에너지가 낭비되지 않도록 했다. 용기를 내는 것이 쉽지 않았지만, 끝까지 자신이 세상을 변화시킬 수 있다고 굳게 믿으며 최선을 다해 긍정적으로 자신의 생을 살아낸 샘 번스의 짧은 인생은 많은 사람에게 교훈을 준다.

우리는 샘 번스의 행복에 대한 철학에서 배울 점이 있다. 그는 자신이 가진 것(멋진 가족, 친구들)과 자신이 재능을 가진 일에 집중했고 또 그것에 감사했다. 타인이 가진 것보다 자신이 가진 것에 대해 감사하는 태도는 행복을 위한 첫 걸음이다.

3.2 허친슨-길포드 조로증후군 특성

허친슨 길포드 조로증후군HGPS을 가진 어린아이들은 초기 유아기에는 정상적인 모습을 보이지만 약 9-24개월이 되면 심각한 성장의 지연을 보이기 시작하여 결국 또래의 아이들보다 키가 작고 몸무게가 적게 나가는 특성을 보인다. 특징적인 얼굴을 보이며 죽상경화증, 심혈관계 질환, 뇌졸중, 두피에 정맥이 두드러지게 나타나며, 피부 아래 지방층이 소실되고, 손톱의 결함, 관절의 경직, 골격의 손상 등이 나타난다. 허친슨-길포드 조로증 환자들은 동맥벽이 미성숙하고 두꺼워지면서 탄력성을 잃게 되어 유년기, 사춘기 또는 초기 성인기에 생명을 위협할 수 있는 합병증이 발생할 수 있으며, 대개 심장 질환으로 인해 보통 8~21세 사이(개인의 차이에 따라서)에 사망한다. 허친슨-길포드 조로증은 유전자 *LMNA*(lamin A)의 돌연변이에 의해 생기며, 라민 A의 결함이 생기면 핵이 불안정하게 되고 노화가 촉진된다. 각 부위별 증상은 다음과 같다(그림 12.8).

a. 얼굴

2세가 되어도 얼굴뼈가 제대로 자라지 않고, 아래 턱 뼈가 성장하지 않아 턱이 “매

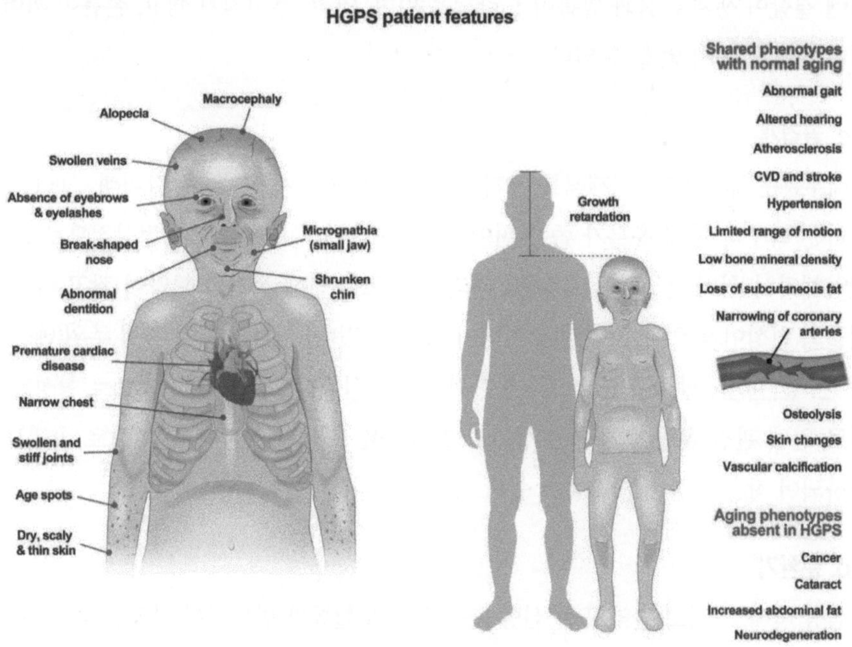

[그림 12.8] HGPS 조로증 환자의 특징. (from Kreienkamp, 2020)

우 작은 작은 턱증Micrognathia"이 나타나며 턱이 작아 치아가 제자리에 나지 못해 비뚤게 자라나는 치아 총생(덧니 및 치아 틀어짐)이 나타난다. 얼굴은 머리에 비해 작고, 두개골의 앞과 옆은 비정상적으로 튀어나온다. 코는 작고 얇으며 "새부리와 같은 모양beak-shaped nose"을 하며, 눈은 튀어나와 있고, 귀는 귓불earlobe이 없다. 입주위의 피부가 푸른색을 띠며 치아의 크기가 작고, 색이 변색되며, 치아가 소실되는 경우도 있고, 충치 발생률이 높다. 비정상적으로 머리카락이 드문드문 나고, 약 2세가 되면 머리카락이 빠지게 된다. 또한 유년기 초반에는 눈썹과 속눈썹이 빠지게 된다.

b. 피부

얼굴 가운데 부분의 피부와 점막이 푸른색으로 변한다. 유아기 초기에 점진적으로 피부 아래 지방층 손실이 일어나며, 특히 두피, 허벅지에 있는 정맥이 비정상적으로 두드러진다. 어린이의 경우 피부에 노화현상이 비정상적으로 나타나 얇고, 건조하며, 주름이 생기고, 나이가 들어감에 따라 태양에 노출된 피부에 갈색 반점이 생긴다. 손톱에 결함이 생겨 손톱과 발톱이 노란색을 띠며, 얇고, 부서지기 쉽고, 손톱이 휘어지거나 손톱 발톱이 없을 수 있다.

c. 골격계

대부분은 짧고 얇은 어깨뼈를 가지고 있으며 어깨가 좁고, 얇은 갈비뼈, 그리고 튀어나온 복부와 함께 흉부가 좁은 편이다. 팔과 다리의 긴뼈들도 비정상적으로 얇고, 연약해져서 쉽게 골절된다. 손가락 뼈의 변성으로 인해 손가락 모양이 짧고 가늘다. 쇄골의 변성이 있으며, 고관절의 변형이 생길 수 있다. 대부분 특정 관절 주위(예를 들어 손, 발, 무릎, 팔꿈치, 척추 등)에 비정상적인 섬유상 조직이 점진적으로 형성된다. 이로 인해 관절 운동에 제한이 생기고 강직감을 느끼게 된다. 전신적으로 골밀도가 저하되어 작은 손상에도 골절이 쉽게 생기게 된다.

d. 순환기

심장 비대, 그리고 판막 또는 심방 또는 심실의 혈류가 변화되어 비정상적인 심잡음 "murmur"이 들린다. 유아기 또는 사춘기 동안 점진적으로 죽상경화증Atherosclerosis이 생기며, 심장근육으로 산소 공급이 부족하게 되어 가슴의 통증을 유발할 수 있다. 죽상경화증은 특히 산소가 풍부한 혈액을 심장의 근육으로 운반하는 관상동맥, 대동맥과 같은 주요한 동맥에 많이 발생한다. 점진적으로 폐와 전신으로 가는 심장의 혈액 공급이 효과적으로 이루어지지 않으며, 이로 인해 심장근육에 부분적으로 손상이 생겨 심장 발작이나 심근경색증이 생길 수 있어 사망 원인이 된다.

e. 기타

높은 음색의 목소리를 가지고 있고, 젖가슴이나 젖꼭지가 없으며, 성적 성숙이 되지 않는다. 청력의 손실이 오기도 한다.

f. 치료

미국 국립보건연구원NIH의 프랜시스 콜린스 박사를 비롯한 연구팀은 노화가 빨리 진행되는 조로증의 일종인 HGPS에 파네실화Farnesylation를 억제하는 항암제가 효과가 있다는 사실을 발견했다.

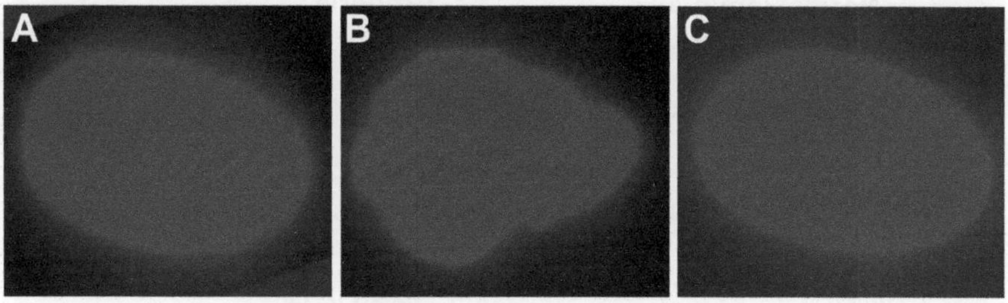

[그림 12.9] 배양된 인간 섬유아세포(fibroblast)의 핵 모양.
그림 (C)는 파네실화를 억제하는 약을 36시간 처리했을 때 핵의 모양이 정상으로 회복되었다. (from Kieran, 2007)

3.3 HGPS 조로증의 원인 유전자

HGPS 유전자인 *LMNA* 유전자는 염색체 1번(gene loci 1q21.2)에 코딩되어 있으며 라민 A와 라민 C를 합성한다. 돌연변이 유전자는 부모의 열성 유전자가 유전과정을 통해 전달이 되는 것이 아니라, DNA 대사과정에서 **새롭게 만들어진 돌연변이**(대개 수정되기 전에 아버지의 정자에서 발생하는 것으로 추측되고 있음)를 통하여 전달된다. 미국 국립보건원(NIH) 프랜시스 콜린스박사의 연구논문에서는 20건의 HGPS 경우 중 18건은 *LMNA* 유전자 엑손 11번의 608번 코돈에서 GGC가 GGT로 변이(C→T)가 발생하였음을 발견하였다. 즉, 유전자 속에 하나의 뉴클레오티드가 C에서 T로 바뀌면서 조기노화라는 엄청난 결과가 초래된다는 것이다. 염기 돌연변이는 일어났지만 아미노산은 글리신glycine으로 변함이 없는 일명 '침묵 돌연변이silent mutation'를 일으킨다. 비록 돌연변이로 인한 아미노산의 변화는 없지만, 이것으로 말미암아 "비정상적 스플라이싱 자리cryptic splice site"가 활성화되는 예상하지 못한 결과를 초래한다. 즉, 금속 단백질분해효소metalloprotease Zmpste24 또는 FACE1에 의해 성숙한 라민 A(lamin A)를 만들기 위한 프리라민 A(prelamin A) 전구체 절단부위를 포함한 50개의 아미노산이 결손되는 결과를 초래하게 된다. 이러한 불완전한 라민 A isoform을 '프로제린progerin'이라 부르고 영구적으로 파네실화와 카복시메틸화가 된다는 점에서 '성숙 라민 A (mature lamin A)'와는 다르다. '파네실화(Farnesylation)'란 이소프레노이드 성분의 지질성분 꼬리가 부착되는 과정을 말하는 것이다.

라민 A는 보통 적절한 핵 구조, 염색체의 구조, 다양한 전사인자를 위한 플랫폼platform으로 중요한 역할을 한다. 그러나 프로제린progerin은 영구적으로 파네실화된 지질

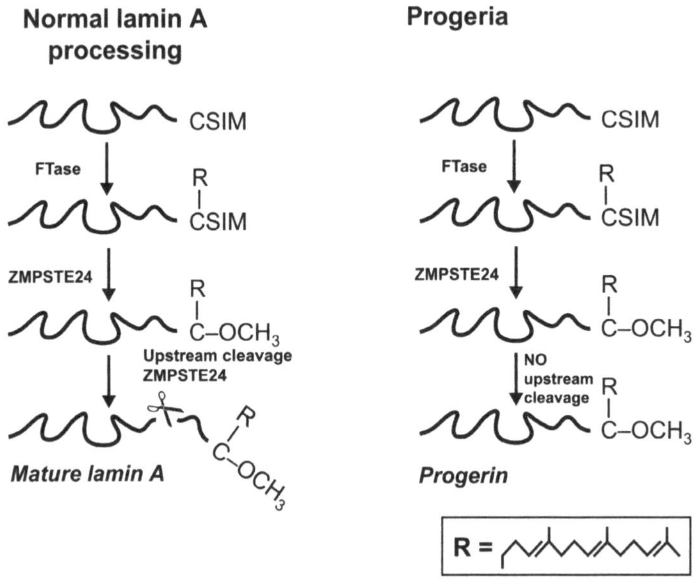

[그림 12.10]

(왼쪽 그림): 정상적인 Prelamin A의 성숙과정으로 성숙된 라민 A가 만들어지는 과정을 나타낸다.
(오른쪽 그림): *LMNA* 유전자의 돌연변이로 인하여 비정상적인 스플라이싱 신호가 활성화되고, mRNA의 비정상적 스플라이싱은 50개의 아미노산들의 결손이 초래된다. 이 50개 아미노산들에는 "upstream cleavage"라고 불리는 Zmpste24 절단부위가 포함된다. 결국 이런 이유 때문에 돌연변이된 단백질인 "프로제린(progerin)"은 파네실화 수식을 영구적으로 포함하게 되는데 이것은 세포에 매우 'toxic' 한 영향을 준다. 박스 안의 'R'은 이소프레노이드 지질성분 꼬리를 의미한다. (from Kieran, 2007)

성분의 꼬리가 있어 성숙 라민 A가 수행하던 이러한 과정들이 방해받게 된다. 이와 같이 HGPS 환자 세포 핵은 형태적으로 비정상이며, **핵의 기능이 심하게 교란되어** 유전

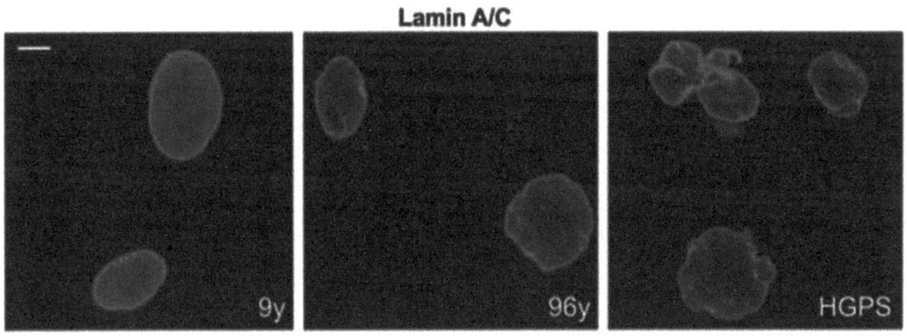

[그림 12.11] 핵의 라민 A/C를 염색하여 관찰한 모습.

9살 어린이의 세포 핵(왼쪽 그림)에서는 부드러운 모습을 나타내는 것과 비교하여 HGPS 환자의 핵(오른쪽 그림) 구조는 돌기 같거나 불규칙한 모습을 나타내는데 이것은 프로제린의 축적과 관계가 있다. 조로증 환자(오른쪽 그림)가 아닌 정상적으로 노화된 사람의 경우(96살)에도 프로제린의 축적이 일어난다고 알려진다. (from Scaffidi, 2006)

Recurrent *de novo* point mutations in lamin A cause Hutchinson–Gilford progeria syndrome

Maria Eriksson*, W. Ted Brown†, Leslie B. Gordon‡, Michael W. Glynn§, Joel Singer||, Laura Scott||, Michael R. Erdos*, Christiane M. Robbins*, Tracy Y. Moses*, Peter Berglund¶, Amalia Dutra*, Evgenia Pak*, Sandra Durkin§, Antonei B. Csoka#, Michael Boehnke||, Thomas W. Glover§ & Francis S. Collins*

[그림 12.12] HGPS 조로증이 라민 A 유전자(*LMNA*)의 돌연변이로 인해 발생한다는 것을 밝힌 논문.
2003년 'Nature' 잡지에 발표된 논문이며, 미국 국립보건원 프랜시스 콜린스 원장이 교신저자이다. 샘 번스의 어머니인 레슬리 고든 박사(Leslie B. Gordon) 박사도 공동저자로 참여했다. "*de novo*"란 "새롭게 만들어진"이란 뜻이다.

자 발현에 변화가 생기고 **DNA 손상 정도도 증가**한다. 여기서 주목할 점은 핵 구조와 염색질 사이의 관계이다. 염색질은 응축 정도에 따라 두 종류로 구분이 되는데, 잘 풀려있는 염색질(euchromatin, 진정염색질)에서는 전사가 활발하게 진행될 수 있다. 반대로 응축되어 있는 염색질을 '이질염색질heterochromatin'이라고 부르는데, 이런 구조의 경우는 발현이 잘 일어나지 않는다. 특히 이질염색질은 단백질을 통해 핵막과 결합하고 있으며, 이를 통하여 전사가 활발하게 진행되는 진정염색질을 특정 구역으로 위치시키고 전사를 조절하게 된다. 그러나 프로제린이 축적된 핵 라미나의 경우는

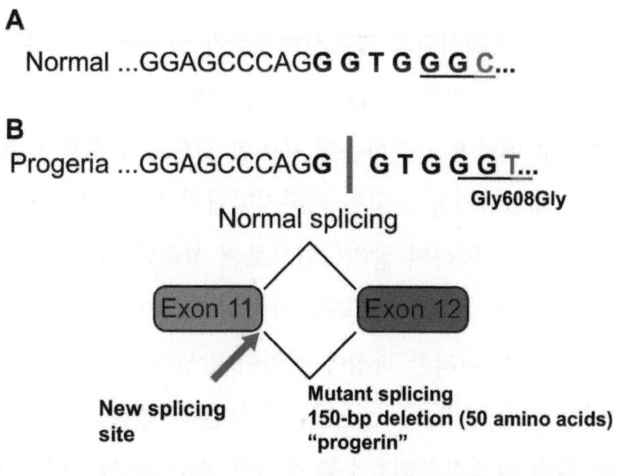

[그림 12.13] 라민 A 유전자(*LMNA*)의 608번 코돈이 GGC에서 GGT로 변이가 일어남으로써 정상적인 스플라이싱이 아니고 비정상적 스플라이싱이 일어나 Zmpste24 (endopeptidase) 절단 자리를 포함하는 50개의 아미노산의 결손을 발생시킨다(mutant splice). (from Kieran, 2007)

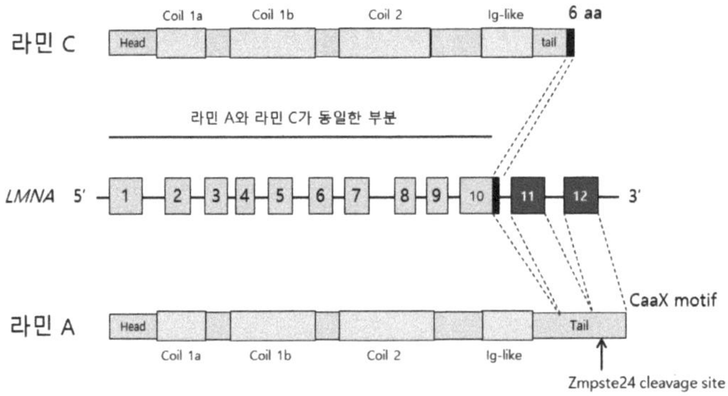

[그림 12.14] *LMNA* 유전자의 구조.

LMNA 유전자로부터 선택적 스플라이싱(alternative splicing)을 통해 라민 A와 라민 C가 만들어진다. *LMNA* 유전자는 라민A/C를 코딩하며 12개의 엑손으로 구성된다. 라민 A(Pre-lamin A)는 엑손 12까지, 라민 C는 엑손 10에서 종료된다. 라민 A와 C는 *LMNA* 유전자의 선택적 스플라이싱으로 처음부터 exon 10까지는 동일하다. 엑손 12의 말단에는 CaaX motif를 가지고 있어 라민 A만 파네실화가 일어난다. 파네실화된 라민 A(프리라민 A)는 성숙한 라민 A로 프로세싱(processing)이 일어난다. 라민 A와 C는 분화된 세포에서 주로 발현된다.

위에서 언급한 과정들이 제대로 일어나지 못한다. 프로제린progerin은 조로증이 아닌 정상적인 노화과정에서도 자연적으로 생성되는 것으로 알려지는데, 그러므로 분자 수준에서 프로제린의 메커니즘을 이해하는 것이 정상 노화를 이해하는데 필요하다.

3.4 라민 A 생합성과 post-translational processing

A형과 B형의 라민은 파네실화와 카복시메틸화가 일어나는 CaaX motif를 카복시 말단에 가지고 있다(C형 라민은 CaaX motif을 포함하지 않는다). 이러한 수식modification은 라민을 내부 핵막에 고정하는데 용이한 것으로 추측된다. A형 라민의 경우는 파네실화된 시스테인잔기를 포함한 카복시말단의 15개 아미노산들이 금속 단백질분해효소 Zmpste24에 의하여 잘려나감으로써 성숙한 라민 A(mature lamin A)에는 파네실기가 포함되지 않는다. 이러한 가공과정은 라민 A의 적절한 기능을 위한 필수적인 과정이다. 만약 이러한 과정에 결함이 발생하면 심각한 핵의 이상을 초래하고 이것은 다양한 질병들("laminopathy"라 부름)과 연관된다. 흥미롭게도 카복시말단을 잘라내는 금속 단백질분해효소를 결여한 *Zmpste24*$^{-/-}$ 마우스는 인간에서의 허친슨-길포드 조로증과 유사한 증상을 나타냄으로써 조로증의 좋은 모델로 생각되

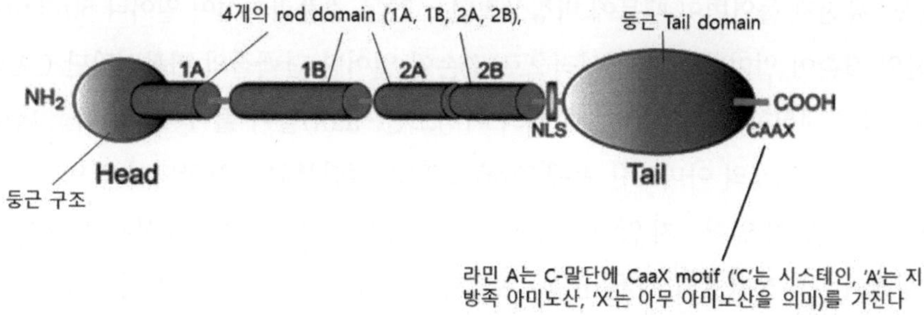

[그림 12.15] 라민 단백질의 구조.

A형과 B형 라민 단백질의 중앙 부위는 알파나선의 "colied coil"로 구성된 막대 도메인(rod domain)으로 구성되고, 아미노말단의 'head' domain과 카복시말단의 'tail' domain은 구형(globular) 형태로 되어있다. B형 라민이 모든 세포에서 언제나 발현되는 것과는 다르게 A형 라민은 세포 분화(differentiation)의 시작 후에만 발현되는 것으로 알려진다.

고 있다.

정상적인 prelamin A의 가공은 카복시말단 CaaX motif의 시스테인(C)에 farnesyltransferase(**FTase**)에 의해 파네실화가 일어난다. 파네실화 이후 세 개의 아미노산(-aaX)은 절단이 일어나고 시스테인은 메틸화된다. 금속 단백질분해효소 Zmpste24 또는 FACE1의 절단에 의해 성숙한 **라민 A(72 kDa)**가 생성되고 핵 라미나nuclear lamina와 원활하게 통합되며 유전자 발현과 DNA 복구에 관련한다. HGPS 환자의 경우

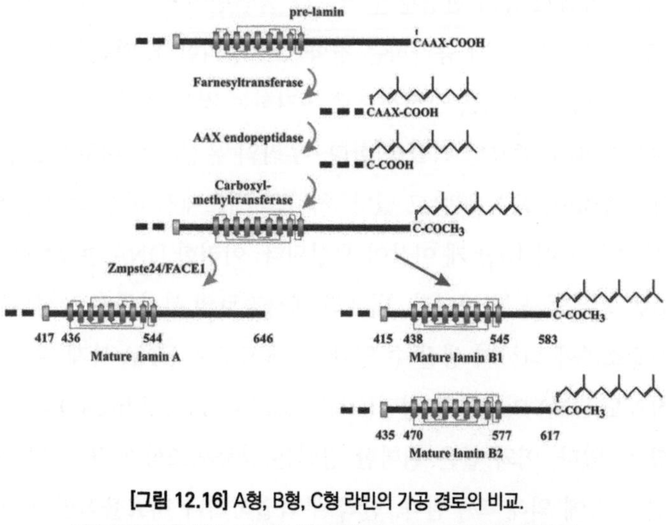

[그림 12.16] A형, B형, C형 라민의 가공 경로의 비교.

A형 라민은 파네실기가 제거되는데 비해 B형 라민은 파네실기를 포함한다.

LMNA 유전자 돌연변이 때문에 비정상적인 mRNA 스플라이싱이 일어나 50개 아미노산의 결손이 일어난다. 비정상적으로 결손이 일어난 단백질의 카복시말단 CAAX motif에 파네실화가 일어나며, 세 개의 아미노산(-aaX)들이 떨어져 나간다. 그런데 잘라져 나간 50개의 아미노산 속에 Zmpste24의 절단부위가 포함되어 있으므로 파네실기의 절단이 일어나지 않고 영구적으로 단백질에 지질성분이 포함된다. 이와 같은 형태의 프리라민 A의 isoform을 '프로제린'이라고 부른다. 프로제린은 라민 A가 핵 라미나와 원활한 통합에 문제를 일으킨다. 프로제린이 발견된 이후, 수년간 프로제린이 염증, DNA 손상, 후생유전학적 변화, 줄기세포 소진에 관여한다는 것이 확실해졌다.

HGPS **조로증 환자의 경우**는 성숙한 라민 A 단백질 대신에 **프로제린을 축적**하게 되는데, **이것은 핵 구조를 바꾸고 핵 주변으로부터 헤테로크로마틴을 방출하고, 유전자 발현을 변화시키며, 텔로미어를 교란하고, 유전체의 불안정성을 유발하며, 조기노화를 초래한다**. 궁극적으로 환자의 사망으로 이어지는 가장 중요한 문제는 심혈관 합병증으로 환자의 80% 이상이 점진적인 동맥경화로 인한 심부전으로 사망하게 된다.

3.5 HGPS 조로증에서의 유전체 불안정성

'유전체 불안정성'이란 유전체 유지 및 복제에 관련된 과정들이 기능장애를 가질 때 유전자 또는 염색체 양의 변경뿐만 아니라 돌연변이mutation 및 후성돌연변이epi-mutation를 획득하는 유전체가 증가하는 경향으로 정의한다. 인간의 유전체를 구성하는 30억 개 염기서열의 조성을 안정적으로 유지하는 것은 유전체 정보를 안전하게 자손에 전달하는데 매우 중요한 역할을 한다. 우리의 유전체는 내부적 또는 외부적 인자들에 의해 끊임없이 공격을 받고 있다. 하나의 세포에서 하루 동안 손상이 일어나는 병변lesion, 손상 부위이 10만 개 이상이 생성된다. 이러한 DNA 손상들은 엑스레이나 자외선과 같은 외부인자 뿐 아니라, 내부적 대사경로의 부산물로 생성되는 활성산소종이나 활성질소종에 의하여 생길 수 있다. 이에 덧붙여 DNA 복제 결함이나 텔로미어의 기능장애도 DNA 이중가닥 절단(DSB, double strand break)과 같은 DNA 병변을 초래할 수 있다. 이와 같은 위험한 병변은 상동재조합HR 또는 비상동말단연결NHEJ과 같은 기작에 의해 복구된다. 만약 부적절하거나 비효율적인 손상 복구가 일어났을 경우는 돌연변이, 염색체 전좌translocation, 유전정보의 상실 등을 초래할 수 있고, 이것은 조로증과 암과 같은 질환을 일으킬 수 있다.

DNA 손상반응에는 다양한 인자들이 관여한다. MRE11, NBS1, 그리고 RAD50로 구성된 MRN 복합체는 손상부분을 인지하는 감지기sensor 역할을 하며, 인산화효소 ATM을 모집하고 활성화한다. 인산화효소 ATM은 세포주기 체크포인트 활성화와 DDR에 관여하는 많은 인자들을 인산화시키는 '대장 조절자master regulator'로서 간주된다. DNA 손상반응의 초기 반응 가운데 하나는 절단된 DNA 병변 주위 염색질에서 히스톤 변이체 H2AX를 인산화하는 것이다. phospho-H2AX[**감마(γ)-H2AX으로 지칭**]로 표지된 핵 중점nuclear foci의 존재는 **DNA가 손상된 자리임을 표시**한다. 여기에는 MDC1, 유비퀴틴, SUMO 리가제 등을 비롯한 복구를 위한 추가적 복구인자들이 모집되며, HR과 NHEJ 사이에서 균형을 유지하는데 중요한 두 가지 인자인 BRCA1과 p53BP1의 역할도 중요하다. BRCA1은 말단 절제end resection와 상동성 찾기homology search와 가닥침투strand invasion에 중요한 RAD51을 모집함으로써 상동재조합(HR)을 촉진하여 DNA를 복구한다. 반면, 53BP1은 NHEJ에 필요한, Ku70/Ku80, DNA-PKcs, XRCC4/ligase IV 등의 인자들을 손상된 자리로 모집한다. 이와 같은 경로의 활성화는 세포주기의 진행을 정지시키고 DNA 복구를 진행하거나, 또는 복구가 불가능한 큰 손상의 경우는 세포사멸을 초래하기도 한다. 라민 A 유전자(*LMNA*)에서는 300 종류 이상의 돌연변이가 발견되었는데 이것은 **DNA 손상반응(DDR)의 결함과 연관된다**. 여러 실험적 증거에서 '**라민 병증**laminopathies'이 유전체 불안정성과 관련이 있다는 것이 밝혀졌다. 특히 **A형 라민 돌연변이**는 DNA 손상을

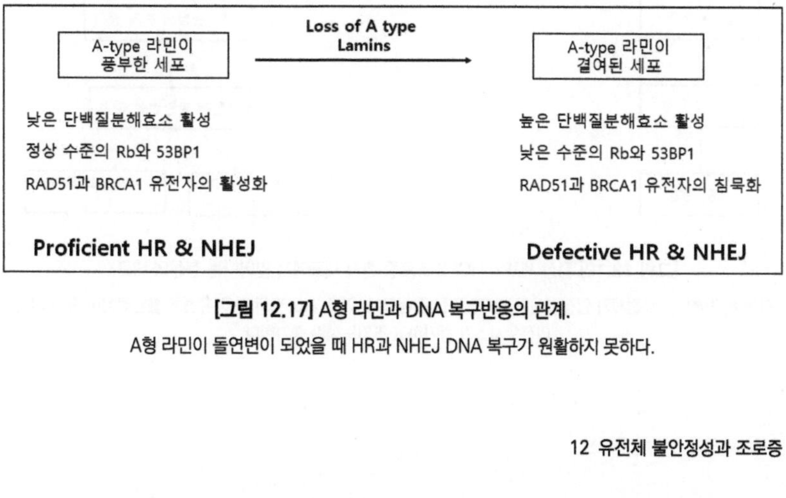

[그림 12.17] A형 라민과 DNA 복구반응의 관계.
A형 라민이 돌연변이 되었을 때 HR과 NHEJ DNA 복구가 원활하지 못하다.

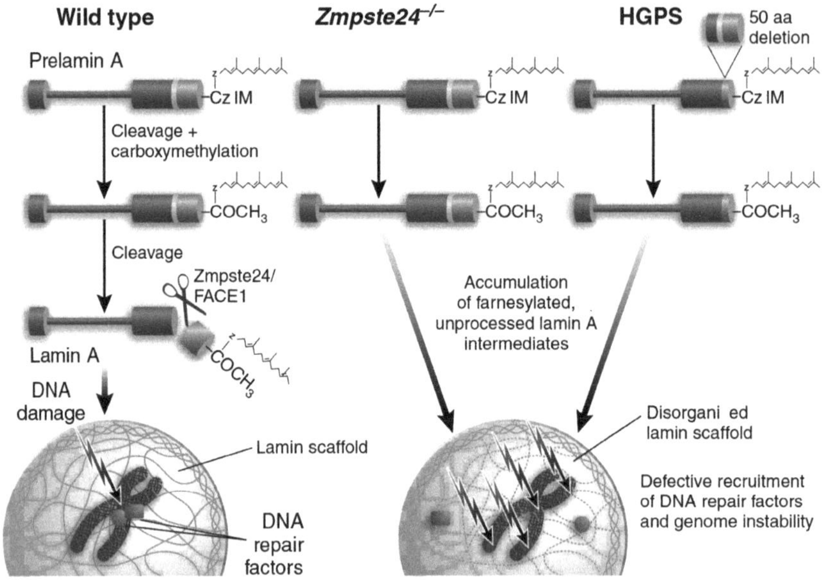

[그림 12.18] 라민 A-processing의 결함은 '라민 병증(laminopathies)'을 초래한다. (from Misteli, 2005)

적절하게 복구하거나 텔로미어 항상성을 유지하는데 있어서 문제를 초래한다.

라민 병증 가운데 하나인 허친슨-길포드 조로증후군과 인간의 조로증과 유사한 *Zmpste24*$^{-/-}$ 마우스 모델에서 DNA 복구가 제대로 이루어지지 못한다는 것이 보고

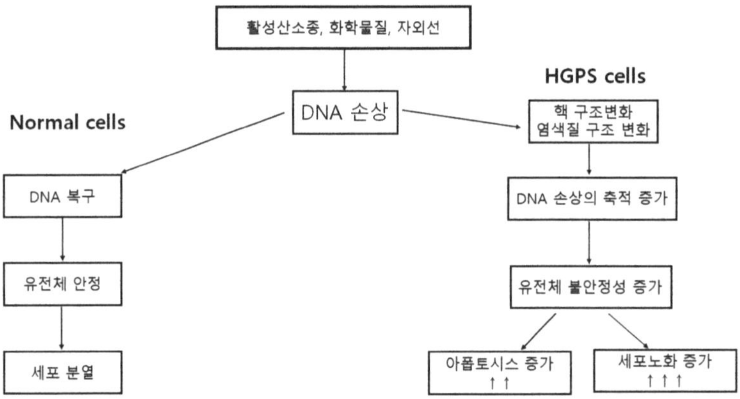

[그림 12.19] 정상 세포와 HGPS 조로증 환자 세포에서 일어나는 현상의 비교.

정상 세포에서는 유전체가 안정화되어 세포분열을 진행할 수 있다. HGPS의 경우 유전체 불안정성이 증가하여, 아폽토시스가 증가하고 조기노화가 증가한다.

되었다. HGPS 환자와 *Zmpste24*$^{-/-}$ 마우스로부터 유래한 섬유아세포가 기본적으로 높은 DNA 손상 수준을 나타내며 DNA를 손상시키는 인자들에 대하여 매우 높은 민감성을 나타낸다. DNA 복구 결함으로 말미암아 *Zmpste24*$^{-/-}$ 마우스는 방사선 조사에 대해 증가된 민감성을 나타내는데, 감마선을 이 마우스에 조사했을 때, 약 80%의 *Zmpste24*$^{-/-}$ 마우스가 사망했는데, 이것은 대조군control 마우스가 20% 정도만 사망한 것에 비해서는 상당히 민감한 반응을 나타내는 것이다.

Liu 등(2005)은 Zmpste24$^{-/-}$ MEF와 HGPS 섬유아세포를 이용한 연구를 통하여 이온화 방사선 조사 후에 γH2AX-표지 DNA 복구중점(repair foci)에 53BP1과 RAD51의 모집이 늦게 일어나는 것이 밝혀졌다. HGPS 환자와 *Zmpste24*$^{-/-}$로부터 유래한 섬유아세포는 DNA 병변(lesions)에서 뉴클레오티드 절제 복구에 관련한 단백질 XPA(Xeroderma Pigmentosum Group A)가 비정상적으로 축적되었다. XPA의 결합은 증식 중지proliferation arrest에 기여하는 "ATM- "그리고 "ATR-의존 신호전달기작"을 활성화하여 세포가 조기 노화premature senescence로 들어가도록 한다.

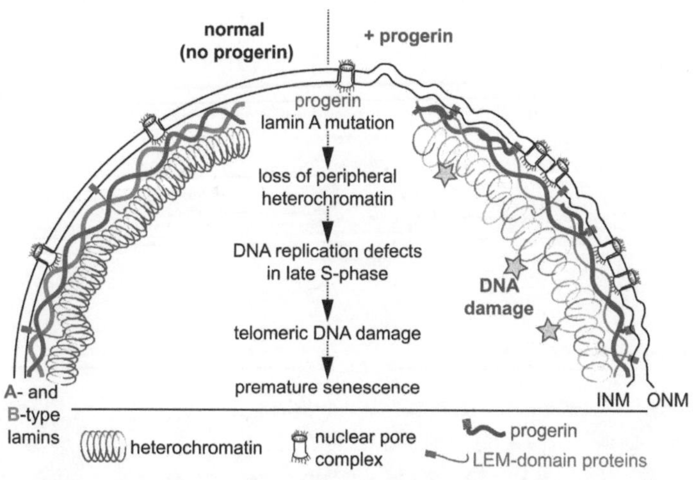

[그림 12.20] 정상 세포 또는 프로제린-발현 세포에서 핵막 및 관련 요소들의 개략도.
(왼쪽) 정상 세포; (오른쪽) +progerin. 라미나의 구조가 프로제린의 축적으로 인하여 수식된다. 아울러 텔로미어의 기능장애가 초래되고 복구가 지연되며 DNA 손상이 축적된다. 오른쪽 그림에서는 조기 노화(premature senescence)가 초래된다. (from Dreesen, 2020)

3.6 텔로미어 유지에 대한 라민 A의 역할

텔로미어 DNA 반복의 과도한 마모 또는 "쉘터린"으로 알려진 텔로미어 결합 단백질들의 결합으로 인한 텔로미어 기능장애는 세포에서 DNA 손상으로 감지되며, 이것은 DNA 손상 반응(DDR)과 체크포인트 경로를 활성화한다. 텔로미어 DNA 프로브probe를 사용하여 "γ-H2AX와 공동국소화co-localization" 함으로써 쉽게 시각화할 수 있는 기능장애 텔로미어는 NHEJ 경로에 의하여 비정상적으로 복구하여 염색체-말단-말단 융합end-to-end fusion을 초래하는데 이것은 유전체 불안정성을 촉진한다. 텔로미어 기능장애는 유전체의 불안정성에 기여한다.

A형 라민이 관련 단백질들을 통하여 텔로미어에 연합한다는 연구 결과가 있다. 이러한 연합은 핵 내에서 3차원적으로 적절한 텔로미어의 배치를 가능케 한다. A형 라민을 결여한 세포는 간기동안 핵 주변부를 향해 텔로미어의 축적을 나타낸다. HGPS 환자세포는 배양 증식동안 텔로미어 단축이 가속화되며 노화로의 조기 진입을 동반한다. 이러한 표현형은 프로제린progerin 발현의 직접적인 결과로 보여진다. TRF2의 기능상실은 텔로미어에서 보호 t-loop의 형성을 방해하고 텔로미어의 단축, DNA의 손상반응, 염색체의 불안정성, 조기노화를 유발한다. 흥미롭게도 TRF2는 라민 A 및 다른 라민-관련 단백질LAD들과 관련이 되지만 프로제린과는 관련이 없다.

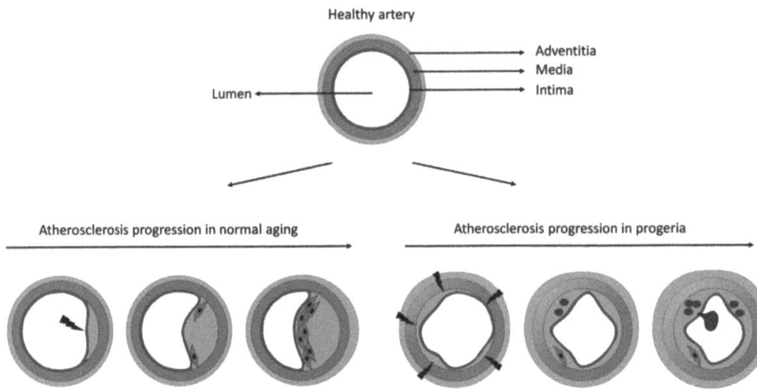

[그림 12.21] 프로제린 발현 쥐에서 가속화된 (오른쪽)혈관 노화. (Nevado, 2020)

3.7 조로증 대사에 관한 쥐 모델

조로증 대사에 관한 연구는 주로 쥐를 이용하는데, 라민의 기능이 변한 모든 모델에서 어느 정도 대사의 변화를 보였다. 첫 번째 모델(Lmna$^{-/-}$ 마우스 모델)에서 쥐는 지질이영양증(lipodystrophy)과 백색 지방의 결핍을 보였으며, 생장 2주까지는 성장이 매우 늦어지고 대부분 8주 이내 사망했다. 프리라민 A 가공에 필수적인 효소가 결핍된 또 다른 모델(Zmpste24$^{-/-}$ 마우스 모델)에서 쥐들은 체중 감소, 지질이영양증, 악액질(cachexia)을 보였다. 생후 20주 정도에 사망 전 저혈당이 있었다. 마지막으로 *LMNA* 유전자에 침묵돌연변이가 일어난 Lmna^{G609G} 마우스 모델에서는 수명이 짧아져 대부분 100일쯤 사망하였으며, 사망 전 저혈당 상태에서 체지방과 에너지 소비에 뚜렷한 변화를 보였다. 마우스 모델인 Lmna^{G609G} 가 인간에서 보이는 표현형을 가장 잘 반영하였기 때문에 많은 연구자가 10여 년간 이 모델에 집중하여 연구를 수행했다. 해당 모델에서 쥐들은 심장 부정맥으로 사망하였는데, 일반적으로 사망 전 저혈당 증세와 함께 심전도 파동QRS 간격이 증가했다. 저혈당이 심장 부정맥으로 이어질 수 있다고 알려져 있으나 대사기능 장애 관련일 수도 있다. Lmna$^{G609G/G609G}$ 개체들은 야생형에 비해 크기도 더 작았으며, 활동성도 적게 나타났다.

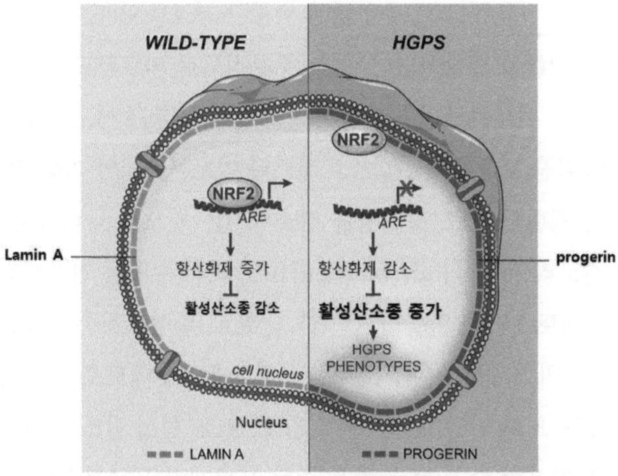

[그림 12.22] 프로제린 발현은 NRF2의 전사활성을 억제하여 산화스트레스를 증가시킨다.
(Kubben, 2016)

3.8 허친슨-길포드 조로증후군과 대사적 기능이상

조로증 환자의 에너지 생산과 소비에 이상이 있다는 것을 확인하기 위해 미토콘드리아 기능을 조사했다. HGPS 환자의 섬유아세포는 미토콘드리아 호흡사슬의 중요한 구성요소들의 발현이 현저히 낮은데, 이는 단백질의 산화와 단백질 손상 증가와 관련이 있다. 실제로 미토콘드리아 기능장애를 줄이면 세포 표현형이 현저히 향상된다. 프로제린은 또한 산화적 인산화로 인한 활성산소종 축적을 막는 항산화 기작을 막는다. 이와 관련한 NRF2 경로가 HGPS의 줄기세포 고갈을 지연시키는데 표적이 될 수 있음을 의미한다.

최근 연구에서는 대사경로와 DNA 손상반응(DDR) 사이의 'cross-talk(상호간 교류)'를 발견했다. DNA 손상 센서 단백질인 ATM은 세포노화와 노화 동안에 기능적으로 감소하는 것을 보였고 ATM-녹아웃 마우스의 경우 조기 노화된 표현형을 나타냈다. 자가포식 저해제인 클로로퀸chloroquine을 통한 ATM 활성화는 DNA 손상을 개선하고 세포 복제능력을 연장시켰다. 실제로 조로증 세포에 클로로퀸을 처리했을 때 ATM 활성화하고, 단백질 안정화에 관여하는 Sirt6를 안정화하고, DNA 손상 감소, 해당과정을 억제하여 궁극적으로 노화를 개선하여 수명을 연장했다. 이를 통해 ATM-Sirt6 축axis이 DNA 손상, 노화 및 수명을 조절하는 새로운 경로임을 확인했다. 이러한 연구들은 마우스 모델을 통해 연구되었다. 인간의 HGPS와 유사한 표현형을 나타내는 $Lmna^{G609G}$ 마우스 모델에서 혈관 평활근 세포(VSMC) 손실과 과도한 석회화 등과 같은 혈관 질환을 관찰하였다. 이는 부분적으로 미토콘드리아 기능장애가 원인으로 작용한다. 즉, 미토콘드리아 기능장애는 혈관 평활근 세포 기능장애의 중요한 원인으로, 최근 아질산 보충제가 산화스트레스와 미토콘드리아 기능장애로부터 세포를 보호하여 혈관 평활근 세포 경직성을 감소시키는 것으로 나타났다. 뿐만 아니라 메티오닌 제한, 칼로리 제한, High-fat diet(HFD) 역시 수명을 연장시킴을 확인했다. 당뇨병 치료제인 메트포민은 인슐린 수치를 낮추고, 활성산소종 감소, DNA 손상을 줄여 노화관련 질병의 도구로 사용되는데, HGPS 세포에 메트포민을 처리하면 핵 표현형의 부분적 회복, 노화 지연, DNA 손상 감소, ROS 형성 감소 등의 효과를 나타냈다. 현재 HGPS를 치료할 수 있는 전략은 주로 프로제린을 표적으로 하는 방법이 사용된다. 최근 수행된 마우스 실험에서 식이요법이 다른 치료법보다 수명을 더 증가시킨다고 밝혀졌다. 대사장애가 HGPS 발병의 원인임을 확신할 수 없지만 수반되는 증상들의 주요 원인일 가능성이 높다. 따라서 프로제린 치료법과 동반하여 대사활동을 조절해 복합적인 치료방법에 대한 연구가 필요하다. 또한 어떤 성분이 수명을 증가시키는지, 어떻게 HGPS에서 작용하는지에 대한 연구도 필요하다. 쥐의 경우 인간보다 대사율이 7배 이상 높고 미토콘드리아 밀도에 차이가 있기 때문에 쥐의 대사연구를 사람에 직접 적용하는 것은 무리일 수 있다. 결론적으로, 새로운 약을 개발하는 것뿐만 아니라 수명을 늘리는 생활 습관을 이해하고 이를 실천하는 것이 HGPS 치료 및 그 외 질병에 대한 긍정적인 출발점을 제공할 것이다.

4. 코케인증후군

HGPS과 워너증후군과 유사하지만 독특한 조로증 증상을 지니는 코케인증후군 Cockayne syndrome, CS은 영국 의사 코케인에 의하여 1936년에 발견되었다. 발육장애, 주름진 피부와 같은 특징은 코케인증후군에서도 동일하게 나타나지만 난청deafness, 시력상실blindness 등과 같은 중추신경계의 퇴행은 CS의 독특한 특징이다. CS 환자는 키가 120cm가 넘는 경우가 거의 없으며(소인증), 급속한 중추신경계 퇴행과 시력상실, 난청이 발생한다. 이들은 거의 20세 이전에 신경퇴행성질환으로 사망하는데, 이

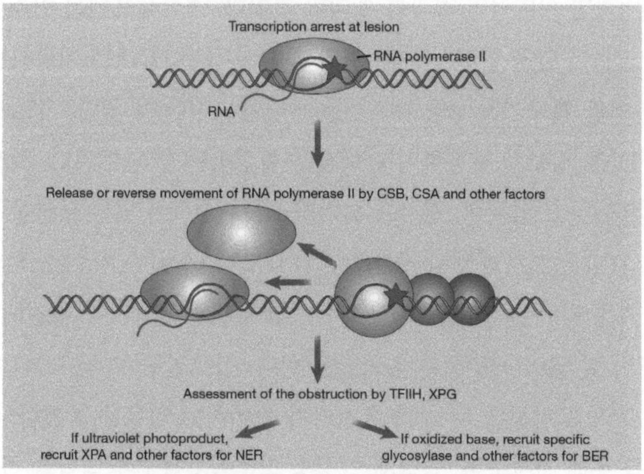

[그림 12.23] 전사-연관 복구기작. (from Hanawalt, 2000)

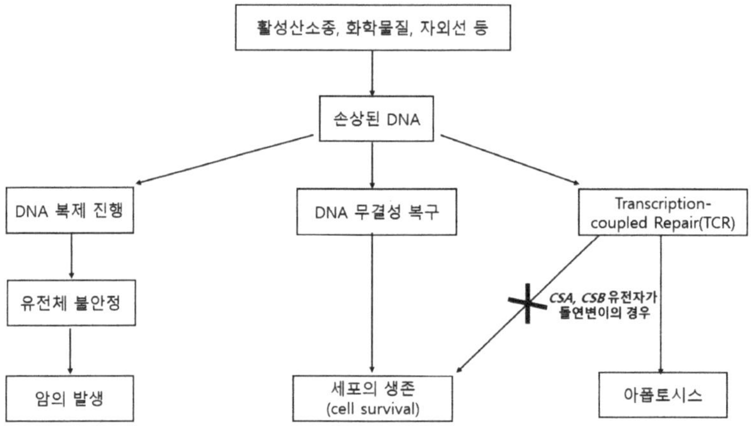

[그림 12.24] Transcription-coupled repair(전사-연관 복구).
TCR은 전사과정 중에서 발견된 DNA 손상을 복구하는 역할을 한다. *CSA*와 *CSB* 두개의 유전자는 모두 TCR이 잘 일어나도록 돕는 역할을 한다. 만약 *CSA* 또는 *CSB* 유전자에 돌연변이가 발생하면 TCR이 일어나지 못하고 전사도 중단되고 세포사멸이 일어난다.

들의 뇌를 부검해 보면 마치도 70세 노인의 뇌를 부검하고 있는 것으로 착각하게 만든다. CS 환자의 또 다른 특징으로 자외선(ultraviolet)에 대하여 피부가 매우 민감하다는 점인데, 이것은 CS의 원인이 DNA 복구(repair)와 관계가 있음을 추정할 수 있다. 자외선, 방사선, 화학물질, DNA 복제오류 그 밖에 알 수 없는 여러 가지 원인들에 의하여 DNA는 끊임없이 손상을 받는다. 인체에 대한 청사진을 포함하고 있는 DNA에 손상이 일어나면 치명적인 결과를 초래할 것이다. 정상세포에는 이러한 손상을 복구하기 위한 많은 수단을 발전시켰다. 이와 같은 손상된 DNA를 회복하는 방법 중의 하나로 **전사-연관 복구기작**Transcription-Coupled Repair, TCR이 있다. 'Transcription전사'라는 것은 DNA 정보를 사용하여 단백질을 합성하는 한 단계이다. 세포 안에는 수많은 전사가 일어나고 있는데, 전사를 하다가 DNA 손상이 있는 부분을 만나면 전사는 중단된다. TCR은 전사과정 중에서 발견된 DNA 손상을 고쳐주는 역할을 한다.

CS를 일으키는 원인 유전자로서 *CSA*와 *CSB* 두개의 유전자가 발견되었는데 이들은 모두 TCR이 잘 일어나도록 돕는 역할을 한다. 상보연구complementation study를 통해 *CSA*와 *CSB*라고 지칭된 두 개의 유전자가 관여하고 있음을 밝혔다. CSB 단백질은 서열비교를 통해 전사조절, 염색체 안정성 및 DNA 복구에 역할을 하는 SNF2 계열의 단백질에 속한다. 만약 *CSA* 또는 *CSB* 유전자에 돌연변이가 발생하면 TCR이 제대로 일어나지 못하고 전사도 중단된다. 결국 세포는 자기가 필요로 하는 단백질을 만들 수 없다. CS가 중추신경계에 심각한 영향을 주는 것은 신경뉴런이 유사분열후 post-mitotic 세포로서 한번 형성이 되면 죽을 때까지 사용되어야하기 때문에 손상오류의 영향이 더 뚜렷이 나타날 수 있다.

5. 블룸증후군

1954년 피부과 의사 데이비드 블룸은 처음으로 블룸증후군Bloom syndrome, BS을 발견했는데, 왜소증과 과민성 모세혈관 확장성 홍반을 가진 여러 환자들의 관찰을 통해서였다. 이러한 피부변화는 특히 피부가 햇빛에 노출되었을 때 나타날 수 있으며, 이 질환은 4만~10만 명 당 1명의 발병률을 가진 다발성 유전질환이다. 블룸증후군은 염색체 절단증후군으로 분류되며, 자발적으로 또는 방사성 모방 화학물질, 자외선, 이온화 방사선 등에 의해 증가된 빈도의 염색체의 재배열과 유전체 불안정성을 초래한다. 블룸증후군은 성장의 결핍 및 암 경향과도 연관이 있다. 블룸증후군 환자로부터 유래한 세포는 자매염색분체 교환의 현저히 높은 수준을 나타낸다(대조군의 10배 이상). 블룸증후군은 매우 희귀한 병이며 블룸증후군 집단의 1/3은 유대인, 특히 아슈케나즈과 관련이 있다. 그렇다면 왜 다른 집단보다 유대인이 이 질병과 더 밀접한 관계가 있을까? 확실한 것은 유전과 관련이 있다는 것이다.

이 사람들은 낮은 세포매개 면역cell-mediated immunity 및 체액성 면역humoral immunity을 가지며, 중이염, 폐렴, 당뇨병에 걸릴 확률이 높다. 또한 당뇨병뿐만 아니라 더 높은 암 발생 확률을 나타내며, 암은 이들의 주된 사망 원인이다. 성인에게 흔한 대장암, 유방암, 폐암, 백혈병, 림프종, 육종이 흔하게 발생하며 드문 소아암인 윌름스 종양Wilms tumor도 발생한다.

블룸증후군은 염색체 15번에 암호화된 BLM 유전자의 돌연변이로 인하여 발생한다. 블룸증후군의 BLM 유전자에서 60개 이상의 돌연변이가 발견되었으며 가장 빈번하게는 2281번 뉴클레오티드 위치에서 6개 뉴클레오티드가 삭제되고 다른 7개 뉴클레오티드로 치환이 되었다. BLM 유전자는 RecQ계통의 DNA 헬리카제를 코딩하며,

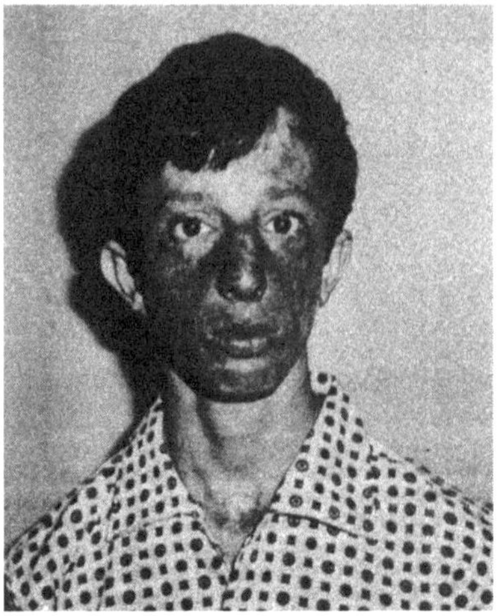

[그림 12.25] 블룸증후군 환자.
코를 중심으로 나비 모양의 홍반이 특징적이다. (from Friedberg, 1995)

복제를 포함한 여러 종류의 DNA 대사에 관여하여 유전체 안정성을 위하여 매우 중요한 역할을 한다. 블룸증후군 환자의 세포에서 관찰되는 것은 많은 DNA 손상과 세포사멸의 증거가 나타나고 있다. 블룸증후군은 상염색체 열성 질환autosomal recessive인데, 즉 BLM 유전자의 대립유전자 모두에서 돌연변이가 발생해야 이 질병이 발생한다. 그렇다고 부모가 반드시 질병에 걸릴 필요는 없으며, 블룸증후군 증상 없이 돌연변이 된 유전자를 가지고 있을 수 있는데 이 경우를 '보인자carrier'라고 한다. 어머니와 아버지가 모두 보인자일 경우 25%의 확률로 자녀에서 블룸증후군 환자가 발생할 수 있다.

배양된 블룸증후군BS 환자 세포는 또 많은 수의 자발적인 염색체 파손과 재배열을 가지고 있다. 이 증후군에서 구별되는 염색체 재배열은 정상 세포에서보다 10-15배 더 많은 빈도로 발생하는 자매 염색분체 교환SCEs, sister chromatid exchanges 현상이다. 특정 염색체 이상의 불균형한 수는 "사방방사형quadriaradial figures"이라고 하며, 염색체가 분명히 4방향으로 확장되어 있어 그렇게 이름이 붙여졌으며, 블룸증후군 세포에도 존재한다.

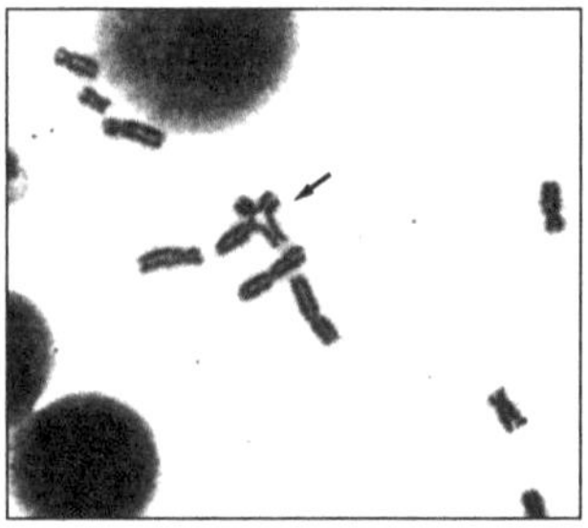

[그림 12.26]
블룸증후군(BS) 환자의 배양 세포에서 관찰되는 quadriradial(사방방사형) 염색체의 전형적인 모습.
(from Friedberg, 1995)

13

색소성 건피증

색소성 건피증Xeroderma Pigmentosum, XP은 햇빛에 대한 민감성과 자외선에 의해 유발된 피부암 및 점막암을 특징으로 하는 드문 상염색체 열성autosomal recessive DNA 복구 장애이다. XP는 결국 햇빛 노출, DNA 손상, 체세포 돌연변이, 그리고 피부암 사이에 연관이 있다는 이론에 대한 기초를 제공했다. XP 세포는 뉴클레오티드절제복구 경로의 7가지 단백질과 DNA 중합효소 η(에타)에 결함이 있는 것으로 밝혀졌다. XP 세포는 자외선 조사에 의한 사멸에 과민하며, XP에 의한 암은 특징적인 "UV 시그너처" 돌연변이를 가지고 있다. 미국 국립보건원에서 이루어진 임상 연구에 따르면 20세 미만의 XP 환자에서 피부암이 거의 1만 배 증가했으며, 이것은 일반인들의 암 예방에 DNA 복구의 중요성을 나타낸다. XP 환자의 약 25%는 신경계에서 분열하지 않는 세포를 죽이는 산화적 대사oxidative metabolism에 의해 유도된 DNA 손상으로 인해 신경세포(뉴런)가 점진적으로 소실되는 진행성의 신경적 퇴행progressive neurological degeneration을 나타내는 것이다. 흥미롭게도 다른 장애인 모발유황이상증trichothiodys-trophy, TTD이 있는 환자는 XP와 동일한 유전자 중 일부에 결함이 있지만 피부암의 증가 없이 일차적 발달 이상을 가지고 있다.

1. XP의 역사

색소성 건피증XP의 발견은 헝가리 태생의 피부과 교수인 모리츠 카포시Moritz Kaposi로부터 시작되었다. 카포시는 1894년 양피지 피부parchment skin로 불리는 네 명의 환자의 상태를 피부학 교과서(그는 이 교과서를 그의 장인인 Ferdinand Hebra와 함께 저술했다)에서 언급했다. 그의 설명은 주근깨와 임상적으로 비정형적인 색소 병변 사이의 임상적 구별을 인식하여 "주근깨와 유사한 짙은 갈색의 색소 반점"으로 정상과 구분했다. 그는 1년 이내에 발생한 서양배pear-shaped 모양의 붉은색 알갱이가 있는 균열된 종양의 발생을 언급하고 "우리는 성장을 상피종으로 인식하고 대부분을 파괴했다."라고 말한다. 그러나 그의 당혹감은 "이 이상한 질병에 대해 더 이상 할 말이 없다....."라는 그의 진술에 잘 나타나 있다.

1883년에 독일의 앨버트 나이저Albert Neisser는 두 번째 10년이 시작되는 시기에 진행성 신경학적 퇴행성 XP를 가진 두 형제에서 진행성의 신경적 퇴행을 포함하는 XP를 보고하였다. 현재 미국의 경우 신경적 퇴행을 나타내는 XP는 전체 XP의 약 25% 정도를 차지한다.

1878년 미국 뉴욕의 R. W. Taylor(MD)는 미국 피부학회의 창립회의에서 몇 명의 XP 환자에 대해서 보고했다. 1888년에는 세계 문헌을 리뷰하여 전체 40건을 보고했다. XP에 대한 질병의 이해 상태는 1926년 보고서(M. Per, 1926)에서 다음과 같이 보고했다:

(1) 색소성 건피증은 태양의 자외선에 피부가 극도로 민감하기 때문이다.
(2) 광선에 대한 피부의 이러한 선천적 불충분한 저항성은 부모의 혈통에 의존하는 것으로 보인다(유전자 연관).
(3) 태양의 활성광선은 XP의 과정에 의심할 여지없이 치명적 영향을 준다.
(4) 의학적 예방조치는 이 질병에서 높은 가치가 있다.

de Sanctisis 등(1932)은 XP, 정신지체, 왜소증 등의 특징을 가진 같은 가족의 세 형제에 대해 2세에 시작되는 진행성 신경학적 퇴행을 설명했다. 이와 같은 심각한 표

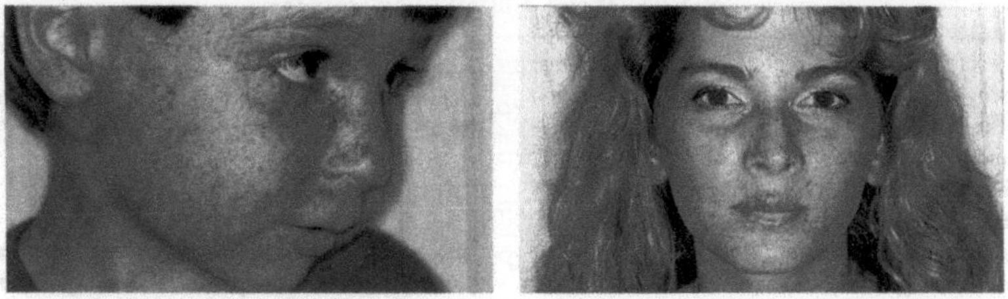

[그림 13.1] 색소성 건피증 환자.
왜 이 사람은 태양빛에 민감할까? (Klug, 2002)

현형은 일반적으로 관찰이 되지는 않는다.

XP는 1938년에 아프리카 흑인에서, 1940년에 미국 흑인에서 기술되었다.

Gartler(1964)는 1964년에 XP 세포의 자외선 조사에 과민성을 보고했지만 이 보고서의 중요성은 수년 동안 무시되었다. XP의 DNA 복구 이상은 배양된 피부 섬유아세포의 절제 복구nucleotide excision repair, NER 결함을 설명하는 Cleaver의 1968년 보고서에 의해 일단 과학계의 주목을 받았다(Cleaver, 1968). Cleaver(1970, 1972)는 태양빛에 의하여 안정적인 광 생성물photoproduct이 생성되며 XP 세포에서는 이 산물이 제거되지 못한다는 것을 밝혔다. XP 세포는 DNA에 대한 자외선 조사에 의한 손상이 *in vitro* 및 *in vivo*에서 NER(뉴클레오티드절제복구) 경로에 결함이 있음이 보고되었다. XP에서 NER이 가능한 형태는 1971년에 보고되었고(Burk, 1971), 이후에 "XP variant(XP 변종)"로 명명되었다(Cleaver, 1972). XP 분자적 결함의 이질성heterogeneity은 세포융합 실험을 통하여 연구되었다. 다른 XP 환자들로부터 유래한 섬유아세포를 융합시켜 "heterokaryon(다른 환자들로부터 유래한 핵들을 포함한 세포)"을 형성했을 때 결함의 교정correction, complementation이 나타나는 것이 밝혀졌다. 이렇게 결함의 보완이 일어나기 위해서는 한 핵이 결여하는 인자를 또 다른 핵이 공급을 해야 한다. 이것은 서로 다른 세포가 서로 다른 결함을 가지고 있고, 서로 보완 그룹 A부터 G까지의 특성화를 이끌어냈음을 의미했다(Kraemer, 1975a, b; Keijzer, 1979). 설치류와 효모를 포함한 20년간의 연구와 분자생물학의 발전은 마침내 서로 다른 보완그룹들을 담당하는 다음과 같은 유전자들을 찾아냈다: ① XPA, ② XPB/ERCC3, ③ XPC, ④ XPD/ERCC2, ⑤ XPE/DDB2, ⑥XPF/ERCC4, ⑦ XPG/ERCC5, 그리고 ⑧ XP variant(XP 변종).

〈표 13.1〉 색소성 건피증(XP) 상보성 그룹.

상보성 그룹	affected gene	XP 환자의 비율(worldwide)
XP A	XPA	9%
XP B	XPB	1%
XP C	XPC	43%
XP D	XPD	28%
XP E	XPE	3%
XP F	XPF	〈1%
XP G	XPG	3%
XPV	POL H	7%

2. XP의 분자생물학

2.1 햇빛 노출과 피부암과의 관계

정상 인구에 대한 역학 연구는 피부암의 원인으로 햇빛의 역할을 뒷받침하는 증거로 사용되었다. 예를 들면 암 발생의 확률이 다음과 같은 집단에서 더 높았다.

(1) 피부와 눈이 밝은 색이며 햇빛에 자주 화상을 입은 백인

(2) 일광욕을 하거나 실외에서 작업하는 등과 같이 햇빛 노출이 많은 개인

(3) 적도와 가까운 위도와의 연관성

(4) 옷으로 덮여진 부분과 비교하여 신체의 노출 부분

그러나 이 관계는 XP 환자에서 가장 명확하고 강력하게 입증되는데, XP 환자는 자외선 조사 손상이 비흑색종 피부암nonmelanoma skin cancer, NMSC 그리고 흑색종의 조기 발병 및 증가된 빈도로 이어진다. XP 환자에서 비흑색종 피부암의 최초 발병 평균연령이 9세인데, 이것은 일반 인구집단의 경우 67세인 것과 비교된다. 유사하게, XP 흑색종의 최초 발병 평균연령은 22세인데, 이것은 일반 인구집단에서는 55세인 것과 비교해서 매우 빠른 것이다. 이것은 피부암에 대한 보호를 제공하는 온전한 DNA 복구 시스템의 온전한 역할을 강조하여 결과적으로 평균적인 백인 개인에게 피부암 발병을 반세기 이상 지연시킨다.

XP 환자는 100여 종의 피부암을 발병할 수 있다. 일반적인 인구 집단과 비교하여,

20세 미만의 XP 환자는 비흑색종 피부암의 발병이 1만 배 증가하고, 흑색종 피부암의 경우는 2000배 정도, 그리고 설암tongue cancer의 경우는 10만 배 증가한다. XP 환자의 비흑색종 피부암의 해부학적 분포는 일반 인구 집단과 유사하며, 80% 이상이 얼굴, 머리, 및 목에 발생한다. 흑색종의 분포는 좀 다른데, 흑색종은 사지(팔과 다리)에서 빈번하게 나타난다. 이것은 흑색종melanoma과 비흑색종 피부암(기저세포암, 편평상피암, 광선각화증)의 발병 기작에 서로 차이가 있음을 암시한다.

피부 및 다른 조직의 덮인 영역이 암 빈도가 낮은 XP 환자에서 고도로 보호된다는 관찰은 햇빛이 유도하는 악성 종양의 예방에 자외선을 차단하는 조치가 유익함을 보여준다.

20세 이하의 XP 환자는 중추신경계의 뇌 및 다른 조직의 암이 50배 증가한다. 여기에는 수모세포종medulloblastoma, 교모세포종glioblastoma, 척수 별아교세포종spinal cord astrocytoma, 그리고 쉬반종Schwannoma 등을 포함한다. 이들은 태양광선에 노출된 조직이 아니며 이러한 암과 DNA 손상의 관계는 알려지지 않았다. 반면, 담배 연기의 발암 물질은 DNA에 결합하여 정상세포의 뉴클레오티드절제복구 시스템에 의해 복구되는 유형의 손상을 유발한다. 따라서 XP 환자는 흡연으로 인한 암 발생 위험이 더 크다. 색소성 건피증XP을 가진 34세 흡연자는 폐암으로 사망했다(Kraemer et al., 1994). 거의 40년 동안 미국 국립보건원에서 추적한 XP 환자에 대한 연구에서 전체 XP 환자의 사망시 평균 연령은 32세로 일반 인구 집단 평균보다 현저히 낮다. 신경학적 퇴행을 동반한 XP 환자의 경우는 사망시 평균 연령이 29세이며, 신경학적 퇴행을 동반하지 않은 XP 환자의 사망시 평균연령은 37세이다.

2.2 자외선으로 인한 피부 손상 및 피부암 발생에서 일광화상의 역할

일반 인구 집단을 대상으로 한 연구에서는 피부암의 원인에서 급성 화상과 만성적 낮은 노출의 경우로 분리를 했는데, 피부가 옅은 색을 가진 야외 작업자의 햇빛에 만성 노출은 다발성 기저세포암종basal cell carcinomas 및 편평세포암종squamous cell carcinomas의 발병과 관련이 있다. 이에 비해, 어린 시절의 급성 수포를 형성하는 급성 화상은 흑색종melanoma의 원인으로 지목한다. 하지만 XP에 대한 경험은 이 관계가 더 복잡하다는 것을 보여준다. 1세에서 2세 사이의 어린 아이는 비교적 그늘진 야외에서

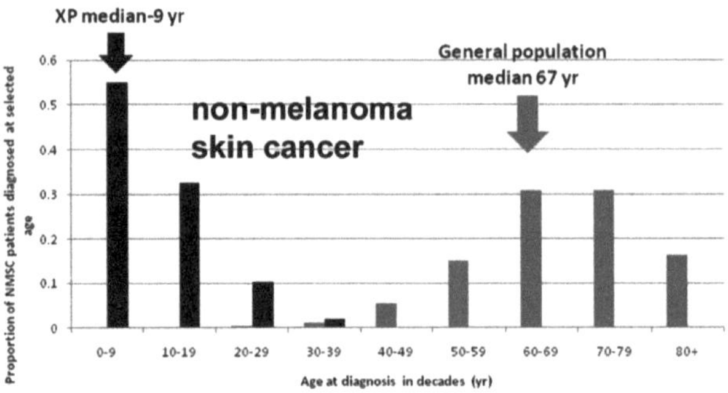

[그림 13.2] 선택된 연령대에서 비흑색종 피부암 환자의 비율(from DiGiovanna, 2012).
일반 집단의 평균 연령은 67세인데, XP의 경우 9세이다.

짧은 시간 경과 후에 놀라운 물집과 진물이 나오는 발진이 발생할 수 있다.

피부 발진의 시작이 하루 가량 지연될 수 있으며 농가진으로 오진될 수 있다. 이러한 일이 반복되면서 부모들은 더욱 엄격하게 보호할 필요성을 배우기 시작한다. XP를 가진 다른 어린아이들의 경우는 최소한의 햇빛 노출로 인해 화상을 입지는 않는다. 그러나 대부분의 XP 환자는 2세 이전에 조기-발생 주근깨가 발생한다. 주근깨만 발생하고 화상이 발생하지 않는 어린이의 경우 햇빛에 대한 과도한 노출에 대해 주의하지 않게 되고, 과도한 햇빛 노출로 인하여 초기 어린 시기에 피부암을 경험할 수 있다. 최소한의 햇빛 노출로 화상을 입지 않은 XP 환자는 최소한의 햇빛 노출로 항상 또는 때때로 화상을 입은 환자보다 더 이른 나이에 피부암에 걸릴 가능성이 훨씬 더 높은 것으로 밝혀졌다. 상보성 그룹complementation group A, B, D 및 G에 결함이 있는 XP 환자는 최소한의 햇빛 노출에도 물집이 생기는 경향이 있는 반면, 상보성 그룹 C, E, 및 변종variant에 결함이 있는 환자는 그렇지 않다. 그러나 XP 환자 모두 조기 발병 주근깨, 흑색점 및 피부암이 발생할 위험이 높다. 이러한 관찰은 자외선 조사 발암기작에서 급성 화상을 구분하고, DNA 복구의 다양한 이상이 어떻게 모든 환자에서 암 위험성을 증가시키지만 일부 환자의 경우만 급성 광과민성을 유발하는지에 대한 풀리지 않는 의문을 제기하고 있다.

2.3 광노화의 모델

광노화란 햇빛 또는 자외선 조사에 만성적으로 노출된 피부에 어떤 변화가 있는지를 기술하는 것이다. 여기에는 색소 변화와 질감과 색상의 변경이 포함된다. 멜라닌 세포에 대한 초기 손상은 주근깨(황갈색, 대칭, 둥근 반점)로 나타나고, 나중에는 흑색점(불규칙한 모양, 크기 및 테두리가 있는 다양한 색상의 갈색 강도)으로 나타난다. 대조적으로, 일광탄력섬유증solar elastosis은 피부가 울퉁불퉁하고 노랗게 보이게 하며, 이것은 탄력섬유 및 콜라겐 섬유를 포함하는 진피의 구조적 구성요소들에 대한 손상에 기인하는 것으로 여겨진다. 모세혈관확장증telangiectasias은 자외선 조사에 의한 혈관 구성요소의 손상이며, 전체 범위의 피부 변화가 존재할 때 위축이 눈에 띄게 나타난다. 피부의 느슨함, 처짐 및 주름과 같은 변화는 일반 인구 집단의 밝은 피부를 가진 백인의 햇빛 노출 부위에서 흔하게 나타난다. 대조적으로, XP를 가진 환자는 이른 나이에 주근깨가 발생하고 많은 수의 검버섯과 모세혈관 확장증이 발생하지만, 피부 이완, 처짐, 주름 또는 목 뒤의 사방형 각피는 발생하지 않는다. 1874년에 카포시(Hebra and Kaposi, 1874)에 의해 기술한 바와 같이, 그것들은 실제로 피부를 조이는 현상(주름의 반대)을 나타낸다. 이러한 대비는 진피의 탄력섬유 및 콜라겐 섬유의 구조적 구성요소에 대한 손상 원인으로부터 색소 및 혈관 변화(표피 및 위쪽 진피의 DNA 손상)를 일으키는 기작을 분리한다. 이것은 아마도 표피에 더 짧은 파장의, DNA 손상을 주는 UVB 파장의 흡수와 함께, 더 깊은 진피의 단백질에 직접적인 손상을 주는 UVA의 침투에 의해 일부 설명이 가능하다. 탄력섬유의 변성의 정도는 진피에 도달하는 자외선 조사량의 "선량계dosimeter" 역할을 할 수 있다. 따라서 XP 환자는 표피 DNA 손상 복구하는데 결함으로 말미암아 진피의 단백질에 대한 최소한의 자외선 조사 노출로 심각한 표피 변화를 초래하게 된다.

2.4 임상 연구 모델: 피부암의 화학예방법

XP 환자의 피부암 빈도가 높고 이와 관련된 질병의 발병률이 높기 때문에 효과적으로 화학예방법을 시행할 경우 큰 이점들을 제공할 것이다. 실제로 XP는 피부암 화학예방 연구의 모델로 사용되어 왔다. 각각의 환자는 많은 수의 새로운 피부암이 나타날 수 있으므로 소수의 환자에서 상당한 차이가 관찰될 수 있다. 단 7명의 XP 환자를 대상으로 실시한 경구 이소트레티노인isotretinoin 시험에서는 치료 전 2년 간격과 비교하여 새로운 피부암이 통계적으로 유의하게 감소(67%)한 것으로 나타났다

(Kraemer, 1988). 이 통제된 임상시험은 인간의 모든 암에 대한 효과적인 화학예방법을 결정적으로 입증한 최초의 실험 중 하나였다. 현재 이소트레티노인 및 관련 레티노이드 아시트레틴acitretin은 이식 후 및 모반모양 기저세포암종NBCC증후군을 비롯한 다른 소인이 있는 상태를 갖는 새로운 피부암 발병 위험이 높은 환자에서 널리 사용된다. T4 엔도뉴클레아제 V는 20명의 XP환자에 대한 이중 맹검double-blind 연구에서도 테스트되었으며 광선각화증 및 기저세포암종의 비율을 낮추는 것으로 밝혀졌다.

2.5 손상인자에 대한 민감성의 특이성

XP로부터 얻은 교훈 중 하나는 환자의 해로운 물질에 대한 과민성이 특이성hyper-sensitivity이 있다는 점이다. XP 세포는 자외선 조사에 의한 사멸에는 과민하지만 X선 후에는 정상적인 사멸을 보인다. 정상 세포에서 자외선 조사로 발생한 bulky DNA 손상의 복구은 XP 환자에서는 결함이 있는 뉴클레오티드절제복구NER에 의해 일어난다. X선에 의한 손상은 다르며 XP 환자는 X선에 의한 손상을 복구할 수 있다. 실제로 수술할 수 없는 눈이나 뇌 또는 척수 종양과 같은 내부 종양이 발생한 XP 환자는 요법으로 고용량 X선 방사선 치료를 받았으며 치료를 잘 견뎠다. 이것은 모반모양 기저세포암종NBCC증후군 환자와 같이 X선에 과민한 환자와 대조적이다. NBCC 환자는 PATCH 유전자에 생식세포 돌연변이를 가지고 가지며, 두 copy의 유전자 가운데 하나만 정상적으로 가지고 있다. 그런데 X선 조사의 결과로 나머지 유전자에 돌연변이가 발생할 때 기저세포암종basal cell carcinomas이 발생한다. 젊은 나이에 신경모세포종neuroblastoma이 발생한 NBCC 환자가 방사선 치료법을 받았을 때 치료 부위 주위에서 다수의 기저세포암종이 발생하였다. 이러한 관찰은 자외선 조사로 인한 DNA 손상 대versus X선 조사로 인한 DNA 손상 복구기작에 차이점이 있음을 보여주는 것이다.

2.6 DNA 복구-발암의 분자 메커니즘

XP 환자의 피부는 햇빛 노출에 대해 민감하며, XP 환자로부터 유래한 피부 섬유아세포에 자외선을 조사 했을 때도 역시 과민한 반응을 나타낸다. 따라서 XP 환자로부터 유래한 세포 배양의 실험은 자외선 조사에 의한 손상과 발암성 간의 상관관계에 대한 자세한 기작에 대한 통찰력을 얻을 수 있는 기회를 제공한다. 예를 들어, XP 환자로부터 유래한 세포는 자외선에 의한 사멸에 민감하며, 자외선 조사와 유사한 효과를 낼 수 있는 벤조피렌(담배 매연)에도 과민한 반응을 나타낸다. 또한 XP 세포는 자외선에 노출된 후 과다한 돌연변이가 발생하므로, 햇빛 노출과 체세포 돌연변이 발생과 관련성을 보여주는 것이다.

DNA에 자외선을 조사한 후에 몇 가지의 안정적인 피리미딘 이량체가 생성된다. TT, TC, CT, CC와 같이 피리미딘이 이웃하고 있을 때 자외선 조사로 cyclobutane pyrimidine dimer (CPD), 6-4 pyrimidine-pyrimodone TC photoproducts (6-4 PPs)가 만들어질 수 있는데 이들은 뉴클레오티드절제복구NER 경로의 기질이 된다. 정상 세포에서는 DNA를 삐뚤어지게 하는 6-4 PPs가 CPD보다 더 빨리(6시간 이내) 제거된다. XP 세포에서는 CPD와 6-4 PPs 모두 복구가 일어나지 못한다. 복구되지 못한 이러한 산물들은 돌연변이를 일으킬 가능성을 내포한다. DNA 복제 중에 DNA 중합효소가 이러한 산물들을 만나면 복제가 중지되고 사멸을 일으킨다. 이러한 곳에서는 DNA 중합효소가 정확히 신호를 인식해서 알맞은 뉴클레오티드를 중합할 수 없다. 때때로 이런 곳에서 C 대신에 T를 삽입하는 C-to-T 돌연변이가 일어날 수 있다. 배양된 XP 세포에서 자외선 조사된 플라스미드를 검사하면 "UV signature mutation(서명 돌연변이)"인 C-to-T 또는 CC-to-TT 돌연변이를 흔하게 발견할 수 있다.

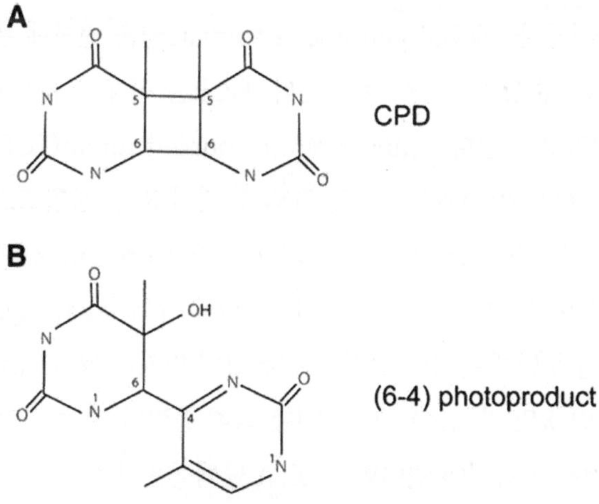

[그림 13.3] 피리미딘 이량체(dimer)의 종류.
(A) cyclobutane(CPD); (B) 6-4 PPs.

정제된 플라스미드 DNA를 자외선 조사 처리하고 세포에 도입하면, 플라스미드 DNA는 세포의 DNA 복구과정에 의하여 복구된다. 표지자marker 유전자를 코딩하는 플라스미드를 사용해서 복구 효율을 측정할 수 있다. 플라스미드 DNA 손상을 세포에 도입하기 전에 측정하거나 또는 변형한 다음에 그 효과를 측정할 수 있다. 이 분석을 사용하여 표지자 유전자에 생성된, 자외선에 의해 유도된 피리미딘 이량체 하나가 XP 세포에서 전사transcription를 차단하기에 충분했으며, 이것은 전사를 중지시키는 DNA 손상을 제거하는 DNA 복구경로의 중요성을 나타낸 것이다. 유사하게, 세균에서 측정한 suppressor tRNA 마커를 코딩하는 플라스미드의 복제는 XP 세포가 플라스미드에 높은 빈도의 돌연변이를 도입한다는 것을 밝혀냈다. 염기서열 분석에 의하면 돌연변이가 일어난 자리는 피리미딘 이량체가 있는 자리에서 주로 발생했으며 C-to-T 돌연변이를 일으켰다. 이것은 돌연변이에서 자외선 조사의 역할을 직접적으로 드러낸 증거이다. 이러한 세포를 이용한 연구는 비흑색종 피부암NMSC 및 흑색종에서 발견되는 XP 환자의 암억제 유전자 돌연변이의 분자적 기원을 제공한 것이다. 이 CC-to-TT 자외선 조사 "signature(서명)"는 일반 인구집단의 흑색종 및 기타 피부암에서 많은 암 관련 유전자들의 돌연변이와 햇빛 노출을 연결시키는데 사용되었다.

XP 세포는 뉴클레오티드절제복구nucleotide excision repair, NER에 결함을 가진다. NER은 DNA 손상을 찾아내고, 손상부위를 잘라내고, 손상된 부분을 손상되지 않은 DNA로 교환시킨다. global genome repair(GGR)은 전사에 관여하지 않은 대부분(99%)의 DNA 손상의 복구에 관여한다. GGR은 전체적 유전체 복구를 의미하며 'GG-NER'이라고도 한다. transcription-coupled repair(TCR)는 전사가 활발히 일어나는 DNA(1% 가량)에서 손상된 DNA를 만나 RNA 중합효소가 중지할 때 일어난다. GGR에서는 double-strand DNA-binding protein 2 (DDB2)와 XPC와 같은 단백질에 의해 손상이 인식되는데, TCR에서는 Cockayne syndrome A(CSA)와 B(CSB) 단백질에 의해 손상이 인지된다. 손상이 인지된 뒤, DNA는 기초전사인자 TFIIH의 구성원인 XPB와 XPD 헬리카제에 의해 풀린다. 이들 단백질들은 많은 다른 유전자들의 전사와 복구에 관여한다. XPA 단백질은 손상을 포함하는 열린 DNA 영역을 유지하며, 그런 다음 XPF/ERCC1과 XPG 엔도뉴클레아제에 의해 손상을 포함한 ~30개 뉴클레오티드 단일가닥 단편을 잘라낸다. 이로 인해 초래된 간격gap은 DNA 중합효소와 연결효소ligase에 의해 메꿔진다. TCR 경로는 GGR 경로보다 더 빠르게 작용하고 전사가 일어나는 가닥의 우선적 복구와 함께 가닥 특이적 복구를 보여준다. NER 경로는 상호 밀접하게 조절되어 단백질 중 하나에 결함이 있으면 전체 경로가 올바로 기능하지 못한다. 그러므로 위에서 언급한 어떤 단백질에 돌연변이가 일어나도 질병을 초래한다. XP의 "XP variant" form은 정상적인 NER을 가진다. 이 환자들은 피부암 감수성이 증가된 임상 XP를 가진다. 이들 세포는 일반적으로 복구되지 않은 광 생성물photoproducts을 지나서 DNA 복제를 허용하는 역할을 하는, 오류가 발생하기 쉬운 중합효소 η(eta, pol H)를 결여하고 있다. 이와 같은 우회 중합효소bypass polymerase를 발견하며 유기체가 DNA 손상에 대처하기 위해 개발한 다양한 기

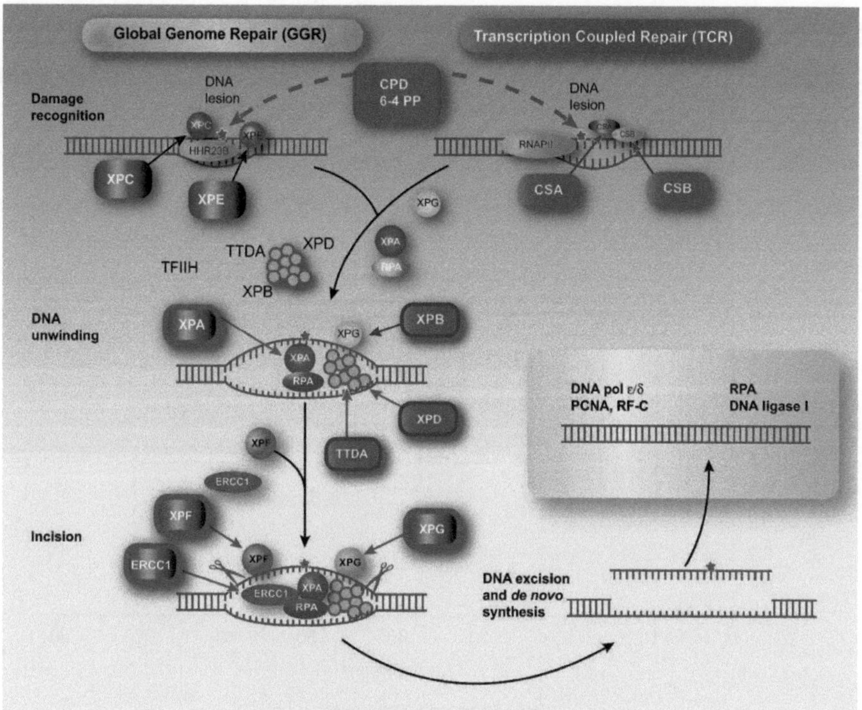

[그림 13.4] 뉴클레오티드절제복구(NER)의 과정.

CPD와 6-4 PPs와 같은 피리미딘 이량체가 존재할 때 대부분의 DNA는 GG-NER에 의하여 복구가 일어나며, TC-NER은 전사가 일어나는 주형가닥에서 RNA 중합효소의 진행이 중지될 때 일어난다. (DiGiovanna, 2012)

작들에 대한 통찰력을 얻을 수 있다.

2.7 신경퇴행을 동반하는 XP

XP 환자의 25% 가량은 진행성의 신경적 퇴행을 포함하고 있다. 이러한 환자들은 종종 *XPA*, *XPB*, *XPD*, 또는 *XPG* 유전자에 결함을 가지고 있다. 이들은 종종 정상적인 크기와 몸무게를 가지고 태어난다. 이들에서 가장 초기의 임상적 이상은 심부건반사(근육의 힘줄을 가볍게 쳤을 때 근육이 바로 수축하는 반사현상)가 일어나지 않으며 고주파수의 소리를 듣지 못하는 난청의 발생이며 이것은 선별검사로서 작용할 수 있다. 영향을 받은 개인은 발달이 지연될 수 있다. 발병 연령과 신경학적 이상 진행 속도는 환자마다 다양하다. 전형적인 관련은 감각신경성 청력상실, 심한 경우 불명확한 언어로 진행될 수 있는 진행성 지적 손상, 보행능력 상실, 삼키기 어려움 등을 포함하며, 섭식위루술feeding gastronomy의 사용을 필요로 한다. 영상 연구는 뇌실의 확장과 두개골 뼈의 두꺼워짐과 함께 뇌의 피질이 얇아지는 것이 나타난다. 병리학은 다른 세포에 의한 염증이나 침윤의 증거가 없는 1차 신경 변성이다. 신경퇴행을 동반하는 XP 환자는 사망률이 높다.

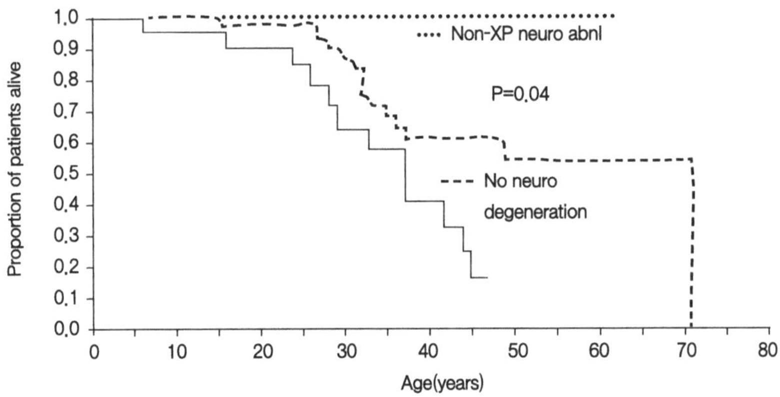

[그림 13.5] XP 환자의 사망률.

실선은 신경 퇴행을 동반하는 XP 환자이며, 점선은 신경 퇴행을 동반하지 않는 XP 환자를 표시한다.

(from DiGiovanna, 2012)

2.8 DNA 복구장애를 가진 가족 내에서의 관계

DNA 복구 장애와 관련된 세 가지의 임상적으로 정의된 질병들이 있는데, 그들은 XP색소성 건피증, 모발유황이영양증TTD, 코케인증후군CS 등이다. 이들은 이 그룹 내에서 유전형-표현형 관계의 스펙트럼을 이해하기 위한 모델이 될 수 있다. 광과민성, 신경/발달 이상, 피부암은 이 세 가지 모델을 구분하는데 사용할 수 있는 중요한 특징이다. 이러한 장애들의 집단에는 XP, 신경퇴행을 동반하는 XP, TTD, CS, XP/CS복합 등이 포함된다. 광공포증photophobia과 피부 광민감성skin sun sensitivity은 모두에 포함이 되지만, 검버섯 피부 색소 침착은 XP에서는 나타나지만 TTD 또는 CS에서는 보이지 않는다. 색소성 망막변성은 CS에서 볼 수 있으나, XP 또는 TTD에는 볼 수 없다. 이러한 장애 중 두 가지 특징을 가진 환자에서 미묘한 중첩 증후군의 식별에는 보다 세부적인 임상적 묘사가 요구된다. XP는 최소한의 햇빛 노출에 대한 급성 화상, 2세 이전의 조기 발병 주근깨, 그리고 피부암에 기반한 임상 기준에 따라 진단할 수 있다. XP 환자는 보통 발육상의 이상을 보이지 않지만, 25% 가량의 XP 환자에서는 진행성 신경 퇴행을 보인다.

〈표 13.2〉 XP, TTD, CS 특성의 비교

특성	XP	신경증상 동반 XP	TTD	CS	XP/CS
피부 광과민성	예	심각	예/아니오	예	예
검버섯 피부 색소 침착	예	예	아니오	아니오	예
햇빛에 의한 피부암	예	예	아니오	아니오	예
색소성 망막변성	아니오	아니오	아니오	예	예
선천성 백내장	아니오	아니오	예	예	아니오
작은 키	아니오	예/아니오	예	예	예
미성숙한 성적 발달	아니오	아니오	예/아니오	예	예
진행성 감각신경성 난청	아니오	예	아니오	예	예
진행성 신경학적 퇴행	아니오	예	알 수 없음	예	예
소뇌 위축	아니오	예	아니오	예	예
외인성 또는 내인성 DNA 손상인자에 대한 반응	예(심각)	예(심각)	아니오	예	예
발달 결함	아니오	예	예(심각)	예(심각)	예(심각)
뉴클레오티드절제복구 (NER) 결함	예	예	예	예	예
분자적 결함	*XPA, XPC, XPD, XPE, XPF, XPG, XP variant (POLH)*	*XPA, XPB, XPD, XPF, XPG*	*XPB, XPD, TTDA TTDN1*	*CSA, CSB*	*XPB, XPD, XPG*

TTD는 짧고 부스러지기 쉬운 모발과 다기관 이상을 특징으로 하는 장애이다. TTD 발달 이상은 TTD에 영향을 받은 태아를 임신하고 있는 임신부에서 분명할 수 있다. 신생아는 콜로디온 막, 작은 키, 작은턱증micrognathia을 나타낼 수 있으며, 감염에 취약하고, 성장 및 발달 지연, 선천성 백내장 기타 기형의 위험을 가진다. TTD 환자는 종종 광민감성을 가지지만 XP처럼 피부암 또는 주근깨와 같은 색소 이상을 나타내지는 않는다. XP와 대조적으로 TTD 환자의 신경학적 침범은 일반적으로 진행성 쇠퇴는 아니다. CS는 광과민성 그리고 발달 지연 및 진행성 성장 및 신경 쇠퇴와 같은 XP와 TTD의 특징을 갖지만, 피부암skin cancer은 나타나지 않는다. 뇌-눈-안면-골격 증후군Cerebro-oculo-facial-skeletal syndrome, COFS은 자궁에서 시작되는 이상이 있는 CS의 심각한 변종이다. 영아는 태아의 운동 감소, 극도의 소두증, 선천성 백내장 및 안면기형으로 근육의 심각한 변형을 가진 상태로 태어난다. 각 장애의 임상적 특징에 대한 신중하고 정확한 평가를 통해 여러 중복 증후군 환자들을 구분할 수 있다. XP/TTD 환자는 다소 완화된 상태이지만 XP와 TTD의 특징을 모두 가진다. XP/TTD는 호랑이 꼬리 밴딩과 머리털 모간 결함은 있지만 TTD에서 발생하는 것보다 덜 두드러져 더 긴 모발을 가질 수 있다. 그들은 피부와 내부 악성 종양의 위험이 있지만 XP에서 볼 수 있는 것보다 빈도가 낮다. XP/CS, CS/TTD, COFS/TTD의 중복 증후군을 그림에 표기했다(그림 13.8). XPD 유전자의 다른 돌연변이는 임상 표현형에서 가장 큰

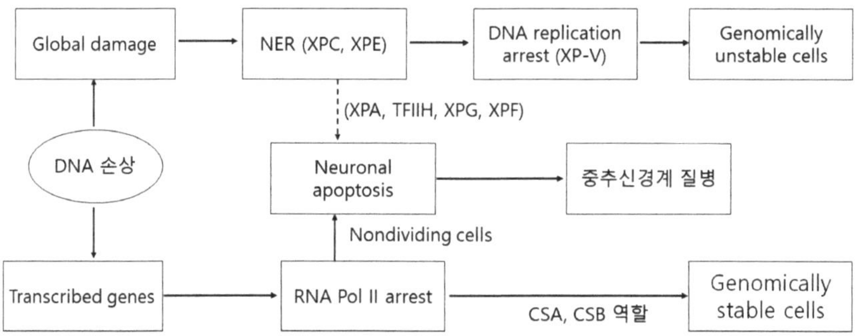

[그림 13.6] DNA 손상의 복구.

전사가 일어나지 않는 대부분의 DNA는 global genome repair(GGR)에 의해 복구된다. XP-V 중합효소는 오류를 일으켜 유전체를 불안정하게 할 수 있다. 전사가 진행되는 유전자의 손상은 RNA 중합효소 II의 진행이 멈추게 되는데, CSA와 CSB에 의해 손상 부분이 인식되고 복구되면 안정적인 유전체를 유지할 수 있다. 만약 성공적으로 복구가 안 될 경우 신경세포는 사멸하게 되고 중추신경계 질병을 일으킬 수 있다.

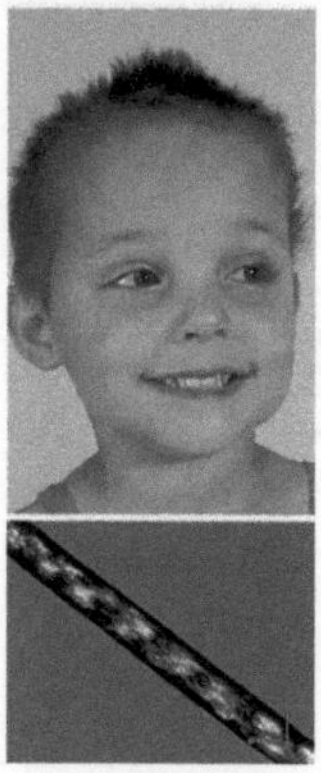

[그림 13.7] 짧은 끊어지기 쉬운 머리카락을 가진 TTD 환자(3세 여아)와 모발의 호랑이 꼬리 밴딩(Di Giovanna, 2012).

이질성을 초래했다. 매우 드문 UV-민감 증후군UV-sensitive syndrome, UVS 환자는 색소 이상이나 중추신경계의 명백한 결함없이 가벼운 광민감성을 보인다. 그들의 세포는 CS 세포와 동일한 전사 결함을 가지며 *CSA* 또는 *CSB* 유전자에 결함이 있는 것으로 보고되었다. 이것은 CS 환자의 중추신경계 결함이 CS 단백질의 추가적인 특성과 관련될 수 있음을 시사한다.

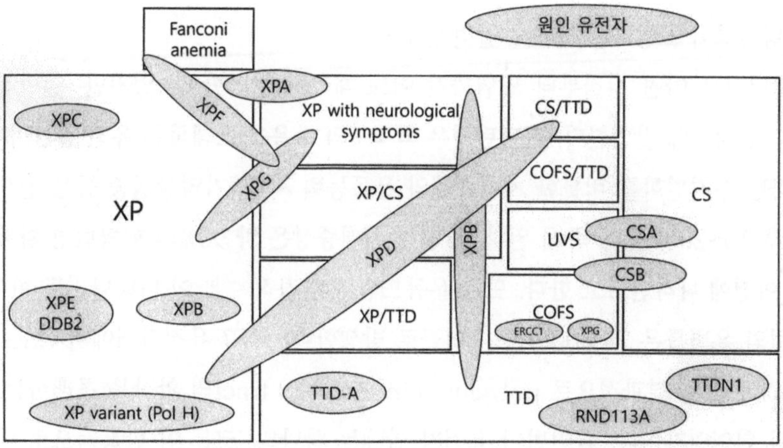

[그림 13.8] DNA 복구 결함 질병에서 임상적 이상과 분자적 결함과의 관계.
하나의 질병은 여러 개의 다른 유전자의 돌연변이로 인해 발생할 수 있다. 역으로, 하나의 유전자에서 다른 종류의 돌연변이는 여러 개의 다른 임상적 질병을 초래할 수 있다. 위 그림에서 XP의 발생에는 8개의 원인 유전자가 관여한다.

14

헌팅턴 무도병

헌팅턴 무도병Huntington's chorea이라고도 알려져 있는 헌팅턴병Huntington's disease은 드물게 발병하는 우성autosomal dominant 유전병이다. 우성 유전이란 돌연변이 유전자가 하나만 있어도 병에 걸린다는 의미이다. 헌팅턴병은 뇌질환으로 자율신경계에 문제가 생겨 환자의 손과 발이 마치 춤을 추는 것처럼 움직이기 때문에 "헌팅턴 무도병"으로도 불린다. 헌팅턴병은 운동기능과 인지기능을 손상시키는, 현재로선 치료가 불가능한 질병이다. 신경발생에 매우 중요한 **헌팅틴(HTT) 단백질**의 돌연변이로 인하여 헌팅턴병이 발병하는 것으로 알려진다.

헌팅턴병은 어린 시절부터 노년까지 어느 때라도 발병할 수 있지만, 일반적으로 35~45세 사이에 발병한다. **헌팅턴병은 뇌세포의 죽음을 초래하는 유전 질환이다**. 발병한다면 성격변화를 비롯한 치매증세와 운동능력 저하, 기억상실증 등을 일으키며 발병 후 15~20년 내에 죽게 된다. **각별히 치매증상은 약 90%의 헌팅턴병 환자에서 50세 이전에 나타난다고 한다**. 또한 운동느림증과 경직rigidity이 나타나기도 한다. 헌팅턴병의 유병률은 24,000명 중 1명꼴로 발생한다. *HTT* 유전자내에서 CAG 반복repeat의 증가는 결과적으로 polyglutamine (polyQ) tract의 확장을 초래하는 헌팅턴병의 원인인자이다. 돌연변이 유전자 안에는 하나의 '코돈'이 반복적으로 나타난다. CAG, CAG, CAG, CAG, CAG⋯ 이러한 반복이 때로는 6번, 때로는 30번, 때로는 100번 이상 나타난다. 만약 그 '단어'가 39번 이상 반복되면 중년에 접어들면서 서서히 몸의 균형을 잃기 시작하여 점점 다스리지 못하게 되고 일찍 죽는다. 퇴행현상으로 지능이 떨어지기 시작하여 사지의 경련이 뒤따르고 심한 우울증에 걸리며 때로 환상이나 망상에 빠지기도 한다. 헌팅턴병 환자와 건강한 사람을 비교했을 때 약 88%의 선조체 뉴런의 손실이 있는 것으로 보고되었다. 이 질병을 막거나 치료할 방법은 없다.

1. 헌팅턴병 연구의 역사

1.1 헌팅턴병의 발견

아마도 이병의 첫 번째 보고는 1841년 찰스 오스카 워터스Charles Oscar Waters에 의해서였다. 질병의 상태는 조지 헌팅턴George Huntington이라는 의사에 의해 더욱 상세하게 설명되었고 그의 이름을 따라 병명이 지어졌다. 그는 이 병이 집안의 유전을 통해 전달되는 것을 알아차렸다.

[그림 14.1]
롱아일랜드의 조지 헌팅턴.

나중의 연구를 통하여 헌팅턴이 발견한 롱아일랜드의 환자는 뉴잉글랜드에서 건너온 더 큰 집안에서 갈라진 가계임이 밝혀졌다. 이 집안에는 12대에 걸쳐서 헌팅턴병을 가진 사람이 1000명이 넘게 발견되었다. 모두 1630년 서포크(Suffolk, 영국의 동쪽에 위치한 지명)에서 이주해온 두 형제의 후손이었다. 헌팅턴 무도병은 생식 나이를 지난, 즉 발병했을 때는 이미 혼인하고 아이까지 있을 가능성이 높기 때문에 유전자가 잘 사라지지 아니하고 계속 전해진다. 헌팅턴병의 발생빈도는 서유럽 유래 인구집단에서 10만 명 당 4~10건에 이른다.

헌팅턴병은 새로운 돌연변이로 인한 10%의 경우가 있지만 대부분은 부모로부터 유전된다. 헌팅턴병은 사람의 유전적 질병 가운데 우성dominant으로 유전하는 것이 확인된 최초의 질병이다. 이 질병은 '헌팅틴(Huntingtin, HTT)'이라는 단백질을 코딩하는 *HTT* 유전자의 두 사본중 하나에서 돌연변이가 발생해서 일어난다. 이것은 영향받은 사람의 아이가 일반적으로 질병을 유전받을 확률이 50%라는 것을 의미한다.

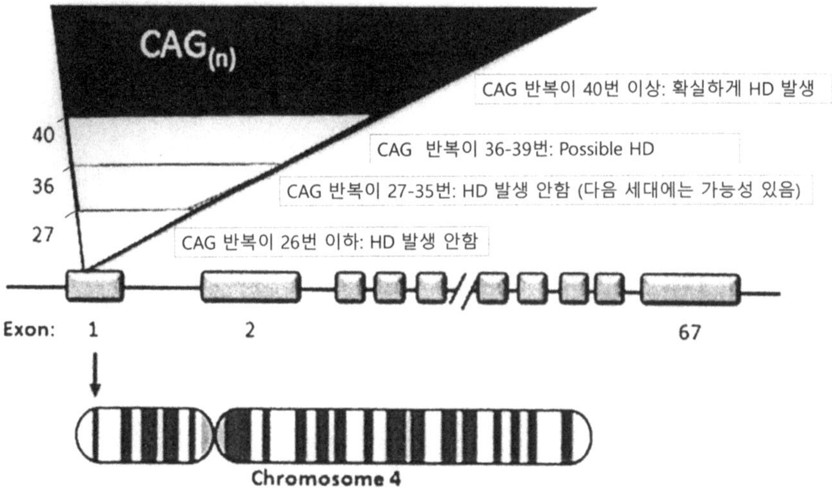

[그림 14.2] 헌팅천 병에서 질병상태의 구분. (from Gatto, 2020)

HTT 유전자는 "헌팅틴(350 kDa)"이라는 단백질의 유전정보를 제공한다. 헌팅틴 단백질을 코딩하는 유전자의 CAG(시토신-아데닌-구아닌) 삼핵산의 반복 확장은 완전히 이해하지 못한 메커니즘을 통해, 뇌세포를 점차적으로 손상시키는 비정상적인 돌연변이 헌팅틴 단백질mHTT을 만들어낸다. mHTT는 독성이 있는 단백질 분자이다.

1.2 헌팅턴 유전자의 발견

1970년 후반에 의지가 강한 한 여성이 헌팅턴 유전자를 찾아 나섰다. 1968년 23살 낸시 웩슬러는 어머니가 헌팅턴병이란 사실을 알게 되었다. 부모 중 한 명이 환자이면 자녀의 발병확률은 50%이다. 낸시와 엘리스 자매는 자녀의 헌팅턴병 가능성 때문에 평생 자식을 갖지 않기로 결정했고, 낸시는 헌팅턴병 연구에 평생을 바치기로 한다. 낸시는 1974년 미시간대학에서 심리학 전공으로 박사학위를 받고 교수가 된다. 심리학자인 아버지 밀턴 웩슬러와 낸시는 헌팅턴 유전병 재단을 만들어 워크숍을 거듭했다. 많은 아이디어들이 속출했다. 1970년 당시는 유전체에 대한 연구 자체가 그리 쉽지 않았으며 많은 사람들은 헌팅턴 유전자를 찾는 그녀에게 그 일을 포기하라고 했다. 사람들은 기술이 더 발전하여 실질적인 확률이 좋을 때까지 기다리라

[그림 14.3] 낸시 웩슬러(오른쪽)와 헌팅턴병 환자. (from Bishop, 1990)

고 충고했다.

헌팅턴병 유전자 발견의 중요한 요인은 베네수엘라 마라카이보 호수 근처에서 헌팅턴 무도병을 앓고 있는 대가족을 발견한 것이었다. 이 가족을 발견한 사람은 베네수엘라 의사 아메리코 네그레테였다. '아메리코 네그레테'라는 의사의 보고서를 접한 웩슬러는 1979년 마라카이보 호숫가에 있는 세 개의 작은 도시를 방문하기 위해 베네수엘라로 날아갔다. 웩슬러가 질병을 가진 집안의 가계도를 조사한 결과, 19세기 초기 '마리아 콘셉시옹Maria Concepcion'이라는 여성까지 추적할 수 있었다. 그녀는 물 위에 집이 모여 있는 마을에서 살았으며, 그녀는 이 집안의 조상으로, 8세대에 걸쳐 1만 1000명의 후손을 두었다. 1981년 당시까지 9000명이 살아있었는데, 그중 371명

[그림 14.4] 베네수엘라 마라카이보 호에 있는 해상가옥.
헌팅턴병에 걸린 많은 가계가 이와 같은 해상가옥에서 살았다. (from Bishop, 1990)

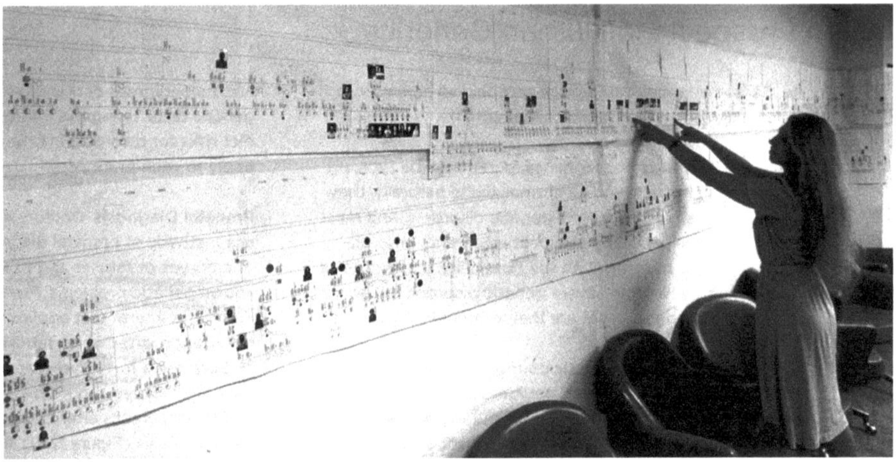

[그림 14.5] 낸시 웩슬러와 헌팅턴병 가계도. (Starr, 2009)

이상이 헌팅턴병을 앓았다. 낸시가 처음 방문했을 때 헌팅턴병에 걸릴 확률이 적어도 25%인 3600명이 있었으며, 그들은 조부모 가운데 적어도 한명이 헌팅턴병을 앓은 적이 있는 집안의 자손들이었다.

낸시는 드디어 헌팅턴 유전자의 탐색을 시작했다. 그녀는 먼저 500명이 넘는 사람들의 혈액을 채취하느라 바쁜 시간을 보냈다. 그리고 이것을 미국, 보스톤의 짐 거셀라Jim Gusella의 실험실로 보냈다. '거셀라'는 유전자를 찾기 위해 적절한 유전자 마커를 찾는 일을 시작했다. 마커는 도로의 이정표milestone와 같은 것이다. 난자와 정자가 수정하면 부모로부터 온 두 DNA는 절단되어 섞인다. 마커와 어떤 유전자 사이가 절단되면 같이 자손에게 전달되지 않는다. 절단지점이 임의로 정해지므로 가까이 있을수록 동시에 전달될 확률이 높아진다. 여러 마커들을 만들어두고 헌팅턴병 환자의 DNA에 유독 높은 비율로 존재하는 마커가 있으면 그 마커 근처에 헌팅턴병 유전자가 있을 거라는 논리였다. 1983년 드디어 환자들에게서 공통적으로 관찰되는 마커를 발견했다. 4번 염색체에 있었다. 이제 범위가 좁혀졌다. 낸시가 헌팅턴병 유전자 탐색을 시작한 15년 차쯤의 일이다. 그렇다 해도 범위가 30억 염기에서 1억 염기 정도로 범위가 좁혀진 것이다. 효과적인 연구를 진행하기 위하여 6개의 국제협력 연구팀이 만들어졌다. 10년간 실패를 거듭한 끝에 드디어 1993년 헌팅턴병을 일으키는 DNA 서열을 발견한다. 낸시가 헌팅턴병 유전자를 찾기 시작한 후 25년 만의 일이다. 헌팅턴병 유전자는 염색체 4번 단완(4p16.3)의 말단에 존재한다. 유전자의 중간에 CAG 라는 '코돈'이 반복되고 그 결과 단백질 중간에 글루타민의 긴 사슬이 연속되어 있었다(CAG는 글루타민을 의미한다, 영어로는 Q로 단축 표시).

CAG라는 코돈 서열이 40번 이상 반복되면 확실히 헌팅턴병이 발병한다. 26번 이하면 발병하지 않는다. 41번 이상 반복이 되면 대략 51세에, 42번이면 37세에, 50회 반복이면 27세 무렵에 지능을 잃는다(반복이 많을수록 발병 시기가 앞당겨진다). 소아 헌팅턴병의 경우 200번이나 이상 반복이 나타나는데, 이 때문에 조기에 증상이 나타난다. 헌팅턴병은 글루타민의 길이가 길수록 일찍 발병하며 증상이 심하다는 것을 의미한다. 이 모든 것들도 질병을 설명하는데 아무 도움이 되지 않는 것처럼 보인다. 만약 헌팅턴 유전자가 잘못되었다면 나이 30세 까지는 왜 증상이 나타나지 않는가?

유전자 내 **CAG**의 반복의 증폭이 병의 원인이라는 것은 전혀 예측하지 못한 것이지만, 이것은 헌팅턴병에만 국한된 것은 아니다. 이러한 세 문자 단어의 반복으로 일어나는 사람의 질병은 12가지가 넘는데, 이들을 '**trinucleotide repeat expansion (삼핵산 반복 확장)**'이라 부른다. 소뇌 운동 실조증cerebellar ataxia이 그 하나의 예이다. 쥐의 어떤 유전자에 긴 **CAG** 반복을 집어넣었더니 헌팅턴병과 같이 늦게 발병하는, 신경퇴행성 질병을 일으켰다는 흥미로운 보고도 있다. 따라서 **CAG** 반복은 그것이 어느 유전자에 나타나든 신경질환을 유발할 수 있다. '취약(유약) X 증후군Fragile X syndrome'이라는 병은 CGG라는 DNA 염기서열의 반복 횟수가 비정상적으로 증폭되어 일어나며 정신지체, 발달장애 등을 유발하는 유전질환이다. 정상인의 반복 횟수는 5~44회 정도에서 정규 분포를 이룬다. CTG가 19번 염색체의 어떤 유전자에 50번에서 1000번 사이를 반복하면 근긴장성 디스트로피myotonic dystrophy를 일으킨다. 이러한 질병들의 모든 경우에 단백질은 세포 내에서 분해되지 않는 덩어리가 되어 축적되며 결국 세포를 죽게 한다. 증세의 차이는 유전자가 체내의 각기 다른 부분에서 나타나기 때문에 일어난다.

2. 헌팅턴병의 증상

운동증상은 안면 경련과 함께 시작되고, 나중에는 경련이 신체 다른 부위에까지 퍼져서 환자의 의도와 상관없이 비틀거리는 운동으로 발전한다(무도병이란 이름은 이와 같은 비틀림이 약간 춤추는 것 같이 보이기 때문이다). 점차 경련이 비틀리는 운동이 환자의 걷기, 말하기, 그리고 다른 자발적인 운동을 더욱 더 방해하게 된다.

이 장애는 광범위한 뇌손상과 관련되는데, 특히 미상핵, 조가비핵, 그리고 담창구의 손상을 가져오며 대뇌피질에도 어느 정도 손상을 입게 된다. 병의 진행에 따라 환자가 사망했을 때 뇌의 총무게가 정상보다 15~20% 정도 감소하기도 한다. 가장 큰 손상을 입는 것은 GABA를 신경물질로 분비하는 뉴런들이다. 헌팅턴 환자들은 여러 가지 심리 장애를 겪는데, 여기엔 우울증, 기억장애, 불안, 환각과 망상, 판단력의 쇠퇴, 약물남용, 완전한 무반응성 등이 포함된다. 어떤 경우는 심리적 장애가 운동 장애보다 먼저 발달하기도 한다. 일단 증세가 나타나면, 심리적 증상과 운동증상이 모두 약 15년에 걸쳐 진행되면서 점차 악화되어 결국 사망에 이르게 된다.

3. 야생형 헌팅틴 단백질: 구조 및 기능

헌팅틴HTT 단백질은 알파-나선 및 ~350 kDa 단백질로 구성되며 "HEAT-repeat"라는 특징적인 반복을 포함한다. "HEAT repeat"는 단백질-단백질 상호작용에 중요하다. 이러한 "HEAT-repeat"를 포함하는 다른 단백질의 예는 elongation factor 3(EF3), 단백질 인산효소 2A (PP2A), 효모 인산화효소 TOR1 (target of rapamycin 1) 등이 있다. HEAT 모티프는 단백질 분해 절단 후 해리에 저항하는 초나선 소수성 중심을 형성하기 위해 단단히 뭉쳐진 'helix-turn-helix' 구조를 가지고 있다. 이러한 모티프는 종종 세포 내 수송 관련 단백질에 존재하며, 단백질 복합체 형성에서 헌팅틴의 스캐폴딩 역할을 담당할 가능성이 있다. '스캐폴딩'이란 건축용어로 '비계'라고 하는 것인데 건축현장에서 한층 한층 건물을 올릴 때 높은 장소에서 작업할 수 있도록 건물 외부에 임시로 조립해 세운 가설물을 지칭한다.

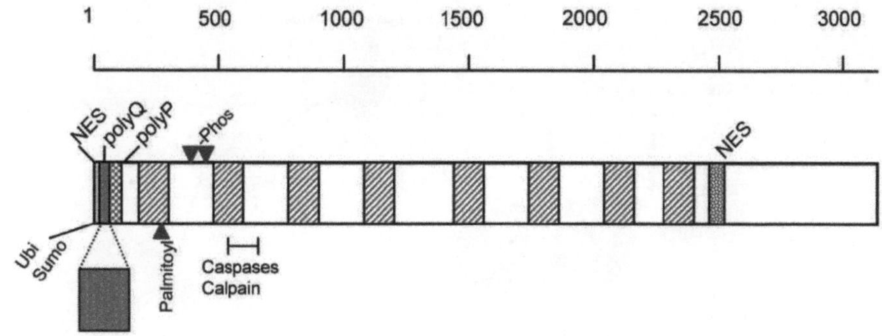

[그림 14.6] 헌팅틴 도메인과 번역 후 수식.
HEAT 부분(대각선 줄무늬)이 전체적으로 분포한다. 아래 구림의 점선은 poly Q의 확장을 나타낸다. (from Schulte, 2011)

야생형 헌팅틴은 잘 알려진 스캐폴드 단백질이며, 베타 튜불린과 상호작용하고 미세소관에 결합한다. 헌팅틴은 dynein/dynactin 복합체와 상호작용하며 세포 내 수송과정을 조절한다. 헌틴팅 단백질은 인간과 설치류에서 광범위하게 발현이 일어나며, 중추신경계의 뉴런에서 가장 높은 수준으로 발현된다. 여기서 주로 세포질에 국한되고 소포막vesicle membrane과 연관되는 것으로 보인다. 헌팅틴 단백질은 세포주기 및 세포분열을 조절하는 기능과도 연관이 있다. 헌팅틴 단백질은 미세소관microtubules, 카베올라caveolae 그리고 시냅토좀synaptosomes과 연관된 축삭과정과 시냅스에서도 발견된다.

HEAT 서열은 단백질에 스캐폴드scaffold 기능을 제공하는 단백질 분해 절단에 내성을 가진다. Exon 1은 헌팅틴 단백질의 90개 아미노산 부분을 코딩하며, 여기에는 아미노말단의 17개 아미노산의 알파나선 구조, PolyQ tract, 51개 아미노산의 프롤린-풍부 도메인(proline-rich domain, PRD)을 포함한다.

야생형의 헌팅틴 단백질은 뇌 발생에 필요하다. 녹아웃knockout 쥐 실험에서 헌팅틴 단백질의 상실은 신경계 발달이 발생하기 전에 배아 치사embryonic lethality를 나타냈다. 더구나 최근의 연구에 의하면 헌팅틴은 신경발생에 중요한 역할을 하는 것으로 알려진다. 야생형 헌팅틴 단백질에 의해 매개되는 세포 부착은 배발생 신경발생 동안 중요한 역할을 할 수 있다.

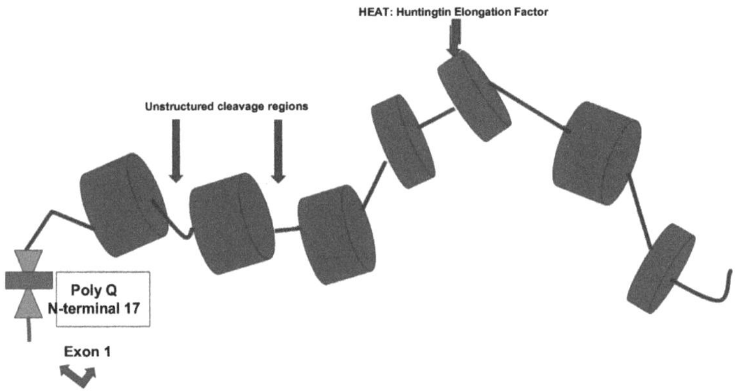

[그림 14.7] 헌팅틴의 모식도.

HEAT 부분과 절단부분(화살표), N-terminal-17에서 polyQ의 확장. (from Gatto, 2020)

단백질 분해 및 번역 후 변화는 non-HEAT consensus 부분에서 발생하여 헌팅틴의 형태 및 단백질-단백질 변형으로 이어진다. 많은 카스파제, 칼페인, 펩타이드내부가수분해효소endopeptidase가 절단에 관여하여, 많은 N-말단 조각을 만들어낸다(헌팅틴 단백질 엑손1을 포함하는 짧은 서열을 포함하여). 헌팅틴 단백질의 기능은 아직 조사 중이지만 광범위한 기능에 특성화되었다. 그들은 다음과 같은 것을 포함한다:

1. 피질 및 선조체 흥분성 시냅스 및 신호 형성에 중요한 역할을 하는 뇌 발달
2. 신경 영양 지원과 뉴로트로핀 수용체 균형을 제공하는 전사과정의 조절
3. 히스톤의 아세틸화/탈아세틸화의 균형 및 신경교 활성화
4. 미토콘드리아 기능 감시 및 미토콘드리아 생합성
5. 미세소관에 의한 소기관의 축삭 수송
6. 신호경로의 조절
7. 돌연변이 헌팅틴의 multimerization
8. 오토파지(자가소화작용)

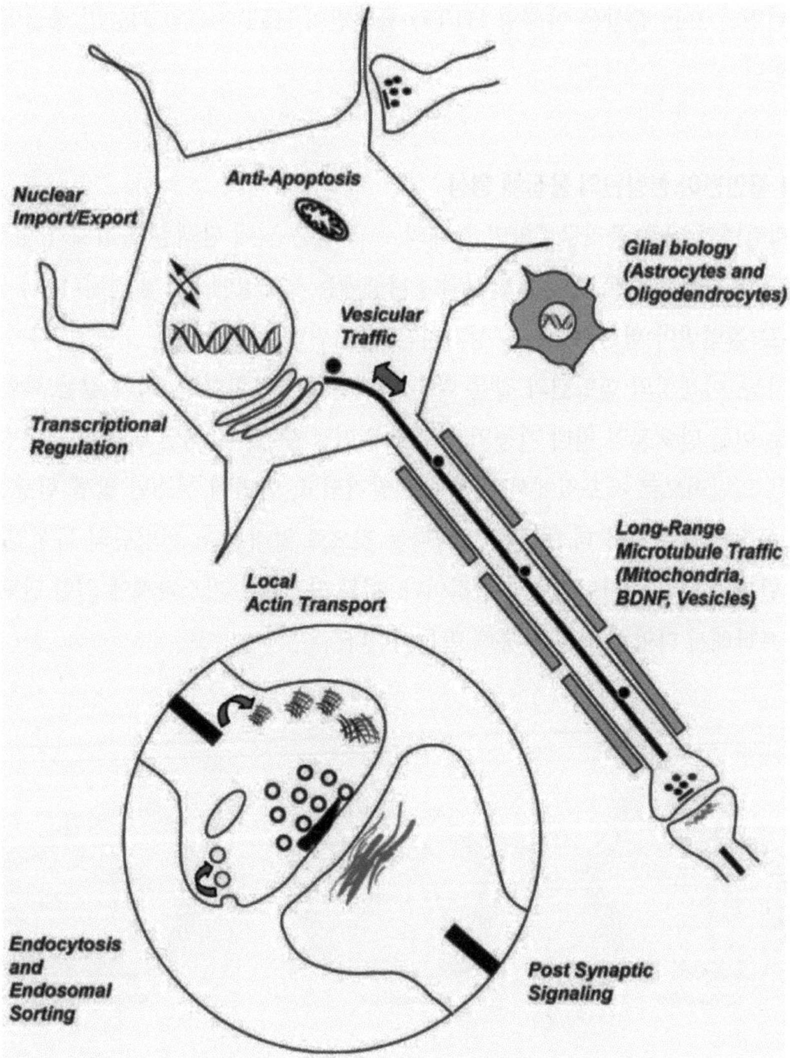

[그림 14.8] 야생형 헌팅틴의 생물학적 기능을 보여주는 개략도. (from Schulte, 2011)

4. 헌팅턴병의 발병기전

건강한 유전자HTT에서 동적 돌연변이가 일어나 결함있는 유전인자가 발생한다. 헌팅턴병의 모든 증상은 야생형 HTT와 돌연변이 HTTmHTT의 기능의 충돌에 의해 발생한다.

4.1 돌연변이 헌팅틴의 응집체 형성

헌팅턴병과 다른 폴리글루타민 장애의 큰 특징은 뇌에 단백질 응집체가 형성되는 것이다. 초기에는 주로 핵에서 발견되나 나중에는 세포질에서도 발견된다. 이 응집체는 주로 돌연변이 헌팅틴으로 구성되지만, 유비퀴닌, 프로테아좀 소단위, 샤페론, 전사인자들, 야생형의 헌팅틴과 같은 다른 단백질들도 포함한다. 이와 같은 복합체 형성으로 이들 단백질의 원래 기능의 상실이 일어날 수 있다. 성인 발병 헌팅턴병의 응집체는 일반적으로 세포질에서 빈번하게 발견되고, 반면에 청소년 발병 헌팅턴병의 경우 응집체는 핵에서 더 빈번히 나타나는 것으로 알려진다. 헌팅틴의 독성있는 N-말단 단편의 축적은 헌팅턴병의 특징이다. 이들 단편들은 카스파제에 의한 단백질 절단을 포함해서 다양한 경로를 통해 만들어진다.

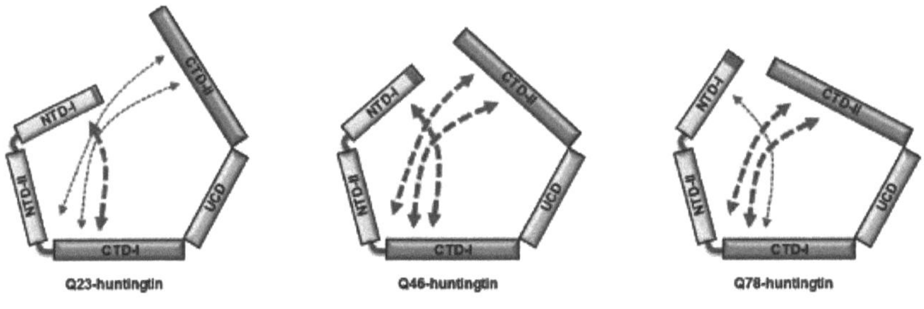

[그림 14.9] 헌팅틴 단백질의 전체 도메인 구조.

아미노 말단 (NTD-1)에 존재하는 폴리글루타민(polyQ) 확장이 일어나면서 전체 구조가 변한다는 사실을 확인했다. 3000여 개의 아미노산으로 이루어진 헌팅틴 단백질은 5개의 도메인으로 이루어져 있으며 단백질이 접힘으로써 구형의 형태를 취한다. 폴리글루타민 확장이 헌팅틴 단백질의 구조에 영향을 미친다. (from 한의신문, 2016년)

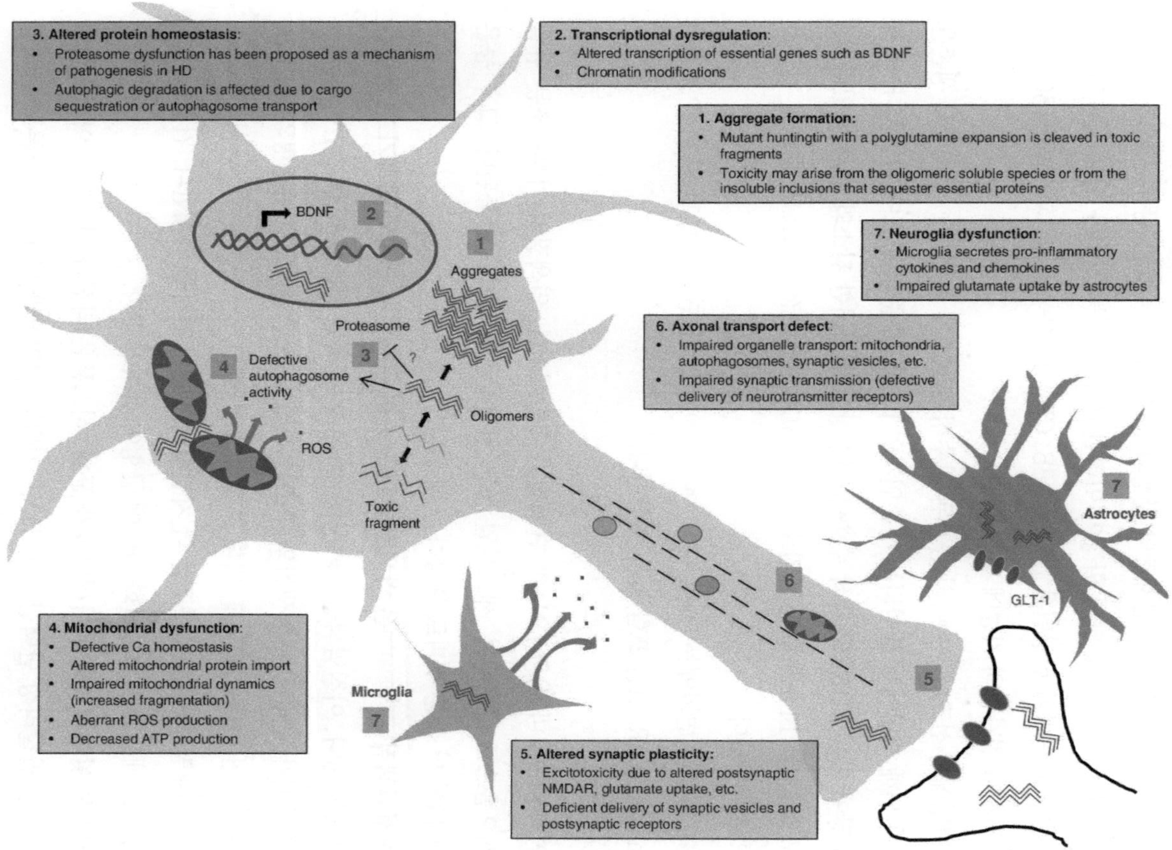

[그림 14.10] 헌팅턴병 발병 기전의 개략도. (from Jimenez-Sanchez, 2017)

4.2 유전자 발현의 dysregulation

전사 조절 장애는 오랫동안 헌팅턴병의 주요 병원성 기전으로 여겨져 왔다. DNA 마이크로어레이 분석을 통해 헌팅턴병은 많은 유전자들의 발현 양식에 변화가 나타남을 보여주었다. 많은 전사인자들의 활성화 도메인은 글루타민-풍부 지역에 포함되어 왔기 때문에, 폴리글루타민 확장이 이러한 활성화 기능 간섭을 일으키는 것으로 제안되었다. 돌연변이 헌팅틴은 p53, CREB, CBP, PGC-1α, Sp1과 TAFII130 등을 포함한 전사 조절자들의 기능에 간섭을 일으켰다.

헌팅턴병에서 선조체striatum의 증가된 감수성은 선조체 뉴런striatal neuron의 생존을 촉진하기 위해 피질에서 생성되는 생존인자인 BDNF 수준의 감소에 기인한다. 전사에서의 장애 또는 BDNF의 축삭 수송에서의 장애가 이러한 감소와 관계가 있다. 마우스 모델에서는 BDNF 수준의 감소보다는 BDNF 신호전달 경로의 결함에 기인하는 것으로 나타났다.

유전자 발현의 변화에는 DNA 수식modification, 히스톤 단백질 연관 및 다른 조절인자(non-coding RNA를 포함)들을 포함한다.

(1) 염색질(크로마틴)은 DNA와 단백질의 복합체이다. 염색질의 기본구조는 뉴클레오솜으로 구성된다. 세포분열 동안 염색질은 염색체로 응축된다. 그 기능은 DNA를 더 작은 부피로 포장하는 데 있다.

(2) **진정염색질euchromatin은 염색질의 더 느슨한 구조인데 전사와 복제가 더 활발하게 일어난다.** 이질염색질heterochromatin은 더 응축된 구조로서 덜 활발하며 전사와 복제가 억제된다. 염색질의 구조는 직접 또는 간접적으로 야생형의 HTT 또는 돌연변이형의 HTT에 의해 조절이 일어난다.

(3) **DNA 메틸화는 DNA 구조를 더 치밀하게 만들어 전사를 억제한다.** 건강한 상태에서는 메틸화와 탈메틸화 사이에 균형이 잡혀야 한다.

(4) **히스톤 탈아세틸화와 아세틸화가 균형:** 히스톤은 리신과 아르기닌 아미노산이 풍부한 알칼리성 단백질이다. DNA 가닥의 치밀함과 별개로 히스톤도 염색질 조절과 관련이 있다. 히스톤은 역동적인 과정인 염색질 구조를 조절하는 중요한 조절자이다.

돌연변이 헌팅틴 단백질은 히스톤 탈아세틸화와 아세틸화의 불균형을 유도한다. 아세틸화는 히스톤 아세틸전이효소HAT에 의해 중재되며 염색질을 열린 상태로 만들어 전사를 활성화시킨다. 탈아세틸화는 히스톤 탈아세틸화효소HDAC에 의해 중재되며 전사의 억제와 연관된다. 많은 탈아세틸화 효소가 존재하는데, 정상적으로 야생형 헌팅틴wtHTT에 의해 차단이 되는 시르투인SIRT이라는 탈아세틸화 효소가 있다. 헌팅턴병에서는 돌연변이 헌팅틴mtHTT이 시르투인의 과발현을 유도하고, 이에 따라 많은 전사인자들이 억제된다. SIRT는 class III 히스톤 탈아세틸화효소에 속한다. SIRT에는 7가지 종류가 있는데 SIRT1과 -6, -7은 핵에서 작용하고, SIRT3, -4, -5는 미토콘드리아에서 작용한다. 그들 가운데 헌팅턴병에서 SIRT1은 BDNF, 미토콘드리아 생합성과 관련된 전사인자를 조절하는 반면, SIRT3은 미토콘드리아 생합성과 활성산소종의 해독에 관련된 전사인자를 조절한다.

(5) 전사인자들은 DNA 전사의 첫 단계에 관여하는 많은 수의 단백질들을 말한다. 헌팅턴병에는 다음과 같은 전사인자의 장애가 관련된다.

a. PGC-1α (Peroxisome proliferator-activated receptor gamma coactivator 1-alpha). PGC-1α는 미토콘드리아 기능, 에너지 대사와 함께 생존과 생합성에 관여한다.

b. BDNF (Brain-derived neurotrophic factor). **BDNF는 아마도 헌팅턴병과 관련된 가장 관련성있는 신경영양인자 중 하나일 것이다. 이것은 글루타메이트성 전달, 성상세포 활성화, 도파민성 조절에 관여하기 때문이다.**

c. REST (Repressor element-1 silencing transcription factor). **REST는 표적 유전자를 침묵시키기 위해 후성적 리모델링을 통해 작용하는 전사인자이다.** REST는 신경 발생 및 신경 분화뿐만 아니라 출생 후 뇌 발달에서 뉴런-특이적 유전자를 조절하는 '대장(master)' 전사인자이다. **이것은 또한 산화스트레스와 아밀로이드 베타 독성에 관여하는 유전자를 억제하여 신경 보호 역할을 한다.**

4.3 헌팅틴은 스캐폴드 단백질로 작용한다

HTT(헌팅틴 단백질)은 스캐폴드 단백질이다. 스캐폴드는 '세포지지체' 단백질로 번역할 수 있을 것이다. 이와 같은 '지지체' 특성은 HAP1(Huntington-associated protein 1) 단백질과 결합하는 능력과 관련이 있으며, 이는 HAP1 단백질이 각각 미세소관 단백질복합체, 다이낵틴 또는 키네신과의 다른 결합을 조절한다. 다이낵틴 복합체는 시냅스 영역에서 역방향의 수송을, 키네신은 시냅스영역으로의 순행적 수송을 촉진한다.

헌팅틴 단백질은 소기관 수송을 제어하고, 인산화에 의해 뉴런 내의 축삭 및 수상돌기에서 미세소관 단백질을 결합하는 능력을 조절한다. **유사분열 동안 헌팅틴 단백질은 방추 극 조립(spindle pole assembly)에 중요하며 세포분열에 관여한다.** 또한 키네신 1-의존성인 dynein/dynactin/NUMA/LGN을 세포 피질로 이동시키는 것도 조절한다. 그것은 섬모 형성에 필요한 PCM1 단백질을 포함한 중심체 주변물질로의 dynein/dynactin/HAP1-의존성 단백질 수송을 매개한다. **이러한 결과는 HTT가 서로 다른 운동단백질을 연결하는 스카폴드 단백질이라는 제안을 강화하고 소포를 최종 표적으로 수송을 하는 역할을 제안할 수 있다.**

4.4 단백질 분해 시스템의 손상

세포는 비정상적인 단백질이나 세포소기관을 분해하기 위해 다른 경로들을 가지고 있다. 단백질과 관련하여, 첫 번째 단계는 단백질의 접힘folding이 적절하게 이루어지도록 돕는 샤페론에 의해 수행되고, 그 다음에는 분해될 산물이 프로테아좀 내부 분해에 결합되는 과정인 유비퀴틴화ubiquitination가 수행된다. 세포 내 단백질의 분해에는 두 가지의 중요 경로가 존재한다: 하나는 유비퀴틴-프로테아좀 시스템(UPS)인데 이것은 야생형 헌팅틴을 효과적으로 분해한다. 다른 하나는 자가포식-리소좀(autophagy-lysosome) 시스템인데 이것은 확장된 돌연변이 형태를 분해하는데 중요한 것으로 보인다.

초기 연구에서 폴리글루타민 확장 헌팅틴의 발현 결과로 프로테아좀 활성의 결함이 보고되었다. 역으로 다른 그룹은 이러한 UPS 활성의 결함을 관찰하지 못했다. 더욱 최근에 프로테아좀이 확장된 폴리글루타닌을 완전히 분해할 수 있음을 보여주었다. 프로테아좀이 정상이거나 또는 비정상인 경우에, unfolded 단백질이 과량 존재할 경우 응집aggregation을 유도할 수 있으며, 이러한 응집체는 많은 단백질들, 전사인자, ncRNA 그리고 야생형 헌팅틴 단백질을 격리한다.

최종적으로, 마지막 단계는 자가포식autophagy이다. 이 경우에 비정상적인 단백질은 이중막에 포함되어 자가포식체(오토파고좀)를 형성하고 **이 자가포식체는 차례로 리소좀과 융합하여 분해를 시작한다. 자가포식 기작을 좀더 자세히 살펴보았을 때, 헌팅턴병 오토파고좀이 형성되기는 하지만 기질을 최적으로 격리할 수 없음이 밝혀졌다.** 이 관찰은 선택적 자가포식에서 야생형 헌팅틴이 자가포식 기구를 모집하기 위한 스캐폴드 단백질로서 기능하는 것으로 설명될 수 있다. 또한 헌팅턴병 오토파고좀은 축삭 수송axonal transport을 손상시켜 비효율적인 오토파고좀-리소좀 융합과 오토파고좀 내용물을 충분히 분해할 수 없음이 알려진다.

자가포식체 형태의 결핍으로 인해 이 시스템이 실패하면 리소좀의 융합이 손상되고 잘못 폴딩된 많은 단백질, 활성산소종 및 기능장애 미토콘드리아가 세포질에 남아 세포사멸을 촉진한다.

4.5 미토콘드리아 기능장애

ATP의 생산, 칼슘의 완충 능력, 세포사멸 등에서 결함을 초래하는 변화된 미토콘드리아 기능이 헌팅턴병의 신경퇴행과 관련이 있다. 돌연변이 헌팅틴이 미토콘드리아 외막과 상호작용하여 미토콘드리아 칼슘 이상을 초래한다는 증거가 있다. 또한 돌연변이 헌팅틴은 정상적인 세포 소기관 축삭수송을 방해하여 ATP 생산뿐만 아니라 시냅스로의 미토콘드리아 수송을 감소시킬 수 있다.

감소된 미토콘드리아 유전자의 전사도 미토콘드리아 결함에 기여한다. PGC-1 알파 전사인자는 미토콘드리아 생합성에 관련이 있고 미토콘드리아 항상성에 기여하는데, 돌연변이 헌팅틴은 이 전사인자의 발현을 억제한다.

우리는 헌팅턴병에서 미토콘드리아 생합성에 관련이 있고, 다른 한편으로는 돌연변이 헌팅틴 단백질에 의해 억제되는 PGC-1 알파 전사인자를 언급했다.

이에 덧붙여, 돌연변이 헌팅틴 단백질은 호흡사슬의 복합체 I과 복합체 II의 실수를 유발하여 미토콘드리아의 비정상을 유도하고, 미토콘드리아에서 칼슘농도의 증가와 함께 transition pore가 열리도록 하고, 시토크롬 c와 활성산소종의 방출을 촉진한다.

더욱이 N-말단 돌연변이 헌팅틴 단백질 단편은 TIM22-23 복합체, 특히 내막의 TIM 전위를 차단함으로써 미토콘드리아 DNA 또는 단백질의 세포질로부터 미토콘드리아로의 전위와 관련된 단백질 도입 기구를 억제한다. 돌연변이 헌팅틴 단백질은 자가포식의 음성 조절자negative regulator인 mTOR를 격리하여 mitophage(미토파지: 손상되었거나 불필요한 미토콘드리아를 분해하는 세포 내 기전)를 억제한다. 미토콘드리아는 분열(fission)과 융합(fusion)의 역동적인 주기를 거친다. 분열과 융합 모두 여러 GTPase들의 조절을 받는데, MFN1, MFN2, OPA1 등은 융합을 조절한다. 한편 Drp1(dynamin-related protein1)은 분열을 조절한다. 돌연변이 헌팅틴 단백질은 Drp1 발현을 증가시킴으로써 미토콘드리아 역학에 불균형을 초래한다.

미토콘드리아 오작동의 결과로 활성산소종을 비정상적으로 많이 생산하게 되고 이것은 다시 미토콘드리아를 손상시키는 악순환을 초래한다. 헌팅턴병 환자의 사후 뇌와 헌팅턴병의 실험적 모델은 산화적 손상의 증거를 보여준다. 최근에 항산화제가 이러한 미토콘드리아 기능장애를 보호할 수 있는지를 검사하고 있다.

4.6 응집체의 세포 간 전달

프리온 가설이 헌팅턴병을 포함한 신경퇴행성 질병에 제기되었다. 돌연변이 헌팅틴 단백질은 통로를 통하여, 엑소사이토시스exocytosis, 엔도사이토시스endocytosis를 통하여 전파할 수 있음을 보였다. 광학적 방법인 형광 공명 에너지 전달(FRET, fluorescence resonance energy transfer)은 돌연변이 헌팅틴 단백질 응집체가 세포에서 세포로 전파하는 것을 정량할 수 있는 기술이다. 이 능력은 피질, 조가비핵, 미상핵 등에서 입증되었다.

5. 결론

많은 메커니즘이 헌팅턴병의 병태생리학과 발병에 관여되고 있다. 전사 기능장애, 미토콘드리아 기능장애, 비정상적인 단백질 분해, 비정상적인 단백질 접힘folding, 비정상적인 수송, 조절되지 않은 글루타메이트성 신호전달 등이 중요한 것으로 생각된다.

돌연변이 헌팅틴 단백질의 구조와 가공에서의 장애는 헌팅턴 분자병리학의 핵심이다. 현재까지 신경퇴행 과정을 시작하고 진행을 가속화하는 많은 분자경로들이 알려졌다. 이것은 이 상태를 치료하기 위한 근본적으로 새로운 접근 방식을 개발하는 것과 관련하여 중요하다.

15

유전체 불안정성과 암

우리는 유전체 정보가 대대로 충실하게 전달된다고 생각해 왔다. 그러나 우리의 현재 지식은 그것이 사실임을 나타내지 않는다. 예를 들어, 유전체 변이가 DNA 복제의 불충실성과 불균등한 염색체 분리로 인해 생성될 수 있다. DNA 분자의 자연적인 붕괴는 또한 변화하는 유전체 정보의 근본적 원천이다. 이에 더해서 세포 및 생물체의 자외선, 화학적 돌연변이원, 방사선과 같은 외부의 유전독성인자들에 노출에 의해 DNA 분자의 수식이 일어나고 결국 유전체의 변화가 초래된다. 다행스럽게도 세포는 게놈 무결성을 유지하기 위해 수많은 DNA 병변을 처리할 수 있는 여러 반응 시스템을 진화시켰다. 그들 가운데 체크포인트 조절은 아마도 가장 잘 알려진 조절일 것이다. 예를 들어, 복제 스트레스, 복제분기점 중단replication fork stalling, 이중가닥 절단, 여러 다른 DNA 병변들에 체크포인트가 반응한다는 것이다. 증가하는 실험적 증거는 유전체 불안정성이 아마도 발암의 근본적인 이유가 된다는 것이다. 유전체 불안정성이란 세포주기 동안 유전체의 변화 경향이 높은 것을 의미한다. 유전체 불안정성은 종양 형성에 대한 주된 동력으로 작용한다. 세포분열 동안 유전체 불안정성은 4가지 주된 기작(S기에서 DNA 복제의 높은 정확도, 유사분열에서 정확한 염색체 분리, 산발적인 DNA 손상에 대하여 실수가 없는 복구작업, 조정된 세포주기 진행)에 의해 최소화된다. 유전체 불안정성은 또한 퇴행성 신경질환, 노화, 면역 결핍 등의 주요 병인으로 밝혀졌다. 세포 안에서 DNA 손상이 지속되는 경우, 세포가 정상적인 기능을 할 수 없게 되며 종양이 형성될 위험 또한 높아지게 된다.

1. 종양형성의 주된 동력으로서의 유전체 불안정성

대부분의 비종양성 체세포를 위한 세포분열의 궁극적인 목표는 유전체를 정확히 복제하여 복제된 유전체를 두 개의 딸세포로 정확히 물려주는 것이다. 이것은 딸세포가 부모 세포와 정확히 동일한 유전물질을 갖도록 보장한다. 이 목적을 달성하지 못하거나 이 과정에서 비정상적으로 높은 빈도의 오류가 발생하면 딸세포에서 다양한 형태의 유전체 변형이 발생한다. 이러한 유전체 변형에는 특정 유전자에 대한 다양한 형태의 돌연변이, 증폭, 염색체 분절의 결손 또는 재배열, 전체 염색체의 획득 또는 손실 등이 포함되지만, 꼭 이와 같은 것에 국한되지는 않는다. 이러한 유전체 변형의 축적은 세포분열의 조절 장애, 세포 성장과 사멸간의 불균형, 암을 유발할 수 있다. 유전체 불안정성은 유전체 변경의 경향이 증가하는 것으로 정의될 수 있는데, 세포분열 동안 유전체 불안정성은 부모 세포가 유전체를 정확하게 복제하여, 복제한 유전물질을 딸세포에 정확하게 분배하지 못하는 것과 관련이 있다.

정상 조직에서 세포분열은 종양 형성을 피하기 위해 엄격하게 조절이 된다. 종양형성의 분자적 기작은 세포분열 기간 동안 유전체 변화의 축적에 기인한다. 전구세포progenitor cell의 중요한 유전자들의 변화는 정상세포를 비악성 세포의 분열이 증가하는 전암세포pre-cancerous cell로 전환할 수 있다. 전암세포는 임상적으로 암세포로 간주되지 않으나 추가적인 유전체 변화는 그들 중 일부가 더 많은 성장 이점을 얻도록 허용한다. 따라서 이 새로운 신생물 세포neoplastic cells 집단은 암으로 진단될 수 있는 임상 상태로 진행될 수 있다. 암세포 가운데서 추가적인 유전적 변화는 암세포 가운데 더욱 공격적인 특성을 가진 세포집단이 나타나도록 한다. 따라서 유전체 변화의 축적은 종양형성의 중요한 특징일 뿐만 아니라 종양형성의 원동력으로 작용한다. 이 모델의 중요한 점은 다양한 형태의 유전적 변화들이 발생하고 신생물 형질전환 및 진행 동안 세포 집단의 별개의 하위집합subsets에 축적될 수 있다는 것이다. 이것은 암세포 사이의 다양한 유전적 배경을 설명하고 암에서 관찰되는 이질성heterogeneity에 기여한다.

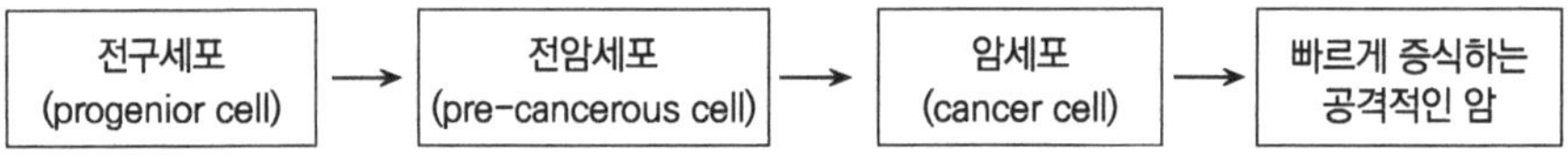

[그림 15.1] 암의 진행 단계

2. 유전체 무결성을 유지하는데 사용되는 주요 기작

암은 무분별한 세포증식의 결과이며 세포분열 동안 유전체 변화의 축적이 종양생성의 동력으로 작용하기 때문에 세포분열 동안 유전체의 안정성이 어떻게 유지되고 있는지에 대한 이해가 정상 조직 성장 동안 종양생성이 어떻게 방지되고 있는지에 대한 기작을 밝히는데 매우 중요하다. 원칙적으로 정상적인 포유동물 세포는 세포분열 동안 그들의 유전적 안정성을 유지하기 위해 다음과 같은 네 가지 메커니즘에 주로 의존한다.

① S기에서 정확한 DNA의 복제

② 유사분열 동안 딸세포 사이에 정확한 염색체 분배

③ 세포주기 전 구간에서 일어나는 산발적인 DNA 손상에 대하여 결함이 없는 복구

④ 세포주기 진행과 체크포인트 조절

세포사멸 및 노화를 포함한 세포 운명 조절의 조절장애와 같은 다른 메커니즘(들)은 유전체 불안정성의 결과로 볼 수 있으며 암세포의 성장 이점advantage에 추가적으로 기여할 수 있다. 네 가지 주요 메커니즘 각각에는 여러 분자 과정이 관련되어 있다.

2.1 DNA 복제의 정확성

S기에서 전체 유전체 DNA가 세포주기 당 정확하게 1번 복제한다. 이 과정에서 오류가 발생하는 경향은 유전체의 불안정성을 야기한다. DNA 복제와 관련된 유전체 변경을 최소화하는 주요 메커니즘은 다음과 같다.

i) DNA 중합효소에 의한 높은 정확도의 염기쌍 형성 및 proofreading 기능

ii) Mismatch repair불일치 복구는 불일치 염기뿐만 아니라, 특히 반복적인 DNA 서열에서 복제 미끄러짐replication slippage으로부터 초래되는 DNA 이차구조

secondary structure를 수정한다

iii) 중단된 복제분기점stalled replication fork의 시기적절한 알맞은 해결. DNA 복제분기점은 다양한 형태의 복제 중단이 발생한 이후 일시 중지되거나 심지어 붕괴가 일어나기도 한다. 이러한 중단된 복제분기점은 유전체의 완전한 복제를 보장하고 유전체 변경을 일으킬 수 있는 추가적 붕괴 가능성을 최소화하기 위해 적절한 시점에 다시 시작되어야 한다. 이러한 과정은 상동재조합 및 다른 DNA 복구 과정들에 관련된 단백질들을 필요로 한다.

iv) 오카자키 단편의 성숙. DNA 합성 동안에 지연가닥에서는 다수의 오카자키 단편들의 형태로 복제가 일어난다. 각각의 오카자키 단편의 5′ 말단에서는 RNA 프라이머와 짧은 DNA 조각을 포함한다. RNA 프라이머는 오카자키 단편이 이어지기 전에 제거된다. 오카자키 단편 성숙의 기능장애는 유전체 변경에 기여할 수 있다.

v) 전체 유전체가 세포주기 당 오직 한 번만 완전히 복제되도록 하는 복제 라이선스 기작replication licensing mechanisms. 이 조절은 S기 이전에 복제원점replication origin 자리에서 사전 복제 복합체의 조립에 의해 제어될 가능성이 높다.

vi) 새로 합성된 DNA에서 염색체의 조화로운 재조립.

vii) 새로 합성된 DNA 및 염색질에 대한 텔로미어 유지 및 후성유전학적 서명의 복제와 같은 다른 메커니즘도 복제 정확도replication fidelity에 중요한 것으로 간주된다.

2.2 산발적인 DNA 손상에 대한 오류없는 복구 (error-free repair)

세포주기 전체에 걸쳐서 유전체는 여러 가지 형태의 자발적 및 유도에 의한 DNA 손상들을 경험하게 된다. 이러한 손상들이 복구되지 않은 상태로 남아있게 되었을 때, 이것은 세포의 기능에 지장을 줄 뿐만 아니라 DNA 복제와 염색체의 분리가 일어나는 동안 더 높은 오류가 나타날 가능성을 증가시킨다. DNA 손상들은 염기절제복구base excision repair, BER, 뉴클레오티드절제복구nucleotide excision repair, NER, 이중가닥절단복구double-strand break repair, DSBR 등을 포함한 복구 경로들에 의해 복구가 되어야 한다. 불일치 복구mismatch repair는 주로 DNA 복제과정과 긴밀히 연관되어 있는데, 이것은 DNA에 대한 손상으로 생각되지 않을 수도 있는 염기쌍의 불일치를 복구하는 특수한 형태의 뉴클레오티드 절제 복구를 의미한다.

유전체 불안정성에 대한 중요성은 DNA 복구의 결과가 다양한 형태로 나올 수 있다는 것이다. DNA 이중나선에 대한 화학적 손상을 수정하기 위한 일부 복구 과정이 완료되면 DNA 서열이 변경되거나 유전체 단편이 재배열이 일어날 수 있다. 이런 종류의 복구는 "error-prone (오류가 일어나기 쉬운)" 복구에 해당된다. 초기 손상으로 인해 발생할 수 있는 추가적 유전체 변경을 무마할 수 있지만, 분명히 그 결과는 유전체 불안정성에 기여할 수 있다. 그러나 다른 복구 경로들은 DNA에 대한 화학적 손상을 고칠 뿐만 아니라 원래의 유전체 구조를 보존할 수 있다. 이러한 복구 경로를 "error-free (오류가 없는)" 복구라고 부른다. 그 하나의 예로 DNA의 이중가닥절단 복구(double-strand break repair, DSBR)가 있다. 이중가닥 절단의 상동 재조합 복구homologous recombination repair는 유전체의 변경을 초래할 가능성이 낮아 오류가 없는 복구 과정이다. 반면에 비상동말단결합nonhomologous end-joining 경로는 돌연변이 또는 유전체 재배열genome rearrangement을 초래할 가능성이 높아 오류가 빈번한 복구 과정이다. 그러나 이러한 구분은 오류를 생산할 상대적인 위험을 기반으로 한다. 다시 말해, '오류가 빈번한(error-prone) 복구'가 항상 오류를 생산하지는 않으며, '오류가 없는 (error-free) 복구'가 때때로 피할 수 없는 오류를 생산할 수 있다는 점이다.

복구 경로들의 활동과 다른 세포 기능들과의 조화로운 작용coordination은 DNA 손상 네트워크에 의해 조절된다. 이러한 네트워크의 조절장애는 DNA 손상을 복구하려는 협동적인 노력들을 심각하게 훼손할 우려가 있기 때문에 유전체 불안정성에 기여한다.

DNA 손상 복구 경로가 유전체 불안정성과 종양형성에 관계가 있는 것에 덧붙여, DNA 손상 복구는 암의 치료와도 긴밀한 관계가 있다. 방사선과 화학요법제chemotherpeutic agent 등은 암의 치료에 이용되고 있는데, 이것은 그들이 암세포에서 DNA 손상을 유도할 수 있기 때문이다. 따라서 복구 능력은 치료 성과에 중요한 결정 요인이다. 암세포에서 적절한 DNA 복구 경로를 표적으로 억제하는 것은 치료 효능을 향상시키는 효과적인 방법으로 간주된다.

3. 유사분열 단계에서 정확한 염색체 분리

세포주기의 S기에서 DNA와 염색체의 복제가 일어나면 세포분열에서 유전체 불안정에 취약한 다음 단계는 유사분열이다. 유사분열 동안 자매염색분체sister chromatids는 딸세포daughter cell에 균등하게 배분된다. 이것은 다음과 같은 많은 경로들을 통하여 조화롭게 조정된다: (i) 염색체 응축chromosome condensation, (ii) 자매염색분체 접합sister chromatid cohesion, (iii) 중심체centrosome 복사와 분리, (iv) 동원체(방추사 부착점, kinetochore) 조립 및 부착, (v) 방추사 형성과 체크포인트, (vi) 염색체 분리, (vii) 세포질분열cytokinesis 등. 이러한 과정들 가운데 어느 단계에서 조절의 장애가 발생하면 염색분체 분리의 오류를 초래하기 때문에, 악성종양에서 흔히 발견되는 이수성aneuploidy과 배수성polyploidy과 같은 염색체 불안정chromosomal instability을 일으킨다. 특히 주의할 점은 유사분열 동안 나타나는 유전체 불안정성과 관련된 일부 염색체 이상은 S기 결함의 결과일 수 있다는 점이다. 예를 들어, 중심체의 복제는 DNA 복제와 더불어 조화롭게 조절이 일어나는 것으로 믿어지며, 유사분열에 진입하기 전에 복제 중간체의 손상된 분해능은 유사분열 오류의 위험을 증가시킬 것이다.

4. 세포주기 진행을 조정하는 체크포인트

세포분열은 질서정연한 방법으로 실행이 되기 때문에 세포주기의 진행은 매우 조화롭게 조절이 되고 있다. 세포가 다음 세포주기 단계로 조기 진입하는 것은 유전체 변화에 대한 강한 경향성을 나타낼 것이다. 이러한 점은 위험 인자들(G1/S/G2기에서 DNA 손상, 후기 전에 방추사의 비정상 등)이 제거되기 전에 다음 단계로 진입하는 것을 연기함으로써 예방할 수 있다. 세포주기 체크포인트의 또 다른 기능으로 아폽토시스, mitotic catastrophe, 노화senescence 등과 같은 과정을 유도함으로써 분열하는 세포집단에서 심각하게 손상되거나 암세포로 발전할 수 있는 세포들을 제거한다.

몇몇 세포주기 체크포인트 기작은 잘 정립되어 있다. G1/S 체크포인트는 DNA 손상이 있는 세포가 DNA 복제 오류의 위험이 훨씬 높기 때문에 손상된 세포가 S기로

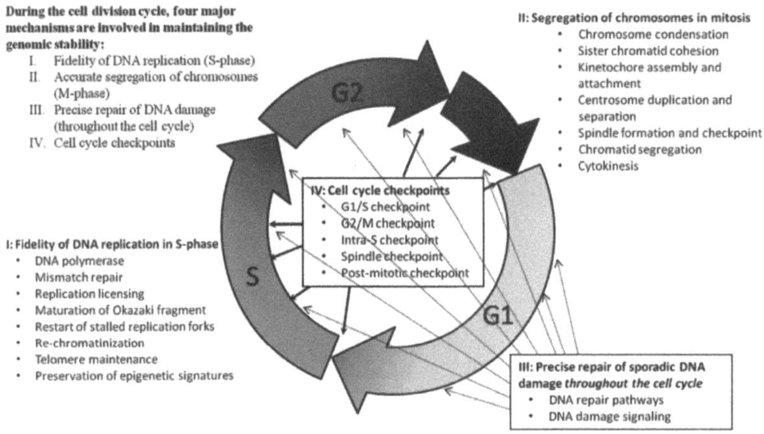

[그림 15.2] 세포주기 동안 유전체 안정성을 유지하기 위한 중요한 과정들의 개요.

진입하는 것을 막는다. DNA 손상 및 고위험 요인이 제거될 때까지 G1/S 경계에서 세포를 머물게 하거나 세포 집단에서 심각하게 손상된 세포들을 제거하기 위하여 세포사멸(아폽토시스) 및 노화를 유발한다. G2/M 체크포인트는 세포가 유사분열로 조기 진입하는 것을 방지하며, 이러한 방식으로 염색체 분리 오류를 최소화한다. S기 내부 체크포인트는 복제 오류를 최소화하기 위해 복제원점 활성화를 지연시키거나 S기 동안 DNA 복제를 지연시킨다. 유사분열 방추사 체크포인트mitotic spindle checkpoint는 염색체 분리 오류를 최소화하기 위해 정상적인 방추사 기능을 확실하게 한다. 유사분열 후 체크포인트post-mitotic checkpoint는 비정상적인 유사분열을 거친 딸세포가 다음 간기interphase로 진입하는 것을 방지할 수 있다. 모든 이러한 체크포인트들은 세포주기 진행 동안 유전체 불안정성을 낮추는데 필수적 역할을 한다. 유사분열과 세포주기의 체크포인트는 유전체 안정성을 유지하기 위한 매우 중요한 역할을 담당한다.

16

아폽토시스

인체는 100조(兆)개 내외의 세포가 모여서 이루어진 다세포 생명체이다. 인체를 구성하는 생명의 기본단위인 세포cell는 흥미롭게도 새롭게 만들어지며, 다른 한편으로는 지속적으로 사멸하는 과정을 거치게 된다. 세포의 유전자에는 개체organism를 위해서라면 세포 자신이 능동적으로 죽는 길을 선택하도록 하는 프로그램이 들어가 있다. 이러한 방법은 궁극적으로 세포의 효율성을 높여 생명의 질quality을 향상시키려는 필연적인 전략이 진화적으로 보존된 경우라고 볼 수 있다. 예를 들면 배아발생시 수많은 분열을 거치게 되는데 발생하는 동안 잘못된 방향성을 가지고 성장하는 세포들이 만들어질 수도 있는데 이러한 세포들이 빨리 제거되지 않으면 생명체 전체에는 해를 주는 방향으로 작용할 수 있기 때문에 아폽토시스(세포사멸)기작에 의하여 제거되어야 한다. 아폽토시스는 세포의 자의적인 죽음이라고 말할 수 있는데 면역반응을 일으키지 않는 것이 큰 특징이다. 아폽토시스는 생명체에서 크게 두 가지 역할을 가지는데, 그 첫째로는 발생development과 분화differentiation 과정 가운데 중요한 역할을 한다. 아폽토시스가 발생에 관여하는 예로 손가락 형성을 들 수 있는데 초기에는 물갈퀴처럼 서로 붙어 있던 것이 손가락사이에 존재하는 세포들이 아폽토시스에 의하여 제거되면서 정상적인 손가락을 형성하게 된다. 또 다른 예로는 올챙이가 개구리가 될 때 꼬리가 없어지는 것도 아폽토시스기작에 의한다. 이러한 아폽토시스기작은 생체내의 발생development, 항상성homeostasis, 퇴화degeneration 등의 조절에 긴밀히 관여하고 있다.

아폽토시스가 관여하는 또 다른 경우는 생체내의 세포가 심하게 훼손되어 다른 세포들에 해를 줄 경우 전체 개체를 보호하기 위하여 일어나는 자기 방어의 한 형태이다. 예를 들어 바이러스가 감염된 세포는 그대로 놔두면 많은 바이러스를 생산해 더 커다란 해를 줄 수가 있다. 또는 세포가 돌연변이를 일으켜 암세포로 되었을 경우도 그대로 두면 암세포가 확대 재생산되기 때문에 개체에 해를 끼친다. 이와 같이 개체에 해로운 영향을 줄 수 있는 상황이 세포에 발생하게 될 때 세포는 이러한 변화를 스스로 인식하고 스스로 사멸하는 기작인 아폽토시스를 작동시키는 것이다.

1. 세포예정사

생명체의 기능을 적절히 유지하기 위해서는 전체적인 세포수가 균형 잡히게 유지되어야 하는데 이러한 세포 수cell number 조절은 세포가 죽는 기작에 의하여 조절이 될 수 있다. 인체의 세포는 소장의 상피세포의 경우는 7일, 적혈구는 120일, 간세포liver cell의 경우는 18개월 정도의 세포 생존 수명을 가지며, 신경이나 심장, 골격근 등에 있는 세포는 생명체와 운명을 같이 한다. 세포가 죽는 현상은 **괴사**니크로시스, necrosis와 **아폽토시스**apoptosis로 크게 둘로 나눌 수 있다. 괴사는 Na^{+}나 Ca^{2+}이온들의 유입 등으로 인하여 세포막이 터져서 죽는 것과 같이 심각한 외상에 반응하여 일어난다. 괴사는 세포자신의 의도와는 관계없는 것으로, 자동차사고와 같은 외부적인 원인에 의하여 사람이 사망하는 일종의 '사고사accident'에 비유할 수 있다. 반면 세포예정사(programmed cell death, PCD)라는 것은 세포의 다양한 신호전달기전을 조절하고 그로 인해 세포사멸을 유도하여 항상성을 일으키는 세포 내 기전인데, 아폽토시스(PCD type I)와 자가포식(PCD type II)으로 구분할 수 있다. '아폽토시스'라는 것은 세포 내부에 존재하는 엄격한 신호조절에 의하여 작동되기 시작하여 짧은 시간에 능동적으로 죽는 '세포의 자살'에 해당하는 것이다. 자가포식autophagy은 '세포가 자기 살을 먹는다'는 뜻을 가지고 있는데 영양분이 부족하거나 외부에서 미생물이 침입했을 때 세포 스스로 생존을 위해 세포 내부 단백질을 재활용recycle하는 현상을 말한다.

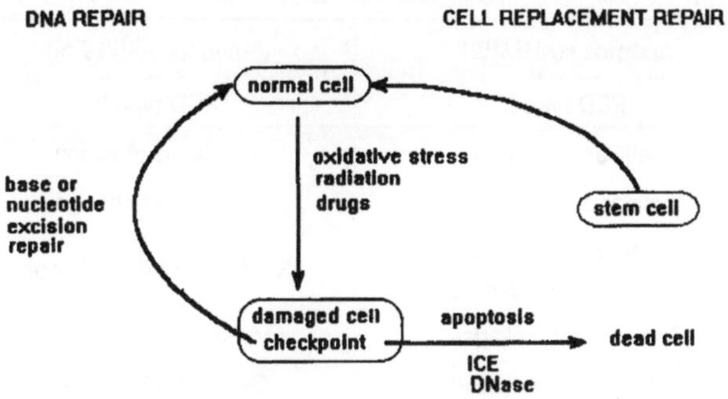

[그림 16.1] 손상된 세포를 대체하기 위한 경로. (Warner, 1997)

1.1 자가포식

자가포식autophagy은 그리스어로 '스스로auto', '먹는다phagy'는 뜻의 단어가 합쳐진 말이다. 세포 내부의 소기관 등이 세포 스스로에 의해 제거되기 때문에 붙여진 이름이다. 세포질의 노폐물, 퇴행성 단백질이나 수명이 다하거나 변성되어 기능이 저하된 세포소기관과 단백질들이 자가포식에 의해 제거된다. 제거 대상 단백질/세포소기관은 세포 안에서 이중막으로 된 자가포식소체autophagosome라고 불리는 소포vesicle 내에 격리되고, 이 소포는 다시 리소좀lysosome과 결합하여 자가포식리소좀autophagolysosome을 형성하고 그 안에서 리소좀 효소에 의해 분해가 일어난다. 이렇게 분해된 물질들은 세포의 생존에 필요한 에너지를 만들거나 새로운 세포소기관을 생성하는 데에 이용된다. 즉, 자가포식이란 세포 안에서 이루어지는 재활용 시스템이라고 할 수 있다. 재활용을 위한 지나친 세포 물질 제거는 결국 세포의 사멸을 초래할 수 있기 때문에 자가포식이 세포사멸을 유도할 수도 있다고 생각되어 제2형 세포예정사(programmed cell death, PCDII)로도 불리기도 한다.

자가포식의 기능은 세포 내 영양소가 부족한 경우 세포 내에서 불필요한 또는 노화된 단백질을 선별적으로 분해하거나 일반적인 단백질을 무작위적으로 분해하여 아미노산을 만들어 부족분을 보충해 주는 것이다. 이는 아마도 효모에서도 보존된 자가포식의 원래의 기능일 것으로 생각된다. 효모 같은 단세포 동물에서 에너지의 결핍은 피할 수 없는 일일 것이며 이때 자가포식이 작동되었을 것으로 추정된다. 그 후 진화과정에서 다세포 동물에서는 자가포식이 다른 기능을 갖게 되었을 것으로 생각된다.

〈표 16.1〉 아폽토시스(세포사멸)와 자가포식의 비교

Apoptosis(세포사멸)	Autophagy(자가포식)
PCD type I	PCD type II
cellular shrinkage	cellular vacuolation
Nuclear condensation	No nuclear change
Mitochondrial membrane permeabilization	No mitochondrial change
Cytoskeleton collapse	Cytoskeleton preserved
Organelles preserved	Organelles degraded
Nuclear blebbing	
DNA fragmentation	

이것이 바로 미토콘드리아, 소포체endoplasmic reticulum, 페록시좀peroxisome 등 여러 세포소기관을 포식하여 분해하고 새로운 세포소기관으로 재생(리사이클)하여 주는 것이다. 자가포식을 알기 전에는 세포소기관의 기능이 어떻게 유지되는지 몰랐는데 자가포식 현상이 규명되면서 손상을 입거나 노화된 세포소기관은 계속 사멸과 재생을 반복한다는 것을 알게 되었다. 자가포식에 이상이 있으면 영양소의 항상성에 문제가 생겨 여러 가지 대사 질환이 올 수 있다. 또한 세포소기관 기능 유지에 문제가 생기는 파킨슨병, 치매 등의 퇴행성신경질환, 크론병Crohn's disease 등의 염증성소화기 질환, 기타 면역-감염성 질환, 암, 노화, 망막 질환 등에서도 자가포식의 이상이 병을 일으키는 역할을 하는 것이 밝혀지고 있다. 즉, 자가포식은 세포에 가해지는 스트레스 상황에서 대사물질을 제공하는 적응반응뿐만 아니라, 종양의 발생, 종양의 성장 조절, 세포 유해 물질의 제거, 세포에 침범한 미생물의 제거, 대식세포 또는 수지상세포에 의한 임파구로의 항원의 제시antigen presentation 등에도 관여하고 있다.

1.2 괴사(necrosis)

괴사는 타의적인 세포가 손상돼 어쩔 수 없이 죽음에 이르는 과정을 말한다. 세포 안팎의 삼투압 차이가 수만 배까지 나면 세포 밖의 물이 세포 안으로 급격히 유입돼 세포가 터져 죽게 된다. 세포의 관점에서 물리적인 심한 파열이나 심한 대사적 독소에 의해 유발될 수 있는 이러한 반응은 자동차끼리 충돌이 일어났을 때 대처할 수 있

는 시간이 거의 없듯이 괴사에 대하여 세포 자신이 결정하거나 준비를 하는데 소요되는 시간은 거의 없다. 이러한 세포 죽음은 세포벽과 세포소기관이 빠르게 붕괴되며 핵의 DNA는 비정형적으로 응축되거나 무작위적random으로 분해가 일어난다. 괴사하는 세포는 죽어감에 따라 세포가 파열되어 세포 구성성분을 세포 외로 방출한다. 대체로 이런 현상은 주위 세포의 기능을 방해함으로 조직이 정상적인 기능을 회복하도록 면역세포에 의한 면역반응을 일으킨다.

〈표 16.2〉 아폽토시스와 세포괴사의 비교

	세포사멸(apoptosis)	세포괴사(necrosis)
핵	chromatin의 응축	irregular chromatin clumping
세포 내 소기관	형태적으로 온전함	파괴됨
세포막	기능적으로 온전하여 효소의 방출 없음	membrane으로부터 효소의 누출이 일어남
세포 용적	세포가 수축	세포가 팽창함
조직에서	각각의 세포 단위로 일어남	세포의 그룹으로 일어남
조직의 반응	없음	염증반응

1.3 아폽토시스

'아폽토시스(APOPTOSIS)'라는 용어는 Kerr과 Wylie에 의하여 1972년에 *British Journal of Cancer*에 기고한 논문에서 처음 사용되었다. 'apoptosis'의 어원은 'apo'(away from)과 'ptosis'(falling)가 합쳐져서 만들어진 복합어로 가을에 나뭇잎이 떨어져 죽는 것과 세포가 죽는 것을 비유하여 만들어진 용어이다. 한국어로 아폽토시스는 '세포고사' 또는 '세포사멸'로 번역이 된다. 아폽토시스는 형태학적, 생화학적인 구조로 정의될 수 있다. 아폽토시스 과정에서 세포의 부피는 작아지고, 세포질 내의 내막은 수축되어진다. 세포소기관들은 죽음의 매우 늦은 단계까지 손상되지 않고 남아있으며 상당 기간 동안 세포의 대사활성은 유지된다. 아폽토시스는 특징적으로 세포 집단이 아닌 개별의 세포 단위로 일어난다. 아폽토시스에서는 DNA가 절편으로 쪼개지는 과정이 수반되는데, 염색질 응축chromatin condensation이라 불리는 'pyknosis(핵농축)'가 일어나고 핵산분해효소endonuclease가 뉴클레오좀nucleosome 사이를 절단한다. 그 결과 DNA는 대략 200개 또는 그 배수로 된 염기쌍을 포함한 절편fragment으로 절단이 일어난다. DNA가 쪼개지는 동안 핵도 쪼개지고 세포 또한 조각으로 쪼개져, 아폽토시스가 일어나는 세포는 몇 개의 '아폽토시스소체apoptotic body'를 형성하게 된다. 이와 같은 과정을 '핵용해' 또는 '핵붕괴(karyolysis 또는 karyorrhexis)'라 부른다. 아폽토시스소체는 본래의 핵 그리고 약간의 DNA를 지닐 수도 있거나, 또는 지니지 않을 수도 있다. 마지막으로 아폽토시스소체는 대식세포와 함께 '파고좀phagosome'을 형성하여 소화digestion된다. 반면에 괴사necrosis는 세포막이 깨지고 그 내용물이 쏟아져 나와 주위의 면역세포를 유인하고 염증반응을 초래한다. 따라서 아폽토시스에 의한 세포사멸은 부작용을 초래하지 않으며 세포를 적극적으로 죽어가도록 하기 때문에 항상성 유지와 스트레스에 대항하는 기작으로서 효과적이다. 괴사와 달리, 아폽토시스는 에너지(ATP)의 생성과 단백질의 합성을 필요로 하는 능동적인 과정이다.

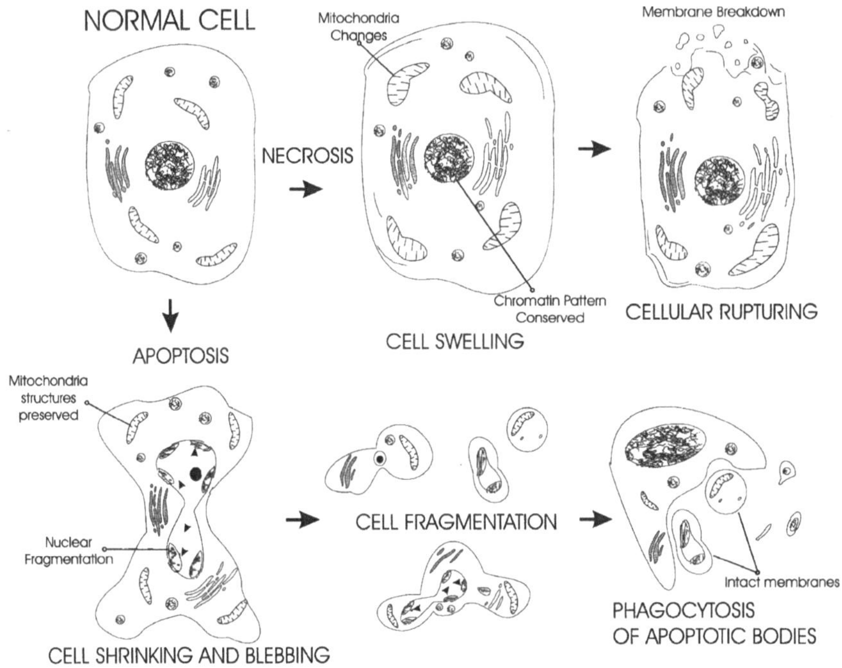

[그림 16.2] 아폽토시스와 세포괴사의 과정. (Pollack, 2001)

1.4 네크로톱시스

Necroptosis는 세포괴사necrosis와 세포자살apoptosis을 합친 말로 생명체의 항상성 유지에 중요한 역할을 한다. 괴사는 원래 우발적이고 조절되지 않은 세포사멸로 간주되었다. 축적된 증거는 괴사도 유도될 수 있고, 카스파제와 무관한 방식이기는 하지만 세포사멸과 같은 규칙적인 방식으로 진행될 수 있음을 보여주었다. 조절된 괴사는 물리적 외상으로 인한 괴사와 구별하기 위해 "계획된 괴사"라고 한다. 네크로톱시스는 병원체 감염 등 외부의 물리적 자극에 의해 수동적으로 일어나는 세포괴사와는 달리 세포 내 신호전달 체계를 통해 조절되는 새로운 형태의 세포사멸 메커니즘이다. 분비하는 물질인 사이토카인에 의해 주로 유발된다고 알려졌으나 조절인자나 조절과정은 밝혀지지 않았다. 유비퀴틴 리가제 활성을 가진 유비퀴틴 부착 단백질(CHIP)이 광범위한 면역반응을 일으키는 네크로톱시스 조절에 관여한다는 사실이 알려졌다. 네크로톱시스에 작용하는 단백질인 'RIPK1 (Receptor-interacting serine/threonine protein kinase 3)'과 'RIPK3'가 'CHIP' 단백질에 의해 조절된다. CHIP가 많이 발현되면 RIPK3 분해돼 줄면서 세포사멸이 감소하는 반면, CHIP가 없으면 RIPK3가 증가해 세포사멸이 활발하게 일어난다. 실험결과 CHIP 단백질이 없는 배아섬유아세포(MEF)는 네크로톱시스 자극에 반응해 세포사멸이 더 빠르게 일어났으며 이들 세포에서는 정상세포보다 RIPK1과 RIPK3가 크게 증가한 것으로 나타났다. 또 유전자 조작으로 CHIP을 만들지 못하는 생쥐는 몸집이 정상 쥐보다 작게 태어나고 3개월을 채 살지 못했다. 이 결과는 암, 자가면역질환, 바이러스 박테리아 감염에 따른 패혈증 등의 새로운 치료법 연구에 기여할 수 있을 것이다.

2. 아폽토시스 기작

세포가 죽느냐 또는 사느냐 하는 결정은 생리적 또는 환경적 요인들에 의하여 조절되는 단백질들의 양적인 균형에 의존하는 일련의 신호전달기작(signal transduction)에 의한다. 기본적으로 아폽토시스가 일어나는 기작을 세 단계로 구분할 수 있다. 첫째는 유도기induction phase로 죽음유도 신호가 아폽토시스를 촉진하는 (pro-apototic) 신호전달 연속단계(cascade)를 자극하는 단계로, 죽음 신호death signal를 유도할 수 있는 인자로는 활성산소종, 과도한 칼슘 유입, TNF-α, Bax 등이 있다. 두 번째 단계는 효과기(effector phase)인데, 죽음 도메인(death domain, DD)의 활성화, 미토콘드리아의 시토크롬 c 또는 proapoptotic 단백질의 방출을 통하여 카스파제를 비롯한 분해효소가 활성화되는 과정이다. 세 번째 단계는 유도된 분해효소에 의하여 다양한 세포 내의 기질들이 분해되면서 핵막의 붕괴, DNA의 단편화fragmentation 등의 과정을 통해 아폽토시스소체apoptotic body를 형성하고 세포죽음을 진행하는 분해기degradation phase이다.

〈표 16.3〉 아폽토시스 연쇄반응(Apoptosis cascade)

아폽토시스 Triggers (방아쇠)	아폽토시스 Regulators (조절자)	아폽토시스 Executioners (실행자)
DNA damage cytokine starvation hypoxia detachment temperature death receptor Ca^{2+} ROS	p53 death domain factors Bcl-2 family Myc/oncogenes cytokine-responsive kinase cytochrome c	Apaf-1 Caspases 그란자임B

아폽토시스가 시작되는 경로는 죽음신호의 유래가 어디로부터 오는가에 따라 **외인성 경로**(death receptor-dependent pathway)와 **내인성 경로**(mitochondria-dependent pathway)로 크게 두 가지로 구분한다.

외인성 경로(extrinsic pathway)는 세포의 외부 신호에 반응하여 세포표면에서 시작하며 '수용체-매개 아폽토시스'라고 부르기도 한다. 수용체-매개 아폽토시스의 하나의 예를 들면 죽음 신호death signal인 Fas 리간드(FasL)와 TNF가 세포막에 있는 Fas 수용체(FasR)와 TNFR에 각각 결합하는데, 이 수용체들을 '세포사멸 수용체(death receptor, DR)'라 부른다. 수용체는 동형삼량체homotrimer를 구성하여 죽음도메인(death domain, DD)을 노출시킨다. 이 DD와 세포 내에 있는 어댑터 단백질인 FADD(Fas-associated protein with death domain)가 결합하고, 다음으로 어댑터 단백질은 DED(death effector domain)을 통하여 프로카스파제-8과 결합하면서 DISC(death-inducing signaling complex)를 형성한다. 그 결과로 프로카스파

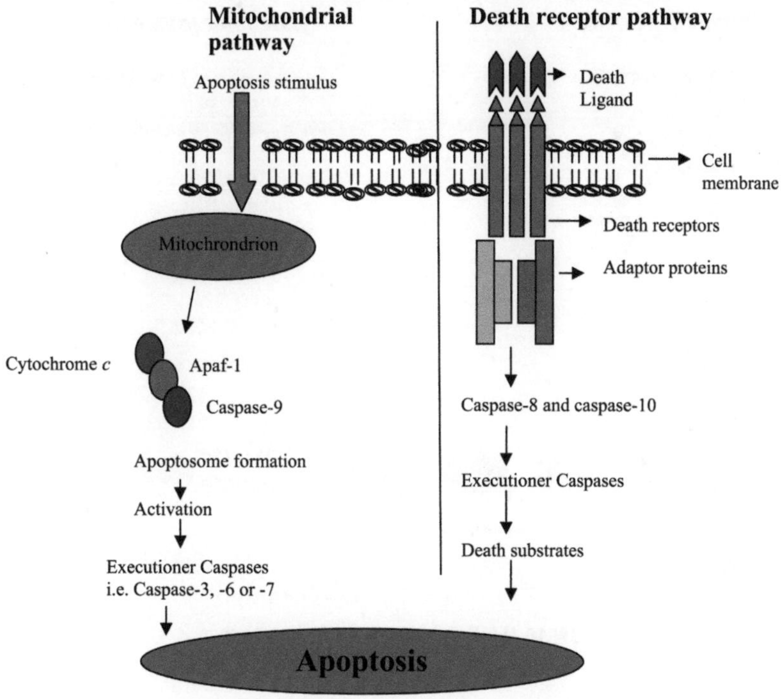

[그림 16.3] 두 가지의 주된 아폽토시스 경로. (Dlamini, 2004)

제-8의 일부가 떨어져 나가며 카스파제-8의 활성화가 일어난다. 카스파제-8은 카스파제-3 활성화를 유도함으로써 세포사멸을 일으킨다.

내인성 경로(intrinsic pathway)는 '미토콘드리아-의존적인 경로'로도 불리며, 미토콘드리아의 외막으로부터 시작된다. 세포의 건강상태를 반영하는 세포 내 신호, 그리고 심각한 DNA 손상, 활성산소종, 원형질막을 통과하는 독성물질 등이 내인성 경로를 일으키는 신호를 발생시킬 수 있다. 일련의 스트레스(사이토카인 제거, DNA 손상 등)작용에 의해 미토콘드리아 막 투과성(mitochondrial membrane permeability, MMP)의 비정상적인 증가가 일어나고 시토크롬 c가 세포질로 유출되면서 일어난다. 내인성 경로에서는 미토콘드리아에서 아폽토시스를 촉진하는(proapoptotic) 물질들이 세포질로 새어 나오는 점이 가장 큰 특징을 나타낸다. 아폽토시스를 촉진단백질(proapoptotic)인 Bax는 세포질에서 미토콘드리아로 이동하여 시토크롬 c의 유출을 유도하게 된다. 미토콘드리아에서 유출된 시토크롬 c는 Apaf1 및 프로

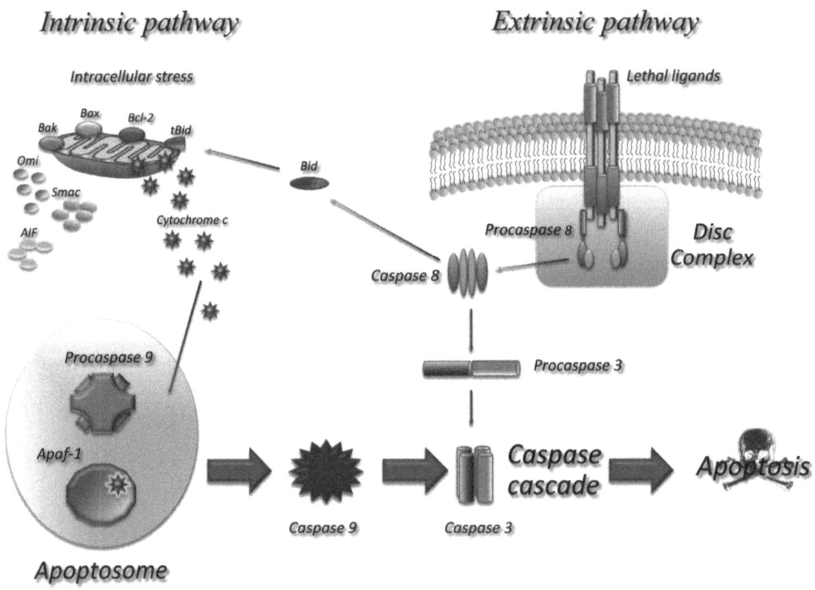

[그림 16.4] 아폽토시스에 대한 모식도. (Favaloro, 2012)

카스파제-9과 결합하여 아폽토좀apoptosome 복합체를 형성하며 카스파제-9을 활성화시키고 최종적으로 실행카스파제인 카스파제-3를 활성화시켜 아폽토시스를 일으킨다.

2.1 아폽토시스의 유전적 조절

선충류인 *Caenorhabditis elegans*의 유전체 분석이 끝났으며 세포 운명지도cell fate map도 확립이 되어 아폽토시스 연구에 광범위하게 이용되었다. *C. elegans* 자웅동체hermaphrodite는 1090개의 체세포로 구성이 되며 이 가운데 131개의 세포는 아폽토시스를 통하여 세포죽음을 맞이한다. 과학자들은 선충류와 초파리 등에서 자신의 몸에 있는 세포들을 선별적으로 죽여 버리는 몇 가지 유전자를 발견해냈다. 이중에서도 특히 유명한 것은 *ced-3*과 *ced-4*로 불리는 두 개의 자살 유전자로 이 유전자는 선충의 모든 체세포에서 발견된다. 어린 선충이 자라는 동안 선충 내부에서는 예상할 수 있는 시점에 특정한 세포들의 사멸이 일어난다. 살아남은 959개의 세포가 세부적 조직으로 발생이 일어나게 된다. 세포죽음이 일어나는 131개의 세포 가운데 116개

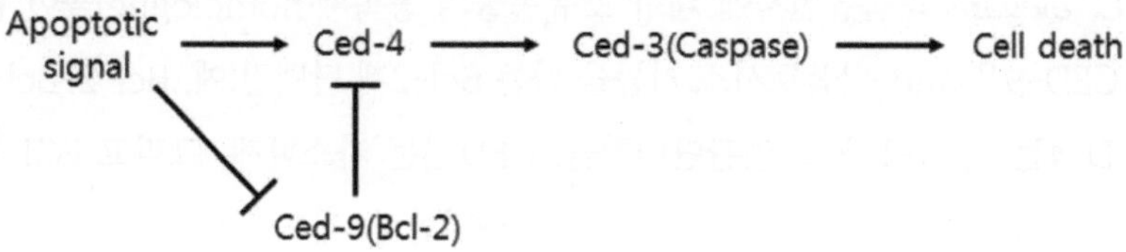

[그림 16.5] 예쁜꼬마선충의 아폽토시스 조절

는 신경계와 그 외 외배엽ectoderm 세포들이다.

*C. elegans*의 *ced-3, ced-4*는 세포죽음을 유도하는 죽음실행death execution 유전자로, 이 유전자에 돌연변이가 일어나면 아폽토시스가 억제된다. *ced-9* 유전자 산물은 *ced-3*와 *ced-4* 유전자 산물의 작용을 저해한다. *ces-1, ces-3, ces-4, egl-1* 등의 작용은 세포가 죽을 것인지 또는 생존할 것인지를 결정한다. 일련의 유전자들(예, *ced-1*과 *ced-6*)이 죽은 세포들을 포식하는데 관여한다. 최종적으로 DNA 분해에 관여하는 핵산분해효소(nuc-1)가 필요하다. *C. elegans*에서 "genetic regulation of organ development and programmed cell death"이라는 발견의 공헌으로 2002년 노벨상이 시드니 브렌너, 로버트 호비츠, 죤 설스틴에게 수여되었다. 아폽토시스에 관여하는 유전자는 *C. elegans*, 초파리 및 포유동물에서 유전적으로 잘 보존되어

〈표 16.4〉 포유동물과 *C. elegans*의 아폽토시스 유전적 조절 비교

	C. elegans	포유동물(Mammals)	
		내인성 경로	외인성 경로
아폽토시스 촉진자	EGL-1	Bax BH3-only protein	Fas/FasL, TNFR1/TNF-α, DR4,5/TRAIL
아폽토시스 억제자	CED-9	Bcl-2, Bcl-X_L	FLIP
어댑터	CED-4	Apaf-1	FADD, TRADD
개시 카스파제	CED-3	Caspase-9	Caspase-8
카스파제 저해제		IAP	IAP
IAP의 저해제		Smac/Diablo Omi/HtrA2	Smac/Diablo
실행 카스파제	CED-3	Caspase-3 Caspase-7	Caspase-3 Caspase-7

있으며, *C. elegans* 죽음유전자에 대한 포유동물의 동족체(homologue)들이 밝혀져 있다. CED-9은 anti-아폽토시스 기능을 하는 Bcl-2계 단백질(예, Bcl-2/Bcl-X_L)이고, CED-4는 Apaf-1과 그 연관단백질들, CED-3는 카스파제, 그리고 EGL-1은 BH3-only 단백질들(예, Bik/Bad/Bim)에 각각 해당한다. 세포사멸 기작은 세포사멸을 억제하는 anti-apoptotic 단백질과 세포사멸을 촉진하는 pro-apoptotic 단백질들의 상호 작용에 따른 활성도에 의하여 결정이 된다.

2.2 카스파제(Caspases)

앞에서 내인성과 외인성의 아폽토시스에 대하여 설명을 했는데 이들은 모두 카스파제의 역할을 필요로 한다. 세포사멸을 실행하는 역할을 하는 카스파제(CASPASE)는 **c**ysteine dependent **asp**artate-specific prote**ase**을 줄여서 만든 약어인데, 효소의 활성부위가 시스테인 잔기이며 아스파르트산(aspartate) 다음의 펩티드결합을 끊는 분해효소임을 나타내는 것이다(Asp-**X**xx). ICE(Interleukin-Converting Enzyme, caspase-1)와 CPP32(caspase-3)가 처음으로 발견된 카스파제에 해당된다. 세포사멸기작에 관한 연구는 초기에 예쁜꼬마선충(*C. elegance*)을 사용하여 많이 이루어졌다. 예쁜꼬마선충은 회충과 비슷하나 아메바를 포식하며 자유생활을 하며, 발생과정의 전체 세포계통계가 완전하게 알려져 있어서 발생과 관련된 세포사멸의 유전학적 연구에 많이 이용되고 있다. 예쁜꼬마선충의 배아embryo는 1,090개의 세포로 구성되며 이중에 131개 세포는 세포사멸에 의하여 사라지고 성체에는 959개의 세포만이 존재한다. 예쁜꼬마선충에서 Ced(*C. elegans* death를 의미)-9, Ced-4, Ced-3은 중요한 세포사멸 조절인자로 생각되는데, Ced-9은 세포사멸을 저해하는 반면, Ced-4와 Ced-3는 세포사멸을 촉진하는 죽음실행 유전자에 속한다. 예쁜꼬마선충과 포유류에서 서로 상응하는 동족체homologue는 Ced-3와 카스파제, Ced-4와 Apaf-1, Ced-9와 Bcl-2가 각각 해당된다. 아포토시스를 연구하는 많은 연구자들이 아포토시스에 관련된 유전자들을 많이 발견하였는데 처음에는 이러한 이름들이 실험실에 따라 제각각 붙여져 많은 혼란을 초래하였다. 본질적으로 같은 유전자가 다른 이름으로 불려지는 것이 혼란을 일으키자 나중에 '카스파제'라는 명칭으로 통일하게 되었다. 카스파제는 세포에 중요한 기능(essential function)을 하는 세포 구성성

〈표 16.5〉 카스파제의 기질

카스파제의 기질	기능적 특징	아폽토시스에서 역할
Caspase-activated DNase	DNA 분해효소	DNA 절단
Nuclear lamins	핵막 단백질	Nuclear shirinking and budding
Fodrin, actin, gelsolin	세포구조단백질	Loss of overall cell shape
p21 activated kinase 2	키나제	Mediates active blebbing

분을 분해할 수 있는 효소로, 활성을 가지는 상태는 세포의 생존에 매우 위협적이기 때문에, 평상시에는 전구체zymogen 상태인 프로카스파제pro-caspase로 존재한다. 전구체 상태에서는 분해 기능을 갖지 않는다. 카스파제는 세 부류로 나눌 수 있다. 첫째는 DED 도메인(카스파제-8, 카스파제-10)이나 CARD 도메인(카스파제-2, 카스파제-9)을 지닌 비교적 긴 프로도메인(90개 이상의 아미노산)을 지닌 개시 카스파제initiator caspase이고, 둘째는 짧은 프로도메인을 지닌 실행 카스파제(카스파제-3, 카스파제-6, 카스파제-7), 셋째로는 아폽토시스 기능보다는 사이토카인 성숙 등 다른 역할을 하는 염증 카스파제inflammatory caspase 등이 있다.

죽음신호가 전달되면 개시 카스파제의 활성화가 일어나고 이것은 다시 실행 카스파제의 활성화를 유도한다. 실행 카스파제effector caspase 중 하나인 카스파제-3은 여러 종류의 세포 기질을 분해함으로써 아폽토시스를 이끌어낸다.

이와 같은 카스파제의 기질에 들어가는 것에는 ICAD(inhibitor of caspase-activated DNase), ROCK1(Rho-associated coiled-coil forming kinase 1), poly(ADP-ribose)polymerase(PARP, DNA 복구효소 중 한 종류), 액틴, fodrin, lamin 등이 포함된다. 이러한 기질들의 분해에 따라서 membrane blebbing, 세포구조의 분해, DNA fragmentation 등의 표현형이 유도되며 궁극적으로는 세포의 죽음을 일으킨다. 몇 종류의 세포성 단백질 및 바이러스성 단백질들이 카스파제 저해제caspase inhibitor로 작용한다. 예를 들어, IAP(inhibitor of apoptosis protein, 세포사멸 억제단백질)를 지닌 세포는 활성화된 카스파제의 작용을 저해할 수 있다. 이 단백질을 가진 신경세포는 때 이른 세포사멸로부터 보호될 수 있다. 많은 바이러스들은 바이러스성 IAP, 항-아폽토시스 Bcl-2계 단백질, 다른 아폽토시스 저해제를 포함하고 있어 세포의 사멸을 억제할 수 있다. 아래의 IAP들은 카스파제 효소 활성을 저해함

〈표 16.6〉 IAP(세포사멸 억제단백질) 종류

IAP 종류	기능
c-IAP1 c-IAP2	caspase-3,-7, -9와 결합
XIAP	caspase-3, -7, -9를 저해
Survivin	mitosis and cytokinesis regulation Binds XIAP, c-IAP1, c-IAP2
Apollon	caspase-9과 결합
Livin/ML-IAP	caspase-9과 결합

으로써 아폽토시스를 저해하는 작용을 한다.

2.3 Bcl-2 단백질 family

Bcl-2 단백질은 원발성 암유전자(proto-oncogene)로서 B cell lymphoma 2의 약자이다. Bcl-2는 사람의 림프종lymphoma의 발생과 밀접한 관련이 있고 분자량은 29kDa이다. 주로 미토콘드리아의 외막에 존재하며(소포체나 핵막에도 역시 존재), 산화스트레스oxidative stress에 저항하는 역할을 비롯하여 다양한 기능을 수행함으로써 세포의 사멸과 생존survival을 조절하는 중요한 역할을 담당한다. 림프구에서 세포사멸의 조절은 Bcl-2, Bcl-XL 그리고 Fas/Fas ligand의 발현 수준에 의해서 결정된다. Bcl-2와 Bcl-XL의 발현 수준이 높을 때는 세포의 증식이 왕성하게 나타난다. Bcl-2와 Bcl-XL는 Bcl-2 family 가운데 가장 중요한 anti-apoptotic 기능을 하는 두 개의 단백질이다. 어떤 B-세포 림프종에서 Bcl-2 유전자가 면역글로블린 heavy chain enhancer의 downstream에 위치하였을 때, Bcl-2가 높은 수준으로 발현하고 형질전환transformation 표현형을 나타낸다. Bcl-2는 막의 산화(membrane peroxidation)를 방지하는 역할을 하고 미토콘드리아 내막과 외막사이에 존재하는 시토크롬 c나 아폽토시스 유도인자(apoptosis-inducing factor, AIF)와 같은 물질들이 미토콘드리아로부터 세포질로 새어나오는 것을 막음으로써 미토콘드리아 외막을 안정화시킨다. 따라서 Bcl-2는 아폽토시스를 방지하는 역할을 하며 세포사멸 신호를 차단한다. 세포사멸을 조절하는 가장 중요한 표적 중 일부는 Bcl-2 계열(bcl2 family protein)의 단백질인데 이 계열은 각 단백질들이 가지고 있는 bcl 유사도메인 [bcl homology(BH) domain]의 수와 종류에 따라서 세 가지 그룹으로 나누어진다.

(1) **항-아폽토시스 단백질** : 세포사멸을 억제하는 역할 (대부분은 C-말단 membrane anchor 부분과 4개의 BH 도메인을 포함함). 대표 예: Bcl-2와 Bcl-XL
(2) **아폽토시스 촉진 단백질들** : 세포사멸을 유도함 (4개의 BH 도메인 가운데 세포사멸을 억제하는 BH4 도메인은 결여하여 3개의 도메인만을 포함한다). 대표 예: Bax와 Bak
(3) BH3-only protein (이들의 이름에서 나타나듯이 BH3 도메인만을 포함하는 분자들이다. BH3 도메인은 아폽토시스를 촉진하는 도메인이다). 대표 예: Bad, Bik, Bid, Bim.

전체적으로는 아폽토시스를 촉진하는 단백질과 아폽토시스를 억제하는 단백질들의 상대적인 수준에 의하여 세포의 죽음 또는 생존이 결정된다. 아폽토시스를 억제하는 bcl-2 단백질이 아폽토시스 유도단백질인 Bax 및 Bak과 결합하여 이들의 활동을 억제하며 이 모든 것은 세포기질에서 일어난다. BH3-only protein이 여기에 더해지면 이들은 아폽토시스 억제단백질에 결합하여 bcl-2와 같은 단백질이 Bax나 Bak

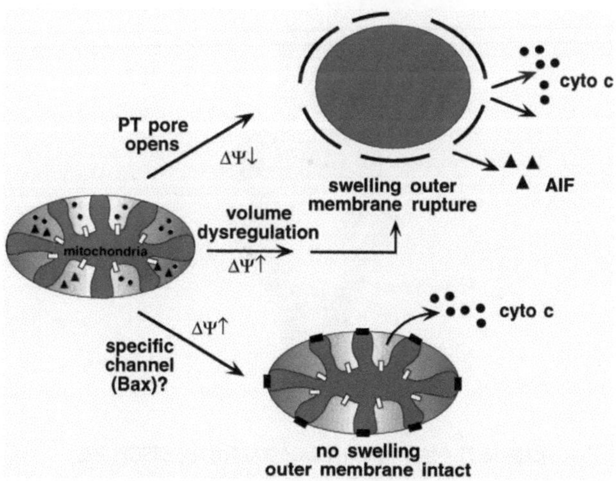

[그림 16.6] 미토콘드리아로부터 시토크롬 *c*가 방출되는 잠재적 기작. (Reed, 1998).

에 결합하지 못하도록 막는다. 이러한 도움의 결과로 Bax와 Bak은 세포기질로부터 미토콘드리아 외막으로 이동하며 여기에 채널-유사구조를 형성하여 미토콘드리아의 막간 공간에 있는 단백질이 세포기질로 새어 나오도록 한다.

2.4 수용체-매개 아폽토시스(receptor-mediated apoptosis)

아폽토시스 유도를 위한 주된 경로 가운데 하나는 '수용체-매개 아폽토시스' 또는 '외인성 경로(extrinsic pathway)'이다. 외부의 리간드ligand가 원형질막에 존재하는 수용체에 결합함으로써 활성화가 일어난다. 전형적인 죽음수용체death receptor는 Fas(Apo-1 또는 CD95로 불리기도 함)와 tumor-necrosis factor receptor(TNF-R)1 이다. 이들은 모두 TNF-R family에 속하며 cytosolic death domain(DD)을 포함한다. 죽음 신호를 받으면 수용체는 동질삼량체homotrimer를 구성하여 죽음도메인death domain, DD을 노출하게 된다. 이 DD와 세포 내에 있는 어댑터 단백질인 FADD(Fas-associated protein with death domain)가 결합하고, 다음으로 어댑터 단백질은 DED(death effector domain)을 통하여 단백질분해효소(procaspase-8)와 결합하면서 DISC(death-inducing signaling complex)를 형성한다. 그 결과로

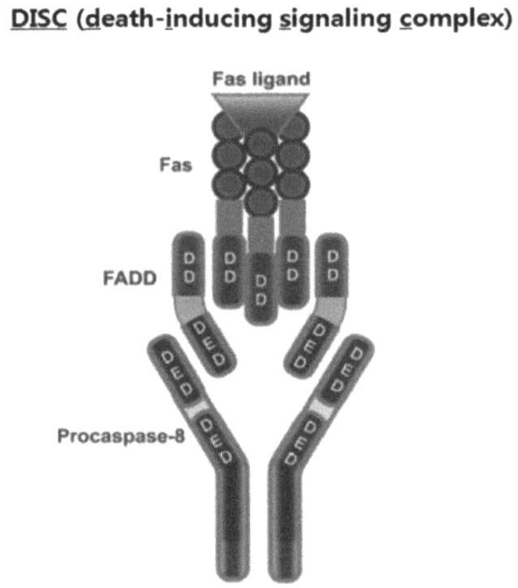

[그림 16.7] 수용체-매개 아폽토시스에서 작용하는 DISC의 구조

프로카스파제-8을 카스파제-8로 활성화를 일으키게 된다. 활성화된 카스파제-8은 다시 프로카스파제-3를 카스파제-3로 활성화시키면서 세포사멸을 일으키게 된다. 활성화된 실행 카스파제(caspase-3, caspase-7)는 세포 내 수백 종의 단백질을 분해한다.

개시 카스파제인 caspase-8은 BH3-only protein인 Bid를 직접 잘라 만들어진 truncated BidtBid가 미토콘드리아 막으로 이동하여 시토크롬 c를 방출하게 함으로써 내인성 경로intrinsic pathway 활성화에 기여할 수 있다. DISC signaling은 c-FLIP(아폽토시스 억제자)에 의해 억제된다. 세포독성 T 림프구는 Fas 신호에 더하여, 표적세포를 죽이기 위하여 그란자임B/퍼포린 시스템을 가지고 있다. 그란자임BGranzyme B, GrB는 serine protease이고, 퍼포린perforin은 세포막에 구멍을 낼 수 있는 분자인데, 이들은 표적세포에 의하여 흡수된다. 흡수된 그란자임(GrB)은 직접 카스파제를 활성화하거나 세포막에 구멍을 뚫는 우회 반응을 통하여 아폽토시스를 유도할 수 있다.

2.5 미토콘드리아-매개 아폽토시스

미토콘드리아 경로 또는 내인성 경로는 다양한 종류의 외부 또는 내부의 스트레스들, 예를 들면 산화스트레스, 세포독성cytotoxic약물, 자외선 조사 등의 요인에 의해 활성화가 일어난다. 내인성 경로의 신호는 미토콘드리아 외막으로부터 시작이 되는데 이 신호에 의하여 미토콘드리아 막 공간에 존재하는 시토크롬 c를 세포질로 방출되도록 한다. 미토콘드리아 막에 구멍을 형성하여 시토크롬 c가 방출되도록 하는 Bax, VDAC, MPTP 등과 같은 경로들이 알려져 있다. 시토크롬 c를 방출하는 구멍의 형성에 Bax와(또는) VDAC(voltage-dependent anion channel)가 관여한다는 여러 증거들이 있다.

초기 결과에 의하면 시토크롬 c의 방출에는 미토콘드리아 막전위membrane potential가 상실되고 미토콘드리아 투과성 조절 구멍(mitochondrial permeability transition pore, MPTP)이 열리는 과정이 요구된다. 시토크롬 c가 세포질로 방출되는 과정은 칼슘-의존적인 기작과 칼슘과 독립적인 기작이 있다. 칼슘-의존적인 기작에서는 미토콘드리아로 한꺼번에 많은 칼슘이 들어오면서 미토콘드리아 내막과 외막이

MPTP를 형성하게 함으로써 미토콘드리아 기질과 세포질 사이에 열린 통로가 형성되는 것이다. MPTP는 세 종류의 단백질-외막의 VDAC, 내막의 ANT, 그리고 cyclophilin-D(CyD)가 복합되어 만들어진다. CyD는 ANT에 결합함으로써 MPTP 형성을 촉진하는 역할을 하며 이렇게 MPTP가 형성되게 되면 일시적으로 커다란 분자와 물이 미토콘드리아 기질로 들어오게 되고 미토콘드리아는 터져서 시토크롬 *c* 가 세포질로 방출되게 된다.

칼슘과 독립적인 경우는 미토콘드리아 외막에 Bax/Bak 단백질들에 의해 커다란 구멍이 형성되고, 이어서 미토콘드리아 내막으로부터 시토크롬 *c*가 방출이 일어나는 것이다. 시토크롬 *c*가 세포질로 방출이 일어나면, 세포질에서 시토크롬 *c*, Apaf1(Apoptotic Protease Activating Factor-1), 프로카스파제-9과 결합하여 아폽토좀(apoptosome)을 형성한다. 아폽토좀은 1 MDa에 이르는 큰 복합체로서 카스파제를 활성화한다. 아폽토좀은 7개의 Apaf-1, 7개의 시토크롬 *c*, 7개의 dATP, 7개의 프로카스파제-9 분자를 포함한다. 프로카스파제-9은 아폽토좀의 개시 카스파제(initiator caspase)이다. 아폽토좀과 결합한 프로카스파제-9은 카스파제-9으로 활성화가 일어나며 실행 프로카스파제를 잘라 실행 카스파제(effector caspase, 예: caspase-3, -6, -7)로 활성화시킴으로써 아폽토시스를 일으키기 위해 필요한 세포 기질들을 절단할 수 있다. 내인성 경로가 활성화되면서 시토크롬 *c*에 덧붙여서 일련의 아폽토시스 촉진(proapoptotic) 물질들이 미토콘드리아로부터 방출이 일

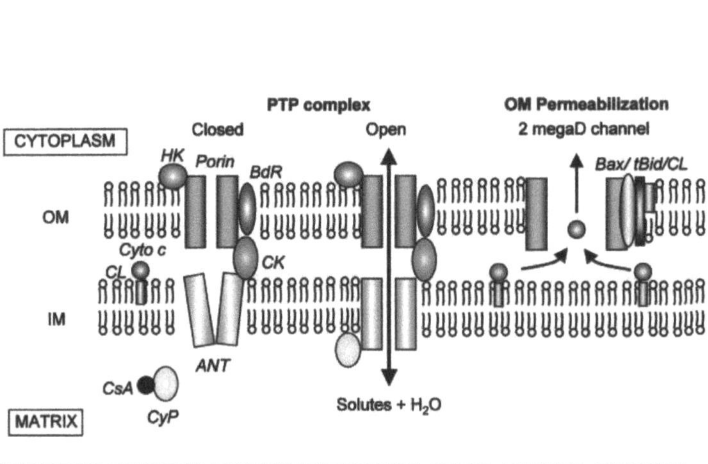

[그림 16.8] 미토콘드리아 투과성 구멍(MPTP)과 외막의 구멍형성으로 시토크롬 *c*가 방출되는 과정(오른쪽). (Weiss, 2003).

어나는데, 이러한 분자 가운데 하나가 Smac/Diablo이다. 이것은 IAP(inhibitor of apoptosis protein)의 저해제(inhibitor)이다. 미토콘드리아는 또 AIF(apoptosis inducing factor)을 방출할 수 있는데 이것은 카스파제와 독립적인 방법으로 아폽토시스-유사 세포죽음을 유도할 수 있는 것으로 보인다. 세포에는 아폽토시스를 촉진하는 pro-apoptotic 물질과 아폽토시스를 저해하는 anti-apoptotic(pro-survival) 물질들이 다양하게 존재한다. 이들 사이의 상호작용에 의하여 아폽토시스가 일어날 것인지 아니면 생존할 것인가가 결정된다.

〈표 16.7〉 아폽토시스의 조절인자

조절인자	기능
Pro-survival(anti-apoptotic)	
Bcl-2, Bcl-xL, Bcl-w, Mcl-1	미토콘드리아 막을 안정화
c-FLIP	caspase 8의 활성을 차단
IAP	카스파제를 억제
Hsp72	스트레스 kinase인 JNK를 억제
텔로머라제 활성	아폽토시스에 대한 저항성을 증가시킴
Pro-apoptotic	
Smac-Diablo	IAP(inhibitor of apoptosis)를 저해
Bax, Bak, Bok	Bax-like, 미토콘드리아 막을 불안정화
Bim, Bad, Bmf, Bid, Puma, Bik	BH3-only, Bcl-2를 억제
Apoptosome	procaspase 3를 활성화

2.6 생존신호와 아폽토시스

아폽토시스는 세포주기(cell cycle)의 혼돈으로부터도 초래될 수 있다. 이러한 증거로 세포주기 조절에 참여하고 있는 여러 유전자들이 아폽토시스에도 관여하고 있다(예; *c-myc, c-fos, c-jun*, p53, 여러 kinase와 phosphatase). 따라서 증식proliferation을 조절하는 신호는 세포사멸에 관여할 수 있는 것이다. 만약 생존신호survival signal에 의하여 아폽토시스가 중단되었을 경우 세포 수cell number의 증가를 초래할 수 있고 이것은 암의 발생에도 연관될 수 있다. 종종 신호의 의미는 두 번째의 신호가 어떤 것이냐에 따라 달라질 수 있다. 예를 들어, *c-myc*과 함께 bcl-2와 같이 생존 반응에 관련된 두 유전자가 동시에 발현될 경우 증식proliferation을 이끌어낼 수 있다. 증식과 관련된 *c-myc*과 함께 반대의 신호를 내는 p53 신호와 같이 서로 상반된 신호가 동시에 나타날 경우 아폽토시스가 유도될 수 있다. p53은 DNA 손상에 의해 유도되어 아폽토시스를 일으키는데 중심적 역할을 하는 분자이다. p53은 유비퀴틴 리가제ubiquitin ligase인 MDM2에 의해 음성적으로negatively 조절되며, MDM2 단백질은 ARF(Alternative Reading Frame)와의 결합에 의하여 불활성화가 일어난다. 화학치료chemotherapy나 방사선 조사ionizing irradiation와 같은 세포 스트레스cell stress는 MDM2를 저해함으로써 직접적으로 p53을 활성화하기도 하며, ARF를 활성화함으로써 간접적으로 p53을 유도하기도 한다. ARF는 Ras와 같은 증식성 암유전자proliferative oncogene에 의해서도 유도될 수 있다. p53의 활성화가 일어나면 아폽토시스를 촉진하는 유전자들(예, Bax, Noxa, CD95, DR4 등)의 전사촉진transactivation이 일어난다. 또 p53은 미토콘드리아로 직접 이동하여 아폽토시스를 촉진하는 반응을 나타낼 수도 있다. 이에 반하여 Akt는 생존 반응에 관여하는 주된 kinase이다. Akt를 knockout 시킨 mice에서는 자발적인 아폽토시스가 증가된 것을 보여준다. Akt의 중요한 기질 가운데 하나는 BH3-only protein Bad인데, 인산화가 일어난 후 14-3-3 protein과 결합한다. 이러한 반응은 Bad가 아폽토시스 촉진 반응을 유도할 수 있는 미토콘드리아로 이동하지 못하게 방해함으로써 아폽토시스를 저해한다. 더욱이, Akt는 forkhead(FH) 전사인자들을 인산화하고 14-3-3 단백질들과 결합함으로써 핵으로부터 방출이 일어나, FasL이나 BH3-only protein Bim과 같은 아폽토시스 촉진유전자들의 전사를 시작할 수 없게 된다. 그리고 cAMP-response element binding protein(CREB)의 인산화와 NF-κB의 활성화를 통해서 Akt는 Bcl-2나 IAP와 같은 세포사멸에 반대하는(anti-apoptotic) 유전자들의 전사를 일으켜 세포의 생존을 증진시킬 수 있다.

2.7 포식작용에 의한 아폽토시스소체의 제거

실행 카스파제가 활성화되면 점차적으로 세포 구조 변형이 일어난다. 그 변화 중 하나는 핵 안의 염색질이 응축(chromatin condensation)하고 DNA가 단편(fragment)으로 잘려 '사다리 형태(ladder-like)'의 전기영동 패턴을 보인다. 이것은 카스파제-3과 카스파제-6과 같은 실행 카스파제에 의하여 활성화가 일어난 카스파제-활성 DNase(caspase-activated DNase, CAD)에 의해 DNA 절단이 일어났기 때문이다. 포스파티딜세린(phosphatidylserine, PS) 같은 것이 막 바깥쪽에 풍부하게 나타나는 식으로 원형질막의 인지질 구성도 변화가 나타난다. 대부분의 세포에서 세포소기관은 세포사멸 기간 동안 유지되다가 천천히 원형질막 단편으로 둘러싸여 아폽토시스소체apoptotic body를 형성한다.

생체내에서 아폽토시스소체는 근처에 있는 대식세포macrophage의 포식작용phagocytosis에 의하여 제거된다. 포스파티딜세린(phosphatidylserine, PS) 수용체가 아폽토시스에 의해 사멸된 세포를 포식하는데 관여한다. 일반적으로 정상세포에서는 포스파티딜세린PS이 원형질막의 안쪽에 위치하고 있는데, 이것은 ATP-의존적으로 작용하는 flippase의 역할 때문이다. 그런데 아폽토시스가 일어나면 이 flippase가 카스파제에 의해 작용을 못하게 되면서 PS가 원형질막의 외층outer layer에서 나타나게 된다. 이와 같이 PS가 원형질막의 외부로 드러나게 되면 annexin V와 결합할 수 있으므로 유세포 측정기(FACS) 분석에 의한 아폽토시스의 확인이 가능케 해준다.

일련의 세포 표면 분자들(예; thrombospondin 1과 그 수용체, 아폽토시스소체 인식에 사용되는 CD36)과 세포 내부 분자들(DOCK180/CRKII/RAC complex)이 포식작용(phagocytosis)의 진행과 관련이 있는 것으로 알려지는데 이들은 *C. elegans*의 호몰로그(homologue) 들이다. 여기서 포식작용은 단순히 불필요한 죽은 세포를 제거하는 의미 이상을 가진다. 수지상세포(dendritic cell)에 의해 종양세포 찌꺼기들의 포식작용이 일어날 경우 염증과 면역 반응을 유발하는데 반하여, 아폽토시스소체

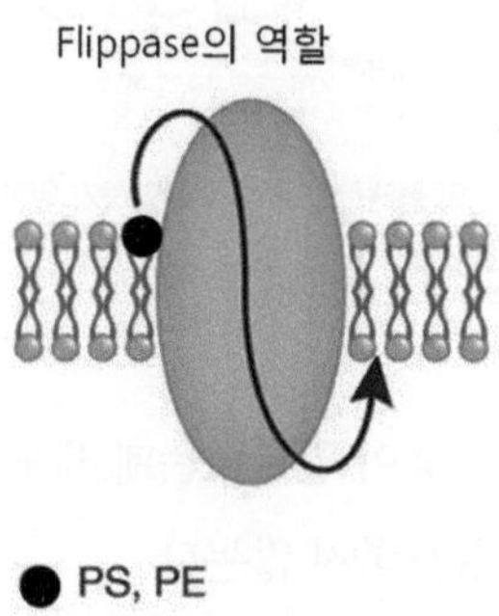

[그림 16.9] 막에서 flippase의 역할

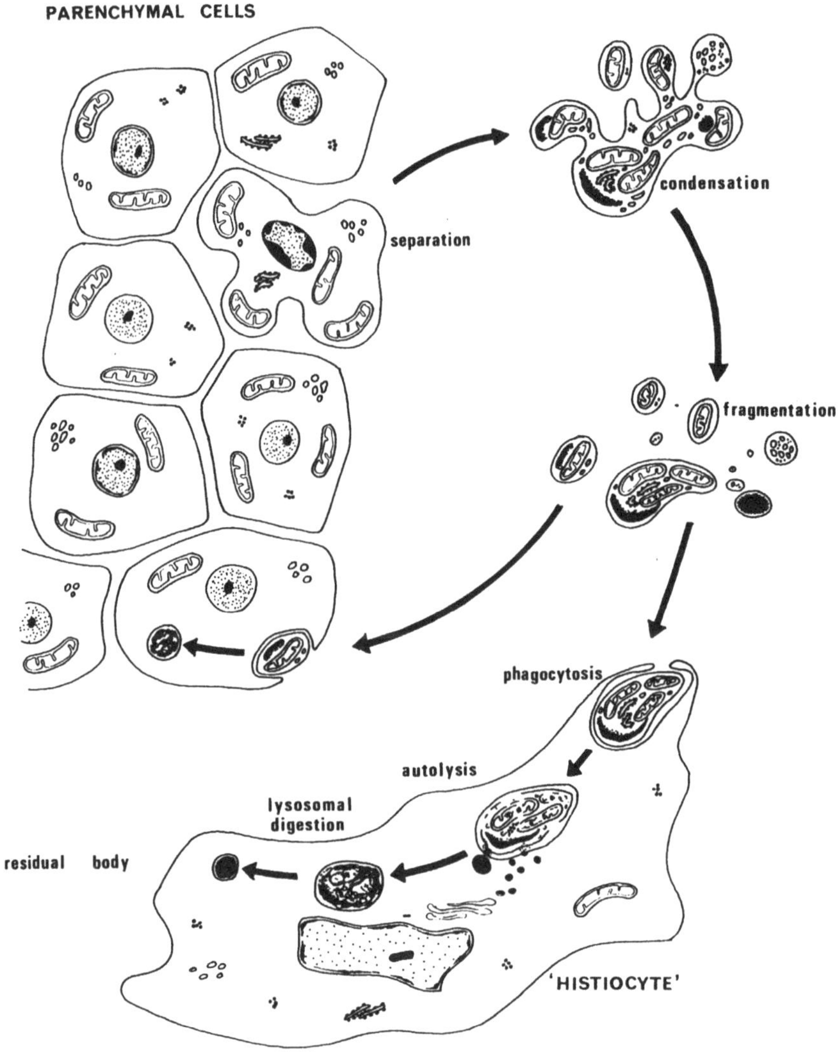

[그림 16.10] 아폽토시스의 형태학적 특징을 설명하기 위한 모식도. (Kerr, 1972).

는 주변의 대식세포에 의해 포식작용이 일어나는데 세포 내 항원 물질이 세포 밖으로 새어 나오지 않아서 염증반응을 유도하지 않는다.

참고문헌

1장 DNA 염색체 유전체 불안정

Brooker, R. 등 (2008). "Biology." McGraw-Hill.
Campbell, N. A. 등 (2007). "Essential Biology." Pearson Benjamin Cummings.
Friedberg, E. C., et al(1995). "DNA repair and mutagenesis." ASM Press.
Miller, D. M., et al(2012). "c-Myc and cancer metabolism." *Clin Cancer Res* 18:5546-5553.
Maxwell, P. H., et al(2011). "Retrotransposition is associated with genome instability during chronological aging." *Proc Natl Acad Sci USA* 108:20376-20381.
Starr, C. and R. Taggart(2009). "Biology : The Unity and Diversity of life." Brooks/Cole Publishing Co.
Vijg, J(2007). "Aging of the genome." Oxford University Press.
Wood, J. G. and S. L. Helfand, S. L(2013). "Chromatin structure and transposable elements in organismal aging." *Front Genet* 4:274.
김영민(2013). "유전학입문" 월드사이언스.
강현삼·강형련(2013). "당신의 DNA?" 한림원 출판사.
심웅섭 등(2004). "분자생물학" 월드사이언스.
홍영남(2009). "생명과학:역동적인 자연과학" 라이프사이언스.
오상진(2005). "인체노화" 탐구당
오상진(2015). "노화의 생물학" 탐구당.
오상진(2018). "노화생리학" 탐구당.
오상진(2020). "암 억제 유전자." 탐구당.
오상진(2022). "텔로미어와 텔로머레이스" 탐구당.
전상학(2003). "유전학의 이해" 라이프사이언스.
유전체 불안정성, Wikipedia, https://en.wikipedia.or/wiki/Genome_instability.

2장 돌연변이와 돌연변이의 원인

Bohr, V. A(2001). "DNA damage and its processing with aging: Human premature aging syndromes as model systems." In The role of DNA damage and repair in cell aging (eds. B. A. Gilchrest and V. A. Bohr), p. 192. Elsevier.

Brooker, R. 등 (2011). "Biology."(2nd Ed.), McGrow-Hill.
Elinav, E., R. Nowarski, et al(2013). "Inflammation-induced cancer: crosstalk between tumours, immune cells and microorganims." *Nature Reviews Cancer* 13:759-771.
Haigis, M. C. and B. A. Yankner(2010). "The aging stress response." *Mol Cell* 40(2):333-44.
Hattori, N. and Ushijima, T(2011). "Analysis of gene-specific DNA methylation." In Handbook of epigenetics (ed. T. Tollefsbol), Academic Press.
Kleinsmith, L. N(2006). "Principles of Cancer Biology." Pearson Benjamin Cummings.
Pecorino, L(2006). "Molecular Biology of Cancer." Oxford University Press.
Stix, G(2007). "A malignant flame." *Scientific American July* 2007:60-67.
Viennois, E., F. Chen, et al(2013). "NF-κB pathway in colitis-associated cancers." *Transl Gastrointest Cancer* 2(1):21-29.
Starr, C., Taggart, R. et al(2013). "Biology: The unity and diversity of life."Brooks/Cole.
미생물·면역분과학회(2011). "최신면역학."라이프사이언스.
오상진(2005). "인체노화."탐구당
오상진(2015). "노화의 생물학."탐구당.
오상진(2018). "노화생리학."탐구당.
오상진(2020). "암 억제 유전자."탐구당.
오상진(2022). "텔로미어와 텔로머레이스."탐구당.
홍영남(2009). "생명과학: 역동적인 자연과학."라이프사이언스.
서영준·나혜경(2008). "종양생물학의 원리."라이프사이언스.
조혜성·안성민(2005). "세포의 반란."사이언스북스.
암 등록 통계(2013), 국립암센터
생명과학교재편찬위원회역(2002). "생명과학: 원리와 응용."탐구당.

3장 활성산소종

Brieger, K., et al(2012). "Reactive oxygen species: from health to disease." *Swiss Med Wkly* 142:w13659.
Cavallucci, V., A. Nobili, et al(2014). "Emerging role of mitochondria dysfunction in the onset of neurodegenerative diseases." *J Biol Regul Homeost Agents* 27:1-9.
Gotz, J., F. Chen, et al(2001). "Formation of neurofibrillary tangles in P301l tau transgenic mice induced by Abeta 42 fibrils." *Science* 293:1491-1495.

Halliwell, B., J. M. Gutteridge(1999). "Free radicals in biology and medicine(3rd ed.)", Oxford University Press, USA

Halliwell, B(1997). "Antioxidants and human disease: A general introduction." *Nutrition reviews* 55:267-277.

Harman, D(1956). "Aging: a theory based on free radical and radiation chemistry." *J Gerontol* 11:298-300.

Hart, R. W. and R. B. Setlow(1974). "Correlation between deoxyribonucleic acid excision-repair and life-span in a number of mammalian species." *Proc Natl Acad Sci USA* 71:2169-73.

Kellner, V., N. Menkes-Caspi, et al(2014). "Amyloid-β alters ongoing neuronal activity and excitability in the frontal cortex." *Neurobiology of Aging* 35:1982-1991.

Kregel, K. C. and Zhang, H(2007). "An integrated view of oxidative stress in aging: basic mechanisms, functional effects, and pathological considerations." *Am J Physiol Regul Integr Comp Physiol* 292:R18-R36.

Lambert, A. J. and M. D. Brand(2007). "Research on mitochondria and aging." *Aging Cell* 6:607-618.

Levine, R. L. and E. R. Stadtman(2001). "Oxidative modification of proteins during aging." *Exp Gerontol* 36:1495-1502.

Nystrom, T(2005). "Role of oxidative carbonylation in protein quality control and senescence." *EMBO J.* 24:1311-1317.

MacRae, S. L., et al(2015). "DNA repair in species with extreme lifespan differences." *Aging* 7:1171-1184.

Rhein, V., X. Song, et al(2009). "Amyloid-beta and tau synergistically impair the oxidative phosphorylation system in triple transgenic Alzheimer's disease mice." *Proc Natl Acad Sci* 106:20057-20062.

Santos, R. X., S. C. Correia, et al(2013). "Mitochondrial DNA oxidative damage and repair in aging and Alzheimer's disease." *Antioxid Redox Signal* 18:2444-57.

Thomas, P., D. G. Herberl, et al(1992) "Production of reactive oxygen by mitochondria from normoxic and hypoxic rat heart tissue." *Free Radical Biol Med* 13:289-297.

Toescu, E. C., and M. Vreugdenhil(2010). "Calcium and normal brain aging." *Cell Calcium* 47:158-164.

Watson, S. N., J. R. Lee, et al(2014). "Diminishing glutathione availability and age-associated decline in neuronal excitability." *Neurobiology of Aging* 35:1074-1085.

Webster, K(2012). "Mitochondrial membrane permeabilization and cell death during myocardial infarction: role of calcium and reactive oxygen species." *Future*

Cardiol 8:863-884.
Wells, P. G., et al(2009). "Oxidative stress in developmental origins of disease: Teratogenesis, neurodevelopmental deficits, and cancer." *Toxicological Sci* 108:4-18.
Yao, J., R. W. Erwin, et al(2009). Mitochondrial bioenergetic deficit precedes Alzheimer's pathology in female mouse model of Alzheimer's disease." *Proc Natl Acad Sci* 106:14670-14675.
강해묵(2010). "생명과학: 개념과 탐구". 라이프 사이언스
권범근 등(2009). "슈퍼옥사이드 음이온 라디칼 화학과 응용." *J Korean Ind Eng Chem* 20:593-602.
오상진(2005). "인체노화." 탐구당
오상진(2015). "노화의 생물학." 탐구당.
오상진(2018). "노화생리학." 탐구당.
오상진(2020). "암 억제 유전자." 탐구당.
오상진(2022). "텔로미어와 텔로머레이스." 탐구당.

4장 세포분열과 다운증후군

Hunter, T. and J. Pines(1994). "Cyclins and cancer II: cyclin D and CDK inhibitors come of age." *Cell* 79:573-582.
Klug, W. S. and Cummings, M. R(2002). "Essentials Of Genetics." (4th Ed), Prentice Hall.
Levine, A. J(1997). "p53, the cellular gatekeeper for growth and division." *Cell* 88:323-331.
Lossaint, G., E. Besnard, et al(2011). "Chk1 is dispensable for G2 arrest in response to sustained DNA damage when the ATM/p53/p21 pathway is functional." *Oncogene* 30:4261-4274.
Pecorino, L(2006). "Molecular Biology of Cancer." Oxford University Press.
Sherr, C. J(1993). "Mammalian G1 cyclins." *Cell* 73:1059-1065.
Sherr, C. J. and J. M. Roberts(1999). "CDK inhibitors: positive and negative regulators." *Genes Dev* 13:1501-1512.
Starr, C. and R. Taggart(2009). "Biology: The Unity and Diversity of Life." Brooks / Cole publishing Co.
Vogelstein, B., B. Lane, et al(2000). "Surfing the p53 network." *Nature* 408:307-310.
황혜진(2013). "핵심유전학." 바이오사이언스.
오상진(2005). "인체노화." 탐구당

오상진(2015). “노화의 생물학.” 탐구당.
오상진(2018). “노화생리학.” 탐구당.
오상진(2020). “암 억제 유전자.” 탐구당.
오상진(2022). “텔로미어와 텔로머레이스.” 탐구당.
전진석 등. “필수생명과학.” 지코사이언스.
백광현, 채범채. “인체유전학.” 군자출판사.

5장 DNA 대사

Bollati, V., et al(2009). “Decline in genomic DNA methylation through aging in a cohort of elderly subjects.” *Mech Ageing Dev* 130:234–239.
Brooker 등 (2008). “Biology.” McGraw-Hill Companies.
Chi, P., et al(2007). “Bipartite stimulatory action of the Hop2-Mnd1 complex on the Rad51. *Genes & Dev* 21:1747-1757.
De Cecco, M., et al(2013). “Transposable elements become active and mobile in the genomes of aging mammalian somatic tissues.” *Aging* 5:867–883.
Feng, J. X. and Riddle, N. C(2020). “Epigenetics and genome stability.” *Mamm Genome* 31:181-195.
Filippo, J. S., et al(2008). “Mechanism of eukaryotic homologous recombination.” *Annu Rev Biochem* 77:229-257.
Goldberg,A. D., et al(2007). “Epigenetics: A landscape takes shape.” *Cell* 128:635–638.
Jintaridth, P. and Mutirangura, A(2010). “Distinctive patterns of age-dependent hypomethylation in interspersed repetitive sequences.” *Physiol Genomics* 41:194–200.
Kornberg, R. D(1974). “Chromatin structure: A repeating unit of histones and DNA.” *Science* 184:868–871.
Mah, J., et al(2010). “γH2AX: A sensitive molecular marker of DNA damage and repair.” *Leukemia* 24:679–686.
Maxwell, P. H., et al(2011). “Retrotransposition is associated with genome instability during chronological aging.” *Proc Natl Acad Sci USA* 108:20376–20381.
Muñoz-Najar, U. and J. M. Sedivy, J. M(2011). “Epigenetic control of aging.” *Antioxid Redox Signal* 14:241–259.
Oberdoerffer, P. and D. A. Sinclair, D. A(2007). “The role of nuclear architecture in genomic instability and ageing.” *Nat Rev Mol Cell Biol* 8:692–702.
Pal, S. and Tyler, J. K(2016). “Epigenetics and aging.” *Sci Adv* 2:e1600584.

Raddatz, G., et al(2013). "Aging is associated with highly defined epigenetic changes in the human epidermis." *Epigenetics Chromatin* 6:36.

Sargent, M(2010). "Why twins age differently." *Nature* 464:1130–1131.

Vijg, J. and M. E. T. Dollé, M. E. T(2002). "Large genome rearrangements as a primary cause of aging." *Mech Ageing Dev* 123:907–915.

강현삼·강형련(2013). "당신의 DNA?" 한림원 출판사.

오상진(2005). "인체노화." 탐구당

오상진(2015). "노화의 생물학." 탐구당.

오상진(2018). "노화생리학." 탐구당.

오상진(2020). "암 억제 유전자." 탐구당.

오상진(2022). "텔로미어와 텔로머레이스." 탐구당.

양재섭(2008). "왓슨 분자생물학." 바이오사이언스.

전진석(2015). "세포학." 월드사이언스.

홍영남(2009). "생명과학: 역동적인 자연과학." 라이프사이언스.

황혜진(2010). "핵심유전학." 바이오사이언스.

매트 리들리(2001). "게놈." 김영사.

6장 DNA 손상과 복구

Bakkenist, C. J. and M. B. Kastan(2003). "DNA damage activates ATM through intermolecular autophosphorylation and dimer dissociation." *Nature* 421:499-506.

Barnes, D. E. and Lindahl, T(2004). "Repair and genetic consequences of endogenous DNA base damage in mammalian cells." *Annu Rev Genet* 38:445-76.

Bohr, V. A(2001). "DNA damage and its processing with aging: Human premature aging syndromes as model systems." In *The role of DNA damage and repair in cell aging* (eds. B. A. Gilchrest and V. A. Bohr), Elsevier.

Brandsma, I. and van Gent, D. C(2012). "Pathway choice in DNA double strand break repair: observations of a balancing act." *Genome Integrity* 3:9.

Budden, T. and N. A. Bowden(2013). "The role of altered nucleotide excision repair and UVB-induced damage in melano genesis." *Int. J. Mol. Sci.*: 1132-1151.

Gensler, H.L. and Bernstein H(1981). "DNA damage as the primary cause of aging." *Q Rev Biol* 56(3):279-303.

Hart, R. W. and R. B. Setlow(1974). "Correlation between deoxyribonucleic acid excision-repair and life-span in a number of mammalian species." *Proc Natl Acad Sci U. S. A.* 71(6):2169-73.

Kastan, M. B., et al(2000). "Multiple signaling pathways involving ATM." In *Biological Responses to DNA damage*, Cold Spring Harbor Laboratory Press.

Klungland, A. and Lindahl, T(1997). "Second pathway for completion of human DNA base excision-repair: reconstitution with purified proteins and requirement for DNase IV (FEN1)." *EMBO J* 16:3341–3348.

Kumar, N., et al(2022). "Global and transcription-coupled repair of 8-oxoG is initiated by nucleotide excision repair proteins." *Nature Communications* 13:974.

Lindahl, T(1993). "Instability and decay of the primary structure of DNA." *Nature* 362:709-715.

Lindahl, T., et al(1997). "DNA excision repair pathways." *Curr Opin Genet Dev* 7:158-169.

Lombard, D. B., K. F. Chua, et al(2005). "DNA repair, genome stability, and aging." *Cell* 120:497-512.

Mao, Z., et al(2008). "DNA repair by nonhomologous end joining and homologous recombination during cell cycle in human cells." *Cell Cycle* 15:2902–2906.

McKinnon, P. J(2009). "DNA repair deficiency and neurological disease." *Nature 10:100-12.*

Menck, C. F. and V. Munford(2014). "DNA repair diseases: What do they tell us about cancer and aging?" *Genet Mol Biol* 37:220-233.

Misteli, T. and E. Soutoglou, E(2009). "The emerging role of nuclear architecture in DNA repair and genome maintenance." *Nat Rev Mol Cell Biol* 10(4):243-54.

Moynahan, M. E. and Jasin, M(2010). "Mitotic homologous recombination maintains genomic stability and suppresses tumorigenesis." *Nat Rev Mol Cell Biol* 11: 196–207.

Nilsen, I., et al(2000). "Uracil-DNA glycosylase (UNG)-deficient mice reveal a primary role of the enzyme during DNA replication." *Mol Cell* 5:1059–1065.

Richardson, A. and Z. M. Guo(2001). "Effects of aging on gene specific repair." In *The role of DNA damage and repair in cell aging* (eds. Gilchrest, B. A. and V. A. Bohr), p. 96. Elsevier.

Sedelnikova, O. A., I. Horikawa, et al(2008). "Delayed kinetics of DNA double-strand break processing in normal and pathological aging." *Aging Cell* 7:89-100.

Tollefsbol, T(2011). "Handbook of Epigenetics." Academic Press.

Vijg, J., et al(2001). "Models for studying genomic instability during aging." In *The role of DNA damage and repair in cell aging* (eds. Gilchrest, B. A. and V. A. Bohr), p. 75. Elsevier.

Vijg, J(2007). "Aging of the genome." Oxford University Press.

김창준(2014). “플로퍼 세포생물학.” 범문에듀케이션.
오상진(2012). “일반미생물학.” 전남대학교 출판부.
이재용(2009). “유전자 손상과 회복 (DNA damage and repair)에 의한 노화.” Bioin 스페셜 WebZine 2009년 8호.
서영준·나혜경(2008). “종양생물학의 원리.” 라이프사이언스.
오상진(2005). “인체노화.” 탐구당
오상진(2015). “노화의 생물학.” 탐구당.
오상진(2018). “노화생리학.” 탐구당.
오상진(2020). “암 억제 유전자.” 탐구당.
오상진(2022). “텔로미어와 텔로머레이스.” 탐구당.
조혜성(2013). “유전체불안정성 제어 연구센터.” 분자세포생물학뉴스레터.
차혁진·이미옥(2012). “줄기세포의 DNA 손상 복구와 유전체 안정성.” 분자생물학뉴스레터, 웹진 9월.

7장 DNA 손상과 p53

Bakkenist, C. J. and M. B. Kastan(2003). “DNA damage activates ATM through intermolecular autophosphorylation and dimer dissociation.” *Nature* 421:499-506.
Bargonetti, J and Prives, C(2019). “Gain-of-function mutant p53: history and speculation.” *J. Mol. Cell Biol.* 11:605-609.
Bernstein, K. A., et al(2010). “The RecQ DNA helicases in DNA Repair.” *Annu Rev Genet* 44:393–417.
Cranston, A., et al(1997). “Female embryonic lethality in mice nullizygous for both Msh2 and p53.” *Nat Genet* 17:114-118.
Eischen, C. M(2015). “Genome Stability Requires p53.” *Cold Spring Harb Perspect Med* 6:a026096.
Farmer, H, et al(2005). “Targeting the DNA repair defect in BRCA mutant cells as a therapeutic strategy.” *Nature* 434: 917–921.
Ford, J. M. and Hanawalt, P. C(1995). “Li-Fraumeni syndrome fibroblasts homozygous for p53 mutations are deficient in global DNA repair but exhibit normal transcription-coupled repair and enhanced UV resistance.” *Proc Natl Acad Sci U. S. A.* 92:8876-80.
Foster, BA, et al(1999). “Pharmacological rescue of mutant p53 conformation and function.” *Science* 286: 2507–2510.
Friedberg, E. C., et al(1995). “DNA repair and mutagenesis.” ASM Press.

Friedberg, EC, et al(2000). "Defective nucleotide excision repair in Xpc mutant mice and its association with cancer predisposition." *Mutat. Res.* 459: 99–108.

Gaiddon, C, et al(1999). "Ref-1 regulates the transactivation and pro-apoptotic functions of p53 *in vivo*." *EMBO J.* 18: 5609-21.

Gensler, H.L. and Bernstein H(1981). "DNA damage as the primary cause of aging." *Q Rev Biol* 56(3):279-303.

Hart, R. W. and R. B. Setlow(1974). "Correlation between deoxyribonucleic acid excision-repair and life-span in a number of mammalian species." *Proc Natl Acad Sci U. S. A.* 71(6):2169-73.

Hine, C. M., et al(2014). "Regulation of Rad51 promoter." *Cell Cycle* 13:2038-2045.

Hollander, MC, et al(2005). "Deletion of XPC leads to lung tumors in mice and is associated with early events in human lung carcinogenesis." *Proc. Natl Acad. Sci. U.S.A.* 102: 13200–13205.

Irwin, MS, et al(2003). "Chemosensitivity linked to p73 function." *Cancer Cell* 3: 403-410.

Jayaraman, L., et al(1997). "Identification of redox/repair protein Ref-1 as a potent activator of p53." *Genes & Dev* 11:558-570.

Karin, M and FR Greten(2005). "NF-κB in cancer: From innocent bystander to major culprit." Nature Reviews 2:301-310.

Lane, DP, (1992). "p53, guardian of the genome." *Nature* 358, 15–16.

Levine, AJ and Lane, DP(2010). "The p53 family." Cold Spring Harbor Laboratory Press.

Levine, AJ, et al(2006). "Coordination and communication between the p53 and IGF-1-AKT-TOR signal transduction pathways." *Genes Dev.* 20:267-275.

Lim, D, et al(1996). "A mutation in mouse Red51 results in an early embryonic lethal that is suppressed by a mutation in p53." *Mol. Cell Biol.* 16:7133-7143.

Lin, X., et al(2001). "p53 Modulates the Effect of Loss of DNA Mismatch Repair on the Sensitivity of Human Colon Cancer Cells to the Cytotoxic and Mutagenic Effects of Cisplatin." *Cancer Res* 61:1508-1516.

Liu, DP, et al(2010). "A common gain of function of p53 cancer mutants in inducing genetic instability." *Oncogene* 29: 949-956.

Lombard, D. B., K. F. Chua, et al(2005). "DNA repair, genome stability, and aging." *Cell* 120:497-512.

Lozano, G and Levine, AJ(2016). "The p53 protein: from cell regulation to cancer." Cold Spring Harbor Laboratory Press.

Luo, JL, et al(2001). "Knock-in mice with a chimeric human/murine p53 gene

develop normally and show wild-type p53 responses to DNA damaging agents: a new biomedical research tool." *Oncogene* 20: 320-328.
McKinnon, P. J(2009). "DNA repair deficiency and neurological disease." *Nature* 10:100-12.
Melis, JP, et al(2008). "Mouse models for xeroderma pigmentosum group A and group C show divergent cancer phenotypes." *Cancer Res.* 68: 1347-1353.
Menck, C. F. and V. Munford(2014). "DNA repair diseases: What do they tell us about cancer and aging?" *Genet Mol Biol* 37:220-233.
Mirzayans, R., et al(1996). "Faulty DNA polymerase delta/epsilon-mediated excision repair in response to gamma radiation or ultraviolet light in p53-deficient fibroblast strains from affected members of a cancer-prone family with Li-Fraumeni syndrome." *Carcinogenesis* 17:691-8.
Misteli, T. and E. Soutoglou, E(2009). "The emerging role of nuclear architecture in DNA repair and genome maintenance." *Nat Rev Mol Cell Biol* 10(4):243-54.
Sedelnikova, O. A., I. Horikawa, et al(2008). "Delayed kinetics of DNA double-strand break processing in normal and pathological aging." *Aging Cell* 7:89-100.
Seo, YR, et al(2003). "Implication of p53 in base excision DNA repair: *in vivo* evidence." *Oncogene* 21: 731-737.
Shieh, SY, et al(2000). "The human homologs of chechpoint kinases Chk1 and Cds1 (Chk2) phosphorylates p53 at multiple DNA damage-inducible sites." *Genes Dev.* 14: 289-300.
Song, H, et al(2007). "p53 gain-of-function cancer mutants induce genetic instability by inactivating ATM." *Nat. Cell. Biol.* 9: 573-580.
Tang, W, et al(1999). "p53 directly enhances rejoining of DNA double-strand breaks with cohesive ends in gamma-irradiated mouse fibroblasts." *Cancer Res.* 59: 2562-2565.
Tron, VA, et al(1998). "p53-dependent regulation of nucleotide excision repair in murine epidermis *in vivo*." *J. Cutan. Med. Surg.* 3, 16-20.
Wang, X. W., et al(1995). "p53 modulation of TFIIH-associated nucleotide excision repair activity." *Nat Genet* 10:188-195.
Williams, A. B. and Schumacher, B(2016). "p53 in the DNA-damage-repair process." *Cold Spring Harb Prospect Med* 6:a026070.
Yoon, T, et al(2005). "Tumor-prone phenotype of the DDB2-deficient mice." *Oncogene* 24: 469-478.
송호석(2012). "Gain of function by p53 cancer mutants in cancer." 분자세포생물학뉴스레터.

김태호(2016). "DNA 손상에 의한 암 발생을 막아주는 BRCA." 분자세포생물학뉴스레터.
오상진(2005). "인체노화." 탐구당
오상진(2015). "노화의 생물학." 탐구당.
오상진(2018). "노화생리학." 탐구당.
오상진(2020). "암 억제 유전자." 탐구당.
오상진(2022). "텔로미어와 텔로머레이스." 탐구당.

8장 p53과 이동성 유전인자

Aravin, A. A., et al(2007). "The Piwi-piRNA pathway provides an adaptive defense in the transposon arms race." *Science* 318:761-4.

Babushok, D. V., et al(2007). "Progress in understanding the biology of the human mutagen LINE-1." *Hum Mutat* 28:527-39.

Baillie, J. K., et al(2011). "Somatic retrotransposition alters the genetic landscape of the human brain." *Nature* 479:534-7.

Beck, C. R., et al(2010). "LINE-1 retrotransposon activity in human genome." *Cell* 141:1159-70.

Belyi, V. A. and Levine, A. J(2009). "One billion years of p53/p63/p73 evolution." *Proc Natl Acad Sci* 106:17609-10.

Bersani, F., et al(2015). "Pericentromeric satellite repeat expansions through RNA-derived DNA intermediates in cancer." *Proc Natl Acad Sci* 100:5280-5.

Britten, R. J. and Kohne, D. E. (1968). "Repeated sequence in DNA." *Science* 161:529-40.

Bouzinba-Segard, H., et al(2006). "Accumulation of small murine minor satellite transcripts leads to impaired centromeric architecture and function." *Proc Natl Acad Sci* 103:8709-14.

Chang, N. T., et al(2007). "The transcriptional activity of HERV-1 LTR is negatively regulated by its cis-elements and wild-type p53 tumor suppressor protein." *J Biomed Sci* 14:211-22.

De Cecco, M., et al(2013). "Transposable elements become active and mobile in the genomes of aging mammalian somatic tissues." *Aging* 5:867–883.

Denli, A. M., et al(2015). "Primate-specific ORF0 contributes to retrotransposon-mediated diversity." *Cell* 163:583-93.

Dudgeon, C., et al(2014). "The evolution of thymic lymphomas in p53 knockout

mice." *Genes Dev* 28:2613-20.
Gasior, S. L., et al(2006). "The human LINE-1 retrotransposon creates DNA double-stranded breaks." *J Mol Biol* 357:1383-93.
Grow, E. J., et al(2015). "Intrinsic retroviral reactivation in human preimplantation embryos and pluripotent cells." *Nature* 522:221-5.
Haoudi, A., et al(2004). "Retrotransposition-competent human LINE-1 induces apoptosis in cancer cells with intact p53." *BioMed Res Int* 4:185-94.
Lander, E. S., et al(2001). "Initial sequencing and analysis of the human genome." *Nature* 409:860-921.
Lee, E., et al(2012). "Landscape of somatic retrotransposition in human cancers." *Science* 337:967-71.
Leonova, K. I., et al(2013). "P53 cooperates with DNA methylation and a suicidal interferon response to maintain epigentic silencing of repeats and noncoding RNAs." *Proc Natl Acad Sci* 110:E89-98.
Lu, W. J., et al(2010). "Meiotic recombination provokes functional activation of the p53 regulatory network." *Science* 328:1278-81.
Harris, C. R., et al(2009). "P53 responsive elements in human retrotransposons." *Oncogene* 28:3857-65.
Harris, C. R., et al(2010). "Association of nuclear localization of a long interspered nuclear element-1 protein in breast tumors with poor prognostic outcomes." *Genes Cancer* 1:115-24.
Hoh, J., et al(2002). "The p53MH algorithm and its application in detecting p53-responsive genes." *Proc Natl Acad Sci* 99:8467-72.
Hu, W., et al(2007). "P53 regulates maternal reproduction through LIF." *Nature* 450:721-4.
Huang, C. R. L., et al(2010). "Mobile interspersed repeats are major structural variants in the human genome." *Cell* 141:1171-82.
Iskow, R. C., et al(2010). "Natural mutagenesis of human genomes by endogenous retrotransposons." *Cell* 141:1253-61.
Jackson-Grusby, L., et al(2001). "Loss of genomic methylation causes p53-dependent apoptosis and epigenetic deregulation." *Nature Genet* 27:31-9.
Kelley, D. and Rinn, J(2012). "Transposable elements reveal a stem cell-specific class of long noncoding RNAs." *Genome Biol* 13:R107.
Levine, A. J. and Lane, D. J., eds(2010). Cold Spring Harbor Perspectives in Biology: the p53 Family. Cold Spring Harbor: Cold Spring Harbor Laboratory Press.
Levine, A. J. and Greenbaum, B(2012). "The maintenance of epigenetic states by p53:

the guardian of the epigenome." *Oncotarget* 3:1503.

Levine, A. J., et al(2016). "p53 and the defenses against genome instability caused by transposons and repetitive elements." *Bioessays* 38:508-513.

Medstrand, P., et al(2005). "Impact of transposable elements on the evolution of mammalian genome regulation." *Cytogen Genome Res* 110:342-52.

Puzio-Kuter, A. M. and Levine, A. J(2009). "Stem cell biology meets p53." *Nat Biotech* 27:914-5.

Saito, K., et al(2006). "Specific association of Piwi with rasiRNAs derived from retrotansposon and heterochromatic regions in the Drosophila genome." *Genes Dev* 20:2214-22.

Singer, T., et al(2010). LINE-1 retrotransposons: mediators of somatic variation in neuronal genomes?" *Trends Neuro* 33:345-54.

Takahashi, K. and Yamanaka, S(2006). "Induction of pluripotent stem cells from mouse embryonic and adult fibroblast cultures by defined factors." *Cell* 126:663-76.

Ting, D. T., et al(2011). "Aberrant overexpression of satellite repeats in pancreatic and other epithelial cancers." *Science* 331:593-6.

Tubio, J. M., et al(2014). Extensive transduction of nonrepetitive DNA mediated by L1 retrotransposition in cancer genomes." *Science* 345:1251343.

Venter, J. C., et al(2001). "The sequence of the human genome." *Science* 291:1304-51.

Wang, T., et al(2007). "Species-specific endogenous retroviruses shape the transcriptional network of the human tumor suppressor protein p53." *Proc Natl Acad Sci* 104:18613-8.

Wang, B., et al(2009). "Redefining the p53 response element." *Proc Natl Acad Sci* 106:14373-14378.

Wylie, A., et al(2014). "p53 activity is selectively licensed in the Drosophila stem cell compartment." *eLife* 3:e01530.

Wylie, A., et al(2016a). "P53 genes function to restrain mobile elements." *Genes Dev* 30:64-77.

Wylie, A., et al(2016b). "p53 in the game of transposons." *Bioassays* 38:1111-1116.

Yi, L., et al(2012). "Multiple roles of p53-related pathways in somatic cell reprogramming and stem cell differentiation." *Cancer Res* 72:5635-45.

Younger, S. T. and Rinn, J. L(2015). "Silent pericentromeric repeats speak out." *Proc Natl Acad Sci* 112:15008-9.

Younger, S. T., et al(2015). "Integrative genomic analysis reveals widespread enhancer regulation by p53 in response to DNA damage." *Nucleic Acids Res*

43:4447-62.
Zhu, Q., et al(2011). "BRCA1 tumour suppression occurs via heterochromatin-mediated silencing." *Nature* 477:179-84.
Zhurkin, V. B., et al(2003). "Distribution of p53 binding sites in the human genome reflects the diversity of p53 binding and its tumor suppressor function." *J Biomol Struct Dynam* 20:858-9.
오상진(2005). "인체노화." 탐구당
오상진(2015). "노화의 생물학." 탐구당.
오상진(2018). "노화생리학." 탐구당.
오상진(2020). "암 억제 유전자." 탐구당.
오상진(2022). "텔로미어와 텔로머레이스." 탐구당.

9장 텔로미어와 유전체 보호

Armanios, M(2013). "Telomeres and age-related disease: how telomere biology informs clinical paradigms." *J Clin Invest* 123:996-1002.
Armanios, M. and E. H. Blackburn(2012). "The telomere syndromes." *Nat Rev Genet* 13:693-704.
Aubert, G. and P. M. Lansdorp(2008). "Telomeres and aging." *Physiol Rev* 88:557-579.
Armanios, M(2009). "Syndromes of Telomere Shortening." *Annu Rev Genomics Hum Genet* 2009;10:45–61.
Artandi, S. E., et al(2000). "Telomere dysfunction promotes non-reciprocal translocations and epithelial cancers in mice." *Nature* 406:641-645.
Blasco, M. A., et al(1997). "Telomere shortening and tumor formation by mouse cells lacking telomerase RNA." *Cell* 91(1):25-34.
Broccoli, D., et al(1997). "Human telomeres contain two distinct Myb–related proteins, TRF1 and TRF2." *Nat Genet* 17:231-5.
Celli, G. B. and de Lange, T(2005). "DNA processing is not required for ATM-mediated telomere damage response after TRF2 deletion." *Nat Cell Biol* 7:712-718.
Chang, S., et al(2004). "Essential role of limiting telomeres in the pathogenesis of Werner syndrome." *Nat Genet* 36(8):877-882.
Chin, L., et al(1999). "p53 deficiency rescues the adverse effects of telomere loss and cooperates with telomere dysfunction to accelerate carcinogenesis." *Cell* 97(4):527-538.
Cong, Y. S. and Bacchetti, S(2000). "Histone deacetylation is involved in the

transcriptional repression of hTERT in normal human cells." *J Biol Chem* 275:35665-35668.

Crabbe, L., et al(2007). "Telomere dysfunction as a cause of genomic instability in Werner syndrome." *PNAS* 104:2205-2210.

De Jesus B. B., et al(2011). "The telomerase activator TA-65 elongates short telomeres and increases health span of adult/old mice without increasing cancer incidence." *Aging Cell* 10:604-621.

De Lange and J. H. J. Petrini(2000). "A new connection at human telomeres: Association of the MRE11 complex with TRF2." In *Biological Responses to DNA damage*, Cold Spring Harbor Laboratory Press.

De Lange, T(2005). "Shelterin: the protein complex that shapes and safeguards human telomeres." *Genes Dev* 19:2100-2110.

Denchi, E. L. and de Lange, T(2007). "Protection of telomeres through independent control of ATM and ATR by TRF2 and POT1." *Nature* 448:1068-71.

Dimitrova, N. and de Lange, T(2009). "Cell cycle-dependent role of MRN at dysfunctional telomeres: ATM signaling-dependent induction of non-homologous end joining (NHEJ) in G1 and resection-mediated inhibition of NHEJ in G2." *Mol Cell* Biol 29(20):5552-5563.

Gomez, D. E., et al(2012). "Telomere structure and telomerase in health and disease." *International Journal of Oncology* 41:1561-1569.

Hou, M., et al(2002). "The Histone Deacetylase Inhibitor Trichostatin A Derepresses the Telomerase Reverse Transcriptase (hTERT) Gene in Human Cells." *Exp Cell Res* 274:25-34.

Jiang, H., et al(2007). "Telomere shortening and ageing." *Z Gerontol Geriat* 40:314-324.

Karlseder, J. Kachatrian, L. et al(2003). " Targeted deletion reveals an essential function for the telomere length regulator Trf1." *Mol Cell Biol* 23:6533-6541.

Karlseder, J., et al(2004). "The Telomeric Protein TRF2 Binds the ATM Kinase and Can Inhibit the ATM-Dependent DNA Damage Response." *PLoS Biol* 2(8):E240.

Kim, H., et al(2009). "TRF2 functions as a protein hub and regulates telomere maintenance by recognizing specific peptide motifs." *Nat Struct Mol Biol* 16:372-379.

Laud, P. L., et al(2005). "Elevated telomere-telomere recombination in WRN-deficient, telomere dysfunctional cells promotes escape from senescence and engagement of the ALT pathway." *Genes Dev* 19(21):2560-2570.

Lei, M., et al(2003). "DNA self-recognition in the structure of Pot1 bound to telomeric single-stranded DNA." *Nature* 2003; 426:198-203.

Li, H., et al(1999). "Molecular interactions between telomerase and the tumor suppressor protein p53 *in vitro.*" *Oncogene* 18:6785-6794.

Li, H., et al(2006). "Transforming growth factor beta suppresses human telomerase reverse transcriptase (hTERT) by Smad3 interactions with c-Myc and the hTERT gene." *J Biol Chem* 281:25588-25600.

Lim, C. J. and Cech, T(2021). "Shaping human telomeres: from shelterin and CST complexes to telomeric chromatin organization." *Nat Rev Mol Cell Biol* 22:283-298.

Liu, D., et al(2004). "PTOP interacts with POT1 and regulates its localization to telomeres." *Nat Cell Biol* 6:673-680.

Maciejowski, J. and de Lange, T(2017). "Telomeres in cancer: tumour suppression and genome instability." *Nat Rev Mol Cell Biol.* 18:175-186.

Martínez, P., et al(2009). "Increased telomere fragility and fusions resulting from TRF1 deficiency lead to degenerative pathologies and increased cancer in mice." *Genes Dev* 23(17):2060-2075.

O'Sullivan, R. J. and Karlseder, J(2010). "Telomeres: protecting chromosomes against genome instability." *Nat Rev Mol Cell Biol* 11:171-181.

Roake, C. M. and Artandi, S(2020). "Regulation of human telomerase in homeostasis and disease." *Nat Rev Mol Cell* Biol 21:384-397.

Sfeir, A., et al(2009). "Mammalian telomeres resemble fragile sites and require TRF1 for efficient replication." *Cell* 138(1):90-103.

Srinivas, N., et al(2020). "Telomeres and Telomere Length: A General Overview." *Cancers* 12:558.

Smogorzewska, A., et al(2000). "Control of human telomere length by TRF1 and TRF2." *Mol Cell Biol* 20:1659-1668.

Smogorzewska, A., et al(2002). "DNA ligase IV-dependent NHEJ of deprotected mammalian telomeres in G1 and G2." *Curr Biol* 12(19):1635-1644.

Takai, K. K., et al(2011) "Telomere Protection by TPP1/POT1 Requires Tethering to TIN2." *Molecular Cell* 44:647-659.

Tang, J., et al(2008). "G-quadruplex preferentially forms at the very 3′ end of vertebrate telomeric DNA." *Nucleic Acids Res* 36:1200-1208.

Tomas-Loba, A., et al(2008). "Telomerase reverse transcriptase delays aging in cancer-resistant mice." *Cell* 135:609–622.

Tomlinson, R. L., et al(2006). "Cell cycle-regulated trafficking of human teloerase to telomeres." *Mol Biol Cell* 17:955-965.

Tsukamoto, Y., et al(2001). "The role of the Mre11-Rad50-Xrs2 complex in telomerase mediated lengthening of Saccharomyces cerevisiae telomeres." *Curr Biol* 11:1328-1335.

van Steensel, B., et al(1998). "TRF2 protects human telomeres from end-to-end fusions." *Cell* 92(3):401-413.

Verdun, R. E., et al(2005). "Functional human telomeres are recognized as DNA damage in G2 of the cell cycle." *Mol Cell* 20:551-561.

Verdun, R. E. and Karlseder, J(2007). "Replication and protection of telomeres." *Nature* 447:924-931.

Wan, M., et al(2009). "OB fold-containing protein 1(OBFC1), a human homolog of yeast Stn1, associates with TPP1 and is implicated in telomere length regulation. *JBC* 284:26725-26731.

Xu, D., et al(2000). "Downregulation of telomerase reverse transcriptase mRNA expression by wild type p53 in human tumor cells." *Oncogene* 19:5123-5133.

Xu, L. and Blackburn, E. H(2007). "Human Cancer Cells Harbor T-Stumps, a Distinct Class of Extremely Short Telomeres." *Mol Cell* 28:315-327.

Yoo, H. H. and Chung, I. K(2011). "Requirement of DDX39 DEAD box RNA helicase for genome integrity and telomere protection." *Aging Cell* 10:557-571.

Zhang, M. L., et al(2010). "Yeast telomerase subunit Est1p has guanine quadruplex-promoting activity that is required for telomere elongation." *Nat Struct Mol Biol* 17:202-209.

Zhu, Q., et al(2008). "Lysine-Specific Demethylase 1 (LSD1) Is Required for the Transcriptional Repression of the Telomerase Reverse Transcriptase (hTERT) Gene." *PLoS one* 3:e1446.

심하나(2020). 전남대학교 학부 졸업논문.

오상진(2005). "인체노화." 탐구당

오상진(2015). "노화의 생물학." 탐구당.

오상진(2018). "노화생리학." 탐구당.

오상진(2020). "암 억제 유전자." 탐구당.

오상진(2022). "텔로미어와 텔로머레이스." 탐구당.

10장 유전체 안정성과 CST 역할

Armanios, M. and Blackburn, E. H(2012). "The telomere syndromes." *Nat Rev Genet* 13:693-704.

Bhattacharjee, A., et al(2017). " Dynamic DNA binding, junction recognition and G4 melting activity underlie the telomeric and genome-wide roles of human CST. " *Nucleic Acids Res*

Casteel, E., et al(2009). "A DNA polymerase- {alpha}{middle dot}primase cofactor with homology to replication protein A-32 regulates DNA replication in mammalian cells." *J Biol Chem* 284:5807-18.

Chastain, M., et al(2016). "Human CST Facilitates Genome-wide RAD51 Recruitment to GC-Rich Repetitive Sequences in Response to Replication Stress." *Cell Rep* 16:2048.

Chen, L. Y., et al(2012). "The human CST complex is a terminator of telomerase activity." *Nature* 488:540-4.

Chen, L. Y. and Lingner, J(2013). "CST for the grand finale of telomere replication." *Nucleus* 4:277-82.

Cortez, D(2015). " Preventing replication fork collapse to maintain genome integrity." *DNA Repair* (Amst) 32:149-57.

Croteau, D. L., et al(2014). "Human RecQ helicases in DNA repair, recombination, and replication." *Annu Rev Biochem* 83:519-52.

Davies, S. L., et al(2007). "Role for BLM in replication-fork restart and suppression of origin firing after replicative stress. " *Nat Struct Mol Biol* 14:677-9.

Doksani, Y., et al(2013). "Super-resolution fluorescence imaging of telomeres reveals TRF2-dependent T-loop formation." *Cell*, 155:345-356.

Drosopoulos, W. C., et al(2015). "BLM helicase facilitates telomere replication during leading strand synthesis of telomeres." *J Cell Biol* 210:191-208.

Feng, X., et al(2017). "CTC1-mediated C-strand fill-in is an essential step in telomere length maintenance." *Nucleic Acids Res* 45:4281-4293.

Gasparyan, H. J., et al(2009). "Yeast telomere capping protein Stn1 overrides DNA replication control through the S phase checkpoint." *Proc Natl Acad Sci USA* 106:2206-11.

Ge, X.Q., et al(2007). "Dormant origins licensed by excess Mcm2-7 are required for human cells to survive replicative stress." *Genes Dev* 21:3331-41.

Gelot, C., et al(2015). "Replication stress in Mammalian cells and its consequences for mitosis." *Genes* (Basel) 6:267-98.

Giraud-Panis, M. J., et al(2010). " CST meets shelterin to keep telomeres in check." *Mol Cell* 39:665-76.

Goulian, M. and Heard, C. J(1990) " The mechanism of action of an accessory protein for DNA polymerase alpha/primase. " *J Biol Chem* 265:13231-9.

Goulian, M., et al(1990). " Purification and properties of an accessory protein for

DNA polymerase alpha/primase." *J Biol Chem* 265:13221–30.
Gu, P. and Chang, S(2013). " Functional characterization of human CTC1 mutations reveals novel mechanisms responsible for the pathogenesis of the telomere disease Coats plus. " *Aging Cell* 12:1100–9.
Hom, R. A. and Wuttke, D. S(2017). " Human CST prefers G-rich but not necessarily telomeric sequences." *Biochemistry* 56:4210-4218.
Huang, C., et al(2012). "Human Stn1 protects telomere integrity by promoting efficient lagging-strand synthesis at telomeres and mediating C-strand fill-in." *Cell Res* 22:1681–95.
Keller, R. B., et al(2012). "CTC1 Mutations in a patient with dyskeratosis congenita." *Pediatr Blood Cancer* 59:311–4.
Larsen, N. B. and Hickson, I. D(2013). "RecQ Helicases: Conserved Guardians of Genomic Integrity." *Adv Exp Med Biol* 767:161–84.
Lin, Y. C., et al(2001). "Binding and partial denaturing of G-quartet DNA by Cdc13p of Saccharomyces cerevisiae." *J Biol Chem* 276:47671–4.
Lue, N. F., et al(2013). "The telomere capping complex CST has an unusual stoichiometry, makes multipartite interaction with G-Tails, and unfolds higher-order G-tail structures." *PLoS Genet* 9:e1003145.
Lue, N. F., et al(2014). "The CDC13-STN1-TEN1 complex stimulates Pol alpha activity by promoting RNA priming and primase-to-polymerase switch." *Nat Commun* 5:5762.
Maciejowski, J. and de Lange, T(2017). "Telomeres in cancer: tumour suppression and genome instability." *Nat Rev Mol Cell Biol* 18:175-186.
Martin, V., et al(2007). " Protection of telomeres by a conserved Stn1-Ten1 complex." *Proc Natl Acad Sci USA* 104:14038–43.
Martinez, P., et al(2009). "Increased telomere fragility and fusions resulting from TRF1 deficiency lead to degenerative pathologies and increased cancer in mice." *Genes Dev* 23:2060–75.
Miyake, Y., et al(2009). "RPA-like mammalian Ctc1-Stn1-Ten1 complex binds to single-stranded DNA and protects telomeres independently of the Pot1 pathway." *Mol Cell* 36:193–206.
Nakaoka, H., et al(2012). "Xenopus laevis Ctc1-Stn1-Ten1 (xCST) protein complex is involved in priming DNA synthesis on single-stranded DNA template in Xenopus egg extract." *J Biol Chem* 287:619–27.
Nelson, N. D. and Bertuch, A. A(2012). " Dyskeratosis congenita as a disorder of telomere maintenance." *Mutat Res* 730:43–51.

Price, C. M., et al(2010). "Evolution of CST function in telomere maintenance." *Cell Cycle* 9:3157–65.

Rice, C. and Skordalakes, E(2016). "Structure and function of the telomeric CST complex." *Comput Struc Biotechnol J* 14:161-7.

Saharia, A., et al(2010). "FEN1 ensures telomere stability by facilitating replication fork re-initiation." *J Biol Chem* 285: 27057–66.

Shen, Z.J., et al(2014). "PP2A and Aurora differentially modify Cdc13 to promote telomerase release from telomeres at G2/M phase." *Nat Commun* 5:5312.

Simon, A. J., et al(2016). "Mutations in STN1 cause Coats plus syndrome and are associated with genomic and telomere defects." *J Exp Med* 213:1429–40.

Stewart, J. A., et al(2012). "Human CST promotes telomere duplex replication and general replication restart after fork stalling." *EMBO J* 31:3537–49.

Stewart, J. A., et al(2012). "Maintaining the end: roles of telomere proteins in end-protection, telomere replication and length regulation." *Mutat Res* 730:12–9.

Stewart, J. A., et al(2018). "Emerging roles of CST in maintaining genome stability and human disease." *Front Biosci* 23:1564-1586.

Theobald, D. L., et al(2003). "Nucleic acid recognition by OB-fold proteins." *Annu Rev Biophys Biomol Struct* 32:115–33.

Wang, F., et al(2014). "Human CST abundance determines recovery from diverse forms of DNA damage and replication stress." *Cell Cycle* 13:3488–98.

Zeman, M. K. and Cimprich, K. A(2014). "Causes and consequences of replication stress." *Nat Cell Biol* 16:2–9.

Zhong, F. L., et al(2012). "TPP1 OB-fold domain controls telomere maintenance by recruiting telomerase to chromosome ends." *Cell* 150:481–94.

오상진(2005). "인체노화." 탐구당

박상대(2007). "세포생물학." 교보문고.

오상진(2015). "노화의 생물학." 탐구당.

전진석(2015). "세포학." 월드사이언스.

11장 유전체 안정성과 WRN 단백질

Agrelo, R., W. H. Cheng, et al(2006). "Epigenetic inactivation of the premature aging Werner syndrome gene in human cancer." *Proc Natl Acad Sci USA* 103(23):8822-7.

Blander, G., et al(1999). "Physical and functional interaction between p53 and

Werner's syndrome protein." *J Biol Chem* 275:23500.

Bochman, M. L(2014). "Roles of helicases in the maintenance of genome integrity." *Molecular & Cellular Oncology* 1:3, e963429.

Bohr, V. A(2008). "Rising from the RecQ-age: the role of human RecQ helicases in genome maintenance." *Trends in Biochemical Sciences* 33:609-620.

Cesare, A. J. and R. R. Reddel(2010). "Alternative lengthening of telomeres: models, mechanisms and implications." *Nature Reviews Genetics* 11:319-330.

Chung, L., D. Onyango, et al(2014). "The FEN1 E359K germline mutation disrupts the FEN-WRN interaction and FEN1 GEN activity, causing aneuploidy-associated cancers." *Oncogene* 2014 March 10 doi: 10.1038/onc.2014.19. [Epub ahead of print].

Conomos, D., H. A. Pickett, et al(2013). "Alternatve lengthening of telomeres: remodeling the telomere architecture." *Frontiers in Oncology* 3:1-7.

Constantinou, A., et al(2000). "Werner's syndrome protein(WRN) migrates Holliday junctions and co-localizes with RPA upon replication arrest." *EMBO Rep* 1:80.

Croteau, D. L., D. K. Singh, et al(2012). "RECQL4 in genomic instability and aging." *Trends in Genetics* 28:624-631.

Das, A., I. Boldogh, et al(2007). "The human Werner syndrome protein stimulates repair of oxidative DNA base damage by the DNA glycosylase NEIL1. *J Biol Chem* 282(36):26591-602.

Deans, A. J. and S. C. West(2013). "DNA interstrand crosslink repair and cancer." *Nature Reviews Cancer* 11:467-480.

Du, X., J. Shen, et al(2004). "Telomere shortening exposes functions for the mouse Werner and Bloom syndrome genes." *MCB* 24(9):8437-8446.

Fry, A(2002). "The Werner Syndrome Helicase-Nuclease—One Protein, Many Mysteries." *Sci Aging Knowl Environ* DOI: 10.1126/sageke.2002.13.re2

Gebhart, E., R. Bauer, et al(1988). "Spontaneous and induced chromosomal instability in Werner syndrome." *Hum Genet* 80(2):135-9.

Gilley, D., H. Tanaka, et al(2005). "Telomere dysfunction in aging and cancer." *IJBCB* 37:1000-1013.

Goto, M., R. W. Miller, et al(1996). "Excess of rare cancers in Werner syndrome(adult progeria)." *Cancer Epidemiol Biomarkers Prev* 5:239-246.

Lombard, D. B., C. Beard, et al(2000). "Mutations in the WRN gene in mice accelerate mortality in a p53-null background." *MCB* 20(9):3286-3291.

Mason, P. A. and L. S. Cox(2012). "The role of DNA exonucleases in protecting genome stability and their impact on ageing." *AGE* 34:1317-1340.

Multani, A. S. and S. Chang(2007). "WRN at telomere: implication for aging and cancer." *J Cell Sci* 120(5):713-721.

Opresko, P. L., W. H. Cheng, et al(2003). "Werner syndrome and the function of the Werner protein; what they can teach us about the molecular aging process." *Carcinogenesis* 24:791-802.

Oshima, J., et al(2001). "Gene action at the werner helicase locus: its role in the pathobiology of aging." In *The role of DNA damage and repair in cell aging* (eds. Gilchrest, B. A. and V. A. Bohr), p. 214. Elsevier.

Passos, J. F., G. Saretzki, et al(2007). "DNA damage in telomeres and mitochondria during cellular senescence: is there a connection?" *Nucleic Acids Res.* 35:7505-7513.

Peng, W., H. Takai, et al(2012). "Telomeric 3' overhangs derive from resection by Exo1 and Apollo and fill-in by Pot1b-associated CST." *Cell* 150:39-52.

Pichierri, P., et al(2011). "The Werner Syndrome protein: linking the replication checkpoint response to genome stability." *Aging* 3:311-318.

Popuri, V., J. Hsu, et al(2014). "Human RECQL1 participates in telomere maintenance." *Nucleic Acids Research* 2014 Mar 12. [Epub ahead of print].

Reddy, S., B. Li, et al(2010). "Processing of human telomeres by the Werner syndrome protein." *Cell Cycle* 9(16):3137-3138.

Shamanna, R. A., et al(2017). "Recent advances in understanding werner syndrome." *F1000Research* 6:1779.

Sidorova, J., K. Kehrli, et al(2013). "Distinct functions of human RECQ helicases WRN and BLM in replication fork recovery and progression after hydroxyurea-induced stalling." *DNA repair* 12:128-139.

Singh, D. K., et al(2009). "Roles of RECQ helicases in recombination based DNA repair, genomic stability and aging." *Biogerontology* 10:235-252.

Sonoda, E., et al(1999). "Sister chromatid exchanges are mediated by homologous recombination in vertebrate cells." *Mol Cell Biol* 19:5166.

Williamson, J. R(1994). "G-quartet structures in telomeric DNA." *Annu Rev Biophys Biomol Struct* 23:703.

Wu, L., et al(2000). "Roles of RecQ helicases in the maintenance of genome stability." *Cold Spring Harbor Symposia on Quantitative Biology* 65:573-81.

Yu, C. E., J. Oshima, et al(1996). "Positional cloning of the Werner's syndrome gene." *Science* 272:258-262.

오상진(2005). "인체노화." 탐구당

오상진(2015). "노화의 생물학." 탐구당.

오상진(2018). "노화생리학." 탐구당.
오상진(2020). "암 억제 유전자." 탐구당.
오상진(2022). "텔로미어와 텔로머레이스." 탐구당.

12장 조로증

Adam, S. A. and Goldman, R. D(2012). "Insights into the differences between the A- and B-type nuclear lamins." *Adv Biol Regul* 52:108–113.

Ali, S., et al(2017). "RECQ helicase, missense mutations, oxidative stress and BLM gene defect in bloom syndrome." *Int J Mol Biol Open Access* 2:117-122.

Bohr, V. A(2008). "Rising from the RecQ-age: the role of human RecQ helicases in genome maintenance." *Trends in Biochemical Sciences* 33:609-620.

Cesare, A. J. and R. R. Reddel(2010). "Alternative lengthening of telomeres: models, mechanisms and implications." *Nature Reviews Genetics* 11:319-330.

Chung, L., D. Onyango, et al(2014). "The FEN1 E359K germline mutation disrupts the FEN-WRN interaction and FEN1 GEN activity, causing aneuploidy-associated cancers." *Oncogene* doi: 10.1038/onc.2014.19.

Cooper, G. M(2019). The Cell : A Molecular Approach (8th ed.), New York: Oxford University Press.

Croteau, D. L., D. K. Singh, et al(2012). "RECQL4 in genomic instability and aging." *Trends in Genetics* 28:624-631.

Das, A., I. Boldogh, et al(2007). "The human Werner syndrome protein stimulates repair of oxidative DNA base damage by the DNA glycosylase NEIL1. J Biol Chem 282(36):26591-602.

Deans, A. J. and S. C. West(2013). "DNA interstrand crosslink repair and cancer." *Nature Reviews Cancer* 11:467-480.

Dreesen, O(2020). "Towards delineating the chain of events that cause premature senescence in the accelerated aging syndrome Hutchinson-Gilford progeria(HGPS)." *Biochemical Society Transactions* 48:981-991.

Du, X., J. Shen, et al(2004). "Telomere shortening exposes functions for the mouse Werner and Bloom syndrome genes." *MCB* 24(9):8437-8446.

Gonzalo, S(2014). "DNA damage and Lamins." *Adv Exp Med Biol.* 773:377-399.

Friedberg, E. C., Walker, G. C. and Siede, W(1995). "DNA Repair and Mutagenesis." *ASM Press, Washington*, D.C.

Gonzalo, S. and Kreienkamp, R(2015). "DNA repair defects and genome stability in

Hutchinson-Gilford Progeria Syndrome." *Curr Opin Cell Biol.* 34:75-83.
Gonzalo, S. and Coll-Bonfill, N(2019). "Genomic instability and innate immune responses to self-DNA in progeria." *GeroScience* 41:255-266.
Gonzalez, J. M., et al(2011). "A-type lamins and Hutchinson-Gilford progeria syndrome: pathogenesis and therapy." *Front Biosci* 3:1133-1146.
Goto, M., et al(1992). "Genetic linkage of Werner's syndrome to five markers on chromosome 8." *Nat Genet* 17:100-103.
Hanawalt, P. C(2000). "The bases for Cockayne syndrome." *Nature* 405:415-416.
Hegele, R. A(2003). "Lamin mutations come of age." *Nature Medicine* 9:644-5.
Kang, S. M., et al(2018). "Laminopathies; Mutations on single gene and various human genetic diseases." *BMB Rep* 51:327-337.
Kipling, D., et al(2004). "What can progeroid syndromes tell us about human aging." *Science* 305:1426-1431.
Kieran, M. W., et al(2007). "New approaches to progeria." *Pediatrics* 120:834-841.
Kreienkamp, R. and Gonzalo, S(2020). "Metabolic dysfunction in Hutchinson-Gilford progeria syndrome." *Cells* 9:395.
Kubben, N., et al(2016). "Repression of the antioxidant NRF2 pathway in premature aging." *Cell* 165:1361-1374.
Lehmann, A(2002). "Ageing: repair and transcription keep us from premature agring." *Current Biology* 12:R550-1.
Jose, J(2020). "Bloom syndrome – A review Article." *Adalya Journal* 9:1490-1493.
Liu, B., Wang, J., et al(2005). "Genomic instability laminopathy-based premature aging." *Nature Med.* 11:780-785.
Misteli, T. and Scaffidi, P(2005). "Genome instability in progeria: when repair gets old." *Nature Med.* 11:718-719.
Multani, A. S. and S. Chang(2007). "WRN at telomere: implication for aging and cancer." *J Cell Sci* 120(5):713-721.
Nevado, R. M(2020). "Premature vascular aging with features of plaque vulerability in an atheroprone mouse model of Hutchinson-Gilford progeria syndrome with Ldlr deficiency." *Cells* 9:2252.
Oshima, J., et al(1996). "Homozygous and compound heterozygous mutations at the Werner syndrome locus." *Hum Molecular Genet* 5:1909-1913.
Oshima, J., et al(2001). "Gene action at the werner helicase locus: its role in the pathobiology of aging." *Advances in Cell Aging and Gerontology* 4:207-226.
Opresko, P. L., W. H. Cheng, et al(2003). "Werner syndrome and the function of the Werner protein; what they can teach us about the molecular aging process."

Carcinogenesis 24:791-802.
Reddy, S., B. Li, et al(2010). "Processing of human telomeres by the Werner syndrome protein." *Cell Cycle* 9(16):3137-3138.
Scaffidi, P. and Misteli, T(2006). Lamin A-dependent nuclear defects in human aging." *Science* 312:1059-63.
Sidorova, J., K. Kehrli, et al(2013). "Distinct functions of human RECQ helicases WRN and BLM in replication fork recovery and progression after hydroxyurea-induced stalling." *DNA repair* 12:128-139.
Vijg, J(2007). "Aging of the genome." Oxford University Press.
Worman, H. J. and Courvalin, Jean-Claude(2004). "How Do Mutations in Lamins A and C Cause Disease?" *The Journal of Clinical Investigation* 113:349–351.
Yu, C. E., J. Oshima, et al(1996). "Positional cloning of the Werner's syndrome gene." *Science* 272:258-262.
Zaghini, A., G. Sarli, et al(2019). "Long term breeding of the Lmna G609G progeric mouse: Characterization of homozygous and heterozygous models." *Exp Gerontol* 130:110784.
질병관리청 홈페이지, 희귀질환 헬프라인, 희귀질환정보.
오상진(2005). "인체노화." 탐구당
오상진(2015). "노화의 생물학." 탐구당.
오상진(2018). "노화생리학." 탐구당.
오상진(2020). "암 억제 유전자." 탐구당.
오상진(2022). "텔로미어와 텔로머레이스." 탐구당.

13장 색소성 건피증

Brooker, R. J., et al(2008). "Biology." McGraw-Hill.
Burk, P. G., Lutzner, M. A., et al(1971). "Ultraviolet-stimulated thymidine incorporation in xeroderma pigmentosum lymphocytes." *J Lab Clin Med* 77:759–67.
de Sanctis, C. and Cacchione, A(1932). "L'idiozia xerodermica." *Riv Sper Freniatr*, 56:269-292.
Cleaver, J. E(1968). "Defective repair replication of DNA in xeroderma pigmentosum." *Nature* 218:652–6.
Cleaver, J. E(1972). "Xeroderma pigmentosum: variants with normal DNA repair and normal sensitivity to ultraviolet light." *J Invest Dermatol* 58:124–8
Cleaver, J. E. and Trosko, J. E(1970). "Absence of excision of ultraviolet-induced

cyclobutane dimers in xeroderma pigmentosum." *Photochem Photobiol* 11:547–50.

DiGiovanna, J. J. and Kraemer, K. H(2012). "Shining a light on Xeroderma Pigmentosum." *J Invest Dermatol* 132:785-796.

Gartler, S. M(1964). "Inborn Errors of Metabolism at the Cell Culture Level." International Medical Congress, New York.

Hebra, F. and Kaposi, M(1874). On diseases of the skin including exanthemata, volume III. New Sydenham Soc 61:252–8.

Keijzer, W., Jaspers, N. G., et al(1979). "A seventh complementation group in excision-deficient xeroderma pigmentosum." *Mutat Res* 62:183–90

Klug, W. S. and Cumming, M. R(2002). "Essential of Genetics." Prentice Hall.

Kraemer, K. H., Coon, H. G., et al(1975a). "Genetic heterogeneity in xeroderma pigmentosum: complementation groups and their relationship to DNA repair rates." *Proc Natl Acad Sci USA* 72:59–63.

Kraemer KH, De Weerd-Kastelein EA, Robbins JH et al (1975b) Five complementation groups in xeroderma pigmentosum. *Mutat Res* 33:327–40.

Kraemer, K. H., et al(1988). "Prevention of skin cancer in xeroderma pigmentosum with the use of oral isotretinoin." *N Engl J Med* 318:1633–7.

Kraemer, K. H., Lee, M. M., Andrews, A. D. et al(1994). "The role of sunlight and DNA repair in melanoma and nonmelanoma skin cancer." The xeroderma pigmentosum paradigm. *Arch Dermatol* 130:1018–21.

Lehmann, J., et al(2018). "Xeroderma Pigmentosum-Facts and Perspectives." *Anticancer Res* 38:1159-1164.

Per, M(1926). "Xeroderma pigmentosum (Kaposi): report of a case, with special reference to clinical features and pathogenesis." *Br J Dermatol*, 38:241-252.

Taylor, R. W(1888). "Xeroderma pigmentosum and its relationship to malignant newgrowths of the skin." *Med Rec* 33:261-269.

오상진(2005). "인체노화." 탐구당

오상진(2015). "노화의 생물학." 탐구당.

오상진, 임욱빈(2018). "노화생리학." 탐구당.

오상진(2020). "암억제유전자." 탐구당.

오상진(2022). "텔로미어와 텔로머레이스." 탐구당.

14장 헌팅턴 무도병

Andrew, S. E., et al(1993). "The relationship between trinucleotide (CAG) repeat length and clinical features of Huntington's disease." *Nat Genet* 4:398-403.

Arrasate, M., et al(2004). "Inclusion body formation reduces levels of mutant huntingtin and the risk of neuronal death." *Nature* 431:805-810.

Blum, D., et al(2014). "Mutant huntingtin alters Tau phosphorylation and subcellular distribution." *Hum Mol Genet* 24:76-85.

Bradford, J., et al(2010). "Mutant huntingtin in glia cells exacerbates neurological symptoms of Huntingto disease mice." *J Biol Chem* 285:10653-10661.

Caviston, J. P., et al(2007). "Huntingtin facilitates dynein/dynactin-mediated vesicle transport." *Proc Natl Acad Sci* 104:10445-10050.

Colin, E., et al(2008). "Huntingtin phosphorylation act as a molecular switch for anterogade/tetrogade transport in neurons." *EMBO J* 27:2124-2134.

Cornett, J., et al(2005). "Polyglutamine expansion of huntingtin impairs its nuclear export." *Nat Genet* 37:198-204.

Cui, L., et al(2006). "Transcriptional repression of PGC-1α by mutant huntingtin leads to mitochndrial dysfunction and neurodegeneration." *Cell* 127:59-69.

Furlong, R. A., et al(2000). "α-Synuclein overexpression promotes aggregation of mutant huntingtin." *Biochem J* 346:577-581.

Gatto, E. M., et al(2020). "Huntington disease: Advances in the understanding of its mechanisms." *Clinical Parkinsonism & Related Disorders* 3:100056.

Godin, J. D., et al(2010). "Huntingtin is required for mitotic spindle orientation and mammalian neurogenesis." *Neuron* 67:392-406.

Guo, X., et al(2013). "Inhibition of mitochondrial fragmentation diminishes Huntington's disease-associated neurodegeneration." *J Clin Invest* 123:5371-5388.

Hartl, F. U., et al(2011). "Molecular chaperones in protein folding and proteostasis." *Nature* 475-324-332.

Holmberg, C. I., et al(2004). "Inefficient degradation of truncated polyglutamine proteins by the proteasome." *EMBO J* 23:4307-4318.

Jimenez-Sanchez, M., et al(2017). "Huntington's Disease: mechanisms of pathogenesis and therapeutic strategies." *Cold Spring Harb Perspect Med* 7:a024240.

Kegel, K. B., et al(2000). "Huntingtin expression stimulates endosomal-lysosomal activity, endosome tubulation, and autophagy." *J Neurosci* 20:7268-7278.

Legleiter, J., et al(2010). "Mutant huntingtin fragments form oligomers in a polyglutamine length-dependent manner *in vitro* and *in vivo*." *J Biol Chem*

285:14777-14790.
Li, W., et al(2006). "Expression and characterization of full-length human huntingtin, an elongated HEAT repeat protein." *J Biol Chem* 281:15916-15922.
Marcora, E., et al(2010). "The huntington's disease mutation impairs Huntingtin's role in the transport of NF-κB from the synapse to the nucleus." *Hum Mol Genet* 19:4373-4384.
Nguyen, G. D., et al(2013). "Selective roles of normal and mutant huntingtin in neural induction and early neurogenesis." *PLos ONE* 8:e64368.
Schulte, J. and Littleton, J. T(2011). "The biological function of the Huntingtin protein and its relevance to Huntington's Disease pathology." *Curr Trends Neurol* 5:65-78.
Trottier, Y., et al(1994). "Instability of CAG repeats in Huntington's disease: relation to parental transmission and age of onset." *J Med Genet* 31:377-382.
Bishop, J. E. and Waldholz, M(1990). "Genome." Touchstone.
Ridley, M(1999). "Genome." Perennial.
Schulte, J. and Littleton, J. T(2011). "The biological function of the Huntington protein and its relevance to Huntington's Disease pathology." *Curr Trends Neurol* 5:65-78.
매트 리들리(2001). "게놈." 김영사.
헌팅턴병, 위키백과, https://ko.wikipedia.org/wiki/헌팅턴병.
오상진(2005). "인체노화." 탐구당
오상진(2015). "노화의 생물학." 탐구당.
오상진(2018). "노화생리학." 탐구당.
오상진(2020). "암 억제 유전자." 탐구당.
오상진(2022). "텔로미어와 텔로머레이스." 탐구당.
중앙일보, 2020년 10월 23일, [문병로의 알고리즘 여행].
한의신문, 2016.03.29. "헌팅턴씨 퇴행성 뇌질환의 원인 단백질 구조 및 메커니즘 규명."

15장 유전체 불안정성과 암

Andreassen, P., et al(1996). "Chemical induction of mitotic checkpoint override in mammalian cells results in aneuploidy following a transient tetraploid state." *Mutat Res* 372:181-194.
Chatterjee, S., et al(1999). "Poly(ADP-ribose) polymerase: a guardian of the genome that facilitates DNA repair by protecting against DNA recombination." *Mol Cell*

Biochem 193:23-30.

Cross, S., et al(1995). "A p53-dependent mouse spindle checkpoint." *Science* 267:1353-1356.

Dianov, G., et al(1992). "Generation of single-nucleotide repair patches following excision of uracil residues from DNA." *Mol Cell Biol* 12:1605–1612.

Editorial, (2011). *J of Mol Cell* Biol 3:1-3

Kastan, M. B., et al(1991). "Participation of p53 protein in the cellular response to DNA damage." *Cancer Res* 51:6304-11.

Kastan, M. B., et al(1992). "A mammalian cell cycle checkpoint pathway utilizing p53 and GADD45 is defective in ataxia-telangiectasia." *Cell* 71:587-97.

Klungland, A. and Lindahl, T(1997). "Second pathway for completion of human DNA base excision-repair: reconstitution with purified proteins and requirement for DNase IV (FEN1)." *EMBO J* 16:3341–3348.

Klungland, A., et al(1999). "Accumulation of premutagenic DNA lesions in mice defective in removal of oxidative base damage." *Proc Natl Acad Sci USA* 96:13300–13305.

Kubota, Y., et al(1996). "Reconstitution of DNA base excision-repair with purified human proteins: interaction between DNA polymerase beta and the XRCC1 protein." *EMBO J* 15:6662–6670

Lindahl, T. and Nyberg, B(1972). "Rate of depurination of native deoxyribonucleic acid." *Biochemistry* 11:3610–3618.

Lindahl, T(1993). "Instability and decay of the primary structure of DNA." *Nature* 362:709–715.

Lindahl, T(1976). "New class of enzymes acting on damaged DNA." *Nature* 259:64–66.

Lindahl, T(1974). "An N -glycosidase from Escherichia coli that releases free uracil from DNA containing deaminated cytosine residues." *Proc Natl Acad Sci USA* 71: 3649–3653.

Satoh, M. S. and Lindahl, T(1992). "Role of poly (ADP-ribose) formation in DNA repair." *Nature* 356:356–358.

강현삼·강형련(2013). "당신의 DNA?" 한림원 출판사.

오상진(2005). "인체노화." 탐구당

박상대(2007). "세포생물학." 교보문고.

오상진(2015). "노화의 생물학." 탐구당.

Bender, C. E., P. Fitzgerald, et al(2012). "Mitochondrial pathway of apoptosis is ancestral in metazoans." *PNAS* 109:4904-4909.

Chipuk, J. E., T. Moldlveanu, et al(2010). "The BCL-2 family reunion." *Mol Cell* 37:299–310.

Conradt, B. and H. R. Horvitz(1998). "The *C. elegans* protein EGL-1 is required for programmed cell death and interacts with the Bcl-2-like protein CED-9." *Cell* 93:519–529.

Dlamini, Z., et al(2004). "Genealogy, expression, and molecular mechanisms in apoptosis." *Pharmacology & Therapeutics* 101:1–15.

Favaloro, B., N. Allocati, et al(2012). "Role of apoptosis in disease." *Aging* 4:330-49.

Galluzzi, L., O. Kepp, et al., (2012). "Mitochondrial control of cellular life, stress, and death." *Circ Res* 111:1198-1207.

Goldstein, J. C., N. J. Waterhouse, et al(2000). "The coordinate release of cytochrome c during apoptosis is rapid, complete and kinetically invariant." *Nat Cell Biol* 2:156–162.

Green, D. R. and J. C. Reed(1998). "Mitochondria and apoptosis." *Science* 281:1309-1312.

Joaquin, A. M. and S. Gollapudi(2001). "Functional decline in aging and disease: A role for apoptosis." *J Am Geriatr Soc* 49:1234-40.

Kerr, J. F., A. H. Wyllie, et al(1972) "Apoptosis: a basic biological phenomenon with wide-ranging implications in tissue kinetics." *Br J Cancer* 26:239–-257.

Lu, B., H. D. Chen, et al(2012). "The relationship between apoptosis and aging." *Advances in Biosci Biotech* 3:705-711.

Mother, M. and H. Rottenberg(2000). "Aging enhances the activation of the permeability transition pore in mitochondria." *Biochem Biophys Res Commun* 273:603-608.

Muradian, K. and D. O. Schachtschabel(2001). "The role of apoptosis in aging and age-related disease: update." *Z Gerontol Geriatr* 34:441-6.

Oberst, A., C. Bender, et al(2008). "Living with death: The evolution of the mitochondrial pathway of apoptosis in animals." *Cell Death Differ* 15:1139–1146.

Ow, Y. P., D. R. Green, et al(2008). "Cytochrome c: functions beyond respiration." *Nat Rev Mol Cell Biol* 9:532-42.

Pollack, M. and C. Leeuwenburgh(2001). "Apoptosis and aging: Role of the mitochondria." *J Gerontol* 11:B475-B482.

Reed, J. C., et al(1998). "Bcl-2 family proteins and mitochondria." *Biochimica et Biophysica Acta* 1366:127-137.
Sakahira, H., M. Enari, et al(1998). "Cleavage of CAD inhibitor in CAD activation and DNA degradation during apoptosis." *Nature* 391:96–99.
Salminen, A., J. Ojala, et al(2011). "Apoptosis and aging: increased resistance to apoptosis enhances the aging process." *Cell Mol Life Sci* 68:1021-1031.
Warner, H. R., et al(1997). "What Does Cell Death Have To Do with Aging?" *JAGS* 451:140-1146.
Warner, H. R., R. J. Hodes, et al(1997). "What does cell death have to do with aging?" *J Am Geriatr Soc* 45:1140-6.
Weiss, J. N., et al(2003). "Role of the mitochondrial permeability transition in myocardial disease." *Circulation Research* 93:292-301.
Wu, M., H. F. Ding, et al(2001). "Apoptosis: Molecular mechanisms." *Encyclopedia of Life Sciences* 5:1-8.
Zhang, J. H., Y. Zhang, et al(2003). "Caspases, apoptosis and aging." *Ageing Res Reviews* 2:357-366.
Zou, H., Y. Li, et al(1999). "An APAF-1.cytochrome c multimeric complex is a functional apoptosome that activates procaspase-9." *J Biol Chem* 274:11549–11556
연합뉴스, 2016. 03.01., "세포사멸 조절인자 찾았다."
오상진(2005). "인체노화." 탐구당
오상진(2015). "노화의 생물학." 탐구당.
오상진(2018). "노화생리학." 탐구당.
오상진(2020). "암 억제 유전자." 탐구당.
오상진(2022). "텔로미어와 텔로머레이스." 탐구당.

색인

ㄱ
색인
번호
2분염색체 78
4분염색체 78
로마자

A
ATM 75, 135
ATR 75, 135

B
BLM 260
BRCA1 251

C
CAG 반복 281
CDK 억제제 72
CS 257
CST 180
CST 복합체 190

D
DNA 메틸화 112
DNA 무결성(integrity) 75
DNA 중합효소 I 94
DNA 중합효소 감마(γ) 95
DNA 중합효소 델타(δ) 95
DNA 중합효소 알파 198
DNA 중합효소 알파(α) 95
DNA 중합효소 엡실론(ε) 95

G
G2/M 체크포인트 300

H
HTT 277

M
master regulator 251
mHTT 278
mitotic catastrophe 299
MRN 복합체 75

O
OB-폴드 196
OB폴드 177

P
p53 140
p53BP1 251
pol alpha 198
post-mitotic cell 74
POT1 180

R
RAD51 251
replication stalling 45

S
snRNP 102

T
TCR 258
TFIID 100
TIF 179
TIFs 184
한국어

ㄱ
간기 68
감마(γ)-H2AX 251
감수분열 77
개시 전 복합체 192
개시전복합체 99
게놈genome 19

결실 80
괴사 302
교정 94
교차 78
교차현상 80
기능장애의 텔로미어 184

ㄴ

네크로톱시스 307
뇌 세포
골격근 세포 74
뉴클레오티드절제복구 116

ㄷ

단백질 인산화효소 75
단완 66
단일가닥결합단백질 73
대립유전자 66
돌연변이 82, 86
돌연변이원 86
돌연변이 헌팅틴 단백질 278
동원체 66
뒤섞는 방법 79

ㄹ

라민 병증 252
레트로트랜스포존 110
리보자임 102
리소좀 303
리플리솜 193

ㅁ

매개복합체 100
모발유황이상증 261
미토겐 73

ㅂ

반복적 19
방추사 조립 체크포인트 75
배수성 80
병변-복제 중합효소 96
보편 전사인자 99
복제기점 인식복합체 192
복제단위 90
복제분기점 87
복제 원점 192
복제원점 87
복제포크 73
복제 포크 배리어 192
부분적 노화증후군 234
분리 79
블룸증후군 259
비분리 현상 79
비상동재조합 104
비자매염색분체 80
비정통적 재조합 110

ㅅ

사이클린 70
사이클린 의존성 인산화효소 70
산화적 인산화반응 57
삼염색체성 83, 84
상동염색체 66
상동재조합 29, 103
상염색체 84
색소성 건피증 261
색소성 건피증Xeroderma pigmentosum, XP 115
생식세포분열 65
서열 19
선도가닥 73
선천성 이상각화증 182, 199
선천성 조로증후군 232
선택적 스플라이싱 102
선택적 이어맞추기alternative splicing 19
성염색체 67, 84
세포사멸 251, 300
세포예정사 302
세포주기 19, 68
소뇌 운동 실조증 281
소아 헌팅턴병 281
쉘터린 176
스플라이소좀 102
스플라이싱 101
시냅시스 78

ㅇ
아폽토시스 140, 301
아폽토시스소체 306
아폽토좀 310
엑손 101
역위 80
염기절제복구 116
염색질 변형효소 100
염색체 돌연변이 80, 82
염색체 이상 84
우회 중합효소 271
워너증후군 209
유사분열 19
유전성 비용종성 대장암 118
유전자 돌연변이 82
유전자 재조합 103
유전자 좌위 66
유전체 19
유전체 무결성 111, 167
유전체 불안정성 87, 112, 250, 294
유전체불안정성 209
유전체 안정성 140
유전체의 안정성 209
이동 유전자 108
이수성 75, 81
인트론 101

ㅈ
자가포식 302
자가포식리소좀 303
자가포식소체 303
자매염색분체 교환 260
장완 66
전사 97
전사-연관 복구기작 258
전좌 80
절단-융합-연결 184
절단-융합-연결(breakage-fusion-bridge, BFB) 주기 184
접합복합체 78
조로증 233
주형가닥 98
중복 80
지연가닥 73

ㅊ
체세포분열 65
체크포인트 69, 294

ㅋ
카스파제 312
코츠 플러스 199
코케인증후군 257
키아스마 78

ㅌ
텔로미어 174
텔로솜 176
트랜스포존 107
티민 이량체 45, 86, 129

ㅍ
프리모솜 73
피리미딘 이량체 143

ㅎ
핵 중점 251
핵형karyotype 19
핵형분석 67
헌팅턴 무도병 276
헌팅턴병 276
헌팅틴 276
헬리카제 73
환형복제법 88
후기-촉진 복합체 76
후성돌연변이 250
후성유전학 111
휴지기 73

저자 오 상 진

서울대 미생물학과 졸업(1988 석사, 박사)
미국 프린스턴대학 분자생물학과 포스트닥(1988-1991)
미국 뉴욕 마운트 사이나이 의과대학 방문교수(2001-2002)
전남대학교 생명과학기술학부 교수(현재)

저서로 인체노화(탐구당, 2005), 알기쉬운 바이러스(탐구당, 2006), 일반미생물학(전남대학교출판부, 2012), 노화의 생물학(탐구당, 2015), 노화생리학(탐구당, 2018), 암 억제 유전자(탐구당, 2020), 텔로미어와 텔로머레이스(탐구당, 2022) 등이 있다.

DNA 대사와 유전체 무결성

발행 2023년 2월 28일

지은이 오상진
펴낸이 홍정수
펴낸곳 탐구당

등록 1950. 11. 1 서울 제03-00993호
주소 서울특별시 용산구 한강대로 62 나길 6

대표전화 02-3785-2211
팩시밀리 02-3785-2272
홈페이지 www.tamgudang.co.kr
전자우편 tamgudang@paran.com

값 35,000원
ISBN 978-89-6499-0698 93470